季鴻崑 編著

中華烹飪學基本原理

Basic Principles of Chinese Culinary Science

賽尚圖文事業有限公司

國家圖書館出版品預行編目資料

中華烹飪學基本原理 / 季鴻崑 著 . -- 初版 .
 -- 臺北市：賽尚，民 105.07
  面； 公分 . -- （ ； ）
    ISBN 978-986-6527-36-4（平裝）

1. 烹飪
427                                      105009312

# 中華烹飪學基本原理

作　　者：季鴻崑
發 行 人：蔡名雄
主　　編：蔡名雄
文字校對：蔡淑吟
出版發行：賽尚圖文事業有限公司
　　　　　106 台北市大安區臥龍街 267 之 4 號
　　　　　（電話）02-27388115　（傳真）02-27388191
　　　　　（劃撥帳號）19923978（戶名）賽尚圖文事業有限公司
　　　　　（網址）www.tsais-idea.com.tw
　　　　　賽尚玩味市集 http://www.pcstore.com.tw/tsaisidea/
美術設計：馬克杯企業社　封面完稿：BEAR
總 經 銷：紅螞蟻圖書有限公司
　　　　　台北市 114 內湖區舊宗路 2 段 121 巷 19 號（紅螞蟻資訊大樓）
　　　　　（電話）02-2795-3656　（傳真）02-2795-4100
製版印刷：科億印刷股份有限公司
出版日期：2016 年（民 105）7 月初版一刷
Ｉ Ｓ Ｂ Ｎ：978-986-6527-36-4
定　　價：NT.450 元

# 再版前言

本書的初版，寫成於 1992 年年底（原書名《烹飪學基本原理》），1993 年 10 月正式出版，當時印了 4500 冊。

印象中當時出版社銷售了 1500 冊，其餘的 3000 冊運回揚州，作為當時江蘇商業專科學校中國烹飪系的教材使用。其時我已經退休到蘇州養老，正好蘇州職業大學當時也辦了烹飪專業，聘請我當顧問，順帶為他們講授「烹飪化學」和「烹飪學基本原理」兩門課程。後來蘇州職業大學的烹飪專業停止招生，我再未重讀過那本《烹飪學基本原理》。而江蘇商業專科學校中國烹飪系的領導安排了朱雲龍老師講授這門課程，後來他們把 3000 冊書全部自行消化了。有趣的是那本只印了 4500 冊，當時售價只有 5.00 元人民幣的書，在舊書市場上成了稀罕物，有位湖北籍的朋友告訴我，有家網上書店開出的售價達 100 元人民幣，我查了一下，還真有這麼回事。我想產生這種現象的原因可能有二：一則原本印數就少，後來又沒有重印，較為少見；二是在 20 年前，用科學的方法來認識技藝多變的中華烹飪的人並不多，讀者有了新鮮感，所以買到手以後就不把它當廢紙處理了。

2014 年，準備將《烹飪學基本原理》進行修訂出版（繁體版更名為《中華烹飪學基本原理》）。但因距離該書初版已經 20 多年，大陸烹飪高等教育的學科體系已經成型，相關的研究成果今非昔比，烹飪類的圖書尤其是相關教材已經出了好幾套，我當初為了發牢騷而寫的那本小冊子（不足 15 萬字），顯然不能適應當下的實際情況，所以決定增訂修改，並擴充至 30 萬字左右。但全書內容的基本框架沒有變，前面的幾章偏於技術和科學，仍然闡述烹飪技術三要素（這是中華烹飪的核心），用近現代科學和思維的方法總結五千年來中國烹飪技術的單元程式，把各個地域飲食活動中的名稱不同的烹飪技法概括為刀工、火候和調味三個方面，統領當代各地餐飲行業中多種不同的表述形式。這次修訂加大了對飲食營養科學的闡述力度，尤其是對「傳統營養學」核心內容的闡述，真正把「營衛學說」放到恰當的位置，澄清了在很長一段時間內把「養助益充」的中餐膳食結構模型當作「傳統的營養理論」的錯誤。本書的後半部分即為通常所說的飲食文化，這一部分有了很大的修改，不僅進一步闡述了筆者在認識上的進步，而且也較多地引用了其他學者的學術成果，特別是對最近十幾年出現的新情況和爭論，完全沒有回避。總而言之，筆者在這裡闡述了自己近 20 年來的研究心得。

華中農業大學食品科技學院的謝定源先生曾對筆者說，他在讀了本書初版以後，覺得筆者的一句調侃：烹飪這門科學，「大科學家不願幹，小科學家幹不了」，很有趣味。筆者認為，至今仍是如此。糾纏不清的「菜系」與「飲食文化圈」的爭論，實際上就是「風味」在科學原理上仍有缺失，相關的味覺與嗅覺的生理學、化學和生理化學的核心問題，

至今仍是自然科學的研究前沿，時不時會出現諾貝爾獎級的重大成果，但仍沒有完全解決，不得已把它們塞進「文化」的框子裡，但無論如何也不能自圓其說。中國科學技術協會主席韓啟德院士曾說過：中醫有用，但它只是一種藝術，而不是科學。筆者學著韓主席的話說：烹飪，尤其中國烹飪，目前仍是前期階段的科學，是以牛頓力學為基礎的一種手工技藝，對其基本原理的闡述，目前仍達不到當代科學的前沿水準，它所展現的手工技藝，也達不到當代技術的先進水平，更多的是它的藝術屬性，弄得我們眼花繚亂。所以至今還有不少人繼續宣揚的「烹飪是文化、是科學、是藝術」的說法，混淆了前期科學和當代科學的界限，除了給自己壯膽以外，實在沒有什麼太大的價值。至於說「烹飪是藝術」，同樣也有純粹藝術和應用藝術的門檻沒有過去。因此，我們當前能理直氣壯說的只有：烹飪是文化。

　　筆者在寫法上並沒有恪守一般的寫作規則，但筆者在編寫本書時，肆無忌憚地闡述了自己的個人見解，卻沒有十足的把握說這些見解都是顛撲不破的，可筆者又覺得非說不可。所以筆者希望閱讀本書的讀者，不要拘泥於圖書本身，而應把它當作一本「大批判」的資料，用它來作為訓練我們獨立思考能力的引子，藉以啟發我們創造性的思維活動。

　　在本書修訂過程中，參考了許多其他學者的學術成果，理應表示感謝，所用的幾幅插圖，因不知原作者地址，所以無法征得本人授權。尤其是張世英教授，本書全文收錄了您的一篇文章作為閱讀材料，如有異議，請向出版社提出，筆者一定尊重您的意見。

　　我的老伴陸玉琴同志，無論寒暑，為本書付出了艱辛的勞動，並且不時地糾正書稿中難以計數的錯誤，向她衷心地致謝！

季鴻崑

2015 年 3 月

## 初版前言

近十年來，無論在國內還是國外，力圖結束烹飪長期以來有術無學狀態的學者不在少數。因此有關烹飪原理、烹飪理論、烹飪概論、中國烹飪概論、中國烹飪學之類的書籍出了好幾本，至於有關這方面的論文那就更多了，其中不乏真知灼見。無論從哪個角度來討論這方面的問題，對於烹飪科學的發展，都是有益的。

過去十幾年，大陸流行烹飪是文化、是科學、是藝術的說法，一時間幾乎成了定論。因此上述的那些著作，絕大多數均是在這種說法指導下的產物。而對於這種說法是否正確，並沒有認真推敲，特別是對烹飪的本質和核心是什麼缺乏必要的研究，也沒有展開過討論，以致出現了兩種極端的現象：一種人因襲歷史的觀點，認為烹飪只是一種手藝，不可登大雅之堂，或者說沒有什麼了不得的學問，不值得研究，當然也就沒有辦高等教育之類的必要；另一類人則過了頭，說烹飪是門大學問，博大精深，幾乎涵蓋了人類社會的一切知識，甚至近現代自然科學與之相比，也只能相形見絀。作者有感於人們在固執己見時，往往會意氣用事，而不顧客觀事物的真正規律，做出一些不利於科學或文化發展的事情來。這方面的例證太多了。為此，作者斗膽把自己在這方面的看法寫成這本小冊子，為大家在批評討論時提供一個靶子，目的是希望通過討論，得出科學的結論來。

作者認為烹飪到了今天，是一門夠格的科學，有其自身的獨特的研究對象和研究方法；在學術的深度和廣度方面都不低於現在許多已經公認的應用科學或技術科學（諸如在 30 年前人們還不以為然的環境科學），它對人類社會存在的影響，更是不言而喻的。所以作者反對那種貶低烹飪學術地位的認識；但是，另一方面，作者又反對把烹飪拔高到不恰當的位置，它只是一門在現代營養科學指導下的應用科學，至於文化、至於藝術，那只是它的附帶屬性，本末不可倒置。

本書的寫成，得益於學術界的地方甚多，引用學界的成果也不少，作者謹致謝忱。

季 鴻 崑

1993 年 3 月 5 日

# 目錄

第一章

# 烹飪的學術地位與研究方法

　　《韓非子・五蠹》開頭有一段，説的是遠古人的生活，即「上古之世，人民少而禽獸眾，人民不勝禽獸蟲蛇。有聖人作，構木為巢，以避群害，而民悦之，使王天下，號曰有巢氏。民食果蓏蚌蛤，腥臊惡臭而傷害腹胃，民多疾病。有聖人作，鑽燧取火，以化腥臊，而民説（悦）之，使王天下，號之曰燧人氏」[1]。這是説古人定居、熟食的開始。《淮南子・修務訓》則説：「古者，民茹草飲水，采樹木之實，食蠃之肉，時多疾病毒傷之害。於是神農乃始教民播種五穀，相土地宜燥濕肥高下，嘗百草之滋味、水泉之甘苦，令民知所辟就。當此之時，一日而遇七十毒」[2]。依上述兩段文字所述，似乎是有巢氏在先，他「構木為巢」，教人住在樹上，用以躲避「禽獸蟲蛇」的侵害；而後是燧人氏，他「鑽燧取火」（也稱「鑽木取火」），教人熟食；再後是神農氏，他「嘗百草之滋味、水泉之甘苦」、「一日而遇七十毒」，足見古人選擇食物的艱難，而且有時還找不到可食的植物，於是他教人耕種，「播種五穀」，所以後世農家尊神農氏為鼻祖，又因他「嘗百草之滋味」，所以中醫尊他為中藥（本草學）的鼻祖。

　　有巢氏、燧人氏、神農氏，還有其他許多古代神話傳説中的人物，都只是人類自身和社會發展在不同階段的人文符號，他們都是中華民族的人文符號，地球上其他國家和民族也有各自不同的人文符號，有趣的是這些符號的實際內涵往往是一致的，大體上都説在人工取火方法發明之前，人們都是生食者，因此容易生病。後來因偶然的機會，發現被火燒過的動植物，不僅味道可口，而且不易致病，於是從保留天然火種發展到人工取火，人們的生活品質得到顯著提高。但是，人們發現，有些食物品種並不需要製熟，例如水果和許多蔬菜，甚至有些動物，仍然可以生吃。這些生食的習慣，一直保持到了現代，而且還要繼續保持下去。不過，在長期的生活實踐中，人類的生食和其他動物的生食仍然有顯著的差別，人類幾乎不會食用絕對天然狀態的食物，哪怕是吃水果，也要經過擦拭或用水清洗。也可以這樣説，對於人類來説，絕對沒有經過加工的食物是沒有的。這一點，與人類處於遠房兄弟地位的其他靈長類動物都沒有這個意識。不過，也有人發現極少的例外，如日本有個猴島，島上的猴子會把得到的紅薯放到海水中洗過再吃，這可能是出於對鹽分攝取的生理本能，和人類的生食行為有本質的區別。

　　綜上所述，可見人猿揖別之後的飲食生活，是經過無比艱難的探索過程的，從與其他動物沒有區別的生食到不用炊灶具的原始熟食，其間經歷了至今尚説不清楚的若干萬年，再從原始熟食發展到使用炊灶具的文明熟食。只有到了文明熟食以後，才有了烹飪文明，所以烹飪學研究的起點在於陶器的發明，而不是鑽木取火。在本書下面的敍述中，將逐步闡明這一點。

# 第一節　關鍵性的名詞術語

　　把烹飪當作一門學問研究，充其量只有幾十年的歷史，而且整個研究活動，缺乏科學規範，所以直到今日，還沒有形成一套公認的專業、規範的名詞術語體系，因此往往出現各說各話的現象。所以，在這裡先釐清幾個常用的名詞術語的語義。

## 一、食物和食品

　　在 1989 年版的《辭海》中竟然沒有食物和食品這兩個詞條，但有「食物鏈」這個詞條，所謂「食物鏈」，又稱「營養鏈」，指「生物群落中各種動植物和微生物彼此之間由於攝取的關係（包括捕食和寄生）所形成的一種聯繫」。從這個定義倒逼「食物」的原義，就是具有特定營養價值和可以食用的物品。至於「食品」，《辭海》中的相關詞條有「食品工業」、「食品衛生」、「食品衛生法」等。例如，「食品工業」指「對農產、畜產和水產等食用品進行加工製造的工業部門」。這裡的「食用品」似乎有「食物」的意味，所以在人們一般的口語或文字敘述中，食物和食品往往是混用的，但也有特指的場合，如「食物中毒」，通常不叫「食品中毒」，「食品衛生」通常不叫「食物衛生」。不過，從以上簡單的討論中隱約感覺到，食物是個比較寬泛的概念，而且也不是專指人類的食物；食品則是經過人工加工的食物，而且特指人類的食用品，不過這些都沒有明確的界定[3]。

　　在英語中，食物一詞有 food、eatables、edibles、meal 等單詞，食品則有 food、foodstuff、provisions 等。其中，人們用得最多的是 food，明顯也是食物和食品混用，不過在修辭中接近「吃」這個概念時用 eatables，例如，有人把「食學」譯成 eatology。

　　食物不算是專業名詞，也不存在法律上的歧義，但食品則不然。現在，世界上多數國家都制訂了有關食品衛生的法規，因此各國的此類法律都給「食品」下了明確的法律定義，大陸也是如此。1995 年 10 月 30 日大陸第八屆全國人大第十六次會議通過的《中華人民共和國食品衛生法》第九章附則的第五十四條規定：「食品：指各種供人食用或飲用的成品和原料以及按照傳統既是食品又是藥品的物品，但是不包括以治療為目的的物品。」同時，對食品添加劑、營養強化劑、食品容器包裝材料、食品用工具設備、食品生產經營、食品生產經營者等都作了明確的界定。2009 年 2 月 28 日大陸第十一屆全國人大第七次會議通過的《中華人民共和國食品安全法》以及 2015 年 4 月 24 日大陸第十二屆全國人大第十四次會議通過的修改版的附則中仍沿用了上述定義，這是大陸每個

從事與食品相關人士都必須知道的常識。

## 二、烹飪和烹調

烹飪和烹調這兩個詞在日常生活中也是混用的，前者誕生於先秦，後者出現在宋代，在一般的辭書中，通常都解釋為「燒飯做菜」，只是到了二十世紀八十年代後期，原商業部在規範餐飲行業工種名稱時，把烹飪作為餐飲或飲食行業的代稱，把作為原來行業俗語的「紅案」稱為烹調，專門做菜的廚師稱為烹調師，「白案」稱為麵點，專門做點心、麵食的廚師稱為麵點師。由於主管部門的宣導，現在已經定型。

1989 年版《辭海》把「烹」字的一義釋為「燒煮食物」，另有「烹飪」詞條釋為「烹調食物」，可以視為烹飪和烹調混用的典型代表。鑒於本書討論內容涉及烹飪的各個方面，所以在下一節中還要詳細討論。

英語中烹飪有 cooking、culinaryart 等單詞和短語，如專指烹飪法則有 cuisine、cookery、recipe 等單詞，而烹調則為 cook。日語中有「料理」和「調理」兩組當用漢字，料理類似於烹飪，調理類似於烹調，通常也是混用的。日本把烹飪技術納入科學方法的範疇，並使它成為學校教育的一個門類，也只是在第二次世界大戰以後才有的。現在大陸有些日餐經營者，在店標上寫上「日本料理」，類似的還有「韓國料理」，這是典型的「出口轉內銷」。料理和調理這兩個詞都是典型的國語，早在魏晉時期就出現了，是照顧、排遣、調和的意思。《晉書·王羲之傳》：「卿在府日久，比當相料理」，是照顧之意；宋黃庭堅《催公靜碾茶》：「睡魔正仰茶料理，急遣溪童碾玉塵」，是排遣之意；南朝徐陵《陳公九錫文》：「調理陰陽，燮諧風雅」，是調和之意。它們傳入日本以後，演變成烹飪烹調之意，這在中日文化交流史上也是很常見的現象。日本人把廚師稱為調理師，專門培養廚師的學校稱為調理師專門學校。

## 三、餐飲業和集團伙食單位

人們的用餐場合主要有家庭、餐飲企業和集團伙食單位三類，此外還有臨時性的聚餐。如自辦的家庭或朋友聚會和某些少數民族的節日聚餐，其中以餐飲企業和集團伙食單位，是烹飪學考察研究的主要對象。餐飲企業是完全商業化運作的飲食場所，由於是商業化運作，所以附加的文化價值最高，是當代飲食文化研究的主要對象；集團伙食單位是指軍隊、機關團體、工廠企業、學校、醫院等團體用以解決內部人員一日三餐的飲食機構，是福利性的飲食服務機構，原先沒有或極少有營利目的，只是最近十幾年，因承包經營而引入商業化的運作方式，自然成了營利機構。此類伙食單位，如果商業化過了頭，一定有悖於創辦的最初目的，它們的特點是食品品種單調、烹製量大（大鍋菜）、

服務粗放，所以不是當下飲食文化研究的主要對象。但是在烹飪技術向科學化、工程化轉化的過程中，此類機構在技術開發和經營管理方面有廣闊的前景，因為它們的就餐人群相對固定，就餐的目的接近人的生理需要，故而有容許試驗的相對空間，炒菜機器人乃至 3D 列印技術的推廣和研發有可能在這類機構首先突破。當代社會還有一類畸形的飲食消費心態，那就是追求皇家飲食和封建時代的官府飲食，其實這是豪奢型的家庭飲食的「極品」狀態，暴殄天物、窮奢極欲、等級異化是它的主要特徵。這些年在是非顛倒的飲食文化觀念的推動下，此類飲食模式為許多人嘖嘖稱贊，滿漢全席之類的忽悠風氣充斥各種媒體，至今沒有完全停止的跡象。此類封建腐朽的飲食文化和精湛健康的中華烹飪技術並不是一回事，為了弘揚中華傳統的烹飪技術，完全沒有必要死抱著封建文化的僵屍。中央電視臺《舌尖上的中國》紀錄片先後兩度熱播，充分地說明了這一點。

## 四、筵席和宴會

筵席和宴會是兩個經常混用的詞。筵，即竹席或草席，古人席地而坐，地上鋪的即是竹席或草席，按尊卑高下，坐席的層次和材質都有明確的規定。人們進食也是坐在席上的，稱作筵席，後來延伸為酒席，當人們的坐具發展到高桌椅子時，仍稱筵席。

宴，原指以酒肉招待客人的行為，後來發展到宴會。筵席和宴會都發端於先秦時代，有時也稱宴席。在英語中，筵席為 feast 或 banquet；宴會為 banquet、feast 或 dinnerparty，基本上也是混用的。

## 五、菜系、飲食文化圈和風味流派

大型通用工具書如《辭海》等，都沒有收錄這三個詞，它們的出現，都是因為飲食文化研究的需要，三者本為同一指向，但互不認同，至今仍爭論不休。就目前的情況看，菜系似乎占主導地位。

「菜系」一詞大概誕生於二十世紀五十年代。到了二十世紀八十年代，由於「烹飪熱」的興起，遂受到廚行的廣泛贊同。也有人說，它是中共中央政治局前常委姚依林在任商業部部長時提出的，用以代替原來廚行中流行的「幫口」之類帶有行幫性質的地域風格名稱，最先說有粵、魯、川、（淮）揚四大菜系，後來各地群起效尤，於是八大菜系、十大菜系……不一而足。這種爭立菜系之風，在二十世紀九十年代達到巔峰，有人甚至說每個縣都有自己的菜系。海南菜在建省以前屬於粵菜，建省後即有瓊菜；重慶也是如此，脫川菜而立渝菜。更有甚者，有人說全世界有中國菜、法國菜和土耳其菜三大菜系，概念混亂的情況可見一斑。但是由於提法新穎高雅，所以擁護者眾多，竟然約定俗成，菜系作為地方飲食風味特徵的表述方式站穩了腳根，成了公認。只是一些權威的辭書，

至今仍未收錄。

其實，早在二十世紀六十年代，香港陳嘉和黎子申合譯的《世界名菜大辭典》（香港華聯出版社出版），就將不同烹飪術（cookery）的製作風格譯成菜式（style），因為「style」是風格、式樣的意思，而漢語中的「系」有系列（series）或系統（system）的含義，把幾道菜肴或點心列在一起，不會有系列或系統的內在聯繫，所以菜式應該比菜系更為確切，但由於約定俗成了，只好稱作「菜系」了，不過現在英譯時，幾乎都一律譯成 style of cuisine 了。

二十世紀八九十年代，趙榮光先生首先對「菜系說」發難，先後幾次提出「飲食文化圈」的概念，相關見解集中發表在《關於中國食文化的報告》和《中國飲食文化圈問題述論》這兩篇論文中，他所作的規範化的定義是「由於地域（最主要）、民族、習俗以及宗教等原因，歷史地形成的不同風格的飲食文化區域性類型」[4]。為此，他製作了中國大陸飲食文化圈的分佈圖（見圖1-1）。他的理論被人們稱為「圈論」，並受到菜系說者的強烈反對，這個爭論至今沒有了結。其實，關於文化圈的提法，在學術研究領域並不鮮見。例如，李學勤先生對中國古代地域文化史的研究便用了「文化圈」的說法。日本的石毛直道在劃分世界各地飲食風味特色時也使用了文化圈，例如，東亞地區便屬於鮮味文化圈。美籍華人人類學家張光直在討論不同類型文化的交流時，使用了「相互作用圈」，等等。這個「圈」並不是如有些人所說的「隨便圈圈」的，而是要有充分的科學和人文依據的。

截至當下，「圈論」顯然不占上風，「菜系」似乎已成定論，但學術爭論並不是靠舉手表決來解決的。早在1990年，筆者就說過：「有關菜系劃分問題的爭論，由來已久，早先是行幫之間的爭論，現在是幾個管理機構的爭論」。當時說這番話，是針對各地餐飲行業管理機構為爭「菜系」名分而爭吵不休而言的。

2008年年底，大陸商務部出臺了《全國餐飲業發展規劃綱要（2009—2013年）》，提出了「在對待傳統菜系改良、創新的基礎上，建設五大餐飲集聚區」。即「辣文化餐飲集聚區、北方菜集聚區、淮揚菜集聚區、粵菜集聚區和清真餐飲集聚區」。有人為此叫好，筆者倒覺得商務部應該依法行政，真正解決廣大人民群眾的飲食消費需求問題，諸如菜系之類的問題，還是應該由學術界去爭論研究。現在2013年已經過去，我們不知道《規劃綱要》的指標是否已經完成，至少這個「集聚區」的概念早已被人們忘記，因為從來沒有拿它當回事，而且也是永遠「集聚」不起來[5]。

無論是菜系還是飲食文化圈，都是地域飲食文化風格的表述方式，也是飲食風味流派的表述方法。風味流派（schools of special flavour），指各地域飲食風味的差別，是本書在第五章要專門詳細討論的內容，故而這裡不再詳述。

最近，有一套大型的按地域分卷的飲食文化史叢書與廣大讀者見面了，叢書全稱《中國飲食文化史》（十卷本）（中國輕工業出版社，2013年），分為黃河中游、黃河下游、

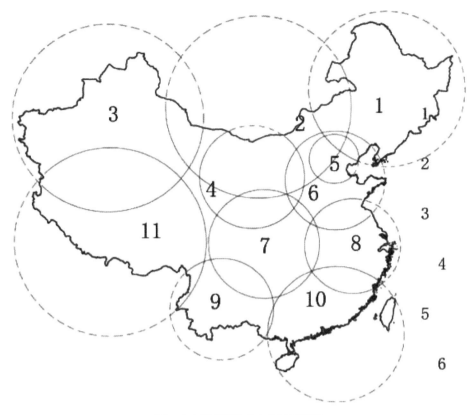

**圖 1-1 中華民族飲食文化圈示意圖**

1. 東北地區飲食文化圈　　　5. 東南地區飲食文化圈　　　9. 西南地區飲食文化圈
2. 京津地區飲食文化圈　　　6. 中北地區飲食文化圈　　　10. 西北地區飲食文化圈
3. 黃河下游地區飲食文化圈　7. 黃河中游地區飲食文化圈　11. 青藏高原地區飲食文化圈
4. 長江下游地區飲食文化圈　8. 長江中游地區飲食文化圈　12. 虛線部分為素食文化圈（約6~19世紀）

長江中游、長江下游、東南、西南、東北、西北、中北、京津 10 個地區分卷，各卷都按歷史年代先後獨立敘述。該叢書是國家出版基金項目、「十二五」國家重點出版物出版規劃專案，主編為趙榮光，各分卷前都有盧良恕院士和李學勤教授的序。全書編寫的指導思想即是「圈論」。

　　從以上所列的這些寓意不清的名詞術語可見，烹飪要成為一個學科，其專業名詞術語的厘定工作不可不做，筆者早在 1991 年就曾發出相關的呼籲，但是沒有效果。楊銘鐸先生主政原黑龍江商學院旅遊烹飪系時，曾做過這方面工作，筆者還曾收到過他的一份列印資料，據說已向國家標準局申報，可惜後來就沒有下文了。任何一門科學，不管是社會科學還是自然科學，抑或是各種應用科學或技術科學，在形成其特有的學科體

系時，對相關專業名詞術語和符號公式的規範推廣，都經過艱苦搜集、爭論與揚棄的過程，這在各專業學科的發展史上屢見不鮮，自然和技術科學尤其突出，諸如生物學中各物種學名的厘定、地質科學中各種礦物名稱的確定，化學科學中各種元素和化合物的命名方法等，都是經過全球相關學科專家數十乃至數百年不斷修訂才形成今天的樣子，相關的名稱和符號系統不受任何語言文字或其他因素的干擾。一句話，它們是萬國通用的，例如生物學動物命名系統中的雞是 Gallusdomestica，鴨則是 Anasdomestica，鵝則是 Anserdomestica，……所用的外文都是斜體的拉丁文，也是世界通用的，只要你受過正規的生物學教育，都會知道這個系統。又如 H2O 表示水分子，也是世界通用的，只要你學過一點點化學，都會明白這個符號的含義。物種的命名如此，其他專業術語也是如此，一個行業要有專業行話，何況一門科學！烹飪是一門古老的技藝，也有它的專業行話，但這些行話，浸透了各種方言和廚行習慣，有些簡直是「黑話」。蘇北有些地方廚師把食糖叫「克裡窪」，源於當地的一句歇後語，「克裡窪塘」，是指高低不平的地面，他們用它來掩蓋調味上的失誤，如果徒弟燒菜失誤，沒有加糖調鮮，師傅會喊他加點「克裡窪」。揚州廚師把酒叫「三六子」即「三六九」的歇後，諸如此類。這在手藝人中是很常見的，例如在理發行業，把男人的鬍鬚叫「門簾」，如果徒弟服務時沒有把顧客的鬍鬚刮乾淨，師傅會沖他喊一聲：「把門簾走一下」。這和京戲《智取威虎山》中的土匪黑話如出一轍。

　　在二十世紀的烹飪熱中，出版了十多種烹飪類辭書，好像也試圖規範一些名詞術語，但更多地是照顧了當時的現狀，沒有明確肯定哪些，廢棄哪些，到陳學智先生主編的《中國烹飪文化大典》出版時，這個問題仍然沒有解決。也就是說，烹飪學科名詞術語的科學化、系統化、規範化的問題仍然沒有解決。甚至有人認為這不是個問題，保留烹飪學前科學時代的原生態，還可以彰顯其歷史悠久、形態多變的文化特徵。但是這樣做的確阻礙了烹飪技術科學化的進程，也阻礙了飲食文化的交流和烹飪技術的創新。經過 30 多年的研究，烹飪學科名詞厘定的條件已經具備，語源聚集的數量已經足夠。這些語源，一方面來自其他相關學科的借用，特別是食品科學名詞，許多都是相通的；另一方面是餐飲行業傳統行話的收集、整理、規範和昇華，並進行全面的科學規範。此外，還可以從域外引進，甚至還要創造一些新名詞。

　　筆者在 1991 年提出的厘定烹飪學科名詞的五個原則，即[6]：

　　（1）烹飪學科名詞的時代性：即是對中國古籍中的相關名詞進行現代化解讀，例如中醫學中的營衛學說與現代營養科學的對譯。

　　（2）烹飪學科名詞的民族性：即是要盡可能多地保留傳統的學術語言。例如火候、風味之類在近代科學中已經被西化了的學術語言。

　　（3）烹飪學科名詞的科學性：即是要揚棄那些為近代科學成果所否定的傳統說法，例如食品科學中的「質構」（texture）已經能夠很好地表征食品的口感，我們就不必再

使用諸如勁道、酥爛等含意不明確的舊概念，如果一定要用，也要加以規範，界定其物性特徵。

（4）烹飪學科名詞的民主性：所謂民主性，就是大眾化，就是要盡可能使用絕大多數人能夠接受的通俗語言，不要故弄玄虛。

（5）烹飪學科名詞的交流性：不僅有利於國內各地區之間的交流，還要有利於國際交流，儘量剔除局限性過大的方言，並且要確定標準的外語譯名，目前至少要有準確的英文譯名。

二十多年過去了，現在看來這些原則仍然需要。學術名詞的厘定不是某一個人或某個學術單位就可以決定的，國務院一直設有專門的學術名詞審定委員會，國家標準局也有這項工作。現在的問題是需要有相當權威的專家委員會，開展全面的規劃研究，最後在廣泛徵求意見的基礎上形成專門的名詞術語集，報管理部門批准。能承擔這項工作的機構，其實非中國烹飪協會莫屬。

# 第二節　「烹飪」一詞定義的由來與發展

在漢語中，「烹」原指煮，「飪」指熟，烹飪即燒煮食物成熟，這在前面已經說過了。但「烹飪」在古籍中最早出現是《周易·鼎》，這也是學術界的共同認識。由於《周易》在中國學術中的顯赫地位，加之飲食又是人類生存的基本活動，所以從古到今，對「烹飪」解釋頗為神聖。為了讓讀者瞭解這段歷史過程，故在這裡選擇幾種具有標誌性的解釋，供讀者研究參考。

## 一、王弼說

王弼（226—249年，三國魏玄學家）注，孔穎達（574—648年，唐經學家）疏注的《周易正義》是被清人阮元收入《十三經注疏》的版本，具有相當的權威性。其中《周易·鼎》的正文（文中大字部分）和注疏（小字未注出處者為王弼注，「疏」為孔穎達正義）如下，巽下離上鼎，元吉，亨。革去故而鼎取新，取新而當其人，易故而法制齊明，吉然後乃亨，故先「元吉」而後「亨」也。鼎者，成變之卦也。革既變矣，則製器立法以成之焉。變而無制，則亂可待也。法制應時，然後乃吉。賢愚有別，尊卑有序，然後乃亨，故先「元

「吉」而後乃「亨」。〔疏〕正義曰：鼎者，器之名也。自火化以後鑄金，而為此器以為烹飪之用，謂之為鼎。烹飪成新，能成新法。然則鼎之為器，且有二義：一有烹飪之用，二有物象之法。故《彖》曰「鼎，象也。明其有法象也」。《雜卦》曰「革去故」而「鼎取新」，明其烹飪有成新之用。此卦明聖人革命，示物法象，惟新其制，有「鼎」之義。「以木巽火」，有「鼎」之象，故名為鼎焉。變故成新，必須當理。故先元吉而後乃亨。故曰「鼎，元吉，亨也」。

《彖》曰：鼎，象也。法象也。〔疏〕正義曰：明鼎有烹飪成新之法象也。以木巽火，烹飪也。烹飪，鼎之用也。〔疏〕正義曰：此明上下二象有烹飪之用，此就用釋卦名也。

聖人烹，以享上帝，而大烹以養聖賢。烹者，鼎之所為也。「革去故」而鼎成新，故為烹飪調和之器也。去故取新，聖賢不可失也。飪，熟也。天下莫不用之。而聖人用之，乃上以享上帝，而下以「大烹」以養聖賢也。〔疏〕正義曰：此明鼎用之美。烹飪所須，不出二種：一供祭祀，二當賓客。若祭祀則天神為大，賓客則聖賢為重，故舉其重大，則輕小可知。享帝直言「烹」，養人則言「大烹」者，享帝尚質，特牲而已，故直言「烹」。聖賢既多，養須飽飫，故「烹」上加「大」字也。

巽而耳目聰明。聖賢獲養，則己不為而成矣。故「巽而耳目聰明」也。〔疏〕正義曰：此明鼎用之益。言聖人既能謙巽大養聖賢，聖賢獲養，則憂其事而助於己，明目達聰，不勞己之聰明，則「不為而成矣」。

柔進而上行，得中而應乎剛，是以元亨。謂五也，有斯二德，故能成新，而獲「大烹」也。〔疏〕正義曰：此就六五釋「元吉亨」。以柔進上行，體已獲通，得中應剛，所通者大，故能制法成新，而獲「大烹」也。

《象》曰：木上有火，鼎。君子以正位凝命。凝者，嚴整之貌也。鼎者，取新成變者也。「革去故」而鼎成新。「正位」者，明尊卑之序也。「凝命」者，以成教命之嚴也。〔疏〕正義曰：「木上有火」，即是「以木巽火」，有烹飪之象，所以為鼎也。「君子以正位凝命」者，凝者，嚴整之貌也。鼎既成新，即須制法。制法之美，莫若上下有序，正尊卑之位，輕而難犯，布嚴凝之命，故君子象此以「正位凝命」也。

以下爻辭從略。原書中烹、亨通用，這裡一律分開，以烹代亨。引者按：我們在這裡不厭其煩照抄一段原文，一方面使讀者知道經文、王弼注和孔疏的區別，同時也知道《周易·鼎》卦與「烹飪」一詞的真實關係，知道《周易》的物象與義理的關係，也可以看出《周易》從葛筮書走向哲學書的變化過程，如孔穎達說：「自火化以後，鑄金而為此器，以為烹飪之用」，只是說了青銅時代以後的情況，事實上，陶鼎也有「烹飪之用」，只不過青銅鼎的禮器地位在《正義》中表達得很明確。

## 二、朱熹説

宋代朱熹（1130—1200 年）注《周易本義》關於鼎卦的文字表述（這裡所引為上海古籍出版社 1987 年影印 1936 年世界書局據清武英殿本），巽下離上鼎，元吉亨。鼎，烹飪之器，為卦下陰為足；二三四陽為腹，五陰為耳，上陽為鉉，有鼎之象。又以巽木入離火而致烹飪，鼎之用也，故其卦為鼎。下巽，巽也，上離為目，而五為耳，有內巽順而外聰明之象。卦自巽來，陰進居五，而下應九二之陽，故其占曰元亨。吉，衍文也。

《彖》曰：鼎，象也。以木巽火，烹飪也。聖人烹以享上帝，而大烹以養聖賢。烹，普庚反。飪，入甚反。以卦體二象釋卦名義，因極其大而言之。享帝貴誠，而犢而已。養賢則饗　牢禮，當極其盛，故曰大烹。

巽而耳目聰明。柔進而上行，得中而應乎剛，是以元亨。上，時掌反。以卦象、卦變、卦體釋卦辭。《象》曰：木上有火，鼎，君子以正位凝命。鼎，重器也，故有正位凝命之意。凝，猶至道不凝之凝，《傳》所謂「協於上下，以承天休」者也。以下爻辭變從略。從古到今，《周易》注本如汗牛充棟，各有各的説法，我們這裡所列的乃是最權威的注本，足以説明這些注本都是為注者各自的觀點服務的，而經文本身無任何變化，真是越是經得起注釋的書，就越是經典。其實我們從烹飪的角度去認識《鼎》卦，就是「以木巽火，烹飪也」那一句，其他都是從儒家觀點出發加上去的。

## 三、王利器説

國學大師王利器先生説「烹飪」（見《中國烹飪》1990 年 7 期，《中國烹飪技術》序）。二十世紀之末去世的王利器先生曾説：「蓋世言烹飪文化，即民族傳統文化不可分割之一部分。世人於中國文化或有不同的看法；而於中國烹飪，則有口皆碑也。然則烹飪意識，其內涵之深廣，實有『口弗能言，志弗能喻』之感，豈徒區區給人以口福而已矣」。為此，他對「烹飪」一詞的語源和底蘊有過概括性的闡述，本書初版曾予以轉錄，故而這次從舊。

「《周易・鼎卦》：『鼎』元吉亨。《彖》曰：『鼎，象也。以木巽火，烹飪也』。王弼注：『烹飪，鼎之用也』。孔穎達《正義》：『鼎者，器之名也。自火化之後，鑄金而為此器，以供烹飪之用。謂之為鼎，烹飪成新……《雜卦》曰：革去故而鼎取新，明其烹飪有成新之用』。烹飪二字，始見於此。以巽木入離火，此言先民始有熟食。然必待鼎之發明，然後乃有烹飪之事。烹飪成新，此為揭開人類文明史上之第一頁，烹飪之義大矣哉！《呂氏春秋・本味》篇載伊尹以至味説湯，以為『鼎中之變，精妙微纖，口弗能言，志弗能喻』。高誘注：『鼎中品味，分齊纖微，故曰不能言也。志意揆度，不能喻説』。所謂品味者，《禮記・少儀》：『問品味』。《正義》曰：『品味者，饌

也』。烹飪興而品味作。總之，不出乎鼎新者近是。故者一成不變，新者萬變而無窮，此鼎之說之所以深中人心也。《呂氏春秋》載伊尹說，言鼎中之變，又謂『調和之事，必以甘酸苦辛鹹，先後多少，其齊甚微，皆有自起』。高誘注：『齊，和分也』。《淮南子·原道訓》：『味之和不過五，而五味之化，不可勝嘗也』。高誘注：『化亦變也』。皆強調烹飪之變化，『精妙微纖，口弗能言，志弗能喻』。《莊子·天道》：『輪扁曰：臣也以臣之事觀之，斫（zhuó 讀酌）輪，徐則甘而不固，疾則苦而不入，不徐不疾，得之於手而應於心，口不能言，有數存焉於其間。臣不能以喻臣之子，臣之子亦不能受之於臣』。蓋斫輪於烹飪，俱有數存焉於其間。即老於是道者，亦難以言傳而身教也。故昔之傳食譜者，慮皆不詳其操作過程，名雖存而實則亡。今試取《武林舊事》卷六《市食》及《夢粱錄》卷十六《酒肆》所載宋時杭州諸食品言之，有能一一再現於今日，如爾時宋五嫂於西子湖邊以東京舊法烹魚乎？蓋人存則舉，人亡則息，為政然，品味何嘗不然也』。

　　我們知道，王利器先生是研究我們傳統文化的大師，因此，他對古籍的考證十分精確，無懈可擊，特別是關於「變」的論述，更是精當。已經去世的蘇州名廚吳湧根，曾多次談到他的從藝之道，他說：「烹飪之道，貴在變化；廚師之功，在於運用」，真是獲得了事廚者的三昧，跟王利器先生的論斷天然符合。然而王先生對手工技藝的神秘化，未免有些過頭，這對於有些廚師來說，非常容易共鳴。事實上，在當前的資訊時代，此類人亡藝亡的現象已經極少了。

## 四、《中國烹飪辭典》關於「烹飪」的定義

　　蕭帆主編《中國烹飪辭典》（中國商業出版社，1992 年）關於「烹飪」的定義《中國烹飪辭典》是前商業部利用行政手段組織編定的中國歷史上第一部烹飪專業辭書，在 1990 年前後曾多次重印，印數相當大，也很有影響。其中「烹飪」一詞是集體討論形成的，其全文為：

　　「烹飪」詞義為加熱做熟食物。廣義的解釋為：烹飪是人類為了滿足生理需求和心理需求把可食原料利用適當方法加工成為直接食用成品的活動。它包括對烹飪原料的認識、選擇和組合設計，烹調法的應用與菜肴、食品的製作，飲食生活的組織，烹飪效果的體現等全部過程，以及它所涉及的全部科學、藝術方面的內容，是人類文明的標誌之一。

　　這個定義基本上擺脫了《周易·鼎卦》，在其「廣義」的定義中，力圖包括自然技術科學和人文社會科學各個相關知識，但又未提出烹飪文化的概念，它成了中國歷史上第一個從「以木巽火，烹飪也」走向「烹飪文化」的過渡性定義；第一次提出人的飲食活動既有生理需求，也有心理需求，並把烹飪和飲食兩者的關係說清楚了；從飲食哲理

來考察，它對《周易·鼎卦》的「聖人烹以享上帝，而大烹以養聖賢」採取了回避的態度，也就是對人的飲食生活的社會等級性採取模糊的做法。總而言之，這個定義把烹飪文化的內涵羅列無遺，但卻未能進行科學的全方位的概括。

## 五、《中國烹飪文化大典》關於「烹飪」的定義

陳學智主編《中國烹飪文化大典》（浙江大學出版社，2011年）關於「烹飪」的定義這是最新出版的一本有關烹飪、飲食的大型工具書，由於採用的是百科全書式的編寫方法，所以全書沒有專門闡述「烹飪」的定義，不過在趙榮光先生為該書所作的序言中，有「食生產、食生活行為的文化圖像，就是食物原料開發、加工、利用過程的不斷延伸與擴張；核心則是加工，也就是人們日常所講的『烹飪』或『烹調』」。「人類食品加工過程中的技術特徵、科學蘊含、經驗習慣、行為事項、禮俗思想等，構成了『烹飪文化』」。「烹飪事務的『手工操作、經驗把握』是貫穿了近代科學以前數千年之久人類食生活史的基本特徵」。他接著從食原料種類及其加工技術、中國食品傳統的加工工具、上層社會對奢華飲食的追求、社會餐飲行業的發展需要、在飲食活動中追求智力和體力極致發展，以及中國人對「食事至重、食學至高，精烹飪術和治食學者致聖」等六個方面論述中國烹飪技術堪稱世界第一。

《中國烹飪文化大典》的第一篇為「中國烹飪文化綜述」，其中的「一」是「中國烹飪文化的民族特性」，執筆者也是趙榮光。他說：「烹飪文化是人們在烹飪實踐過程中所創造的物質財富和精神財富的總稱。烹飪文化被賦予了廣泛的內容，具體地說，包含烹調和烹調所製作的各類食品以及飲食消費過程中的技術、科學、藝術、飲食養生，以及由烹調和飲食衍生的眾多文化現象，如以烹飪為基礎的習俗、傳統、思想和哲學等。總之，烹飪文化是由人們烹飪和消費食物的方式、過程、功能等組合而成的烹飪事項的總和」。顯然，趙先生對烹飪文化的定義是下了功夫的，而對「烹飪」本身則基本上認為是飯菜的製作。

## 六、國外從近代科學的基礎上作出關於「烹飪」的定義

國外這方面也有種種的說法。筆者覺得最言簡意賅的是英國食品化學家福克斯（B. A. Fox）和卡梅倫（A. G. Cameron），曾將烹飪簡單地定義為對食物進行熱處理，以使食物更可口、更易消化和更安全衛生[7]。這個定義顯然與文化無關。

綜上所述，筆者只是做了個「文抄公」的角色，並未真正闡述自己對「烹飪」所下的定義。在本書的初版中，筆者出於對當時流行的「烹飪是文化是科學是藝術」的質疑，曾經從烹飪產品的營養性、安全性、心理上的可接受性、藝術性、服務性、烹飪技術的

漸變性、烹飪勞動的分散性和手工性、理論基礎上的多面性等八個方面，論證烹飪的本質屬性是它的科學技術屬性，並且專門作文回答了其他學者責難[8]，意在建立起烹飪的技術理論體系。同時推崇科學學創始人之一、英國著名物理學家貝爾納早在1962年就提出「有理智地應用生物化學，就應當注意務使我們所生產的食料得到最充分和最好的使用，並使烹調成為一種科學，而同時保存它作為一種藝術的美好成就」[9]。至於何謂科學？任鴻雋說過：科學是學問，不是藝術；科學本質是事實，不是文字遊戲[10]。貝爾納說得更清楚，他說：「科學在全部人類歷史中確已如此改變了它的性質，以致無法下一個合適的定義」。「科學的一個形相是體系化的技術，其另一個形相則是合理化的神話。這是因為科學起初本是手藝工人的秘術和祭祀的學問。則在大部分的有記錄的歷史中一直是互相分開的東西，故而經過了許久，科學才在社會裡建樹了獨立的存在」[11]。

筆者在這裡羅列這些大師們對科學的論述，意在說明烹飪的本質屬性是科學，因此當代烹飪研究的重點是烹飪科學，即從廚師手藝上升為體系化的烹飪科學。至此，筆者也給出自己對「烹飪」的定義：

烹飪是人類在飲食活動中，為獲得健康安全的食品所必須採取的對自然狀態食物進行加工的技術。又鑑於人類的飲食活動對自然生態和人類社會有著密切的關係，從而促使烹飪帶有與生俱來的文化特徵。顯然，烹飪科學是這門學問的基礎，其他種種都是衍生的。烹飪科學是構築在自然科學和多種應用技術上的技術科學，其表現形態可以因時、因地、因食物資源、因人群的倫理和宗教觀念而多變，但其基本的科學原理卻是完全相同的。這個說法曾被多人引用。

## 第三節　烹飪學的學術地位

烹飪學這個名詞，從誕生到現在，不過三十年左右，所以一般辭書均不收錄。加之它的實際內涵一直爭論不休，持弘揚觀點的人，說它博大精深，似乎遠在其他學術之上；持科學觀點的人，說它不過就是做飯做菜的一門技術。筆者主張後者，烹飪本是一門實實在在的技術，在經過系統地歸納整理、提煉以後，完全是一門夠格的技術科學或應用科學，用不著給它裝上那些漂亮的羽毛。這一點在先秦時代即已如此。在中國古代，做菜叫做「和羹」，人們常拿它來作各種比喻。例如：

《尚書‧說命》：「若作和羹，爾惟鹽梅」。

《詩經‧商頌‧烈祖》：「亦有和羹，既戒且平」。

《左傳‧昭公二十年》：「齊侯至自田，晏子侍於遄臺，子猶（梁丘據）馳而造焉。公曰：『唯據與我和夫』？晏子對曰：『據亦同也，焉得為和』？公曰：『和與同異乎』？對曰：異。和如羹焉，水火醯醢鹽梅，以烹魚肉，之以薪，宰夫和之，齊之以味，濟其不及，以洩其過。君子食之，以平其心」。這就是「和而不同」的出處。這一段引文又見於《晏子春秋‧外篇》，連文字都是一樣的[12]。

《呂氏春秋‧本味篇》被烹飪界奉為中國烹飪最早的經典，然則該文僅談到了烹和調，並沒有涉及烹飪過程的全部技術。對烹飪技術作出最完整總結的是西漢大儒劉向，在其代表作之一的《新序》卷四「雜事」中，有一段借事喻史的談話記錄，文不甚長，現抄錄如下：

「晉平公問於叔向曰：『昔者齊桓公九合諸侯，一匡天下，不識君之力乎？其臣之力乎？』叔向對曰：『管仲善製割，隰朋善削縫，賓胥無善純緣。桓公知布而已，亦其臣之力也』。師曠侍曰：『臣請譬之以五味。管仲善斷割之，隰朋善煎熬之，賓胥無善齊和之，羹以熟矣！奉而進之，而君不食，誰能強之，亦君之力也』」[13]。

中國古籍，汗牛充棟，但將調羹（烹飪）的技術要素歸納得如此簡明扼要者，無出其右。斷割、煎熬、齊和是烹飪技術的三大要素。在以後兩千年的歷史演變過程中，逐漸變成了刀工、火候和調味三者，把這三者推向世界，用近代科學語言表述，就是食物原料的機械性加工（包括初加工和精加工）、加熱製熟處理和飲食風味調配三者[14]。曾經有人指出還應該加上勾芡技術，其實，這完全在於對味和風味概念的界定，這一點將在本書第五章詳細討論。

貝爾納說：「科學的一個形相是體系化的技術」。按照這個結論，烹飪早已是一項系統化的技術，只不過一直沒有進行文字化的整理，在廚行中口手相傳了三千年，就是到了清代乾隆年間，袁枚作《隨園食單》，對烹飪技術三要素的內涵作相當詳盡的描述，但卻沒有像劉向那樣言簡意賅。可惜，除了本人以外，其他學者對劉向的描述並不十分在意，人們寧肯尊奉《本味》，而不提劉向。但是翻開歷史上那些「食經」中的菜譜，直到現代的烹飪工藝教科書，都無法迴避劉向的論斷。究其主要原因，還是因為他們把技術和文化始終糾結在一起。不過經過這幾十年的研究和實踐，烹飪學已經站穩了腳跟。

烹飪學從本質來說，屬於自然和技術科學（即我們所理解的理工科），即屬於 Science and Technology 的範疇。又因為它是研究烹飪勞動的規律性的科學，而烹飪勞動又兼具文化屬性和藝術屬性。所以烹飪學的整體組成部分應包括烹飪文化（或飲食文化）、烹飪藝術和烹飪科學三部分。這裡的烹飪文化實為小文化的概念，即指烹飪勞動與人類社會的關係，而不是當前大陸烹飪學術界所宣傳的那個包羅萬象的大文化的概念。從物質第一性這個認識的基本原則來說，屬於自然和技術科學的這個部分是它的基礎和核心。我們不妨以建築學科為例來進行類比，大文化概念上的建築文化，包括了建築科學和建築藝術，還有一些上述兩者都不能包括的小文化概念上的建築文化，而 Science and Technology 意義的建築科學是典型的自然和技術科學，其中的任何一個部分都可以複演和作量化處理；而建築藝術則是專門探討建築物風格的一門學問，每座建築物都有自己獨特的風格，且這種風格當建築物建成以後即已完全體現，不再改變，人們即使用同樣的材料、同樣的方法，再建或重建一個同樣的建築物，那也只能叫做相似的建築物，在藝術上屬於贋品；至於小文化概念上的建築文化，則是專門研究諸如這種建築產生的時代背景和社會影響（如唐代的佛塔）、歷史價值（如盧溝橋和抗日戰爭）、政治形象（如人民英雄紀念碑）和經濟效益（如南浦大橋）等。這裡的區分是異常明確的，建築學界也從來沒有為此發生爭論。烹飪學界的這種爭論本來也不應該有，問題出在某些學者把不屬於科學技術範疇的問題硬說成是科學，或者用藝術性來干擾科學性，結果造成時而大文化，時而小文化，從而形不成系統的理論。

認定了烹飪學是研究烹飪勞動規律性的技術科學，即等於認定了這種技術科學的基礎和核心就是人類在數十萬年的生活實踐中形成的烹飪技藝，它以製作供人們直接食用的主食和菜點為其主要目的。因此烹飪學的研究對象便是這些主食和菜點，研究這些主食和菜點在製作過程中所依據的一切原理和遵循的各種技術規範。這些原理和規範，有一部分完全是人為的，是受不同食用人群的特殊的社會人文背景所制約的。因而這些是核心和本質之外的附加因素。但儘管是附加因素，卻又不能隨便摘除，就好像不能隨心所欲地改變某些宗教信徒特定的食物禁忌一樣。從自然科學意義上講，這些附加因素沒有太大的實際意義，勉強說些道理，也是強詞奪理。例如，孔子說的「割不正不食」就是一例。而從社會人文科學的意義上講，這些因素有時是天經地義的，如在封建社會裡，飲食不合乎禮制，也是一種大逆不道的行為。即使在今天，如果一位大學教授，抓一塊燒餅在大街上邊走邊吃，人們馬上就會說此人不拘小節，而如果有一位搬運工人有這樣的行為，誰也不覺得有什麼稀奇。

現在不管人們如何看待這些問題，烹飪文化（也許用飲食文化的提法更好）和烹飪藝術在它們的實際內涵上，與自然科學意義上的烹飪科學是有明顯差別的，在研究對象和研究方法上都存在明顯的差異，儘管彼此之間存在著密切的關系，但誰也代替不了誰。就當代的現狀來看，對自然科學意義上的烹飪科學的研究亟待加強，這不僅因為它是烹飪學的核心和本質，還因為在過去的歷史長河中，一直沒有受到科學系統的重視。以致時至今日，還沒有公認的並且能夠促進烹飪學向前飛躍發展的理論體系。加之這種理論體系的形成，需要多種純粹科學和應用科學的干預。英國學者貝爾納（J. D. Bernal）在預示將來生物學的應用研究時說過，「有理智地應用生物化學，就應當注意務使我們所生產的食料得到最充分和最好的使用，並使烹飪成為一門科學，而同時保存它作為一種藝術的美好成就」。很顯然要達到這個境界很不容易。對當前的實際情況，作者常喜歡用一句俏皮話來表達，那就是烹飪科學研究這個行當，大科學家不願幹，小科學家幹不了。問題就是如此簡單而且明確，無需故弄玄虛。至此，作者認為可以明確，綜合性的

烹飪學實際上包括了小文化（或飲食文化）、技術科學範疇的烹飪科學和人的感官所及的烹飪藝術這三個組成部分。

　　既然烹飪已經成學了，那麼它在學術殿堂中座位在哪里？在很長的歷史進程中，它實際上沒有固定的座位，在中國古籍的「四庫」分類法，它們有時出現在子部醫家類，有時出現在子部農家類，甚至會出現在集部。自從近代圖書分類法的美國杜威十進位法進入中國以後，原來的四庫法被廢棄，其實它也無法承擔大量自然和技術方面的近代科學的分類。1950 年以後，中國國家圖書館（原北京圖書館）按杜威法的樣式編製了大陸自己的《中國圖書館圖書分類法》，現在已修訂到第五版，在前幾版中，烹飪方面的書籍被安排在「生活供應技術」之中，不言而喻，這個學術地位是很低的。由於整個工業技術用 TS 為代號，食品工業為 TS2，生活供應技術為 TS97，烹飪術為 TS971。當二十世紀八十年代「烹飪熱」興起以後，相關出版物數量猛增，這個三級類目顯然承受不了，所以《中國圖書館分類法》在第四版中，將 TS971 稱為美食學，TS972 為烹飪技術，到了第五版（2011 年）TS971 改稱飲食學，其中包括飲食文化、酒文化、茶文化等，TS972 內容未變。從圖書分類法的角度看，這個問題似乎已經解決了。然而 TS971 並不包括烹飪技術，TS972 的烹飪技術幾乎是針對廚房的，科學意義上的學術地位仍不突出。因此筆者始終認為，烹飪就是食品加工，因此烹飪學是食品科學的一個分支[15]。這是因為：

　　（1）以刀工、火候和調味為技術要素的烹飪技術體系，在目前的情況下，仍然是以手工技藝為主，但由它上升的機械化作業，已經屬於食品科學。

　　（2）從烹飪技術的理論體系來看，離不開營養學、分子生物學和現代化學的支撐，這和近代食品科學毫無二致，它在歷史上曾有過的那一點「陰陽五行說」，本來就處於碎片的狀態，現在已無修補的可能。

　　（3）當代烹飪技術的傳承系統已經轉變成近代教育的一部分，在教育方法、教學手段和管理理念基本上摒棄了師徒相授的舊傳統，這和近代食品工程教育幾乎是一樣的。儘管尚有師徒相授的情況存在，那畢竟已是強弩之末。至於家庭中的母女或婆媳相授，那只是一種技能的培育，談不上什麼教育。

　　（4）在生產組織和經營管理方面，由烹飪技術支撐的餐飲行業，其現代化趨向日益明顯，其管理思想明顯受到工業化的薰陶。

　　至此，我們可以說，以食品（即菜肴點心等）製作為主要生產形態的烹飪技術，即是烹飪學，在目前仍然是以手工生產為主的傳統技術，隨著第三次工業革命的深入開展，機械化、智能化的烹飪設備必將進入人們的飲食活動之中。「炒菜機器人」有可能成為這場技術革命的切入點和增長點，甚至 3D 列印技術也會在社會餐飲行業得到應用。2014 年 6 月 9 日，習近平主席在中國科學院第十七次院士大會、中國工程院第十二次大會上的講話中就明確指出了這一點。目前，已經有幾十種型號和規格的「炒菜機器人」

出現在廚具市場上，但使用的人並不多，這說明它仍需要下大力氣改進。

　　至此，需要再次明確，儘管烹飪具有科學技術、文化和藝術三種屬性，但其核心部分仍然是科學技術。所以，烹飪學就是烹飪技術科學，而烹飪文化和烹飪藝術始終是處於從屬地位的。

# 第四節 烹飪學的研究方法

　　任何一門學問，都有它特定的研究方法；任何一個學術研究者，都有自己的研究思路。而且研究，並非都是學者的專利，任何人要想把自己所從事的事業，做出與眾不同的成績，那一定要動腦筋，設想出各種不同的實踐方案，並且從中選擇出自己認為是最好的方案來完善自己的事業，這便是研究。在過去二十多年中，筆者碰到過好幾位執著研究烹飪的廚師，其中不乏卓有成效者。

　　然而，當我們把研究提升到方法論的高度時，事情遠不那麼簡單，如果我們抱著這個目標去拜訪若干大師級的學者們，所得的答案卻是各種各樣的。特別有些國際知名的大科學家，他們甚至認為科學研究根本就沒有一成不變的死方法，諸如科學方法論之類的專門著作，你如果用念教科書那樣的方法去死讀它，那就什麼效果都沒有。錢學森先生說過：「科學研究方法論要是真成了一門死學問，一門嚴格的科學，一門先生講學生聽的學問，那大科學家就可以成批培養，諾貝爾獎也就不稀罕了」。橋樑專家茅以升說得更妙，他說：「在情況明、方法對的條件下，還有『急事緩辦，緩事急辦』這一層功夫，權衡急徐止於至善」。其實，研究工作中最難的正是要首先摸清情況，然後選擇正確的方法，茅以升先生說的「急事緩辦」，就是要思考周全再採取必要的措施，切不可倉促魯莽行事，以免鑄成大錯；而「緩事急辦」，就是掌握事物發展的規律，不因一時疏失而錯失良機。話雖如此說，真的要「權衡急徐止於至善」，那豈是一般人可以輕易做到的，所以錢學森要青年人多學、多看、多做、多思考。

　　自然辯證法專家查汝強說：「工欲善其事，必先利其器。這『器』就包括兩個方面，即物質的工具和思想的工具。進行科學研究工作，為的是探索自然界的奧秘，發現新的自然規律。不僅要有先進的儀器設備，更重要的還是要有一個善於思維的頭腦。掌握正確的科學研究方法是使思維科學化的重要途徑，也是取得研究成果的前提條件之一。我們要提高科學研究工作的效益，就要重視科學方法論的研究。」

　　以上三位學者關於方法論的敘述均引自一本關於科學方法論書籍的序和題詞[16]。

該書收錄了中國古代數學家劉徽（西元三世紀）、明代科學家宋應星（1587—？）、地質學家李四光（1887—1971 年）、英國哲學家、近代科學方法的創導者弗朗西斯‧培根（Francis Bacon，1561—1626 年）、英國博物學家達爾文（Charles Robert Darwin，1800—1882 年）、俄國化學家門捷列夫（Дмитрий Иванович Менделеев，1834—1907 年）、前蘇聯生理學家巴甫洛夫（Иван Петрович Павлов，1849—1938 年）、物理學家愛因斯坦（Albert Einstein，1879—1955 年）、美國數學家、控制論創始人維納（Nerbert Wiener，1894—1964 年）、物理學家、自然哲學家馬克斯‧玻恩（MaxBorn，1882—1970 年）、美國化學家、物理學家鮑林（Linus Pauling，1901—2001 年）等 11 位科學大師關於科學方法論的論述，也是各有各的說法，將這些說法歸納起來，對於一項科研從選題到完成，大體上都要經過以下幾個步驟，而且每一個步驟都有具體的方法。

（1）選題。對於科學研究工作而言，無論是自然科學還是人文社會科學，選題非常重要，因為選題就是確定研究工作的切入點。例如，馬克思對資本主義的研究是從商品開始的；達爾文研究生物遺傳的變異時，選擇的觀察對象是家鴿……總而言之，科研課題不是隨意確定的，一定要深思熟慮。

（2）掌握課題內容的歷史和現狀，即收集一切可能查到的背景資料，即通常所說的文獻情報調查，充分利用索引、文摘之類的情報工具，尤其作理論研究和新的工藝或產品設計時，吸收別人已做過的成果（包括經驗和教訓）是絕對必要的。現在條件好了，互聯網時代為我們做情報調研提供了有效便捷的手段。對於技術開發性的課題，同類產品和實物模型有觸類旁通的奇效。

（3）觀察和實驗是自然和技術科學研究的核心手段。要知道，觀察和實驗不是同一回事，觀察是指對事物天然存在狀態的直接感受，而實驗則是研究者設定專門的觀察點，人為創造符合事物本身發展規律的觀察條件，從而獲得可信的能反映事物自然面貌的變化規律。在這個問題上，科學家的誠信和良知是絕不可少的，人為的修改實驗結果或造假都是不可饒恕的。為了驗證實驗成果的可信度，複演是必不可少的，這在科學上叫做證偽，唯有證偽，才能確保科研成果的可靠，才能獲得真正的科學規律。前蘇聯時期，李森科在遺傳變異方面的造假行為，勒帕辛斯卡婭關於控制衰老的方法被誇大，已是科學史上的笑話。當然也有對實驗結果解讀的錯誤而導致誤判行為，也應該通過複演和證偽來糾正。這方面的一個著名例證是 1928 年德國化學家溫道斯（A. Wiudaus）因在甾體化合物結構方面的研究獲得諾貝爾化學獎，可是後來證明溫道斯關於膽固醇的結構推定是錯誤的，他的諾貝爾獎雖然受到非議，但他並非存心造假。因此，也只能作為一個歷史教訓。所以說科學研究成果要經得起時間的檢驗，並非一句空話。

（4）用統計學方法進行數據處理是去偽存真、梳理觀察實驗結果的重要步驟。一個常見的錯誤做法是以孤證或非正常的個別數據作為推定實驗結論的主要根據，那麼，推出來的結論就不是科學有效的。科研人員要記住，孤證只能在研究報告中立此存照，而

不能作為科學結論的根據。

（5）用比較、歸納、演繹等邏輯方法從經過統計處理的數據中尋出規律性的結論來，如果是工藝技術開發方面的研究，則要做成模型測定其工作效率。總而言之，對所得的結果要再一次證偽，確保經得起他人的檢驗。

在飲食文化研究中，歷史學、考古學、人類學、社會學等方面的研究方法早已為大家所採用，尤其是田野調查法，為越來越多的青年學者所採用。

學術交流也應該被視為一種科學研究方法，古人那種關門讀書的方法在當代的科學研究中已不足取。

以上所述可視為規範的科學研究方法，對於訓練有素的研究工作者理應這樣做，但對餐飲行業而言，在大陸兩千多萬廚師中，能夠這樣做的人可謂少之又少，但這不等於說廚師就不可從事研究，事實也並非如此，從古到今有創造才能的廚師代有標杆，否則中國博大精深的廚藝也不會有今天的面貌。以筆者近三十年對行業的觀察和瞭解，那種學院式的烹飪研究的確少見，但有些熱愛這個職業，一心想提高行業科學技術和文化水準的廚師大有人在，在這裡列舉三個實例。

第一位是江蘇鹽城高級烹調技師劉正順先生。雖然已年屆七旬，但仍然醉心於烹飪技術的提高和發展方面的研究工作。他 1965 年畢業於江蘇省鹽城中學，因家庭成分問題不能考大學，被下放到新洋農場食堂當炊事員，從此進入廚行，把自己在青少年時代的科學夢植根於廚房，對傳統廚藝中的非科學成分提出質疑，把科學實驗方法引進廚房。首先把物理學上的熱電偶測溫法與廚師用的手勺合理組合，發明了烹飪用的測溫勺，並獲得了國家專利局的實用新型證書，並且先後實測了各種烹調技法的溫度參數和控制方法，在《中國烹飪》雜誌上發表了相關文章七十餘篇，還歸納整理出版了《烹飪數位化與多功能測溫勺》，原國內貿易部還在 1998 年組織專家對他的早期研究成果進行鑒定。2008 年國內貿易部標準化委員會又委託他起草《菜肴配方編寫標準》。他不用國家一分錢，自開飯店籌措烹飪科學研究資金，把自己的想法應用到實際菜品製作之中。在他身邊有一群青年廚師，他用科學方法培訓他們的烹飪技術，並且支持他們參加各種各樣的烹飪比賽，用以檢驗他的科學訓練效果，其中有不少人獲得了高等級的廚師稱號。劉正順的研究方法，可以用愛因斯坦的一句話來概括，即「一切關於實在的知識，都是從經驗開始，又終結於經驗」[17]。他就是將自己實踐的結果應用到菜品的實際製作之中，並且很注重消費者對菜品的反映，如果哪道菜上桌以後，因消費者不喜歡吃而剩下，劉正順一定要查明原因並予以改進。他的鹽城迷宗菜館的規模並不大，但是經營得卻很成功。鹽城是蘇北的一座小城市，流動人口不多，加上餐飲服務業市場密度很大，行業的競爭不言而喻，可是劉正順的飯店卻有著穩定的回頭客，而且一律現金結算。由於幾乎沒有公款吃喝的現象，所以在「中央八項規定」以來，大陸餐飲行業普遍受到衝擊的浪潮中，劉正順的飯店卻幾乎沒有影響，靠的就是他的科學化和標準化的操作，確保了菜

肴的品質。

　　2013年以來，劉正順把他的畢生研究成果，編著成兩本書正式出版，並在此基礎上抽出其中部分內容編寫成基礎培訓教材[18]，向社會和居民家庭推廣。

　　劉正順很懂得科學的分類方法，他在各種菜肴的製作工藝中抽出共同的技術要素，進行分類量化，從而上升為技術科學。他不迷信權威，不管誰説的，他都首先要問一個「為什麼」，如果有不符合實際情況、不科學的地方，他就會毫不隱諱地提出自己的看法，如流行甚廣的「以味為核心」，他卻不以為然，明確提出「以營養素為核心」予以應對。

　　第二位是《東方美食》雜誌社社長劉廣偉先生。他是在「史無前例」中被耽擱的一代，用他自己的話説是：「在求知慾最旺盛的年齡，被歷史的大潮拋入飲食行業，在經歷了苦悶與困惑的心路歷程後，更多的是對食事的追問與求索」（《食學概論》後記）。他從最基層的廚師做起，靠自己的努力當上了山東著名的齊魯飯店的主廚，轉而成了山東省烹飪協會的秘書長，再轉而成了著名的烹飪刊物的主辦者，先接手國內發行的山東《烹飪者之友》後改版成《東方美食》，主辦了《飲食文化研究》雜誌，現在已是國內外公開發行的《烹飪藝術家》和《餐飲經理人》兩種刊物的主辦者。他的研究工作也從最初的廚藝轉向飲食文化，由於他精通廚藝和餐飲企業的經營管理，所以他很接地氣，積極為基層廚師出謀劃策。筆者在蘇州就遇到過他的徒弟，因為接受劉廣偉的指點自己創業，現在已是三家門店的獨資老闆，每家門店都具有一定的規模。

　　劉廣偉已經出版過多部著作，早先局限於食譜類，後來成了媒體人，接觸的人各種各樣，遊走於國內外，見多識廣。在筆者的印象中，他在美國曾有機會參觀了西點軍校的學員食堂，機械化的製作、系統化的管理、科學化的設施令他讚歎不已。從而使他堅信，食事研究有無限廣闊的前景。隨著知識的積累和閱歷的提升，看問題的角度也從灶台上升到人類的全部食事。這在廚師隊伍中是極其罕見的，絕大多數廚師都夢想有一家屬於自己的企業，賺很多的錢，到此為止，基本上在文化上沒有什麼建樹和追求，即使有想法也不過是出一部精美的菜譜而孤芳自賞。而劉廣偉則從一個媒體企業的創辦者的角度，思考這個行業和這門學問的發展前景，他漸漸意識到烹飪即使成學，其覆蓋的知識面也極其有限，而當烹飪從技藝走向文化，擴展成飲食文化時，開頭還可概括很多食事現象。可是當研究工作逐漸深入以後，又發現飲食文化的口袋太小了，裝不下全部食事，於是思索用怎樣的一個學術名稱概括人類飲食的一切知識的總和。他自己説，在和朋友張振楣（《無錫日報》退休記者）的交談中，覺得「食學」這個名稱不錯。經過數年思考交流之後，於2012年兩人決定合作編寫《食學概論》。他們認為「食學」應該由食物生產、食品消費和飲食文化三個部分組成，他們稱為三元結構，分別用「食產」、「食

用」和「食相」來表徵（圖 1-2）。為了表達他們的見解，他們創製了上百個以「食」字打頭的新詞彙（其中有一部分是沿用原有的名詞術語）。筆者不打算對此做法發表評論，但對他們的探索精神表示尊重，並相信在此後的研究中一定會有「去粗存精、去偽存真」的良好後果。這部史無前例的食學著作，把近幾十年來所有的食事項羅列無遺，這本身就是一件值得稱頌的事。本書語言表達清晰、通俗易懂。大陸政協教科文衛體委員會副主任胡振民先生在為本書作序時指出，希望社會各界通過閱讀本書，大家都來關注和重視食學，這倒是人類生存的必要[19]。

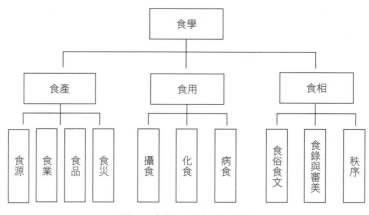

**圖 1-2 食學三元體系示意圖**

劉廣偉和張振楣在《食學概論》中，出於對當前「九龍治水」式的食業管理所產生的低效率，各部門相互扯皮的弊端，建議成立國家食業部。這種想法在三十年前就有人說過，不過那位先生是以烹飪為龍頭建立這樣的大部，顯然是個笑話。而劉張兩位則是想把一切與食事相關的政府部門聯合在一起，是否能夠做到，目前很難預測其前景。

第三位是已經過世的當代蘇州名廚吳湧根老人。這是一位出類拔萃的老廚師，幾乎沒有什麼文化，但卻是德藝雙馨的大師。著名作家陸文夫因創作小說《美食家》而享譽廚界，他是吳湧根的老朋友，他長期生活在蘇州，知道蘇州講究吃，所以要在蘇州做個沒有爭議的名廚師，那是相當難的。他概括吳湧根的成才之路是：「吳湧根在高水準上起步了，他自幼學藝，刻苦鍛煉，用半個多世紀的心血和汗水，使他的烹飪藝術達到了一種出神入化的境地。他能在傳統蘇州菜的基礎上靈活自如地創造出三百多種菜肴（一說四百多種）、二百多種點心，能使最挑剔的美食家在一個多月的時間內不吃重複的東西。他像一個食品魔術師，能用普通的原料變幻出瑰麗的菜席；他像一個不用丹青的畫家，能在桌面上繪出美妙可食的圖畫；他像一個心理學家，一旦知道了你的習慣之後，便能估摸出你喜歡吃什麼東西。他用他的手藝征服了高水準的食客，博得了『江南廚王』

的美名」。「他能使食客在口福上常有一種新的體驗，有一種從未吃過但又似曾相識的感覺。從未吃過就是創新，似曾相識就是不離開傳統」。吳湧根善於吸收各流派的長處，使蘇州菜得到豐富和發展。

筆者與吳湧根及其從事廚藝的三個兒子交往甚密，老人家先是學白案的，後來又轉向紅案，因紅白案的基本功都十分扎實，加上他一直供職於高檔飯店，所以手眼都很高，同樣見多識廣。他自己總結出菜肴點心創新的思路：①傳統與改良相結合；②菜肴與點心相結合；③中菜與西菜相結合。他常說：「烹飪之道，貴在變化；廚師之功，精於運用」。吳湧根很熱心提攜後進，他曾計畫出兩本食譜，將他畢生的心血留給後人，結果只出一本就過世了。上述陸文夫對他的評價就是這本食譜的序言[20]。吳湧根的食譜沒有華麗的面孔，樸實的文字記述著每道菜點的具體做法，是屬於那種可以照著做的廚藝紀實。

筆者在此沒有介紹那些治學有成的專家學者，而是介紹三位出身廚行，沒有顯赫學歷和學銜的業餘食學研究人士，意在表明科學研究並不是什麼神秘的活動；科學研究的內容也有高深和普通的區別，千萬不要把科學研究當作象牙塔裡的精靈，以致在毫無作為的平庸理念下虛度人生。應該知道，牛頓、愛因斯坦並不是人人都可以當的，但服務於人民大眾的各種層次的創新活動，都是值得讚揚的。創新就是研究，研究就會有成果，那種墨守成規，一切都按老套路行事的思想要不得。人人皆可以當發明家，人人皆可以當學問家，問題在於你是否在行動。

# 第五節　烹飪學科的建設與發展

將烹飪、烹飪學和烹飪科學、烹飪文化及烹飪藝術這些概念定義以後，就可以鳥瞰烹飪學科的大致範圍。由於烹飪學科這個概念，過去沒有和烹飪科學加以區別，因此也就沒有和烹飪學的概念加以區別，結果引起了一些不必要的混淆，這對烹飪學的系統化將帶來不良影響，所以還是有必要作進一步的討論。

本來，作為一種科學門類概念的「學科」，在英語中，和科學並未嚴格區別，都是用 Science 來表示。在現代漢語中，兩者的區別並不明顯。例如建築學科和建築科學，

化學學科和化學科學……也常常是混用的。但是學科是科學這個詞的一個詞義，所以通常不會混淆。例如說某一種做法不科學，不會說成是不學科。那麼我們為什麼在烹飪這個領域內，主張把烹飪學科和烹飪科學嚴格地加以區別呢？這是因為當前烹飪學術界的現狀，把文化和科學概念混淆了，為了正本清源，不得不作一些看來煩瑣的規定。

筆者主張把大文化概念下的烹飪學定名為烹飪學科，其具體內涵不僅把本章第三節中厘定的烹飪學包括在內，還要把一切與烹飪相關的多種邊緣科學和交叉科學包括在內，可以用下表大致加以表示。

```
                    ┌ 烹飪學 ─┬ 烹飪文化（或飲食文化）
                    │         ├ 烹飪科學技術
                    │         └ 烹飪藝術
                    │
                    │ 烹飪史
                    │
                    │ 烹飪化學（或食品化學）
                    │
                    │ 食品微生物學
                    │
          烹飪學科 ─┤ 烹飪原料學
                    │
                    │ 烹飪工藝學 ─┬ 飲食器械設備
                    │             ├ 烹調工藝學
                    │             └ 麵點工藝學
                    │
                    │ 烹飪營養學
                    │
                    │ 烹飪衛生安全學（或食品衛生安全學）
                    │
                    │ 烹飪美學及烹飪美術
                    │
                    └ 飲食企業經營管理學
```

對於此表需要作如下說明：

（1）表中所列的分支、邊緣和交叉科學，並非羅列無遺，而是撮其要者。由於烹飪學科是食品類大學科的一個分支，所以某些有關的分支邊緣科學，和信息科學有密切的關係，有些就是兩者共通的。

（2）表中的烹飪學是一門原理性的學科，目前國內已有的幾部著作都叫做《烹飪概論》、《烹飪學概論》（或《中國烹飪概論》），各個作者立足點雖不同，但大多傾向於文化學的觀點，目前還沒有見到傾向於自然和技術科學的著作。

（3）烹飪化學和食品化學實為大同小異的邊緣科學，它是烹飪科學的基礎之一，在初級層次，它可以解釋烹飪操作中許多現象，在高級層次，它是烹飪學研究的重要基礎。化學科學研究的方法，有相當大的部分適用於烹飪科學的研究工作，它更是烹飪發展為科學的一個重要前提，正如貝爾納所說的那樣，理智地應用生物化學，乃是烹飪走向科

學化的基礎。

（4）烹飪原料學是一門以生物學做基礎的交叉科學，它既不同於一般的食物原料商品知識，也不是《廣群芳譜》之類古籍的白話文譯本，它是以近代生物分類學為經，以組織學、解剖學和細胞學為緯，把各種可食的動、植物和微生物糅合在一個以烹飪為取捨標準的框架之中，創造一種獨特新穎的烹飪原料學體系，在當前是一件很有意義的工作，也是一件難度相當大的工作，但又是必須做的工作。

（5）烹飪工藝是烹飪學科的核心和「龍頭」，是烹飪科學研究的重點。總的來說，它是由兩個環節構成：一個是工具環節，即飲食器械設備，包括爐灶、炊具和當代廚房的許多附屬設施（如冷凍設備、通風排氣排汙等衛生設備和洗滌設備）。在國外，這方面的變化很大，發展也特別快。在國內，總是留戀於明火亮灶、菜刀砧板，這的確是個問題；另一個環節是方法，即烹飪技藝。在中國歷史上，若干年來，已經形成紅案和白案分工的格局，近幾年，通過對廚房工種的劃分，實際上已經把紅案科學化為「烹調」，白案科學化為「麵點」，並且已經為烹飪學術界和行業本身所接受，似可不必再變了，按這個路子走下去，把各種形式的烹飪技法系統化、科學化，乃是當務之急。這不僅是傳統烹飪工藝改造和優選的需要，也是烹飪技術人才培養的需要。烹飪工藝學具有顯著的地方和民族特征，有時連手工工具的形狀都不一樣，這是在總結提高時需要妥善處理的問題。烹飪工藝學是現代化技術亟待滲透和結合的領域，但人們常常因強調烹飪的藝術屬性而拒絕這種結合，這實在是不明智的態度，也是拒絕不了的。例如，老廚師津津樂道的吊湯技術，青年廚師不屑為之，因有簡單易於處理的味精和一些有效的添加劑，他當然不肯幹那種費時費力的吊湯活。不過從充分利用食物資源這個角度，恢復吊湯技術還是很有必要的。1992 年 2 月 1 日，因撰寫《美食家》而受到飲食業推崇的作家陸文夫，在《蘇州廣播電視報》寫了一篇題為「不可忽視的電視」的短文。大意是說電視的普及把電影院、劇場等音像遊樂場所的顧客吸引走了，造成了他們的空座率急劇上升，但是文藝人士不去研究如何結合這項先進的應用技術，卻去發動宣傳攻勢，搞什麼振興電影、振興京劇之類的宣傳活動，結果收效甚微，最後連宣傳者自己也沒勁了，也坐到電視機前去了。這就說明，放著新技術不用，一味追求傳統的手上功夫，最後會很被動。事實上，一部飲食文化史，就是烹飪工藝技術創新變化的歷史，抱殘守缺是沒有出路的，須知商盤周鼎只可供鑒賞，那是決不切合實用的，沒有向前看的意識在任何領域內都不能取得進步。

（6）烹飪營養學和烹飪安全學（或烹飪衛生與安全學）都是保證烹飪產品——食品（主食和菜點）達到符合食用要求的應用科學，它們和食品科學有著共同的規律，在內容上和食品營養學或食品安全學幾乎是一樣的，既是保證食品具有對人體的營養價值，而且確保對人體健康的食用安全。在國外，這方面的意識比我們強得多。在國內，近幾年持明顯反對態度的人已經沒有了，但畏縮遷就的認識仍然不少，食品安全法規執行得

很不得力，人們的營養意識尚不強烈，甚至在烹飪學術界有一些人主張以食物的品種結構代替基本營養素的平衡計算，機械地把傳統營養學和現代營養學對立起來，其實，在當代，營養意識、人口意識、衛生之類的知識，已經是每一個現代人所必備的生活常識了。

（7）烹飪美學在當代還是個有爭議的學問，基本上有以下三種意見：第一種說是根本沒有什麼烹飪美學，這是把屬於哲學範疇的美學庸俗化；第二種說是有烹飪美學，但尚在待產之中，目前已有幾部著作，夠不上烹飪美學的資格；第三種說烹飪美學不僅有，而且已經形成體系，我們就是代表。筆者從烹飪勞動的藝術引申，也認為確有烹飪美學存在，何必非要把美學裝進象牙塔，讓它高貴得和現實生活沒有關係，那麼這種美學也不會有什麼生命力。至於已有幾部烹飪美學著作，屬於早期產品，難免帶有粗糙的外表和裝錯地方的部件，可以通過百花齊放、百家爭鳴的方法來加以提高，因此既不必用「奇葩」之類的桂冠來瞎捧，也不能一棍子打死的方法去全盤否定。像這類學術問題，還是用有的放矢、實事求是的態度來對待。筆者誠懇祝願這門學問早日成熟，因為它涉及烹飪技藝的一大屬性——藝術性。

鑒於烹飪美學（或飲食美學）是一個有爭論的領域（國外也是如此），而且已經出版的幾部烹飪美學書籍，其內容幾乎都是工藝美術知識，對飲食審美原理尤其是味覺審美的研究尚處於起步階段。至於上升到哲學上的美學境界，還有許多根本性的問題沒有解決，尤其是對西方黑格爾等古典美學理論大師們，關於人的感覺分類的原則缺乏有說服力的批判，因此味覺審美的標準還沒有定型。所以我們在實際工作中，都以「烹飪工藝美術」取代「烹飪美學」，這樣反而名正言順，烹飪工藝美術專門討論視覺審美，研究對象為食品的色和形。

（8）飲食企業經營管理學，在烹飪學科中具有很大的實用價值。凡是稍具規模的餐飲企業，在當前的市場經濟條件下，都面臨激烈的競爭，要想立足必須要講究經營管理。而餐飲行業的經營管理，又有其自身的行業特點，政府主管部門也有強制性的法規措施，所以開飯店一定要研究經營管理。

人類的飲食活動，複雜而且多變，所以相關的邊緣性和分支性的科學門類甚多，但是與烹飪學發展關係最密切的還是科學技術。貝爾納曾說過：「雖然其他技術都用科學方法加以改進和調整了，烹調的基本方法從舊石器時代以來都始終沒有變化，幾乎完全沒有受過科學的洗禮。這當然是由於，在其他生產活動中都有營利的動機推動人們去採用科學技術，而烹調作為家庭事務則沒有這種營利動機。只要在烹調中稍微應用一下生

物化學知識，再進一步減少不必要的家庭操作過程，不但有可能消除浪費，而且有可能比目前更便利、更經濟地製作出各式各樣的新老菜肴以供食用。認為科學會損及烹調藝術就像認為利用科學原理的具體成果的鋼琴會破壞音樂藝術一樣，是沒有道理的」[21]。

　　貝爾納的書出版於 1944 年，他對社會情況的分析，顯然已經過時。以營利為目的的烹調技術已經造就了巨大的產業和相當規模的就業人群，科學技術也對餐飲行業有了相當大的影響，但影響不夠大，今後我們必須多加努力。

# 參考文獻

〔1〕韓非子·上海：上海古籍出版社，1989。
〔2〕劉安·淮南子·上海：上海古籍出版社，1989。
〔3〕辭海·上海：上海辭書出版社，1989。
〔4〕趙榮光·趙榮光食文化論集·哈爾濱：黑龍江人民出版社，1995。
〔5〕季鴻崑·建國 60 年來我國飲食文化的回顧和反思（下）·揚州大學烹飪學報，2010.3：24。
〔6〕季鴻崑·關於烹飪學科名詞厘訂的我見·中國烹飪，1991.12:15~17。
　　季鴻崑·關於制定中國烹飪學術名詞的建議，劉廣偉主編·中國烹飪高等教育問題研究·香港：東方美食出版社，2001。
〔7〕B. A. Fox & A. G. Cameron 著·食物科學的化學基礎·尚久方等譯·北京：科學出版社，1983。
〔8〕季鴻崑·也談烹飪的本質屬性和烹飪科學（上）·中國烹飪，1991.4。
〔9〕（英）貝爾納（J. D. Bernal）著·歷史上的科學·伍況甫等譯·北京：科學出版社，1972。
〔10〕任鴻雋·何為科學家·科學，1919.6。
〔11〕同上（9）。
〔12〕孫星衍·晏子春秋·黃以周校·上海：上海古籍出版社，1989。
〔13〕劉向·新序·雜事·上海：上海古籍出版社，1989。
〔14〕季鴻崑·中國烹飪技術體系的形成和發展·商業經濟與管理，2000.5:53~57。
〔15〕季鴻崑·烹飪學是食品科學的一個分支·中國烹飪，1997.11:11~12。
〔16〕周林等主編·科學家論方法·第一輯·包頭：內蒙古人民出版社，1983。
〔17〕愛因斯坦·愛因斯坦文集·第一卷·北京：商務印書館，1976。
〔18〕劉正順編著·中國烹調數位化工藝學·北京：中國商業出版社，2013。
　　劉正順編著·中國烹調數位化操作技術·北京：中國商業出版社，2013。
〔19〕劉廣偉，張振楣·食學概論·北京：華夏出版社，2013。
〔20〕吳湧根·新潮蘇式菜點三百例·香港：亞洲企業家出版社，1992。
〔21〕（英）貝爾納著·科學的社會功能·陳體芳譯·北京：商務印書館，1982。

第二章

# 營養和食品安全
# 是烹飪學的基礎

烹飪就是做飯做菜，本無貶損的意思。然而，做飯做菜的目的在於維持人類最基本的生命活動，確保身體健康。因此，在人類的飲食活動中，客觀地存在著相互依存關係，做飯做菜是為了提供健康安全的營養物，而人類的飲食活動則是為了獲得健康安全的營養物。也就是說，烹飪製得的食品是飲食活動的供體，而人體本身則是受體，一個人要能健康地活著，這兩者必須平衡和諧。

蕭瑜，在其所著的《食學發凡》中，認為人的飲食活動中，蘊含著物理、生理、心理和哲理四個方面。其中，物理即食物加工的原理，也就是我們所說的烹飪原理；生理和心理則是人體進食的科學原理，也就是消化生理和品嘗心理；哲理則是將前三者上升到哲理高度，從而闡明自然、社會和人類飲食活動的關系[1]。筆者倒是覺得，人的飲食活動是一種社會化的生存和發展的過程，除了物質層面的物理、生理和心理之外，精神層面上的倫理絕不可少，也就是當代普遍關注的飲食文化研究的重要性，這也是人類與其他動物的根本區別。因為有了倫理規則，對於少數不遵守規則的另類，就需要必要的規勸和懲戒，這也可以稱為「飲食的法理」。諸如食品的生產和食用都要注意衛生安全，為此出臺的《食品安全法》就是用來懲戒那些違反和破壞食品安全的團體和個人的。

本章主要是從生理和心理方面論述飲食活動受體的行為規範。但人類的飲食活動，又與整個自然界的生態密切相關，人類的飲食活動一方面受到自然生態環境的制約，另一方面又反過來嚴重地擾動原來的生態環境。所以，在討論營養和食品安全問題之前，必須先討論人的飲食活動（也包括人的一切活動）與自然生態的關係。

# 第一節　關於「天人合一」

在人類的飲食活動中，人和自然的關係處於絕對地調控地位，因為自然條件的和諧與否，決定著整個地球生態系統的安全與和諧。唯其如此，自然界才能給人類提供足夠的食物資源，並且維持食物資源再生的必要前提，這對於世界文明的發展關係重大，所以各國的早期聖賢對此都有明確的闡述。在中國，我們把這種關係稱作「天人合一」。

## 一、「天人合一」思想的形成過程

在中國，真正稱得上「書」的最早的作品當屬《周易》，它原本是一部葡筮的術數著作。傳說由於孔子作「十翼」才成為真正的古代哲學著作，它所闡發的陰陽概念成為

我們中國人觀察世界萬象的基本原理，即所謂「變理陰陽」。它又進一步把世界萬象劃分成「天、地、人」三個維度，這叫做「三才」。「人生於自然，又作用於自然；自然哺育了人，但也制約了人」。因此，要處理好人和自然（即天地）的關係，就要採取「人文化成」的手段[2]。另一本儒家經典《尚書》在講到如何處理天人關係時，特別強調食物生產（尤其是農業生產）的重要性，在其《堯典》、《舜典》、《大禹謨》、《益稷》諸篇中，都強調天時地利與食物生產的關係。至於《禹貢》，更是把「天下九州」的自然條件和物質狀況交代得清清楚楚，說明在中國歷史的「三代」以前，人們就注意天人關係的重要性。而總結治國安邦之道的《洪範》「九疇」，在其「農用八政」中更是說明了「食為八政之首」。

鑒於《周易》和《尚書》都是公認的儒家經典作品，所以上述這些，我們可以視為儒家關於天人關係的基本觀點。先秦諸子中的另一大門派是道家，其元典著作《老子》，現在不僅有傳世的各種注本，這些年還在地下發掘出好幾種簡帛本，甚至還發現了今本未見的其他篇章，我們在這裡無需引證原文，就可斷定它關於天人關係的基本觀點，因為道家主張順應自然的思想，就是它的天人觀。被《漢書‧藝文志》列入道家的《管子》，並非全部是管仲的原著，但現在傳世本《管子》中的《形勢》、《水地》、《四時》、《五行》、《侈靡》、《地員》、《權數》等篇目，都強調人和自然的和諧關係，特別是《形勢解》中說得更為明確，「天覆萬物而制之，地載萬物而養之，四時生長萬物而收藏之。古以至今，不更其道，故曰：古今一也」。《侈靡》中更提出了「地重人載」的概念，要人們注意保養「地利」[3]。

天時地利人和的思想，在先秦時期即已深入中國人的骨髓，思想家都力圖證明其思想價值和道德力量，傑出政治家都讚賞管仲的論斷。例如，在他之後的晏嬰，便反對對自然界進行過度的掠奪，他說：「大宮室，多斬伐，以逼山林；羨美食，多畋漁，以逼川澤」[4]。

真正提出「天人合一」並使它成為中國人思想的是漢代大儒董仲舒，然而董仲舒並非孔、孟、顏、曾式的純儒，他是先秦儒家自孔子創立以來第一次修正的改良派儒家，他的思想體系中不僅有儒家傳統，而且吸收了道家、陰陽五行家等多種學派的理論模型和行為規範。他的學術觀點，集中反映在被班固收入《漢書‧董仲舒傳》的「天人三策」和傳世著作《春秋繁露》之中。

所謂「天人三策」，是指漢武帝舉賢良文學時，董仲舒的「賢良對策」，文中先錄的是漢武帝的題目（即傳中的「制曰」），然後是董仲舒的回答（即傳中的「答曰」），這樣前後有三個來回，故稱「三策」。用現在的說法，董仲舒主修的科目是《春秋公羊傳》，所以他在第一次回答的開頭便說：「臣謹案《春秋》之中，視前世已行之事，以觀天人相與之際，甚可畏也」。他在以後的論述中，竭力宣揚他的「天命觀」，一方面認定君權天授，但君若不行「天道」，「國家將有失道之敗，而天乃先出災害以譴告之」。

於是，「災異」可以使皇帝收斂，「祥瑞」可以使天子開心，若不聽話，天譴能要你的小命。董仲舒在取得漢武帝信任之後，便先後用他去規勸兩個不守規矩的藩王（江都易王劉非和膠西於王劉瑞，都是漢景帝之子）均取得成功，保住了自己的性命。但他常妄言災異，有時並不靈驗，幾至丟掉老命，所以他晚年辭官回家，但漢武帝仍常向他諮詢。董仲舒的「天人三策」，最後有一段話：「《春秋》大一統，天地之常經，古今之通誼也。今師異道，人異論，百家殊方，指意不同，是以上亡以持一統；法制數變，下不知所守。臣愚以為諸不在六藝之科孔子之術者，皆絕其道，勿使並進。邪辟之說滅息，然後統紀可一而法度可明，民知所從矣」。漢武帝接受了他的建議，於是「罷黜百家，獨尊儒術」[5]。孔孟之道成為中華民族的精神脊樑，實為董仲舒的最大貢獻，所以有人說，秦始皇只是在疆域和制度上統一了中國，而漢武帝則是在精神上統一了中國，是非功罪，歷史評說。然而「致中和，大一統」成中華民族性格的高度概括，子思和董仲舒各得其半，前者是孔子的孫子、孟子的老師，純儒也；後者以儒為主雜糅諸家，雜儒也。是非得失，同樣由歷史評說。

董仲舒的「天人合一」說，主要見諸《春秋繁露》。現撮其要者如下：

《服制像》：「天地之生萬物也以養人，故其可食者以養身體。」

《立元神》：「天地人，萬物之本也。天生之，地養之，人成之。」

《必仁且智》：「天地之物有不常之變者，謂之異，小者謂之災。」

《深察名號》：「天人之際，合而為一。同而通理，動而相益，順而相受，謂之德道。」

《循天之道》：「中者，天下之所以始終也；而和者，天地之所生成也。夫德莫大於和，而道莫正於中。」他所認為的「循天之道」便是追求中和[6]。

綜合董仲舒在《春秋繁露》中所述的「天人合一」思想，其所施影響於飲食文化者：

（1）仁禮互補的儒家人文精神，他強調仁政、禮教、王道、德治等先秦儒家的政治主張提倡三綱五常的封建秩序為仁之本，要求做到當仁不讓。

（2）從儒、道結合的角度，提出「天人合一」，天人相應，崇尚「天命」，把仁禮與天地之道相配。「仁者，天也」（《俞序》），「義者，地也」（《仁義法》），兩者綜合便是前面引述的《深察名號》的那一段。

（3）提倡封建的等級制度，一切衣食住行和人際交往，都要恪守封建宗法社會的等級差異所規範的禮樂制度。

（4）將陰陽五行進一步規範化系統化成哲學範疇，並以此闡發他的中和思想。傳世本的《春秋繁露》號稱82篇（內闕文3篇），在其篇名中就有9篇用「五行」字樣，6篇用「陰陽」字樣，由此可見一斑。

「天人合一」思想最早的文獻依據是《周易》的《說卦傳第二》：「昔者聖人之作易也，將以順性命之理，是以應天之道曰陰和陽；立地之道曰柔與剛；應人之道曰仁與義。兼三才而兩之，故易六畫而成卦，分陰分陽，迭用柔剛，故易六位而成章」。類似

的觀點在先秦古籍中屢見不鮮，並被廣泛引用到古代科技之中，《黃帝內經》便廣泛吸收了這種思想。董仲舒則認為天、地、人三者的道路是相通的，他說：「古之造文者，三畫而連其中，謂之王。三畫者，天地與人也，而連其中者，通其道也」（《春秋繁露·王道通三》）。他在《人副天數》篇中，把天地日月、節令寒暑等自然現象與人的生理狀態一一對應，這成了中醫藥用的理論基礎，並且深深地影響了中國的飲食文化。

其實，從字面上去閱讀《春秋繁露》，有關飲食的文字不會超過10處。而他的「大統一」思想則深深地植入中餐的宴會設計和菜點設計之中。董仲舒實為自孔子之後，施影響於中華飲食文化最大的新儒家。不過，如果把「天人合一」絕對化，用來反對新科學技術在人類飲食生活中的應用，那就是不看時代背景而削足適履了。關於這一點，我們以後還要討論。

## 二、「人定勝天」和「天理不容」

「人定勝天」的出典，在1998年版的《辭海》中共列了三條，即「劉過《襄陽歌》：『人定兮勝天，半壁久無胡日月』。《聊齋志異·蕭七》：『登門就之，或人定勝天，不可知』。《逸周書·文傳》：『人強勝天』，亦此意」。劉過，宋朝人；《聊齋志異》，清代小說，出世都很晚。而《逸周書·文傳》即《汲塚周書》，雖為先秦古籍，但說法畢竟不是「人定勝天」。因此「人定勝天」究竟產生於何時，一時說不清楚，過去人們對它也不甚關注，只是近年來，鬥天鬥地，不計後果，才把它捧出來為自己的莽撞行為壯膽。等到事與願違，闖了大禍，「人定勝天」又會當作唯心主義的靶子而受到批判。實際上，從古到今，人們在高喊「天人合一」的同時，卻一刻也沒有停止對大自然的索取。

全球史前文明的演進和自然環境變遷之間一直有著密切的關係，這種關係在農業文明方面的表現尤為明顯。王巍根據近年來的考古新發現，斷定中國原始農業產生於距今六千年至一萬年之間，首先是對野生稻和野生粟的利用和改良，並輔以對多種果實和塊根類植物的利用，繼而以砍伐森林為能源的製陶業和金屬冶煉業的產生，並以燒荒作為擴大耕地的手段，從而出現我們祖先對原始環境的第一次大破壞。大概在距今八千年到六千年之間，以豬為主要品種的家畜養殖業開始形成；而在距今五千五百年至四千年之間，人類自身的社會結構發生了顯著變化，「一部分人先富起來了」，這部分人的超平均水準的消費以及因祭祀活動的需要，開始對自然界進行掠奪式的開發，並且在更大規模上對同類的勞動成果甚至包括他們本身進行掠奪式的佔有，自然環境生態再一次遭到空前的大破壞。我們的母親河黃河中下游地區幾千年來的環境生態變化便有力地說明了這一點[7]。中國原始民主選舉制度的消失是從夏啟開始的，「家天下」帶來的上層社會奢侈消費，無限放大了人們的貪欲，因營造宮殿、陵墓、寺廟和豪華住宅而無節制地砍伐森林，日益發達的製陶業和金屬冶煉加工業吞噬著大量木材，使許多鬱鬱蔥蔥的山林

變成了光禿禿的荒山，而那些以森林為家的多種動物也因此滅亡。今天在大陸各地考古發掘的那些古代文物遺存，幾乎都是以破壞生態環境為代價而創造的，歷代帝王修建的豪華宮殿和各地官宦精心營造的豪宅，還有披著神聖外衣的宗教宮觀寺廟等，我們今天還能見到多少。距今不到六百年的南京明故宮，只有一堆磚石，而碩果僅存的北京故宮，看上去金碧輝煌，可它的每一根梁柱、每一條檁條，都是環境生態破壞的罪證。我們在大加讚賞的同時，似乎也應該有一點理性的反思。

工業革命開闢了人類歷史的新紀元，人類的生活過得越來越舒適。然而，這些又是以破壞生態環境為代價而獲得的。以大陸而論，原國家發改委副主任、國家環境保護局局長解振華曾說過，追根溯源，人類只能在適宜生存的環境條件下才能向前發展。為了生存，人類必須進行生產活動，而生產活動的本質就是人與自然進行迴圈交流的過程。但是這種迴圈交流的方式並不是一成不變的，就數量關係而言，人的數量越來越多，而地球上的原始物質資源將越來越少，可是作為高級智慧動物的人類，卻有著永遠不能滿足的欲望，總是希望自己的生活「越來越好」。為此他們不斷地創造發明出具有更高更精緻的生產技術體系，來滿足其物質和精神的需要。當這些目的得到滿足以後，人類又會把舊的勞動成果再次拋回自然界[8]。被拋棄的舊的勞動成果如果得到重新利用，那就是迴圈經濟理論的核心價值，或者換一種說法，叫做可持續發展。對此，中國古代有一個通俗的說法，叫做「萬物土中生，萬物歸於土」。連人死了都要入土為安。這是「回歸自然」的循環論，只有用近代化學術語來解釋才是正確的，即在原子層次上的物質才符合這種循環論，將有序的可用物質變成無序的垃圾世界，物質（在原子層次上）是不滅的，但舊的物質文明卻消失了，其中的一部分轉化澱積成精神文明，真是「萬里長城今猶在，不見當年秦始皇」。在人和自然進行迴圈交流時，人類想方設法滿足自己的物質和精神欲望，不理智地向自然宣戰，「人定勝天」口號的產生也就不足為奇了。然而，人類文明有永恆性的一面，所以對自然生態的破壞也永遠不會停止，對已經破壞的自然生態的修復也永遠不可能是全部的，所以地球的自然生態環境永遠是可變的，人類只能不停地調整自己，以求得與當地的生態環境相適應，否則就沒法活下去，因為「天理不容」。

2003—2004 年，筆者曾利用《光明日報》的相關報導，對那時全大陸的大氣、水資源、土壤和耕地、森林和植被以及野生動植物相關的生態環境的變化，作過簡要的歸納[9]。10 年過去了現在再回頭去看，沒有哪一項真正得到改善。2013 年的大氣污染席捲大陸，政治文化中心的京津冀地區首當其衝；南水北調中線工程已經開始調水，但真正的後果如何，現在還不好評價。下雨水災，不下雨旱災的局面沒有改變；土壤的營養品質下降，耕地面積繼續縮小；森林的植被僅有少量恢復；野生動物的品種和數量仍面臨威脅，SARS 和禽流感曾引起大陸全國性的恐慌。所有這一切都警示人們要善待地球，過度相信「人定勝天」必然會造成「天理不容」。

我們在上面討論中，完全忽略了人類相互爭鬥——戰爭對自然環境的破壞，1950 年戰爭結束以後，大陸的國土上已經有六十多年的和平環境，這對於近一百多年來的中國很不容易，我們要百倍珍惜。

## 三、中國當前飲食生活中的天地人關係

前面已經討論了人類活動和自然生態的關係，現在專門討論人類飲食生活與自然生態環境的關係。前文中曾對董仲舒的觀點作過介紹，筆者以前也曾為此作過專題研究[10]，意在闡明生態環境、食物資源與人體健康之間的關係[11]。

環境（environment）這個詞中國古代就有，是環繞四周的意思。現代意義上的環境是指圍繞人類周圍且與人類生存密切相關的自然因素和社會因素，以及由此兩者互相作用而造成的人類的生存條件的綜合體。也就是說，有形的自然環境和無形的社會環境是互相影響的，研究這種影響的學問叫做環境科學。它的實際內涵突破了傳統的自然科學、工程技術科學乃至社會人文科學的界限，成了名副其實的綜合科學。雖然，環境科學是個現代概念，但環境則是亙古已有的存在，它就是不以人的意志為轉移的客觀存在，地球的歷史就是它的環境變遷史，環境或更準確地說就是人們心目中的自然或抽象意義中的世界。自從人類主宰地球以後，便自然而然地產生人口、資源和土地之間的平衡關係，中國古人叫天地人的「三才」關係。在其中，永不滿足的人類總是要駕馭天地為其所用，但就整體的大自然而言，並不聽命於人的指揮，於是提倡順應自然的道家諄諄教導人們要敬畏自然，而更多的則是利用自然，要利用自然就需要認識自然。英國哲學家弗朗西斯·培根說過，「要命令自然，就必須服從自然」[12]。然而，利益的驅使有時會令一群人共同向自然發起攻擊，這種攻擊有時會取得局部的成功，有時則是短暫的成功或完全失敗，成功的關鍵就在於是否「服從自然」。

認識自然、改造自然、利用自然，都必須要有實事求是的科學態度和堅持真理的科學精神，蠻幹是不行的。從「人定勝天」到「天怒人怨」[13]，都是不講科學的蠻幹造成的。

「天人合一」要求人們理性地對待自然，在保護自然和利用自然之間尋找合理的平衡點。環境與人，應當和諧相處，自然界不僅向人類提供了賴以生存的基本生活資料，而且提供了適合人類生存的空間環境。所以說，環境與健康的和諧，必須是以保護環境為前提，人類為了自身的健康必須停止做掠奪環境的蠢事，控制住自己貪婪的欲望，其中也包括饕餮心態的飲食欲望。營養、環境和健康三者的平衡，一刻也不能放鬆。

健康的生活無疑會延長人的壽命，大陸人民的平均壽命，在北京猿人時代，僅有 17 歲，到 1949 年時也僅有 35 歲，2000 年達 70 歲，2013 年已接近 80 歲。長壽也必然帶來人口的增加，根據翦伯贊主編的《中外歷史年表》所載，西漢平帝元始二年（西元 2 年）統計，當時全國有 12233000 戶，人口 59594978 人，墾田 8270530 頃（每頃百畝），人

均耕地 14 畝多。西漢國土面積肯定比現在小，但也小不了太多，用「地廣人稀」來形容很是貼切。兩千年後，大陸人口已達 13 億多，人均耕地面積下降到西漢時的十分之一左右，而且靠 18 億畝這道紅線的嚴格控制才得以維持。然而，當代人的飲食生活遠非古人所能比擬，《孟子·梁惠王上》描述的理想生活是：「五畝之宅，樹之以桑，五十者可以衣帛矣。雞豚狗彘之畜，無失其時，七十者可以食肉矣。百畝之田，勿奪其時，數口家可以無饑矣」。孟子的這個理想，在今天看來卻是稀鬆平常之事。現代人沒有那麼多的土地，卻無論老少，皆可衣帛食肉，確保「無饑」。這一切靠的是科學技術和社會管理的進步。人類到了該約束自己的時候了。

「飲食男女，人之大欲」。首先要約束的就是這兩項「大欲」。「男女」是為了延續後代，繁衍過多反而會侵佔其他生物的生存空間，無法實現人與自然的和諧。至於「飲食」之欲，經歷了饑餓、溫飽、初級小康向建成小康過渡，滿足肚皮需要的時代已經過去，現在是滿足口腹需要的時代，「美食」成了掛在嘴上的流行語，隨之而來的是食物資源的浪費和社會風氣的敗壞，還加上因不健康的生活方式導致的各種慢性疾病。食物豐富了，反而不知道如何吃是好了。其實，從古到今，教導人們建立健康生活方式的訓條，何止萬千，但欲望來了，這一切卻都拋諸腦後。飲食文化研究者在這方面具有不可推卸的責任。

「天人合一」思想具有永恆的價值，但自然環境和社會環境的均衡和諧，是一種需要不斷調整的動態平衡體系，只要地球上有人類，這種調整就是永恆的。

人類為了生存，就必然要向環境索取，人類改善生活的欲望是無止境的，而人類目前生活的地球卻只有那麼大，所以善待地球，也是人類永恆的責任。總而言之，要求得營養、環境和人體健康的均衡和諧，保護生態環境刻不容緩。但是不等於說，人類過去幹的都有害而無益。恰恰相反，主要表現在人口如此膨脹，而我們的平均壽命和生活品質仍不斷提高，其間科技進步和人文宣傳，兩者功不可沒。因此，現代化、科學化和繼承發揚優秀的傳統文化之間也要均衡和諧，厚此薄彼或厚彼薄此都是錯誤的。

## 第二節　中華傳統營養學說

在中國古代，並無「營養」一說。據哈爾濱醫科大學於守洋教授考證，「相當於現代意義上的營養一詞的漢語，最早見於 1624 年（明天啟四年）張介賓著的《景嶽全書·癌症》。商務印書館 1915 年出版的《辭源》第一版中，在『營養』一詞項下，則稱系譯

自英語 nutrition」[14]。在此之前的醫學（當然是中醫）文獻中，有的只是「養生」或類似說法的「攝生」、「衛生」、「保生」、「養性」等，而醫家有關養生的理論系統最早是從古代道家那裡吸取的，當然還有中國古典思想律——陰陽五行說的薰陶。所以討論古代養生理論，就離不開道家以及後來道教的影響。

## 一、道家、道教的養生思想源流[15]

自從道教誕生以後，人們常把道家和道教混為一談。其實，道家是一種學術流派，形成於春秋時期，以《老子》的出世為標誌，以後一直延續，其主要特徵在《史記·太史公自序》中的《論六家要旨》（司馬遷之父司馬談所作）中有明確界定，到班固作《漢書·藝文志》時有「道三十七家，九百九十三篇」，其中大多已經散佚。我們現在談先秦道家主要是指《老子》和《莊子》，還有《文子》、《關尹子》等幾種可能是後人偽託的。1973 年，長沙馬王堆漢墓出土了兩種帛書本《老子》，和它抄在一起的還有四篇後世失傳的道書，經現代研究道家道教的專家考證後認為就是《漢書·藝文志》的《黃帝四經》，它和《老子》結合在一起即指漢初的黃老學說。

道家的第一次大劫難無疑是秦始皇的焚書坑儒。但在西漢初年，漢文帝劉恒和丞相曹參推行「無為而治」休養生息的政治路線，以黃老為名的道家居於統治地位。可是到了漢武帝劉徹接受董仲舒「罷黜百家，獨尊儒術」以後，道家又被邊緣化。而東漢、魏晉乃至南北朝時期，政權更迭頻繁，政治動盪不安，士大夫們在出世、遁世和入世之間彷徨，「應物變化」、「清靜無為」乃至「厭世不厭生」成了人們追求的精神境界。何晏、王弼、向秀、郭象、嵇康等人調和儒道，注釋《老》、《莊》，復活了老莊哲學，從而形成了道家系統的養生理論，其代表作當推嵇康的《養生論》，強調順應自然，清靜無為，但卻缺少救世精神。我們稱上述道家的學術體系為學術道統。其中不乏大學者和大政治家，如西漢的張良和嚴君平，甚至還有劉安和王莽；東漢的王充；三國的曹操和諸葛亮；魏晉南北朝時的王弼、何晏、鮑敬言、葛洪、陶弘景；唐代更多，連皇帝都研究道學，認真的有唐太宗和唐玄宗；宋代的王安石；明代的劉基；清末的魏源等。直到現代，陳鼓應、王明、卿希泰等一批研究道學的大師，他們僅有極少數人是道教徒，其餘都是學者，所以說學術道統始終沒有中斷。

道教是中國唯一土生土長的宗教，創立於東漢桓帝、靈帝時期（西元 147—188 年）。開始由于吉（也作干吉）、襄楷等人組織，原始經典即現代傳世的《太平經》。由於當時社會階級矛盾嚴重激化，於是道教在社會上下兩層分別發展，上層以張陵（即張道陵）父子祖孫創立的五鬥米道，下層以張角兄弟創立的太平道。張陵不反皇帝，而張角則發動農民起義（著名的黃巾大起義），結果受到殘酷鎮壓，於是史書中有仙道和妖道之分。妖道既被消滅，仙道得到發展，五鬥米道大發展，張陵封天師，於是成了天師道。道教

屬於宗教，尊奉老子為教祖，將《老子》稱為《道德經》，又向佛教學習，制訂修道科律。而影響更大的是接過先秦方士的法術，大搞旨在追求長生不老的煉丹活動，從生理和化學兩個方面進行不自覺的科學實驗，並以「玄之又玄」的「道」闡發人生，從而形成了包羅萬象的養生思想。

我們現在把道教的一切叫做宗教道統，它和學術道統有分有合，其中宗教道統必然有宣揚迷信的因素，而學術道統則以研究道家哲學改造社會為目的。不過兩者在養生理論上並無區別，對中國傳統醫學有巨大的影響，著名代表人物如葛洪、陶弘景、孫思邈等，既是學者，又是醫生，更是道士，甚至是神仙家。

先秦道家追求養生的最高境界，在《老子》中稱為「嬰兒」或「赤子」，如《老子第十章》：「專氣致柔，能嬰兒乎」！《老子第二十章》：「我獨泊兮其未兆，如嬰兒之未孩」。《老子第四十九章》：「聖人皆孩之」。《老子第五十五章》：「含德之厚，比於赤子」。如果説這些引文猶如天書（《老子》本來就是天書），很難理解，那麼我們還是請莊子來解釋吧！

《莊子．庚桑楚》：「老子曰：衛生之經，能抱一乎！能勿失乎！能無蔔筮而知吉凶乎！能止乎！能已乎！能舍諸人而求諸己乎！能翛（音同消，無拘無束）然乎！能侗（音同洞）然（順物無心也）乎！能兒子乎！兒子終日嗥（音同號豪）而嗌（音同益）不嗄（音同刹，嚘），和之至也；終日握而手不挽（音同你），共其德也；終而視而目不瞚（音同舜，眨眼），偏不在外也。行不知所之，居不知所為，與物委蛇而同其波，是衛生之經已」。

庚桑楚，是老子的門徒，有個叫南榮趎的人向他請教養生之道（即文中的「衛生之經」），他説了半天，南榮趎還是不明白，他只得教南榮趎去找他的老師：老子，老子對他講了許多做人的道理，後來講了上述引文的「衛生之經」，這段佶屈聱牙的古文，有人將它譯成現代漢語，就是：「老子説，養生之道，其關鍵在於，你能專心致志嗎？能清心寡欲嗎？能舍人求己嗎？能無拘無束嗎？能天真無邪嗎？能嬰兒般的天真嗎？嬰兒整天號哭而嗓子不沙啞，是因為陰陽氣合；整天握拳而小手不捲曲，是因為順乎自然；整天視物而眼睛無損，是因為不專注所看之物。行動時自由自在，不知所往，居住時無牽無掛，不知所為。尊重自然，隨波逐流，這就是養生之道」。南榮趎以為這是「至人」的最高境界，老子説：還不是。嬰兒天真爛漫，舉動無知，身似枯木，心如死灰。這樣既不招福，也不惹禍，方為至境。沒有禍福，哪有人災呢[16]？

這一段是先秦道家關於養生之道最清楚的解釋。至於它是不是老子説的，無從考查，因為現傳《老子》上沒有這一段「衛生之經」。我們知道莊子是古代的寓言大家，這是否就是他編的一段寓言，也不可知。《莊子》名篇《養生主》，著名的庖丁解牛的故事便出自這裡，整篇強調養生要順其自然，特別是最後一句：「指窮於為薪，火傳也，不知其盡也」。説得高深莫測，其實翻譯成現代漢語，就是「生命如同燃燒的火，形體如

同生火的柴，柴可以燒盡，而火種會無窮盡的傳下去」。這就是古代道教的生死觀，這和後來的神仙道教修煉長生不死之術風牛馬不相及。所以說學術道統和宗教道統既有一致的地方，也有巨大的差異，學術道統順其自然，不求顯達，所以老子其人，到了西漢武帝時，司馬遷作《史記》時，就已經弄不准誰是真正的老子了。相反地宗教道統追求成仙學道，長生久視，大方向總是要落空的。雖然長生不老是荒誕的，但經過道士們的努力鑽研，卻也求得了一些延命益壽的醫療技術。無論是道家還是道教，他們的理論和實踐都深深地影響了中國的傳統醫藥學。

需要指出：當代有些人講道家或道教對中華飲食文化的影響，往往把素食或某些民俗飲食歸其名下，這是誤導人們的做法。其實我們讀遍學術道統的經典著作，除了「治大國若烹小鮮」一句，並無美食的意思，只是教你不要胡亂攪拌，把小魚弄爛，魚刺和魚肉混在一起無法下咽而已。而一句「為無為，事無事，味無味」（《老子·第六十三章》）更與美食追求無關，這一句用白話表示，即是「以無為的態度作事，以清靜的方式去行事，以恬淡無味為有味」，這裡哪有調味的原理？至於宗教道統，唐宋以後，多次收集道書，現在傳世的明代《正統道藏》和《萬曆續道藏》，共有 1476 種書，其中沒有一本是飲食專書，偶爾講道士修煉時所食的植物，也早已收錄在各種本草之中。所以要講道家或道教對中華飲食文化的影響，主要是他們的哲學思想和自然觀，其中並無口腹之欲的指導原則，更無山珍海味的烹製方法，我們可不能用什麼庸俗的「美食」之類去糟蹋他們。

## 二、中國古典營養學說的三個里程碑[17]

中國古代的思想律是陰陽五行說，五行首見於《尚書·洪範》，陰陽系統化見於《周易》，兩者的結合則是戰國時期鄒衍的功勞。陰陽五行說形成以後，影響到中國的方方面面，在很長的歷史時期內始終起作用。時至今日，中醫學的理論體系，還是建立在陰陽五行說的基礎之上，而傳統的養生理論則是中醫藥學的核心部分，當然也離不開陰陽五行說。所以傳統的營養原理，雖然也非常強調平衡，但這種平衡並不是物質基礎的平衡，而是陰陽五行概念上的平衡，因此，常有令人玄虛的感覺。不過中醫藥學中的傳統營養原理，在三千多年的歷史演進中，有三個里程碑式的發展階段。

### 1. 以《黃帝內經》為核心代表的上古階段

神農嘗百草，一日遇七十二毒，這是中國人所周知的典故。但神農氏「嘗百草之滋味」，究竟是為了藥，還是為了食？應該說是兩者兼有，不過主要還是為了食，無毒者用作食物，但有毒者能夠治病，「藥食同源」思想就是這樣產生的。早期的「藥食同源」無疑來自經驗，當這種經驗形成知識體系時，就必然產生相應的理論模型，這個模型就

是陰陽五行說。而最早從醫療的角度闡述這個理論模型的經典是《黃帝內經》，該書是中醫藥的第一個里程碑，隨後是《難經》和《神農本草》。《神農本草》是上古醫藥知識體系中的藥學著作。由陰陽概念衍生出純陰、陽中之陰、陰中之陽和純陽四種程度不同的陰陽狀態，分別被稱為太陰、少陽、少陰、太陽，少陽是陰多陽少，少陰是陽多陰少，當然也有陰陽完全抵消的狀態，中醫將這五種狀態分別表述為寒（太陰）—涼（少陽）—平（和）—溫（少陰）—熱（太陽）。又因為和平狀態對人體生理無影響，所以寒涼溫熱表徵人的體質叫做四氣，用於表徵藥性時叫做性。人們進食時最理想的狀態是和平狀態，即氣性要相當。太過與不及則產生相生相勝（克）的情況。

由五行概念衍生的是與木火金水土相對應的酸苦辛鹹甘五味，每種食物或藥物都有它特定的「味」，而且「味」可以有兩種或更多。中醫治病或食療時，首先要判斷人體體質屬於何種氣？然後配以相應性味的食物或藥，這稱為性味歸經，這些思想在《黃帝內經》中就已經相當成熟了。不過總的說來，《黃帝內經》是一部醫經（包括《素問》和《靈樞》）。此時的「藥食同源」是以醫為主，即把「食」當「藥」用。

### 2. 以孫思邈為代表的中古時期

現在普遍認為，《黃帝內經》非一人一時之作，大體上產生於春秋戰國時期，最終完善於秦漢時期。在它之後，張仲景的《傷寒論》、華佗的運動療法等，都是秦漢時期傑出的醫學成就。

中醫藥的中古時代的起點是魏晉南北朝，就傳統的養生術而言，嵇康的《養生論》和陶弘景的《養性延命錄》是道家養生思想完全融入中醫藥的代表作。這種思想也是《黃帝內經》「天年學說」的最好注腳。

隋唐時期是中華文明在秦漢以後又一個輝煌時代。對於中醫藥學來說，孫思邈是個傑出的代表，他在理論和臨床兩方面都是集大成者。現在傳世的孫思邈的醫學經典是《備急千金要方》和《千金翼方》，他的治學態度是尊古而不泥古，很關注現實治療中的新發現，他在古典營養學方面有傑出的貢獻。

孫思邈傑出的思想是主張「治未病」，是「食療」學說的宣導者。他明確指出：「夫為醫者，當須先洞曉病源，知其所犯，以食治之。食療不愈，然後命藥」。「若能用食平屙，釋情遣疾者，可謂良工」。他的這種食先藥後的觀點，是中華醫藥的一大特色。在孫思邈這裡，藥食仍然同源，但食的作用明顯加強了。孫思邈是一位道士，他不僅對前代醫家的貢獻表示尊重，而且廣泛吸收了道家和道教關於養生的基本思想和原則，反復強調順其自然，對居住養生、運動養生、呼吸養生都很重視。就飲食養生而言，他強調「太過」和「不及」都是有害的，而且特別反對「太過」。他也注意養生中的藥補作用，「但識五穀之療饑，不知為藥之濟命」。補養要循序漸進，要「要精粗相代」，不可貿然「絕粒」，這些至今仍是中醫食療保健理論的主要原則。孫思邈強調天地人三者之間

的陰陽調合，他指出人的生理變化年齡在 50 歲前後，認為「人年五十以上，陽氣日衰」，應進入「養老」階段，尤其要注意「食療」。他引用扁鵲的說法：「安身之本，必須飲食；救疾之道，惟在於藥。不知食宜者，不足以全生；不明藥性者，不能以除病，故食能排邪安臟腑，藥能怡神養性以資四氣。故為人子者，不可不知此二事」。所以養老之道，貴在平衡，並且要隨環境、季節而加以調整。孫思邈認為牛乳是優良的食療食物，還為此寫了專論，主張常食。在不知牛乳成分的唐代，這是很了不起的。

孫思邈的弟子孟詵曾寫了一部《補養方》，專門總結當代的食療經驗，後經同代人張鼎增補改編，取名《食療本草》，可惜多有散佚，今天已不見其全貌。目前我們能見到的只是其輯佚本。不過卻也可以見到他們把乃師的「食治」範圍大大加強了。可以說，中國古典營養學說從此走向了具體化、實踐化的階段。孫思邈把「藥食同源」的界限說得更清楚了，「用之充饑則謂之食，以其療病則謂之藥」。

### 3. 以忽思慧《飲膳正要》為代表的近古時代

在一些醫學史家看來，孫思邈的著作和《食療本草》理所當然地歸屬於醫藥學古籍，而元代忽思慧的《飲膳正要》則屬於食經。陳邦賢所著的《中國醫學史》便持這種觀點[18]。然而，《飲膳正要》的確是「藥食同源」的新發展，它雖然廣泛使用中醫學語言，但卻說明瞭「食」畢竟不同於「藥」，營養和醫療是有本質區別的。所以說，《飲膳正要》才是大陸歷史上真正的第一部營養學著作，是中國古典營養學說的第三個里程碑。

《飲膳正要》的作者忽思慧，蒙古族人，元代宮廷飲膳太醫，其著作紀錄的是元朝皇帝的飲食生活，所以無論在食材的選用上，還是在烹調加工的方法上，都體現了蒙古族的飲食習慣，而且幾乎沒有什麼主副食的區別，也不顧及「養助益充」，但卻清楚地體現了中華傳統醫學的理論體系，五味四氣學說是它奉行的圭臬。《飲膳正要》既不是中醫臨床的方劑彙集，也不酷似今天菜譜之類的食經食單，它所列的每一種食品配方，都有明顯的食療方針和具體的食用指導，所以說它是一種營養學專著。儘管它在理論敍述上好像是集各家之說的雜燴，同時也是精華與糟粕共存，但它很注意食物和藥物的營養功能。更確切地說，它把「食療」發展成了「食養」，是真正的飲食營養，這是很了不起的。

到了明清時期，與《飲膳正要》類似的著作越來越多。諸如明朝吳正倫的《養生類要》、清朝尤乘的《壽世青編》、曹庭棟的《老老恒言》、朱彝尊的《食憲鴻秘》，但在學術上都沒有超過忽思慧。即使是一代「食聖」的袁枚，他在《隨園食單》中，雖然已經觸及了五味四氣的邊緣，但終究沒有跨出必要的一步，依然只是滿足口腹之欲的食譜和烹調方法。

在今天，如果用中國古典營養學說來敍述平衡膳食原理，依然有一個天生的障礙，

那就是中醫藥藥性的「五味」和烹飪調味中的「五味」，只是相似而不相同。因此，我們就不能用「五味」之說準確地對食物進行分類，而且「五味」與食物的營養功能也並不匹配。加之，「陰陽」學說也不能在食物和人體體質之間作出準確的搭配，就是定性的判斷也不容易，追求「平衡」就更加模糊了，這就是中國古典營養學的重大缺陷。

## 三、《黃帝內經》中的養生原理[19]

前文已將《黃帝內經》列為古典營養學說的第一個里程碑，但對它在營養方面的具體內涵並未疏理清楚，所以這裡要做進一步討論。總的來說，應該有天年學說、精氣神學說、營衛學說和食物結構四個方面，又鑑於本章第四節要專門討論食物結構，所以在這裡主要討論前三者。

### 1. 天年學說

中醫把人的自然壽命稱為天年，是中國養生學追求的終極目標，一個人如何終其天年，《黃帝內經・素問・上古天真論》有精闢的描述，即「上古之人，其知道者，法於陰陽，和於術數，食飲有節，起居有常，不妄作勞，故能形與神俱，而盡終其天年，度百歲乃去」。唐代王冰對上述文字作注時說：「上古之人，其知道者，法於陰陽，和於術數。上古謂玄古也。知道謂知修養之道也。夫陰陽者，天地之常道。術數者，保生之大倫。故修養者，必謹先之。老子曰：萬物負陰而抱陽，沖氣以為和。《四氣調神大論》：陰陽四時者，萬物之終始，死生之本。逆之則災害生，從之則苛疾不起，是謂得道，此之謂也」。接著說：「食飲有節，起居有常，不妄作勞。食飲者充虛之滋味。起居者，動止之綱紀。故修養者謹而行之。《痺論》曰：飲食自倍，腸胃乃傷。《生氣通天論》曰：起居如驚，神氣乃浮，是惡妄動也。廣成子曰：必靜必清，無勞汝形，無搖汝精，乃可以長生，故聖人先之也」。所以他最後說：「故能形與神俱，而盡終其天年，度百歲乃去。形與神俱，同臻壽分。謹於修養，以奉天真，故盡得終其天年。去，謂去，離於形骸也。《靈樞經》曰：人百歲五臟皆虛，神氣皆去。形骸獨居而終矣。以其知道，故年長壽，延年百歲，謂至一百二十歲。《尚書・洪範》曰：一曰壽，百二十歲也」。有了王冰的解釋，可知天年學說乃道家思想在中醫藥中的集中表現，也是中國古典養生理論的精闢描述。如果不這樣做，便會「半百而衰」。原書接下去便說：「今時之人不然也，以酒為漿，以妄為常，醉以入房，以欲竭其精，以耗散其真，不知持滿，不時御神，務快其生，逆於生樂，起居無節，故半百而衰也。夫上古聖人之教下也，皆謂虛邪賊風，避之有時，恬淡虛無，真氣從之，精神內守，病安從來？是以志閑而少欲，心安而不懼，形勞而不倦，氣從以順，各從其欲，皆得其願。故美其食，任其服，樂其俗，高下不相慕其民，故曰樸」。這一段是從反方向論證天年學說必須恪守的原則[20]。尤其值得玩味的是「美其食」

一句，也有些版本作「甘其食」，王冰注曰：「順精粗也」這和當下人們追求的「美食」，完全是兩碼事。

### 2. 精氣神學說

中醫對人體的健康狀況，常用精氣神三個字加以概括，稱為人體的「三寶」。在早期的中醫典籍中，這三者都是生命現象的基本要素，可是在道教內丹術興起（約在隋唐之交）以後，每一「寶」又有先天與後天之分。以先天言之，分別稱為元精、元氣和元神，越發具有神秘主義的色彩。

何謂精？中醫說：「精為形之基」，是人體生命的物質基礎。《黃帝內經·靈樞·決氣》：「兩神相搏，合而成形，常先身生，是謂精」，而在生命形成以後，「元精」又必需依賴「後天水穀之精」的充養，才能發揮生長發育的作用，即先天之精與後天水穀之精相互資生，兩者密切相關。脾胃所化生的後天水穀之精，不斷輸送到五臟六腑，轉化為臟腑之精。臟腑之精充盛時，又輸歸於腎，以充養先天之精。這些便是神仙道教內丹術的基本理論。概括的講：無先天之精則無以生身，無後天之精則無以養身。所以《黃帝內經·素問·金匱真言論》曰：「夫精者，身之本也」。

氣，是中國古代常用的哲學概念，大到天地正氣，小到歪風邪氣，都歸結到一個「氣」字。有人說氣是產生和構成天地萬物的原始物質，元氣是指天地萬物之本原，從老子的「道」到東漢王充乃至北宋張載等人都用元氣的變化來解釋宇宙萬物的生成、變化、發展、消亡等自然現象。在一般的中醫典籍中，對元氣和氣一般不加區別，泛指生命的源泉。《黃帝內經·素問·寶命全形論》：「夫人生於地，懸命於天，天地合氣，命之曰人」。《難經·八難》：「氣者，人之根本也，根絕則莖枯矣」。所以中醫的元氣直接關係到人的生老病死。元氣充足，運行正常，是人體健康的保障；元氣不足，或氣機失調，就是發病的原因。故而國人常有俗語：「人，就是一口氣」。中醫家常說，善養身者就是善於保護這種與生俱來的元氣，即先天之氣，在古籍中常以「炁」字來表示，它是啟動臟腑經絡功能活動的原動力，並司理後天的呼吸之氣、水穀營衛之氣、臟腑之氣、經絡之氣等。但氣究竟是什麼？誰都說不清楚，是中醫理論中神秘主義的一大根源。近年來，有人企圖用「動態生物場」等新概念來解釋它，但始終未能取得足以符合科學常規的實際證據。因此「元氣論」就成了許多對中醫持批判態度學者們的重要靶點。他們堅定的認為：要使傳統中醫現代化，就應走出古典哲學和前科學時代產生的「氣論」的牛角尖[21]。在《黃帝內經·素問·上古天真論中》，闡述天年的「形」，實際上是精和氣的合體。

至於人體「三寶」中的神，按中醫的說法，本原於先天父母之精。《黃帝內經·靈樞·本神》：「生之來，謂之精，兩精相搏謂之神」。《黃帝內經·靈樞·天年》：「血氣已和，榮衛已通，五臟已成，神氣舍心，魂魄畢具，乃成為人」。道教認為神也有先天、後天

之分，先天的稱元神，與元精、元氣相關；後天的神有識神和欲神兩種。用內丹家說法：「元神者，先天之性也」；「欲神者，氣質之性也」；而識神即人的日常雜念。由此看來，神是比氣更為神秘的概念，以致有人把它比作現代心理學的「意識」，而存在決定意識，那麼這個神也就遊移不定了。醫學中的精氣神學說，視人體的物質基礎為精，視人體的各種功能為神，而氣則是遊移不定的外觀表現。精固則神充盛，氣宇軒昂，俗說「神氣活現」。而道教內丹術的精氣神學說，顯然具有神秘主義的色彩，很難和近代生理學有互相解讀的可能。

### 3. 營（榮）衛學說

在相當長的一段時間內，某些研究烹飪的人士，把傳統的食物結構當作營養理論來宣揚，並且抬出《黃帝內經》來嚇人。筆者第一篇關於《黃帝內經·素問》的研究論文發表於1997年[19]，當時也未能理解中國傳統醫學中真正的營養理論，以後又反復多次閱讀秦漢時期的中醫典籍，特別是《黃帝內經·靈樞》以後，才逐步認識到營（與榮通）衛學說才是中醫中真正的營養理論。

中醫認為營和衛都是「氣」的表現，也都是由飲食中「水穀」所化生的。《黃帝內經·素問·痹論》：「營者，水穀之精氣也，和調於五臟，灑陳於六腑，乃能入於脈也。故循脈上下，貫五臟，絡六腑也。衛者，水穀之悍氣也，其氣剽疾滑利，不能入於脈也，故循皮膚之中，分肉之間，熏於肓膜，散於胸腹，逆其氣則病，從其氣則愈；不與風寒濕氣合，故不為痹」。痹（bì），中醫病名，即麻木、氣悶之證候。又《黃帝內經·素問·逆調論》：「營氣虛，衛氣實也。營氣虛則不仁，衛氣虛則不用，營衛俱虛，則不仁且不用，肉如故也。人身與志不相有，曰死」。這樣，營氣和衛氣都是中醫認定的營養物質基礎，實為後天之精氣。《黃帝內經·素問·調經論》：「取血於營，取氣於衛」。血行於脈中；衛氣行於脈外，故衛氣行於皮膚肌肉之間。在中醫看來，衛氣是個生理作用，屬於陽氣的一種，生於水穀，源於脾胃，出於上焦，行於脈外，其性剛悍，運行迅速流行，具有溫養內外，護衛肌表，抗禦外邪，滋養腠理，開合汗孔等功能。而營氣則來源於水穀精氣，性質柔和，行於脈中，供養各種臟腑肌體活動的需要，也是化生血液的重要成分。在《黃帝內經·靈樞》中，有《營氣》、《營衛生會》、《平人絕穀》、《衛氣》、《天年》、《五味》、《衛氣失常》、《歲露論》等篇。進一步解釋了營氣和衛氣的真實含義和相關的生理功能，而且也闡明了它們與人體健康的關係。特別是《黃帝內經·靈樞·營衛生會》中托名歧伯答黃帝的一段話，把營衛與身體健康的關係說得非常清楚。即「人受氣於穀，穀入於胃，以傳於肺，五臟六腑，皆以受氣，其清者為營，濁者為衛。營在脈中，衛在脈外，營周不休，五十而複大全。陰陽相貫，如環無端」。什麼叫「五十而複大全」？這在《黃帝內經·靈樞·五十營》中有很詳細的解釋，是說人體的脈氣在一晝夜中運行五十周（即五十個來回），甚至算出運行的長度距離為「八百一十丈」。這和當代生理

學研究的結果並無類比關係。該篇與《天年》、《五味》諸篇綜合研讀，可以清楚地看到陰陽互動原理在營衛和晝夜之間的關係[22]。也清楚地說明了發端於陰陽五行說的中醫傳統的營養理論，綜合了當時已知的生理知識，在診療、針灸等治病方法中起了重要作用。所以後世醫家一再引用營衛學說，漢代張仲景在其傳世名著《傷寒論》中，就把「營衛不和」視為致病的主要原因[23]。此外，營衛學說也成為神仙道教追求長生不死的理論依據之一，葛洪就說過：「金丹入身中，沾洽榮（營）衛」[24]。唐代孫思邈則更是重視「流行營衛」或「營衛失度」對人體健康的影響[25]。直到明代，吳正倫在《養生類要‧飲食文化論》中還指出「通榮衛」是調節人體生理狀態的重要措施[26]。

營衛學說中最有說服力的物質基礎是「水穀精氣」，但水穀精氣究竟是什麼？它和中醫一大堆的臨床概念如何結合，才能有實際的指導作用。由於這個結沒有打開，許多人乾脆棄之一旁，而以傳統的膳食結構代替它，即便是當代學界也沒有給它重視。直到2008年，才有年輕的中醫學者周東浩博士，他對營衛學說傾注了極大的精力，他說：「我們不能說明陰陽五行是中醫理論的核心，陰陽不過是中醫哲學的核心，營衛才是陰陽哲學研究的對象，是中醫科學的核心，類似於細胞學說在西醫理論中的位置」。他認為「營」就是營養，「衛」就是防衛，於是他循著這個思路認為「營氣」就是「水穀精氣」的物質性，相當於現代醫學中的各種營養素；而「衛氣」則是身體的免疫功能，這也是他對營衛學說的現代解讀，他在敘述中隱約承認「水穀精氣」就是蛋白質、脂肪、糖類以及各種維生素等所表徵的現代營養素，但又不敢完全肯定，所以在他的解讀中「營氣」依然是個不可量化的前科學概念。至於「衛氣」他將其等同於免疫作用，當然更加無法量化了。我們說量化，是中醫現代化的一個軟肋，周東浩也承認「中醫概念的模糊性一直是讓中醫現代化研究頭疼的事情」。但他所列舉的臨床實例並未從根本上解決這個頭疼的問題（這當然很難）[27]。所以，許多正統的自然科學家始終不承認中醫是科學。例如，大陸全國政協副主席、中國科協現任主席韓啟德院士就不認為中醫是科學，而是一種人的藝術。不是科學不等於不正確，科學並非絕對正確[28]。由於這個問題太大，超出本書討論的範圍，所以這裡不再贅述。

筆者對醫學是門外漢，但研究飲食文化，所以很想把營衛學說與近代營養科學結合起來。我們可否設想，「水穀精氣」是一切營養要素的總稱，其中一部分按中醫的說法成為「營氣」即是靠血液輸送的各種營養素；「衛氣」則是三大產熱營養素在身體內氧化而釋放出的能量，是人體運動功能的能量來源，而不是周東浩博士所說的免疫作用。筆者的這個認識權作一家之言，最後還是要由中醫學研究者得出結論。

# 第三節　近現代營養科學

　　現代科學意義上的營養學發源於歐洲，時間在十八世紀中葉，幾乎是和近代化學、物理學和生理學平行發展的，其中有一系列啟蒙性的科學成就。諸如，瑞典人舍勒（K. W. Scheele，1742—1786 年）和英國人普利斯特利（J. Priestly，1733—1804 年）等人發現了氮氣、氧氣和二氧化碳；德國人邁爾（J. R. von Mayer，1814—1878 年）論述了能量守恆定律；俄國人門捷列夫（D. I. Mendeleiev，1834—1907 年）闡述了元素週期律；法國人拉瓦錫（A. L. Lavoisier，1743—1794 年）關於呼吸是食物成分氧化燃燒的理論；以及更早期的列奧彌爾（Reaumur，1683—1757 年）關於食物消化是化學過程的論證等，將營養學引入了近代科學的發展道路。

## 一、近代營養學的形成

　　十九世紀至二十世紀初期，是現代意義上營養學的開始。整個十九世紀，由德國人李比希（J. F. von Liebig，1803—1873 年）、魯布納（Max Rubner，1854—1932 年）和阿特沃特（W. O. Atwater，1844—1907 年）師生三代完成了創新物質代謝和能量代謝的研究，從而奠定了現代營養學的基礎，這個時期是發現和研究各種營養素的鼎盛時期。重要的科學成就有李比希提出的碳、氫、氧的定量測定法，以及由此建立的食物組成和物質代謝的概念。1842 年他提出營養過程是對蛋白質、脂肪和碳水化合物的氧化，並開始進行有機分析。1843 年他又證明活的組織存著呼吸現象。1890 年，沃依特（Carlvon Voit）創立了氮平衡學說。魯布納提出熱能代謝體表面計算法則、等熱價法則及魯布納生熱係數。而阿特沃特則完成了大量的人體消化吸收實驗，發明了彈式量熱計，計算了阿特沃特生熱係數。使人們對營養素的認識逐漸擴大和深入。蛋白質的發現和研究早在 1742 年就開始了，但第一種氨基酸——亮氨酸直到 1810 年才由 Vollastor 發現，到了 1935 年 Rose 論證蘇氨酸為止，已發現了二十多種氨基酸。而採用 Protein 作為蛋白質的正式命名是 1838 年荷蘭人 Jan Mulder 首次使用的（也有人說「蛋白質」這一名稱是李比希在 1842 年創立的），並且系統地研究了蛋白質的元素組成，從而搞清楚了蛋白質主要由氨基酸組成。1907 年，德國人費歇爾（E. Fischer，1853—1919 年）成功地用化學方法第一次把 18 個氨基酸連接在一起，合成了多肽，蛋白質大分子的基礎結構問題解決了。人們肯定了蛋白質在生命現象中的重要地位，同時也開始研究蛋白質的需要量。1823 年，Cherveul 發現了脂肪的化學性質，初步提出了脂肪的化學結構。1844 年 Schmidt 最先發

現血中有糖；1856年由Bernard鑒定出肝糖原。十九世紀末，人們知道了脂肪和糖的關係。1881年對無機鹽進行了卓有成效的研究。營養學者認識到能量代謝應分為基礎代謝、勞動和生活負荷增大所增加的代謝、食物特殊動力作用代謝三大部分。

當代營養學是由交織在一起的三條分支所構成的。第一分支基於拉瓦錫的燃燒理論，即生命是一個燃燒過程。換句話説，生物能是由某種燃料和氧結合，在化學燃燒過程中產生的，這種燃料就是食物，儘管部分生物能隨後以運動或其他做功的形式釋放，但生物可以通過能量輸入轉變成有效的能量輸出；動物體利用燃燒的方法，以及在饑餓時脂肪的消耗，所有這些都是現代營養學第一分支的內容。第二分支是研究食物不僅僅是作為能量來源，以維持生物機體的運轉，而且是建立生物體基本結構的方式。礦物元素組成骨骼肌的代謝；鐵和碘是具有特殊生物功能的重要成分；蛋白質是組成肌肉和生物體原生質的主要成分，也許是代謝活動最為重要的成分，所有這些是營養學第二分支研究的內容。第三分支在營養學史上具有極大的促進作用，就是二十世紀關於維生素的瞭解。

綜上所述，從二十世紀初開始，營養學邁進了嶄新的鼎盛時期。營養學也從其他學科中分離出來成為一個獨立學科。在這個時期，營養學的發展經過了三個高潮：二十世紀初期到六十年代，以發現必需氨基酸、必需脂肪酸和各種維生素的功能為標誌；二十世紀六十年代到七十年代，以發現14種人體必需微量元素的生理功能為標誌；二十世紀七十年代到八十年代，以研究膳食纖維及發現其特殊的生理功能為標誌[29]。

營養學的深度研究便是生物化學，按照生物化學看來，生命是個統一體。生物化學作為一門單獨的科學，有人武斷地認為是1897年，源於（E. Buchner，1860—1917年）無意中發現在沒有細胞，只有壓碎了的酵母也能使糖發酵，説明無生命的化學物質酶是發酵的原因，酶（enzyme）原義就是「在酵母中」。當時李比希認為引發發酵作用的是一種化學物質，巴斯德則認為酶必須是從生物體製造出來的，而不是實驗室的合成化學品。兩人為此爭論不休，實際上兩人都是對的，但都不全面。當時研究生物化學的人很少，1911年英格蘭生物化學會只有11個會員，而到了二十世紀六十年代就達到了1600多人。酶的發現促進了人們對消化現象更進一步的瞭解，生物化學解決了食料被唾液澱粉酶、胃蛋白酶和胰蛋白酶相繼分解。消化產物被腸黏膜所吸收，並且被肝臟轉變並貯存。這些都是瑣細的化學作用，可以用隔離的設計分別研究，也可用動物進行整體的協調研究。對消化現象研究的第二個領域是實驗生理學，著名的生理學家巴甫洛夫（I. P. Pavlov，1849—1936年）從1897年進行的條件反射研究，説明消化「不只是胃裡的化學烹飪」，而是受中樞神經和交感神經支配的生物活體整體關聯的極其複雜的相互作用。「生物體的統一性建立在它的結構深處，結構本身則是長期進化的產物」。附帶説一下，中國古人所説的「食色，性也」，只有到這時才算有了較為合理的解釋。

維生素的發現是營養學發展進步具有里程碑意義的事件。令人難以置信的是兩次世界大戰對此產生了促進作用，原先的營養科學幾乎就是一種食物療法。因為兩次世界大

戰，由於軍事上備戰和戰爭的刺激，迫使各國政府在食物並不充裕的情況下，必須採取行動來供應賴以維持軍隊和工業生產人力所必需的食物，這樣的農業以及新建立的食品工業便受到高度重視。特別是二十世紀三十年代納粹主義的興起促使生物學要服務於戰爭，正是由於饑餓和疾病的刺激，才促成生物學家集中注意力於營養問題和抗疫問題的研究，從而大規模地使用早已發現的各種維生素和相關的激素。維生素 C 剛被分離出來時，研究者給它的定義是：「一種東西，如果你不吃它，你就會得病」！戰爭促使人們不得不用粗糙的食物，奇怪的是人們的體質反而好了，維生素在這方面立了大功，營養科學也受到人們的普遍尊重〔30〕。所以貝爾納一再要人們「理智地應用生物化學」。

第二次世界大戰的前後期，營養科學進入並立足於實驗技術科學，對營養科學的認識也由宏觀走向微觀，研究方法從組織、細胞層次進入亞細胞、分子的層次，生物化學也進入了分子生物學階段，化學科學的立體化學方法更多地滲透到分子生物學領域，蛋白質和核酸的合成揭示了許多原先靠神話來解釋的生物學現象，諾貝爾生理或醫學獎常常被這一領域的研究者所獲得。在當前，哪怕最頑固迂腐之人，也不敢藐視營養科學的存在。

## 二、近現代營養科學在中國

第一次用近代營養學指導一般居民飲食生活的是美國人在 1943 年提出的，在此之前的 1936 年，第一次世界大戰後建立的國際聯盟有過維生素的參考攝入量，而美國人這次提出的是所有營養素的參考攝入量。以後其他各國陸續根據本國的食物資源和飲食習慣制訂了各自的營養素參考攝入量（DRIs），並且不斷地進行研究改進。

近代營養學的形成和發展過程說明，它是在古代醫學的食物療法的基礎上，經由近代生物學和近代化學的結合，脫胎而自成體系的。應用層次上的營養學甚至已成為各國政府制定其營養政策的依據；在理論層次上，營養學為生物化學和分子生物學的發展提供了研究的起點。對於中國而言，一開始完全不存在什麼生物學和化學的結合，就連近代醫學，也是完全從西方引進的。因此，在引進的初期，在相當長的時間內人們不予理會。例如，在明朝末年，傳教士鄧玉函所著的《人身說概》，對中國醫學幾乎沒有影響。可是在鴉片戰爭以後，這種情況有了顯著的變化，一大批外國人來華辦醫學教育，並且向中國人傳授近代醫學知識，剛開始受到傳統中醫的強烈排斥，製造了許多謠言詆毀西醫。然而先進的醫術和良好的醫療效果很快使傳統中醫敗下陣來。以極簡單的闌尾炎（民間多稱盲腸炎）而言，中醫那套陰陽血氣邪淫等概念，不僅說不清病因，而且也沒有什麼有效的治療方法，西醫的手術治療（俗稱「開刀」）片刻轉危為安。所以，不久測量體溫、驗血、驗大小便、開刀等西醫常用的診療手段也成了中國人的日常用語，而且一大批本土西醫師從事醫療活動，加之設備先進的近代醫院把傳統中醫從現代化的城市趨

到小城市和農村。到了民國初年（1914年），以中華醫學會余巖（雲岫）醫師為代表的一批西醫師，推動了一場頗有聲勢的取締中醫活動。當時的北洋政府和後來的南京國民政府幾乎接受了他們的建議，幸而有惲鐵樵、餘伯陶等一批中醫著名人士極力反抗，強烈要求中西醫平等，這場風波才勉強暫時平息。解放以後，這場爭論再次爆發，國家衛生部一位負責人說中醫是「封建醫」，打算取締，又幸虧毛澤東出面力挺，中醫才有了生存之地。毛澤東提出「面向工農兵、預防為主和中西醫結合」的方針，成了中國當代醫療事業發展的指導方針。

　　在這裡筆者不打算詳細介紹中西醫學之爭的歷史過程。只想說明這種爭論和近代營養科學與傳統飲食養生思想之間的爭論是平行並列的，只不過沒有醫學體系之爭那樣激烈而已。由於在1980年以前，中國人的飲食生活平均水準長期低下，一般居民能夠填飽肚子就已經很不錯了，什麼營養之類的講究，只是極少數人的生活準則，所以對此關心的人很少，傳統的飲食養生理論和近代營養科學各自相安無事，可以各說各話。然而到了二十世紀八十年代以後，情況有了很大的變化，絕大多數人由饑餓轉向溫飽，還有相當數量的人已經小康，過去那種「三月不知肉味」的現象基本消失了。特別是社會餐飲行業的日益壯大，烹飪技藝傳承進入國家教育體系，在飲食行為的理論指導方面需要有一個主導的說法，一些抱著國粹心態的行業專家，本著狹隘的弘揚意識，企圖用傳統的飲食養生觀來彰顯中國烹飪和傳統膳食結構的偉大，他們把近現代營養科學當陪襯，這完全是本末倒置的做法。在這場爭論中，筆者深陷其中，多次撰文或在相關會議上發言，堅持主張中國烹飪的理論基礎是近代營養科學，傳統中醫中的四氣五味之類只能處於輔助的地位。現在時間過去了近三十年，國家先後出臺了多種全民或青少年兒童的營養改善行動計畫，也進行了全面性的營養調查，一再修正中國居民膳食指南，推動宣傳居民膳食結構的食物寶塔等。這些都是以近現代營養科學作為指導思想的，近現代營養科學已成為國家制定營養政策的核心。加之「傳統的養生理論」或「中醫食療滋養理論」中的反科學成分常被某些不法分子所利用，「養生大師」一個接著一個從虛幻的高臺上跌落下來，這場爭論基本已經結束。結論很清楚，所謂的「傳統營養學」或「飲食保健學」僅可以在個人的飲食生活中起輔助的指導作用，而這種指導作用又必須把中醫對人體體質的判斷作為問題的核心，「中醫體質學」的研究和普及顯然是當前要做的急事，在不辨體質的情況下，亂吃亂補，很可能適得其反[31]。

　　關於近代營養科學東漸的歷史，筆者曾進行前後十年的系統研究，先後發表了《〈化學衛生論〉的解讀及其現實意義》（《揚州大學烹飪學報》2006年1期18～24頁）；《近代醫學和營養科學東漸與歐美傳教士的作用》（《揚州大學烹飪學報》2008年1期44～47頁）；《丁福保和中國近代衛生科學》（《揚州大學烹飪學報》2008年2期34～36頁）；《鄭貞文和他的〈營養化學〉》（《揚州大學烹飪學報》2008年3期42～45頁）；《從吳憲到鄭集——我國近代營養學和生物化學的發展》（《揚州大學

烹飪學報》2011 年 2 期 46～52 頁）等五篇文章，著重介紹了近代營養學在中國生根和成長的過程。這裡既有外國人士的促進作用，也有本土學者的不懈追求，其中值得介紹的是英國傳教士傅蘭雅（John Fryer, 1839—1928 年）和中國早期翻譯家藥學謙合作翻譯的《化學衛生論》，該書的英文原版名稱為「The Chemistry of Common Life」，可直譯為「生命化學」。原作者為 J. W. John Ston，寫作於 1850 年，後來在 1854 年又由羅以司（G. H. Lewes）作了修訂，傅蘭雅和藥學謙翻譯的即是這個修訂版本。開始是在上海《格致彙編》上連載，連載的時間是 1876 年到 1881 年（其間該刊在 1878—1879 年，曾因傅蘭雅回英國而停刊）。除此連載版本以外，尚有上海格致書室、上海廣學會、江南製造局翻譯處等的木板單行本（通常分為四卷），這在當時算是一部暢銷書。該書英文原版寫成於化學與生命現象之間的磨合期，化學科學本身的學科體系也尚未完善。傅蘭雅僅是一個科普工作者，凡是原作者未能寫入書中的化學新成就，他是無法補上去的，所以在 1881 才介紹到中國的《化學衛生論》，其所涉及的化學知識已經落後於當時的實際水準至少三十年。即便如此，對於當時的中國來說，仍然是聞所未聞。注意吸收西方近代學術用以改造中國的精英如譚嗣同、梁啟超、孫中山、魯迅等均受到過它的影響。需要指出，《化學衛生論》書名中的「衛生」兩字並不是以後清潔衛生的意思，仍然是「養生」一詞的另一種說法[32]。

如果說《化學衛生論》還算不上是典型的營養著作，那麼 1924 年（民國 13 年）首次出版的《營養化學》，其作者是大陸早期化學家鄭貞文（1891—1969 年），現代意義上的「營養」、「營養素」、「營養學」都是他從日本引進的，他是日本東北帝國大學的留學生。鄭貞文在《營養化學》仲介紹了新陳代謝的基本概念，討論了物質和能量（energy）的新陳代謝，介紹了主要營養素的性質和作用，介紹了「食物的發熱量」，並且用大量篇幅介紹了剛發現其生理功能的維生素（當時尚無維他命之說，故譯為活力素）。

真正把近代營養學系統傳入中國的是吳憲（1893—1959 年），他所著的《營養概論》是第一部中文的營養學教科書，首版發行於 1928 年，前後發行了六版，印數相當大，他是中國名副其實的近代營養學的奠基人。他所創辦的北京協和醫學院生物化學系，在中國營養學和生物化學發展史上的地位首屈一指。他在研究中國人日常膳食結構的基礎上，首先制訂了第一個《食物成分表》，他在血液化學、蛋白質變性作用和免疫化學諸方面都有原創性的研究成果，特別是他主張的蛋白質的變性作用緣起它結構的改變，為此，他在 1925—1945 年間，先後在《中國生理學會會志》（英文）和美國《生物化學會志》上，先後發表了總題目為《蛋白質變性作用的研究》論文共 16 篇，是他對國際生化領域所作出的重大貢獻。他也是中國現代營養教育的先驅。他晚期的研究成果在國內影響不大，因為他在 1947 以後定居於美國。

從吳憲開始，中國有了真正本土的營養學家隊伍，著名的營養學家如蘇祖斐（1898—

1998 年）、侯祥川（1899—1982 年）、鄭集（1900—2010 年）、周啟源（1903—1986年）、王成發（1906—1994 年）、羅登義（1906—2000 年）、楊恩孚（1908—1978 年）、徐達道（1917—1995 年）、沈治平（1915—2020 年）等，其中最應該注意的是原南京大學生物系教授鄭集，這位活了 110 歲的健康老人可能是中國最長壽的教授，他著述的《實用營養學》（1947 年由上海正中書局首次出版）和《普通生物化學》（1959 年由上海科學技術出版社首次出版），在學界的影響相當大。他在 1936 年，就用科學實驗的方法否定了民間傳說的「食物相克」的配伍禁忌（當時他選了 14 對配伍食物），可是國人至今還在相信這些，相關的出版物有 500 多種。偽科學如此氾濫，真是令人啼笑皆非。鄭集老人後期從事抗衰老研究，而且現身說法，由於他自己就活到 110 歲，而且他堅持工作，直到 100 歲還到校上班，109 歲還出版多種抗衰老的著作，他的健康生活方式真是值得後人學習。

筆者在本節概括地介紹了營養的歷史概貌。至此，應該給「營養」下一個比較準確的定義。大陸近代營養學先驅之一周啟源教授，曾專門著文討論「營養」的定義，他所下的定義：營養是「生物從外界吸取適量的有益物質（即人的食物、動物的飼料、植物的肥料等）和避免吸取有害物質以謀求養生，這種行為或作用稱為營養」[33]。顯然這是泛指一切生物的營養概念，對於人的營養學，需要進一步具體說明的東西還有很多。現在各種名稱的營養學教材和著作，都有各自的定義，內容基本相似，說法大同小異。有人認為高等醫學院校教材《營養衛生學》的說法比較合適，即：①人體對熱能和各種營養素的需要（簡稱營養學基礎）；②各種條件下人群的合理營養和膳食（簡稱合理營養）；③各種食物營養品價值與食物源開發（簡稱食物營養）。更多的學者認為營養的基本原理或定律就是「平衡膳食」。通俗地講，需要多少吃多少。

營養學是植根於生理學和化學基礎上的專門學問，對它作進一步的深入研究就是生物化學和它的現代形式的分子生物學，烹飪學所涉及的營養學知識僅是它適用於人體正常生存的那一部分，具體表現為下一節所要討論的食物結構。

## 第四節 關於食物結構

在陰陽五行說系統形成之前，大陸古籍中關於食物結構問題，只有零星的討論，其中最有價值的部分，當推動物的食性，這與其生活習性密切相關，先秦諸子中每有論述。西漢初年，劉安在《淮南子·墜形訓》中概括得最完全，他說：「食水者善遊能寒，食

土者無心而慧，食木者多力而奰（bi，畢，怒的意思），食草者善走而愚，食葉者有絲而蛾，食肉者勇敢而悍，食氣者神明而壽，食穀者知慧而夭，不食者不死而神」。東漢高誘作注時，依次分別解釋為魚龜、蚯蚓、熊羆、麋鹿、蠶、虎豹、仙人、普通人和神[34]。他認為其實人也是如此，他在《淮南子‧原道訓》中就說過「雁門之北，狄不穀食，賤長貴壯，俗尚氣力」，說明飲食結構先受物產所限，久而久之，便形成風尚。由於劉安是偏向於道家的雜家，所以宣揚神仙，乃是他的本意。其荒唐之處，亦在於此。

大陸歷史上真正提出食物結構模型的，當然是醫家，在《黃帝內經素問‧臟氣法時論》中說得最清楚。《藏氣法時論》是系統闡述陰陽五行說與人體生理關係的重要篇章，尤其是五行說。它用納甲法把一年四季納入五行的框架內，即春季為甲乙，夏季為丙丁，秋季為庚辛，冬季為壬癸，分別配以木、火、金、水四行，結果土行的戊己沒了著落，便硬生生地從夏季的末尾劃出 15 天來，命名為長夏，作為土行的四時表述，這樣再將酸（木、春、東）、苦（火、夏、南）、辛（金、秋、西）、鹹（水、冬、北）和甘（土、長夏、中）五味配上去，然後再配上五臟和多種食物，形成中醫治療中性味歸經的治療系統，最後得出「五穀為養，五果為助，五畜為益，五菜為充」的食物結構，並且有如下的對應關係。

**表 2-1**

| 五行 | 木 | 火 | 金 | 水 | 土 |
|---|---|---|---|---|---|
| 四時 | 春 | 夏 | 秋 | 冬 | 長夏 |
| 四方 | 東 | 南 | 西 | 北 | 中 |
| 五臟宜配 | 心色赤 | 肺色白 | 腎色黑 | 脾色黃 | 肝色青 |
| 相宜食性 | 宜食酸 | 宜食苦 | 宜食辛 | 宜食鹹 | 宜食甘 |
| 五穀 | 小豆 | 麥 | 黃黍 | 大豆 | 粳米 |
| 五果 | 李 | 杏 | 桃 | 粟 | 棗 |
| 五畜 | 犬肉 | 羊肉 | 雞肉 | 豕肉 | 牛肉 |
| 五菜 | 韭 | 薤 | 蔥 | 藿 | 葵 |

五行說中的「相生相剋」，說法相當混亂。例如，五色、五臟和五味的關系，原為：

**表 2-2**

| 五行 | 木 | 火 | 金 | 水 | 土 |
|---|---|---|---|---|---|
| 五色 | 青 | 赤 | 白 | 黑 | 黃 |
| 五味 | 酸 | 苦 | 辛 | 鹹 | 甘 |

| 五臟所主 | 肝 | 心 | 肺 | 腎 | 脾 |
|---|---|---|---|---|---|
| 食物五性 | 收 | 堅 | 散 | 軟 | 緩 |

以上兩表（表2-1，表2-2）的對應關係均來自《藏氣法時論》，可有時又不如此敘述，如心往往與土行相對應。在這裡按原樣作了介紹，但並不意味它們有什麼實際意義，用它們所作的解釋往往牽強附會。至於五穀、五果、五畜、五菜中的「五」，應為泛指，硬性指定為具體食物品種，更是毫無道理。其實，在「養助益充」之後，還有兩句話卻更為重要，即「氣味合而服之，以補精益氣」。這兩句話，原來用《黃帝內經素問》的《陰陽應象大論》的內證法解釋，說得越發神秘。後來用孫思邈的注釋，即「精以食氣，氣養精以榮色。形以食味，味養形以生力。精順五氣以為靈也，若食氣相惡，則傷精也。形受味以成也，若食味不調，則損形也。是以聖人先用食禁以存性，後製藥以防命也。氣味溫補，以存形精。此之謂氣味合而服之以，以補精益氣也」[35]。

可是，要解讀孫思邈的注釋也不容易，必須知道中醫的精氣神學說和天年學說的要旨，即形由精和氣組合，指人的身體，所以氣是人的體質表現，而味是食物之味。在中醫看來，食味和藥物的味是一致的，並不簡單地等於口腔感覺到的味道。因此，體質之氣與食物之味要相合（符合陰陽五行相生相剋規則），才能「補精益氣」，滋養身體。

上述「養助益充」之說充分說明了大陸農耕文明的食物主體是「五穀」，即我們今天常說的糧食，這是中國人營養的主要物質基礎，而「五果為助」則指果品處於輔助的地位。中國人並不以「肉」作為主要食物，但它卻有重要的補益作用，故稱「五畜為益」。當上述三者不能填飽肚子，便以蔬菜充虛，即「五菜為充」。這是個歪打正著的合理的膳食營養理論，在二十世紀八十年代以後的「烹飪熱」中，被許多人當作「傳統營養學」說得天花亂墜，但他們根本不知道有營衛學說的存在，一味以弘揚的心態看待這個食物結構，只許說好，不許說壞，所以也沒有真正客觀地評價這個食物結構。「養助益充」的食物結構在中國境內除北方某些少數民族外，幾乎是唯一的，它也影響了周邊的朝鮮半島、日本和越南，日本更稱之為「東方膳食」。

### 1. 這種食物結構（或稱膳食結構）主要有如下優點

（1）中國傳統的膳食結構形成的歷史悠久。這種以植物性食物為主的膳食結構，是人類高效率利用自然資源的結構，它可以在面積較小的土地上養活更多的人口，因而它保證了中華民族的長期生存和繁衍，這是它最大的優點。

（2）中國傳統的膳食結構特別適合於中國的具體國情。這一點在最近幾十年尤其具有現實意義，因為它可以較好地解決人口眾多和耕地有限之間的矛盾。我們一直引以為自豪的僅用占地球不足9%的耕地，養活了占地球近20%的人口，生產了世界總產量25%的糧食，為全世界人口食物數量安全作出了傑出的貢獻，其中也包括了這個膳食

結構。

（3）中國傳統的膳食結構，不僅對食物資源的利用率高，而且一日三餐的飲食習慣，也有良好的科學內涵，這也是中華民族飲食文化的優良傳統。由於植物性食物占主導地位，所以維生素和膳食纖維的進食量有足夠的保證。

### 2. 中國傳統膳食結構的主要缺點

（1）中國傳統膳食結構基本上屬於「高穀物膳食」，總體營養水準還是比較低的，尤其是動物性蛋白質的人均攝入量明顯低於世界平均水準。

（2）在蛋白質食物中，全價蛋白質（包括動物蛋白質和大豆）所含的比例過低；在動物性食物中，蛋白質含量相對較低的豬肉是大陸居民主要的肉食品種，而且豬的飼料轉化率也低於其他禽畜品種。

（3）在烹飪技法中，大陸居民喜愛的炒法導致油脂使用量過大，也使得人們的脂肪攝入量過高，特別是近二十年，食物資源相對豐富，人們知道控制動物脂肪的攝入量，但炒菜使得植物油脂的消費量大幅上升，極易造成「三高（高血壓、高血脂、高血糖）」現象。相比之下，大陸的東鄰日本，在「中日甲午戰爭」之前的一千多年的交流史中，他們幾乎處處都學習中國，但就是不學中國人炒菜，這是很有意思的事情。現在要求中國人放棄炒菜，那是不現實的，也是不必要的，但是控制油脂用量還是可以做到的。

（4）某些不科學不文明的消費習慣依然受到人們的讚揚和喜愛。例如，高度白酒的消費量過大，在節假日期間集中消費優質糧食和食品的現象相當嚴重等。

（5）食物消費中不平衡性十分突出，營養過剩和營養不良的現象同時存在，在某些地區，個別營養素缺乏症的發病率還相當高。

（6）食品的加工、運輸、貯藏、保鮮等方面的技術手段與過去相比雖有很大的提高，但整體上尚未達到世界先進水準。全民族的飲食衛生習慣尚未完全養成，相關的食品安全衛生法規至今尚未配套，諸如營養法、廚師法等的立法至今遙遙無期。

（7）共餐造成食物浪費現象嚴重，在傳統習慣和飲食科學之間的不協調現象至今嚴重存在。

1993 年 2 月 9 日，國務院頒佈了《九十年代中國食物結構改革與發展綱要》，這是由國家頒佈的第一個有關食物營養方面的官方正式檔（以後又曾多次發布此類檔），該檔完全以現代營養科學為指導思想，第一次突破了「養助益充」的傳統模式。該檔明確指出九十年代是「食物觀念轉變的時期，一是由傳統的糧食觀念向現代食物觀念的轉變，人們對食物的需求逐步轉向多樣化；二是由不合理的食物消費習慣轉向科學、文明的膳食消費，需要運用現代營養知識加以指導。據此，要依照『營養、衛生、科學、合理』的原則，繼承中華民族飲食習慣中的優良傳統，吸收國外先進、適用的經驗，改革、調整大陸食物結構和人民消費習慣，經過不斷努力，使大陸人民食物消費與整體營養水準有較大的提高和改善，走上一條符合中國國情的食物發展道路」。應該說，該文件的頒

布，基本上指明了食物結構改革的方向。可惜，社會習慣勢力的阻撓和社會餐飲業的陳規陋習，以及某些弘揚派飲食文化研究人士對科學的陽奉陰違，這個檔並未達到預期效果，以至於在大陸居民逐步從溫飽走向小康的時期，儘管飲食生活有了很大的改善，但全民的健康水準卻仍不能完全令人滿意。但是，我們也要憑良心說話，那就是中國人民的平均預期壽命的確提高了很多，從北京猿人的 17 歲，1949 年的 35 歲，2013 年的 76 歲，上海一帶已達 80 歲以上。在本節的最後，不得不討論一下被扭曲的「美食」概念。在以往的討論中，早已指出，美食原本是上層社會享用的飲食。《尚書·洪範》：「唯辟玉食」。玉食也稱珍食、美食，是君主的專享，老百姓享用「玉食」屬於僭越行為，有可能被殺頭。一方面現在社會上追求「宮廷飲食」、「官府飲食」，大體都基於這個指導思想，希望通過飲食來過一把虛幻的帝王癮。另一方面，有些古人並不追求這些。例如，《黃帝內經素問·上古天真論》在解天年學說時，就有「美其食」的說法。唐朝王冰為此作注時說：「順精粗也」。意思是說，對於飲食，應該順其自然，精粗隨便，只要滿足身體需要，都算是美食。應該說，這是科學的說法，在可能的條件下，追求美食並不是什麼罪過，但要希圖借此獲得健康長壽，那可不一定，九十多歲高齡的農學史家遊修齡說：「儒家教導『食、色，性也』。食指保持個體生命的健康和長壽；色指保證種族的興旺和綿延。孔孟都身體力行，雖然生活簡樸，卻享受長壽，孔子享年七十三，孟子享年八十四。後世曲解『食、色，性也』，拿『食不厭精，膾不厭細』作為不斷追求美食的理論依據，實在是天大的誤解。試看歷代的皇帝，他們是飲食精華的最高享受者，全國各地的精華飲食都集中向皇室進貢奉獻，具有諷刺意味的是，歷代皇帝的平均壽命卻很短。中國歷代帝王中壽命最長的是清朝，清朝十個皇帝平均壽命只有五十二歲，唯一長壽的乾隆八十九歲，其餘都在七十以下，享盡滿漢全席口福的慈禧也只有六十四歲。孔孟的時代早，農產品的種類、數量和品質都遠不如後世，兩位聖人終生奔波，偏偏長壽。反而養尊處優、美食不離口的上層王公貴族、地主官僚，他們的壽命都不很長，就是現代，也是一樣」[36]。遊老先生的這番話，給相信「美食」可以致人長壽的人，是最好的警示。

　　基於現代營養科學原理，由中國營養學會編製的由國家衛生部於 2008 年 1 月 4 日發佈推廣，由世界衛生組織支持推廣的 2007 版（2007—2016 年）中國人飲食「國標」——《中國居民膳食指南》，已由西藏人民出版社正式出版發行多年，與這個指南配套的解釋性的《食材密碼》和《膳食的革命》兩書同時出版發行。這個指南針對不同人群作出不同的營養指導，並且最後以《中國居民平衡膳食寶塔（2007）》的形式向所有人群推廣，這是值得全民普遍關注的大事（圖 2-1）。

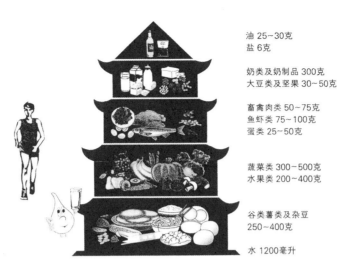

**圖 2-1 中國居民平衡膳食寶塔（2007）**
（圖中所列數量均為正常成人的每日需求量）

油 25~30克
盐 6克

奶类及奶制品 300克
大豆类及坚果 30~50克

畜禽肉类 50~75克
鱼虾类 75~100克
蛋类 25~50克

蔬菜类 300~500克
水果类 200~400克

谷类薯类及杂豆
250~400克

水 1200毫升

# 第五節　關於飲食衛生和安全

　　「衛生」這個詞，前面已經經常使用，主要是「養生」的同義詞，從《莊子》開始一直到《化學衛生論》都是如此。但從二十世紀初開始「衛生」即是清潔、乾淨、無害防病的意思。這一概念的創始人，從目前的文獻資料看，應該是無錫人丁福保（1874—1952年），在他之前，也曾有人使用「衛生」這個詞，最著名的是孫中山在《建國方略》中說中國飲食「暗合科學衛生」，主要還是營養意義上的養生概念。而丁福保在 1900 年刊行的通俗讀物《衛生學問答》，對宣傳近代科學意義上的營養衛生學原理，起了很大作用。僅到 1908 年，該書就重印了 16 次。他此後編印的《實驗衛生學講本》和《生理衛生教科書》，特別是《生理衛生教科書》，與西方傳教士嘉約翰（美國人，1854 年來華）的《衛生要旨》，實際上產生了學術體系上的銜接效果，在介紹人體生理結構的基礎上討論防病免疫措施，最終促進了衛生事業的形成和發展，衛生成了保障人體健康的重要手段。在清朝滅亡以前，中國並無管理民間衛生事務的機構，僅在宮廷有「太醫院」之類專為皇族服務的醫療機構。到了民國元年（1912 年）中華民國政府在內務部下設有衛生司；1928 年 4 月，蔣介石的南京國民政府成立，仍稱內務部衛生司；1929 年才正式設立衛生部；1931 年 4 月又改稱衛生署。在南京國民政府時期，全國各省、直轄市和縣級政府均設有衛生行政機構[37]。全民的衛生事業真正成立管理機構的是 1949 年中央人民

政府成立，在政務院下設衛生部，首任衛生部長是馮玉祥將軍的夫人李德全，直到十二屆全國人民代表大會第一次會議批准《國務院機構改革和職能轉變方案》，才成立衛生與計劃生育委員會（簡稱衛計委），但衛生事業行政管理的職能一直沒有變。在這種意義上的「衛生」，是涉及全社會防病防疫，救死扶傷，保障全體人民健康的重大社會公益事業。

其實，這裡討論的「衛生」概念，沒有這麼宏大。衛生就是保護人民的健康。由於人們在日常生活中，習慣於把清潔和衛生聯在一起，其實清潔僅僅指沒有污垢的意思。例如，餐具的洗滌和消毒，前者屬於清潔工作，後者才是衛生工作。因此，清潔和衛生是兩個既有聯繫又有區別的概念。可以說，清潔是衛生的前提。

食品衛生（Food hygiene）是保障進食者飲食健康的重要指標，世界衛生組織（WHO）有明確的定義，即「從食品的生產、製造到最後消費之間，無論在任何步驟，都能確保食品處於安全、完整和美好的狀態」。這個定義已經非常清晰，無需多作說明。

食品安全（Food safety）通常有兩層意思：一是指數量安全，即保證人人都有飯吃，不致挨餓，用英語表示即 food scarcity 或 food security。如糧食安全，即沒有糧荒的意思，沒有衛生學的意味。衛生意義上的食品安全即食品衛生概念的強化，是指飲食消費者不可以因飲食而導致對身體的危害。一種食品是否安全不僅僅取決於食品本身，還在於食品的製作和食用方式是否合理、得當。

近十幾年，食品安全事故頻發，石家莊三鹿乳業集團公司的三聚氰胺毒奶粉事件使人們大吃一驚，還有什麼「大頭娃娃」事件、地溝油事件等，一再拷問生產經營者的良心。其實，這類事件在餐飲行業中，更是每日每時都在發生。一位餐飲業經營者朋友提醒筆者，以後遇到蟹黃、蝦仁之類菜點，千萬不要胡亂點用，那裡面沒有幾只蟹、蝦是鮮活的。當然，這番話有些言過其實，但問題確實不少。另外，病源性微生物的傳播也帶來了可怕的後果。例如，2003 年的 SARS 病毒，以及至今仍在預防的禽流感病毒等也給食品安全帶來困擾。

食品衛生安全的防護也有兩個層面的方法：一個層面是道德領域的問題；另一個是法律層面的問題。對於前者，主要是宣傳教育，要進行全民的食品安全教育，尤其是對從事食品製作和經營者進行這方面的教育；對於後者，要使從事食品製作和經營者明白，無論是過去的《食品衛生法》，還是現在的《食品安全法》，執法的主要對象就是他們，要他們切不可以身試法。

大陸在 1950 年代初期，並沒有制訂嚴格的食品衛生法規，在餐飲行業中執行的飲食衛生「五四制」，主要是講清潔。在食物短缺的情況下，人們也不太計較「衛生」問題。所以直到 1980 年代以後的 1995 年，《中華人民共和國食品衛生法》才正式頒佈實施。然而該法對食品衛生安全問題的認識仍然不到位，自從「三鹿奶粉事件」發生以後，才意識到食品衛生安全事關中國社會的穩定，於是才有了 2009 年 2 月 28 日十一屆大陸全

國人大第七次常委會通過的《中華人民共和國食品安全法》，並於同年6月1日實施。我們在這裡不妨比較一下這兩部法律的第一條。《食品衛生法》第一條：「為保證食品安全，防止食品的污染和有害因素對人體的危害，保障人民身體健康，增強人民體質，特製定本法」。《食品安全法》第一條：「為保證食品安全，保障公眾身體健康和生命安全，特製定本法」。兩相比較，可見問題的嚴重性，前者說的是「對人體的危害」，後者說的是「生命安全」。雖說立法宗旨強調了這種嚴重性，但犯事者有增無減，問題在於監管部門的失責和不作為。所以在《食品安全法》執行5年以後，該法重新修訂，修訂的重點是「劍指」監管部門的不作為，要「重典治亂」。修改的重點之一是出現食品安全事故的地方政府負責人要引咎辭職；重點之二對網購食品、保健食品和嬰幼兒食品還要加強管理和違法成本；重點之三是增設食品安全責任保險制度；重點之四是規範食品資訊發佈行為；重點之五是完善食品安全監管體制，改變目前「九龍治水」、分段管理的現象。

食品安全事關國計民生和社會穩定，全社會都要有清醒的認識，特別是那些涉「食」的教育機構，從社會上常見的培訓班到中等職業教育，再到大學教育乃至相關的研究生專業，都要把食品安全法規當作必修的科目，用實際案例教育學生，認識違犯《食品安全法》的社會危害，要進行相關知識的考核，不達標者不得畢業。

# 參考文獻

〔1〕蕭瑜・食學發凡・臺北：世界書局，1966。

〔2〕劉王平・《周易》與可持續發展・光明日報，2003-11-11(B2)。

〔3〕房玄齡注・管子・上海：上海古籍出版社，1989。

〔4〕孫星衍・晏子春秋・內篇問上・黃以周校・上海：上海古籍出版社，1989。

〔5〕班固・漢書・董仲舒傳・鄭州：中州古籍出版社，1996。

〔6〕董仲舒・春秋繁露・上海：上海古籍出版社，1989。

〔7〕王巍・自然環境變遷和史前文明演進・光明日報，2003-2-11(B3)。

〔8〕解振華・關於迴圈經濟理論和政策的幾點思考・光明日報，2003-11-3(A3)。

〔9〕季鴻崑・「天人合一」和生態平衡・飲食文化研究，2003.6。

季鴻崑・再論「天人合一」和生態平衡・飲食文化研究，2004.2。

〔10〕季鴻崑・董仲舒與中國飲食文化傳統（上、下）・中原烹飪文化，2002.6:4~5，
2003.1:12~13。

〔11〕季鴻崑・「天人合一」——論健康・飲食文化研究，2005.1。

〔12〕B・H・Brown 著・科學和智慧——它與文化和宗教的關聯・李醒民譯・瀋陽：遼寧教
育出版社，1993。

〔13〕趙誠・長江孤旅——黃萬裡九十年人生滄桑・武漢：長江文藝出版社，2004。

〔14〕於守洋・保健品的進展與營養科學的建設・http：//www.jink.cn( 金健康 )/news/
news/20054279413.htm。

〔15〕季鴻崑・道家、道教養生思想源流和中國飲食文化・飲食文化研究，2001.1:15~25。

〔16〕孔澤人・白話三玄・鄭州：中州古籍出版社，1992。

〔17〕季鴻崑・中國古典營養學說的三個里程碑・揚州大學烹飪學報，2001.1:42~44。

〔18〕陳邦賢・中國醫學史・北京：商務印書館，1984。

〔19〕季鴻崑・《黃帝內經・素問》和中國營養科學・中國烹飪研究，1997.4:1~10。

季鴻崑・中華民族食物和營養理論的歷史演進・飲食文化研究，2006.4:3~16。

〔20〕王冰注・黃帝內經素問・北京：人民衛生出版社，1956。

〔21〕澤熙・中醫「氣」理論、古代哲學與現代科學・醫學 8 號樓網站（http://www.med.8th.
com/zypp/zx-zyqu.htm.1999.4）。

〔22〕正坤編・黃帝內經・上、下冊・北京：中國文史出版社，2003。

〔23〕張仲景・傷寒論・辨太陽病脈症並治中・北京：中國書店，1993。

〔24〕王明・抱樸子內篇校釋・第二版・北京：中華書局，1985。

〔25〕孫思邈・備急千金要方・養性・上海：上海古籍出版社，1990・孫思邈・千金翼方・養性・
上海：上海古籍出版社，1990。

〔26〕吳正倫・養生類要・飲食論・上海：上海古籍出版社，1990。

〔27〕周東浩・中醫：祛魅與返魅——複雜性科學視野下的中醫現代化及營衛解讀・中篇・
南寧：廣西師範大學出版社，2008。

〔28〕韓啟德在昆明與雲南大學學生的談話・光明日報，2014-5-25。

〔29〕翟鳳英等・中國營養工作回顧・北京：中國輕工業出版社，2005。

〔30〕J・貝爾納著・歷史上的科學・伍況甫等譯・北京：科學出版社，1962。

〔31〕王琦・用「中式辦法」破解醫改這一世界難題——中醫體質能做什麼・光明日報，
2014-6-8（05）。

〔32〕季鴻崑・《化學衛生論》的解讀及其現代意義・揚州大學烹飪學報，2006.1:18~25。

〔33〕周啟源・營養詞義考・中國科技史料，1986.4:21~26。

〔34〕劉安・淮南子・上海：上海古籍出版社，1989。

〔35〕黃帝內經素問·藏氣法時論·北京：人民衛生出版社，1956。
〔36〕遊修齡·農業對飲食文化潛在的影響·飲食文化研究，2004.2:7。
〔37〕陳邦賢·中國醫學史·北京：商務印書館，1984。

第三章

# 烹飪原料及其機械加工原理

臺灣哲學家張起鈞在其《烹調原理》一書中，從哲學的角度把烹飪原理概括為「烹、調、配」三個字。這種觀點在國內烹飪學術界頗有影響，這是因為他從哲學的角度概括了烹調技術的個性，發前人所未發，所以人們覺得很有道理，從而接受了他的觀點，這是毫不奇怪的事情。然而從科學技術的角度來看待這個問題，那就不盡然了。因為為了能使食物原料符合烹和調的要求，就需要進行各種形式的機械加工。而張起鈞先生所說的配，則為迎合烹飪藝術性的需要，是事物本質以外的屬性。而所謂烹飪工藝的基本原理，還是我們在第一章中所介紹的劉向在《新序》中所說的那段文字，道出了問題的癥結。

烹飪原料的機械加工，在人類開始製造工具時即已產生，其最原始的形式，甚至在靈長類動物使用石塊等去敲碎某些硬果殼時即已開始。特別是人類開始熟食以後，對植物性原料的去皮、去根、去殼、去核，進而發展到種子和塊根、塊莖的粉碎，對動物性原料的屠宰、剝皮、去骨、清洗、切割等，都有了顯著的進步。歷史上庖丁解牛的故事，就是一個明顯的例子。

人類對食物進行機械性的加工處理，從科學的意義上講，不僅加深了人們對食物原料資源的認識，也為生物科學的發展提供了可靠的感性認識，同時也促進了加工技術本身和加工工具的發展，許多炊灶具和加熱設備都經歷過天翻地覆地變化，青銅器不用了，鼎鬲等一大批不便攜帶且不合理的工具被淘汰了，甚至永遠淘汰了。所有這些，不僅影響了烹飪科學本身，對其他科學技術甚至人類社會的發展史都產生了影響。

# 第一節　人類對烹飪原料的認識

烹飪的本質便是做飯做菜，而這項活動又必須從烹飪原料加工做起，這是一切烹調技法的基礎。

自從人類與其他靈長類動物分野以後（這種分野的標誌便是製造工具），便繼續對自然界的食物資源進行艱苦的篩選，辨別可食和不可食的烹飪原料品種。大陸有句古話，叫做「神農嘗百草，一日遇七十毒」，就是這種情況的生動寫照。有人把這種現象叫做瞎吃瞎做，確實如此，人們就是在瞎吃瞎做的基礎上積累了大量的農牧漁業知識，以致在任何一本古代文化史或飲食文化史上，都以重要的地位來闡述這些知識的積累過程。從自然科學的角度來認識這方面的問題，大體上可以分為以下四個層次：

（1）認識物種的層次。在眾多的動植物品種中，人們通過長期食用的經驗和習慣，

從而選擇出各種合適的食物原料。如果某種食物原料品種有不盡如人意的地方，人類就會發揮自己的智慧，去改造它們。例如，野生動植物的馴化、飼養和栽培。同樣，對有些好的食物原料，人們還要通過選種、育種等方法去改良提高它們的品質和產量。這些認識，到了達爾文生物進化論發表以後，就有了可信的科學結論。

人們對於在物種認識層次上的烹飪原料，往往不能區分生物體不同部位的營養價值和風味特點，常常是整體地加以利用。《黃帝內經·素問》上關於「五穀為養，五果為助，五畜為益，五菜為充」的結論，就是在這一層次上的最完美的描述。但是這一結論的重大科學價值並不是凝固的，在近代營養科學形成以後，它必須以新的形式表現出來。另外，在人們今天的食譜上，同樣也保留了相當數量的這一認識層次的痕跡。例如在某些地區流行的烤全羊、烤魚、烤乳豬等名貴菜肴，就屬這一類。當然這些名貴菜肴的現代形態，已非昔日的原始狀態了，它們經過若干代食客們的品嘗，一代又一代廚師的改進和提高，今天的這些菜肴不僅有遠古的璞真，而且還糅進了時代的韻味。

（2）認識器官、組織的層次。通過人們的長期食用，使人們逐漸認識到各種烹飪原料，在其不同的部位，有不同的營養價值和風味特點，甚至還有不同的醫療功能。於是便根據不同的進食目的和菜肴的形態，選用不同部位的器官或組織製作出花樣繁多的特色菜點，也就是說對食物進行更合理的利用。在烹飪技藝方面，表現為分檔取料。關於這方面的情況，在中國的許多古籍中都有記錄。例如，《呂氏春秋·本味》「肉之美者，猩猩之唇，獾獾之炙，雋觾之翠，述蕩之腕，旄象之約」這一段，就是這種記錄典型實例。

分檔取料技術，促進了烹飪技術的發展。有了這一條，人們便根據菜點設計的實際需要，加工成不同的外形，採取不同的烹調方法，製作品味各異的菜點品種。迄今為止的烹飪技法，基本上仍然以這兩種認識層次（品種和器官組織）來處理食物原料的。而生物科學本身卻從人類的飲食活動中吸足了營養，特別是在顯微鏡應用以後，組織學和解剖學都取得了輝煌的成就，這不僅給生物科學的發展開闢了道路，而且也為烹飪和食品加工業提供了可靠的理論基礎。

（3）認識細胞的層次。1839 年，德國科學家施利登和施旺（M. J. Schleiden，1804—1881 年）（T. Schwann，1810—1882 年）發表了關於生物組織構造的細胞理論。他們說整個身體可以當作一個細胞群體，這個群體中的所有細胞都是由一個，或更正確地說是由兩個細胞偶然性變化而來的，這兩個細胞就是卵細胞和精子細胞。

在細胞學說的指引下，人們認識到生物組織構造存在區別源起於細胞的構造不同，在顯微鏡下，科學家們有力地揭示了各種組織的構造細胞的具體特徵。諸如肝臟細胞是方形細胞，肌肉細胞是長形細胞，神經細胞是伸展得特長的細胞。不僅如此，由於物種不同、組織不同、器官不同，細胞的形態也不同，例如植物細胞和動物細胞的種類和結構都不同。人們利用細胞學說，解釋了許多過去只有借助於上帝意志才能自圓其說的生物現象。細胞學說使生物科學產生了質的飛躍，以致使理論生物學家和應用生物學家

（農、牧、漁、醫等學科）都自覺地接受了這種學說，並據此去指導他們各自的研究領域，從而產生了許多重大的成就。

在食物的加工過程中，人們曾不自覺地利用了細胞組織的變化，例如在提取動植物脂肪的過程中，就必須破壞細胞組織，這樣油脂才能從機體組織中分離出來，從而採取將原料碾碎、加熱等措施。這種現象在烹飪過程中也是如此，直到今天，烹飪界對生物組織的細胞特徵並沒有進行過認真的研究，人們的認識水準還停留在物種和器官組織的層次上，廚師和家庭主婦們則是不自覺地經驗地按照祖國各地傳統的操作方法行事。例如在切蔬菜時，自然而然地用直刀法，而在切肉類原料時，則使用拉刀法，這是他們的經驗，卻不知道這兩類原料的細胞構造不同。植物細胞有由纖維素和木質素構成的細胞壁，而動物肌肉細胞則沒有細胞壁，前者硬且脆，後者柔軟，所以刀切下去連聲音都不一樣。再如在烹調過程中，勾芡、上漿、掛糊是常用的保護原料嫩度的方法，實際上就是對食物原料的細胞結構進行保護的具體措施。因為食物原料在受熱過程中變老，完全由於細胞組織失水所造成的，而在烹調過程中，採取勾芡、上漿、掛糊等方法，則是在原料組織細胞的週邊形成一層凝膠保護膜，從而防止細胞組織脫水，避免食物原料變老。諸如此類的實例還可以舉一些，但遠不如分檔取料那樣普遍。但作者以為：在今後的烹飪科學研究中，如能充分注意各種原料組織的細胞特徵和構造，在烹調過程中採取各種正確恰當措施，則必將在烹調技法上產生很大的影響。

（4）認識分子的層次。二十世紀七十年代以來，生物科學的認識層次，突破了細胞的封鎖，深入到細胞的內部，特別是在遺傳學領域內，解開了一個亙古之謎，那就是關於遺傳密碼 DNA 三聯體的認識，弄清了蛋白質生物合成的秘密，分子生物學成了舉世矚目的前沿科學，無論在科學界還是在哲學界，都引起了一場轟動，並在許多應用生物科學領域中開花結果，如在食物資源的獲取方面，開闢了許多不同凡響的新領域，而且建立了分子生物學，營養學才算有了主心骨。其實從分子這個層次去研究生物科學中的問題，早在十九世紀前半期，就已經獲得了一批有重大影響的成果。其中與烹飪或食品科學有密切關係的事件是近代營養科學獲得了奠基性的成果，這便是 1846 年德國化學家李比希（J. F. von Liebig，1803—1873 年）應英國科學促進會的邀請，在英國倫敦作了一篇題為「化學和它在農業和生理學上的應用」的報告，確定了有生命組織的分類的理論基礎，即以糖類、脂肪類和蛋白質類為基礎，從而吸引了一部分科學家把注意力轉移到食物生產的實際問題上去。這個報告在植物界揭示了氮、磷、鉀三種營養元素在自然界的迴圈，化學科學從建立有機化學這個分支以後，經歷了很長的時間才轉變成生物化學，從而導致了分子生物學的形成和發展。

# 第二節　烹飪原料的機械加工

　　無論是食品工業，還是烹飪行業，對烹飪原料進行機械性的加工，都是為了使製得的成品，更好地發揮食品的營養衛生功能和風味功能，在某些場合下，還要發揮食品的醫療保健功能。為此，根據這些加工程式的實際目的，把這些加工方法分成如下幾種類型。

## 一、選擇性加工

　　現代烹飪學術界，在討論選擇性原則時，把原料選擇、工具選擇、場地和環境選擇、人員選擇都納入其中，這種做法似乎顯得龐雜，且其中所談的問題，多屬於經營管理方面的問題，結果容易導致眉目不清。故此，在這裡僅從科學技術的角度討論原料的選擇性加工問題。

　　對烹飪原料選擇性加工，主要有如下幾層含義：

　　（1）首先區別哪些動、植物甚至礦物品種是可食的。關於這一點，我們在本章第一節中已作了討論，在那裡我們把它作為人類認識自然之物可否食用的第一個層次，即物種的認識層次。但並不是說，以後有了第二、第三乃至第四個層次，第一個層次就永遠退出食物史的歷史舞臺了，不是這樣。事實上直到今天，我們仍在不斷地篩選食物的原料品種，更廣泛意義上的選擇是農、牧、漁業科學工作者、食品工業科學家的任務，而不是我們烹飪從業人員的任務。但對適當烹飪原料品種的選擇，仍是廚師們的一項經常性的工作，即是根據菜點設計和經營核算的實際需要，選擇某些特定的原料品種。例如，同是魚菜，並非只有用同一種魚。即使是同一種魚，也有魚體大小、鮮活程度甚至產地的選擇。這些就是選擇性加工的第一層次。

　　（2）食品原料品種選定以後，還要對其可食部位進行適當的選擇。例如有些原料雖然有毒，但並非通體有毒，則要用科學的方法摘除其有毒的部位。例如，河豚就是這方面的一個典型。此外，有些部位雖然無毒，但或因組織粗糙無法咀嚼吞咽，或因污穢不潔，或因不便加工製熟，或因沒有營養價值，或因有惡臭異味等，而不能食用，故也應除去。這方面的技術包括動物原料的宰殺、清理，植物原料的擇洗等。

　　（3）根據菜點設計的實際需要，選擇原料的最佳部位，即行業中通常所說的分檔取料。此時要注意對整體原料進行綜合利用，盡可能做到不要浪費食物資源，這是中國烹飪傳統技藝中的一項積極性的成果。例如禽畜內臟，西餐廚師常因西方人的飲食習慣而

棄之不用，當然也就不予處理了。而中餐廚師則是大顯身手的領域。通常，只要注意用餐對象的諸如健康狀況、飲食習慣等實際情況，各種原料都可以得到充分地利用。以健康情況而言，當然不宜給高血壓、心臟病患者食用膽固醇過高的禽畜臟器。以飲食習慣而言，應該把萵苣的嫩葉提供給阿拉伯人，因為他們嗜好不需要任何調料的生鮮萵苣葉，而不愛食用其莖。但是，我們反對借用料考究的名義暴殄天物，浪費食物資源。在大陸的野史稗史上，常見有吃一餐飯或做一道菜，需要幾十只豬羊或上百只雞鴨的記載，這些不僅不值得宣揚，而且要堅決反對。

在中國烹飪古籍上，常見到有關烹飪原料選擇原則的敘述或記載，諸如在時間上注意原料上市的季節和生長期，在產地上注意一些地區性的特殊品種或變異的優良品種等。其中有些說法是科學的、合理的，但也有些是愚昧和迷信的，應該區別對待。

## 二、衛生性加工

衛生性加工是因飲食衛生安全需要而對食物原料進行的加工處理。這樣做至少有兩方面的原因：

（1）某些原料其本身有毒，例如河豚，必須進行嚴格的去毒性的加工處理。

（2）大多數食物原料，其本身無毒，但可能在儲存、運輸等環節中受到生物性或化學性污染，或者因保存不善而有輕微的變質、發黴、蟲蛀等現象。應進行衛生性的處理。但如果污染、變質等現象嚴重，則應堅決報廢。

在飲食行業中，衛生性加工的主要措施是洗滌和加熱。傳統的洗滌方法主要是用水洗，或者用鹼水洗，加醋洗、硼砂溶液洗，對於生吃的瓜果、蔬菜，也可用稀釋高錳酸鉀溶液洗，或者進行削去表皮的處理方法。

用加熱的方法進行衛生性處理，也為廚師所常用。對食品進行衛生性加工是廚師職業道德的主要內容，若干次食物中毒事件表明，常是因從業人員違反職業道德所造成的。因此，進行食品衛生法規的教育，是萬萬不可忽視的。

廚師和家庭主婦們，常常分不清衛生和清潔的概念，他們常把肉眼看不見的污染現象視為衛生，用抹布揩擦餐具和食具是常見的壞習慣，而犯此種錯誤者卻渾然不知。

冷菜的衛生尤其是造型拼盤的衛生狀況，的確使得人們擔憂。自從唐代尼姑梵正製作「輞川小樣」以後，造型冷盤一直是中國廚師的廚藝絕招之一，在宴席上有先聲奪人的奇特效果，但是在若干次衛生測定中，都不符合衛生要求。曾經有人對已做好的造型冷盤進行紫外線的滅菌處理，可以收到一定的效果，但卻無法推廣，因為廚師們根本不理這一套，所以這個問題仍然是個值得研究的難題。

## 三、分割粉碎性加工

動物原料的分割，植物原料的粉碎、去皮、去殼、去核等純機械性的加工，是古已有之的事情，到了今天，有些工種，已經由專門的工廠去處理了。例如，糧食、豆類的粉碎精製加工，再也無需用廚師或家庭去做了。但是因為製作菜肴點心的特殊需要，仍有相當數量的分割粉碎工作，需要廚師用小型廚房機械或傳統的手工工藝去完成，這在廚師的操作工藝中叫做刀工，也是廚師廚藝的一絕。熊四智先生考證過，在大陸的唐代，即有關於刀工的專著，惜乎沒有能流傳下來。從文字記載來看，先秦時代已相當注意刀工技術了。這在許多烹飪著作中都已作了介紹，這裡不再重複，我們只是想從機械力學的角度對此略加說明而已。說到刀工，必須先講刀具。中餐刀具的形制變化很多，各地屠宰業和飲食業所用的刀具究竟有多少種？誰也沒有統計過，也沒有見到過這方面的收藏家。作者曾留意過各地屠宰業的刀具，有些地區整片豬肉懸掛在架子上賣，因此所用刀具形狀便是長而窄，重量也比較輕，因無需費多大力氣。而有些地區，豬肉是分檔次放在案板上賣的，因為剁骨和割肉所用的力不同，所以刀具的形狀和重量都不相同。至於廚師所用的刀具，各地的形狀和大小也有區別，雖然有些刀具的形制並不完全符合機械力學原理，但因所要切割的對象，畢竟只是禽畜肌肉和果蔬，所以仍以傳統習慣為主要依據。至於西餐廚師其所用刀具遠比中國廚師簡單，就是一些大小不同形似匕首的牛耳刀。之所以如此，因為他們的原料粉碎，都是用機械處理的，無需像中國廚師那樣去斬泥剁蓉。筆者在進行涉外教學時，一位外籍烹飪教師就曾提問：「中國廚師為什麼要用這麼重的刀？」除了刀具以外，中國廚師對砧板也很講究。惜乎在衛生方面尚不足，很多事故都是由砧板不潔所引起的。中餐廚師的砧板均為木質，而且很講究木質的質量，不僅要求木質的紋理緻密、木屑無異味、無毒，而且要有一定的彈性。一塊過於平滑剛性過大的砧板，由於原料在板面上很容易滑動，這是不利於廚師操作的，這也就是中餐廚師一般不喜歡使用無毒合成塑膠砧板的原因。其實就清洗便利程度而言，合成塑膠砧板比木質砧板優越得多了。

從機械力學的角度講，所有刀工的力學原理都很簡單，它屬於簡單機械中的尖劈，和斧頭劈木的道理相似。但因某些食物原料柔軟而有彈性甚至在用力時原料塊的上下面之間嚴重錯位，來回滑動，所以在劈的著力點上還要結合來往拉動的線速度變化。原黑龍江商學院的老師們曾對這種力學過程作過數學上的推導。由於這些運算中所述及的力的數量都不大，都在人的體力勞動所能及的範圍之內，所以這些數學處理並沒有被廚師們所採納。一般人覺得是多此一舉，把一舉手之勞複雜到代數三角的運算，覺得沒有那個必要。然而在食品工業中，如果在單位時間內原料處理量過大，則這種計算就完全必要。事實上，在刀工技術上，已經有多種小型機械進入了廚房。例如，享譽國內外的一道揚州名菜大煮乾絲，這是一款地道的刀工菜，要求廚師把厚度為 2 釐米左右的豆腐乾

均勻地片成 20 片左右的薄片，然後再切成細絲，而且還不能切斷。這對於手工來說，沒有經過訓練是做不到的，可是在用了切片機以後，這招絕活就無法和機器相比了。我們知道，最精密的切片機可以把單個細胞切成若干片，對於大塊的烹飪原料，就更不在話下。所以隨著機電工業日益向廚房滲透，某些手工業的刀技必將為機器所替代，對此我們不必惋惜，因為這是進步取代落後，正是我們孜孜以求的意願。

刀工技法與原料的性質有密切關係，這主要是由組織的細胞構成所決定，前面已經提及。這裡要特別指出的是生物學上的劃分生物組織的類型和食品工藝（尤其是肉類食品工藝）的劃分方法不同，生物學的劃分依據是生理功能，而食品工藝只是依據其營養功能和加工特性。生物學上的組織指肌肉組織、結締組織、神經組織和上皮組織四種。兩相比較，立即發現：生物學上把食品工藝中的結締、脂肪、骨骼三者均視為結締組織；而食品工藝中則把生物學上的神經組織和上皮組織也視為結締組織。

關於刀工的具體分類和具體刀法，諸如直刀法、平刀法、斜刀法等，屬於烹飪工藝學的討論範圍，我們在後面略加說明。不過作者在這裡倒是要提出個問題與大家商榷，即是關於各種刀法的描述，能否用一套符號語言（即以符號來表示這些動作）來表示，這樣做有利於刀法的規範化，也有利於烹飪教學。過去幾年，曾經有人做過這方面的探討，作者以為這是很好的開端。用各種刀法切割粉碎後的原料形狀，行業中歷來有泥、末、蓉、松、粒、米、丁、絲、條、片、塊、段等名稱，也同樣沒有規範化，從沒有明確規定其長短大小，所以還是混亂的。

總而言之，刀工技法除了要遵循機械力學原理以外，還要視原料的生物學組織結構而具體採用，例如肌肉纖維組織和結締組織，在進行切割處理時，就存在經向和緯向的區別。大陸先秦時代，就提出切肉要必絕其理，即是要把肌肉纖維切斷，便於咀嚼。但如果切得太短，在熱處理時又會使組織過分破壞而鬆散不成型，這是任何人都懂得的常識，何況是精於此道的廚師呢！

## 四、滲水及膨松性加工

有許多食物原料，因貯藏和運輸的需要，在產地常製成乾品（曬乾或機械脫水），在實施烹調之前，必須進行滲水或膨松處理，讓水分或空氣重新進入其組織細胞之間，使其變軟變脆，否則便無法咀嚼或很難煮熟，以致不能消化，飲食業中把這類操作叫做乾貨的漲發。

乾貨漲發從科學原理上講，是一種膠體現象，因為乾貨組織的主要化學成分不是蛋白質就是纖維素或澱粉，或者兼而有之，它們都是高分子化合物，又因為它們的大分子都程度不同地保留了相當部分的親水性基團，如羥基、羧基、氨基等，因此都能形成親水膠體或膨潤成凝膠。這些原料組織在鮮活狀態時，其所含的結合水的數量是相當大的，

典型的如海蜇（水母）含水量竟達到其體重的 90%。在製乾過程中，去掉其大部分水（在食品化學中多屬於不完全結合水）以後，變成堅韌的皮革樣狀態，但是其分子結構中的親水性基團並未消失，所以一旦有了充足的水分，水分子便又會滲入組織細胞內部，使得這些乾料又重新變得柔軟、滑嫩，符合烹飪的要求，這種工藝在烹飪工藝中稱作水發。

　　水發過程受水的溫度和溶液酸鹼度的影響，即有些原料在冷水中即能漲發，有的原料則要在熱水或溫水中漲發。前者如銀耳、木耳、香菇等；後者如魚翅、蟶乾、淡菜等。還有些原料，如蹄筋、肉皮等，因其外層包有一層油脂，不利於水分子向組織內部滲透，因此經常採用鹼發，即以鹼水溶液處理這些乾料，一方面除去表面的油脂，一方面有利於水分子的滲透。常用的鹼性水溶液有食鹼水（$Na_2CO_3$ 溶液）、石灰水、草木灰濾汁等。要注意，不能使用一般的鹼性化工原料，如燒鹼等，以防化學污染。

　　水發過程實際上都是乾貨的複水過程，有時也常常採用油發。油發實際上是一種高溫膨松過程，即是在熱的油浴中，使乾貨原料中原來殘存的少量結合水，在高溫下繼續從組織中汽化釋放。由於這些水分在汽化釋放時體積增大，從而使原來組織間的空隙大為增加，於是達到了漲發的目的。這種膨松過程，其所以要在熱油中進行，是因為油浴的溫度均勻，乾貨原料受熱也均勻，從而避免發生同一塊或同一批原料膨化不均勻的現象。

　　乾貨的膨松，用其他方法也可以進行，例如鹽炒或砂炒，一樣可以達到漲發的目的。不過使用這些方法時，一定要不停地翻動，否則便會因加熱不均勻而使得乾貨原料變質而無法食用。

　　從傳熱原理上講，只要熱源的等溫面能夠均勻擴散，物料受熱均勻，物料中的結合水分汽化速度均勻，即便沒有任何固、液形的傳熱介質，也可以進行膨松處理，最簡單的方法就是在鐵鍋中加熱翻炒，不過此法很難使物料膨化，因物料直接受熱，結合水分沒有預熱的過程，所以瞬息汽化逸出，在組織中僅會留下分子尺寸大小的空隙，當然不能充分膨化，日常在家庭中炒米、炒蠶豆之類即是這種情況。因此，如果在加熱的條件下，先使水分氣化受熱壓縮，然後突然減壓膨脹，便會得到相當理想的膨化效果。街頭巷尾為居民服務的爆米花機就是利用的這個原理，這對於某些烹飪原料的膨松也同樣可以適用。

　　綜上所述，滲水過程的漲發，只能使原料變軟，不能變脆；高溫膨松過程則可以使原料變脆，別有風味，如欲鬆軟，則可以進一步水發。所以，一般廚師都把蹄筋、魚肚、肉皮等的油發，視為重要廚藝。其實只要控制好溫度和等溫面的變化（完全可以用儀錶測量），這項操作是很容易控制的。

　　至於麵點行業的發酵麵團，實際上也是膨松過程，不過那是生物化學反應條件下的氣發過程。

## 五、保護性加工

所謂保護性加工，是指那些用來保護食物在加熱處理條件下，不應受熱過度而產生不良變化的程式。這類加工通常有以下兩個目的：

（1）降低食物原料在熱處理時對有效營養素的破壞程度。

（2）保持住食物原料組織中原有的水分，從而使製得的食品（菜肴點心）不致因組織過分脫水而影響其口感，尤其是軟嫩程度。

屬於這一類的加工方法就是通常所說的勾芡、上漿、掛糊、拍粉等。這一類方法所用保護劑，通常都是澱粉（實際上都是可溶性澱粉和不溶性澱粉共存的混合型的天然澱粉），即利用澱粉的糊化特性，製成稀厚不等的不均勻體系，其中水分含量最大的叫做芡；水分含量次之，澱粉含量較大的叫做漿；水分含量又次之，澱粉含量更大的叫做糊；直至使用完全不加水的乾澱粉。

在這些保護體系中，有時還要視具體情況加入蛋清等可溶性蛋白質，增加體系的乳化性能。這類方法都是膠體科學原理的具體應用，但所用的混合物體系並不是典型的膠體體系，主要是懸濁液，和泥漿類似的粗分散體系。因此在膠體動力學上講，都是不穩定不均勻的體系，故而使用時必須要攪拌均勻，靜置後就立刻生成沉澱。在已切割粉碎成形的易失水原料的外表面均勻地浸潤或糊上一層這種不穩定的體系。由於附著在原料的最外層，所以加熱時首先受熱，其中的澱粉首先糊化，如添加雞蛋清則這一部分蛋白質也首先凝固。結果在原料的外層形成了一層保護層，這個保護層使得食物原料中的固有水分不因其受熱而脫去，如果加熱時間不長，甚至能夠使原料的細胞組織不受破壞，從而保持住原料組織本來的軟嫩程度。有時這種保護層有足夠的厚度，使得食物原料中的一些小分子量物質（包括維生素和某些風味成分）不能滲出，因此也起到了降低營養素損失的作用。

這裡還要多說一句，即關於拍粉的作用，實際上也和勾芡等的作用一樣，因為拍上去的粉本身不含水分，但因需要拍粉處理的原料，都是處於潮濕甚至極度潮濕的狀態，所以拍上去的澱粉立刻形成粉漿。

有些風味性的保護性加工，不是膠體現象，而是純化學方法。例如對綠色蔬菜進行鹼性焯水，以使葉綠素變成鮮豔的葉綠素鈉鹽，從而增加菜肴的風味效果，這種程式叫做定綠，是廚師們的常用方法。雖然營養學家們對此法持有異議，而廚師們並不理睬。作者以為在傳統的膳食結構中，蔬菜的攝入量頗大，破壞了少量的葉綠素，不會對基本營養素有太大的影響。所以在一般情況下，不必去勸說廚師們去改變這種傳統的做法。中國廚師在長期的封建社會中，科學文化水準很低，他們從不知道葉綠素為何物，能夠在實際操作中摸索出加鹼定綠的方法，堪稱一絕。為了保護他們的積極性和創造能力，像這些益大於害的傳統做法，似應予以保留。

## 六、裝飾性加工

　　所謂裝飾性加工，完全出於美感的需要，根據菜點的風味需要而對食物原料或成品作各種造型美化的技術處理，甚至在成菜以後，在裝盤、擺臺（展示）時，作一些藝術性的點綴，這是中外廚師一致贊成的做法，也符合進食者的願望，只要不是過分，應該提倡。不過此類加工，實際上是前幾類加工方法的綜合運用，尤其是刀工的運用，並沒有更多深奧的科學原理，所以不擬詳加討論。

# 第三節　刀工述要

　　在本章第二節的切割粉碎性加工部分已經對刀工技術作了一般性的討論。鑒於刀工是烹飪技術的三大要素之一，是事廚者入門必須熟練掌握的基本功，而且在中國烹飪技術的發展史上，幾乎與火候是共生的。許多古人在談到伊尹為了接近商湯，時常用「負鼎俎而昵近」的句子，其中，鼎就是今天的鍋，俎就是今天的砧板，顯然是刀工的象徵。原始狀態的刀具，只是較為鋒利的石片而已，大概在距今一萬年前後，磨製的石刀、骨刀、蚌刀甚至角刀，取代了原始的打製的切割工具，與早期煮蒸用的陶器相匹配，主要的料塊仍然是較粗大的塊狀。大概距今四五千年前，人類社會進入青銅時代，青銅刀具精巧而且鋒利，烹飪刀工技術必然產生了革命性的變化。對於大陸來說，夏商周三代是典型的青銅時代，目前夏商時代的傳世文獻紀錄尚不足以說明當時的烹飪技術水準，但地下文物考古的發掘結果給我們留下了可信的根據。在各地的考古發掘報告中，多次有青銅刀具的報導，尤其是 1949 年前在河南安陽小屯殷墟發掘的 186 號墓，出土了多件銅刀，其中有一件還是置放在一只木俎上的。到了周代，許多可信的文字記載，已經無需我們去多費口舌，特別是《詩經》和《周禮》、《儀禮》、《禮記》，經常有牲體的料塊名稱的記載。尤其是古人對祭祀禮儀極度的尊重，所以孔子才有「食不厭精，膾不厭細」的訓條，有人把這當作美食追求的描寫，那是曲解了孔子的本意。

　　大概從戰國到秦、漢初期，鐵器工具陸續廣泛使用，廚藝中的刀工技術在許多文人的筆下，出神入化，令人瞠目結舌，我們不妨抄摘幾段：

　　後漢・付毅《七激》：「分毫之割，纖如髮芒」。三國・曹植《七啟》：「蟬翼之割，剖纖析微。累如疊縠，離若散雪。輕隨風起，刃不轉切」。晉・張協《七命》：「妻子之毫（豬毛）不能測其細，秋蟬之翼不足擬其薄」。唐・段成式《酉陽雜俎》：「進士段碩，

賞識南孝廉者，善斫膾，穀薄絲縷，輕可吹起，操刀響捷，若合節奏，因會客炫技」。足見當代懸紗切割，腿面施技，甚至在美人背上舞刀的特技表演，早在唐代就有了。

　　唐代的烹飪刀工，的確到了極高的水準，尼姑梵正仿詩人王維的輞川別墅製作的「輞川小樣」，本書之前已提及，實開中餐花式冷盤的先河。更有史料意義的是唐代刀工專著《砍膾書》，至明代尚存於世。明人李日華在《紫桃軒雜綴》記曰：「苕上祝翁罨溪，家傳有唐人《砍膾書》一編，文極奇古。首篇製刀砧，次別鮮品，次列刀法。有小晃白、大晃白、舞梨花、柳葉縷、對翻蛺蝶、千丈線等名，大都稱其運刀之勢與所砍細薄之妙也」。這本刀工專著早已失傳，也許在明代就是孤本，加之此類絕技只是廚師換得一日三餐的手段，不會有上層人士對它有興趣而廣泛傳播，佚失早在情理之中，不過我們也不必扼腕歎息，後人刀技肯定超過唐人，只不過「小晃白、大晃白」等作何解釋，卻也永遠說不清楚了。入宋以後，中國菜譜進入大發展時期，這可能得益於社會餐飲行業的繁榮和印刷技術的進步，其中蘊藏了大量的刀工技術，可惜施技的廚師大都目不識丁，在一旁欣賞的文人只看熱鬧不記門道，所以僅見三角塊、骨牌塊、象眼塊之類料塊名稱，並不知道這些塊形是如何切出來的。明清以後同樣如此，重視廚技的文人如李漁、袁枚，也沒有把這些當回事。令人欽佩的中國烹飪刀工技術，全靠廚師隊伍內部師徒相授，一代又一代的傳承和發展。我們在上一節提到的揚州名菜大煮乾絲的刀工技藝，不經刻苦訓練是無法掌握的。其實揚州還有一道刀工名菜叫文思豆腐，文思是一位和尚的法號，他創製的這道名菜是將豆腐切絲，即使當代的揚州名廚也沒有多少人有這個本事，或者說切出來的豆腐絲沒有令人起敬的美感，中央電視臺紀錄片《舌尖上的中國》（第二季）上有個錄影，實在沒有多少道理可講，全憑手眼功夫，這大概也是中國烹飪技術傳承中，有關刀工的著述很少的主要原因。民國以後，有人編寫了好幾種中國烹飪技術方面的書籍，有的也將刀工列入其中，一直延續到二十世紀晚期，大抵都是如此，並沒有刀工方面的專門書籍。直到 1987 年，北京 103 職業高中烹飪教師李剛等人在多方面的支持下，編寫了一本《烹飪刀工述要》，並於 1988 年 8 月出版了第 1 版，堪稱第一部「刀工專著」，小 32 開，176 頁，14 萬字，圖文並茂，定價只有 2.70 元人民幣。從形式上看，完全是一本小冊子，但印數很大，筆者手頭的一本是 1993 年 12 月的第一版第 10 次印刷，版權頁標明累計印數已達 16.3 萬冊，是一本夠格的暢銷書。這種情況說明廣大廚師對於傳授刀工技術的殷切期望。同時，旺盛的市場需求也會激發出版行業的積極性，在進入二十一世紀以後，刀工技術書籍的印刷與出版成倍增長。據筆者檢索統計，即有如下品種：

　　喻成清・水產海鮮加工刀法・合肥：安徽人民出版社，2007。

　　陳志雲，張仁慶・刀工與烹調基礎・北京：中國時代經濟出版社，2006。

　　茅建民・烹飪基本功入門・北京：中國輕工業出版社，2010。

　　韋揚麗・刀工與刀法・廣州：廣東人民出社，2010。

汪幸生·刀工教程圖解·廣州：廣東人民出版社，2010。

犀文資訊·基礎刀工入門·北京：中國紡織出版社，2012。

喻成清·基礎刀工技巧圖解·合肥：安徽人民出版社，2013。

牛國平，牛翔·烹飪刀工技巧圖解·長沙：湖南科學技術出版社，2013。

此外，百度網站還有網路電子版的《烹飪刀法》等。上述紙質出版物的印刷越來越精美，圖像清晰，但其基本內容並未超過李剛等人的原書，大體上都是從簡要介紹中國烹飪刀工的歷史演進說起，然後討論工具、手法、初步的力學原理，其重點內容還是以直刀法、平刀法、斜刀法和剞刀法為基礎的刀工方法，以及各種形狀料塊的切割方法，有的還把食品雕刻的內容列入其中。有關這些內容，一般的《烹調工藝學》之類教材都有介紹。

刀工的確是廚藝中的技術活，除了要求事廚者要有靈巧的手，更重要的是刻苦訓練。近年來，由於食品機械工業的進步，多種小型的廚房機械見之於廚房市場，其中有許多切割工具，它們的工作效率和切割精度遠非手工所可比擬，這無疑是個好事，但卻也帶來了副作用，使得不願刻苦訓練刀工的廚師有了依賴，某些特色菜肴的品質下降了。

# 第四節 烹飪原料的組配和混合

前已提及，張起鈞先生把「烹、調、配」三個字作為烹飪的三要素。筆者部分同意他這種見解，就中的配字，其含意廣泛，烹飪中可以配的東西很多，從廚房餐廳的地理位置、餐廳的裝潢美化、冷暖設施、衛生設備、餐具和菜點的組合、每一道菜品的營養和造型、風味調配，甚至服務人員的裝束儀錶等，都可以配上去。可以毫不誇張地說，有關烹飪方面一切玄想遐念、高深莫測的藝術境界，都是從這個配字中幻化出來的，有些人可以一口氣說出十幾乃至幾十種美來，而且某些一級美還能派生出二級美來，……真是美不勝收。但任何事物，如果處理得過於煩瑣，使人進入想入非非的境界，反而會掩蓋事物的本來面目。所以筆者主張實事求是地從科學技術的角度來研究這個配字。

實際上，用不同的食物原料配成一道實用而又美觀的菜點，用飲食業的行話講，需要使用主輔調配四方面的材料。筆者有一位朋友，他總是想套用中醫師開處方的辦法，把菜譜中的各種原材料，分別歸結成主輔調配。就相當於中醫方劑中的君臣佐使。他為此編寫了一本《烹飪工藝學》講義，洋洋數十萬言，頗有一些見解。可惜有些方面顯得過於牽強，因而贊成的人不多，故而未能推廣。這種過於機械劃分的方法，主要是失之

於煩瑣，即以中藥方劑而言，也並非均存在君臣佐使，有時只用一味藥也能治病，豈不成了有君無臣了嗎？所以我們無需套用那一套。所謂醫食同源，並不反映在這方面。任何菜點中各種原料的組配，完全是一種機械性的組合，從多種名菜名點發展史來看，也沒有什麼發展的規則。況且中國菜點中各種原料的配伍宜忌，不像醫藥中那樣嚴格。歷史遺留下來的一些有關配伍禁忌的說法，有的並沒有什麼科學根據，反而頗有迷信色彩，實踐中每有違犯，也並沒有受到懲罰。這對於中國菜的拼盤和許多熱菜（如佛跳牆、雜燴之類）、西餐中的沙拉等都是如此。所以只要大家樂於接受，有益健康，怎麼配也不犯「天條」，否則如何創新呢？

然而，各種原料的組配過程，畢竟有一些科學技術上的問題需要考慮，大體上有以下五點：

（1）營養素的含量要相對平衡，即膳食平衡原理。關於這方面的指導思想和計算方法，當前在國內有兩種意見：一種是按近代營養科學工作者原則，要求得每人日均攝入和消耗的食物總熱量和七大營養要素的平衡，有一整套相對準確的計算方法；另一種是按中醫學傳統的養生思想指導的，以「養助益充」和以陰陽五行說衍化的食物歸經理論為原則的方法。這種方法沒有什麼量化的數據計算，只要粗略地提倡葷素搭配、清淡平和、結合時令特徵、以飽為度的模糊說法。其實這兩種意見並不矛盾，因為它們起源於人們對食物原料認識的不同層次（詳見本章第一節），可以說都是經驗之談。不過後一種意見的理論解釋，似嫌陳舊，但也不能完全否定，對其中的積極部分，仍應吸收和繼承。至於在國外，那當然都是按前者行事的。

（2）食物原料的組配應符合菜點製作所需要的最佳風味效果，即是在色香味形質五個方面，都要有成功的體現，從而滿足進食者的美食欲望。關於上述問題將在第五章專門討論。

（3）注意食物原料的配伍禁忌。從近代營養科學和食品科學的角度講，對於食物的酸鹼性的配合要得當，這無疑是正確的。但一般人們並不清楚這裡有兩種不同的概念：一是酸性食物和鹼性食物的劃分，並不是食物原料自然狀態時表現的酸鹼性（即自然的pH），而是指該食物原料在完全氧化後所遺留的殘留物屬酸性氧化物還是鹼性氧化物。顯然，如殘留物是以 C、H、S、P 等非金屬元素的氧化物，那便是酸性氧化物，否則如殘留物是金屬氧化物，那便是鹼性氧化物。二是食物原料在自然狀態時溶於水所表現的酸鹼性，並不是劃分酸性食物和鹼性食物的根據。因此，在配伍禁忌上所注意的常是第二種情況，即食物原料的表觀酸鹼度，因為它們會不同程度地影響某些營養素的消化和吸收。但是對第一種情況更應值得注意，因為過多的酸性食物或鹼性食物攝入，會影響人體中血液的 pH。近 20 多年來，國際營養學界和生物化學界一直注意對人體必需微量元素的研究，力圖掌握各種營養素和食物正常成分及異常成分之間的營養互補和拮抗作用，諸如鋅、銅、鍺、硒等元素對人體營養功能及其在消化吸收過程中的相互影響。

如果從傳統的中醫學觀點講，食物配伍宜忌的原則，應與現代營養科學是一致的。因為這不過是對同一事實所作的兩種不同的理論解釋。現在的問題是在傳統的說法中，科學與迷信還沒有完全分野，有些說法顯然是無稽之談，如在著名營養古籍《飲膳正要》中就有不少此類說法，像孕婦不能吃兔肉，否則新生嬰兒便是兔唇之類，實屬無稽之談。就這些問題來看，近代科學觀點顯然勝過傳統的某些說法。至於某些筆記小說中所記述的那些食物配伍宜忌更是缺乏依據，如欲採用，還是要經過科學的測試以後再說。當然像豆腐不能配菠菜、黃瓜不能配花生米之類說法，也不必過於當真，因為並沒有什麼可靠的測試結果。再如蘿蔔人參之類說法，也只有在經過測試之後再做結論，不過像人參這類貴重藥材，保險的做法只能是寧可信其有，不可信其無。何必非要在服用人參時去吃並非非吃不可的蘿蔔呢？

（4）主輔料的品種和數量要配合得當。除了考慮前述幾點外，還要注意時令特點、產地條件、經濟核算等因素與所需製作菜肴的名貴程度相適應。例如在一般的家庭筵席上，採用違背時令、從遠地運來價格昂貴的配料，那就不適當了。而在高檔次的筵席上，採用品質很次的配料，同樣也是不適宜的。由於近代科學技術對農牧漁業的應用，古人難以想像的事情在現代並不稀罕。例如在嚴冬季節，照樣可以供應盛夏時令的果蔬，也可以吃到千萬裡以外的鮮活土特產品。

（5）各種原料的料塊和大小要配製得當，這不僅是出於美觀的需要，也為煮熟和進食創造便利條件。

應當指出，在烹飪原料組配過程中，有一類特殊的組配過程，那就是有水參與的混合過程，由於水的作用，常隨之而產生相應的物理化學變化，與那些簡單的物理化學的混合過程有明顯的區別。這裡僅舉兩類常見的水參與的物理化學的混合過程來說明問題。

第一類常見的有水參與的物理化學混合過程是麵點工藝（即行業中所說的白案）中麵團的揉製程式。其實，麵粉和水的比例變化對面團的性質有很大的影響，而且兩者混合時的均勻程度也是一種重要的影響因素。這種影響源起於麵粉顆粒中裸露在表面上的各分子中的羥基氨基等親水性基團與水分子的作用。在揉拌的作用下，當麵粉顆粒表面消除了水的表面張力的影響之後，便導致澱粉和蛋白質分子在形狀上的變化，水分子向其顆粒內部滲透，從而導致水分子在麵粉中的均勻分佈。這種均勻分佈的程度，對以後的發酵和熱處理過程都有很大的影響，即影響麵點成品的口感或風味。這可以看成是一種親水性的混合過程，與此類似的還有如雞蛋清、牛奶等代水和麵等，基本上也是親水性的混合過程，但不如水那樣典型。或者更恰當地說，是一種親液性的混合過程。但在做油酥麵團時，油和麵粉的混合過程是疏液性的，是麵粉顆粒在油珠表面上的黏附過程，為了能使混合均勻，油珠要充分分散。這種疏液性的混合過程表現在油酥成品上，便具有鬆脆易碎的特徵，這和親水或親液性的混合過程截然不同。

第二類常見的有水參與的物理化學混合過程，不妨以肉丸的烹製為例。在江蘇一帶

具有風味特色的肉丸稱作獅子頭，是肥瘦肉搭配得當、鮮嫩而又富有營養的菜肴品種。做工講究的獅子頭，其肉糜是用刀具經手工細切而成的，其實刀具性能良好適當，也可以用絞肉機絞碎。不管用哪一種方法製得的肉糜，開始時其顆粒間的黏結力都很差，並不容易成型。但如果進行強烈拌和，即使不加其他黏結原料，也會越拌越黏（廚師們俗稱上勁），加水再拌，仍然黏得很好。如果再加雞蛋清、濕澱粉等表面活性物質，則可以吸收相當多的水分，仍可以成型。而且水分越多，製得的獅子頭越細嫩。如果肉糜的顆粒分佈得當，在經過熱處理後，小顆粒起到填充空隙，增加原料與水分子之間的吸引力作用，而大顆粒（特別是脂肪含量高的肥肉）則因受熱而略有變形，使肉丸表面呈粗糙狀態，形同獅子的頭。獅子頭整個烹製過程的原理和建築混凝土的混合凝固過程相當類似，一方面體現了水化作用的影響；另一方面借助顆粒大小的不均勻分佈，起到互相勾連填充的作用，使得製成品具有足夠大的強度。當然，混凝土的凝固是典型的化學過程，而獅子頭的烹製則不過是一種在水分子的參與下的物理化學過程，原料性質不同，能量變化的數量級也不同，所以獅子頭不會像凝固土塊那樣堅硬，我們在此只是打一個比方而已。

在烹飪行業中，類似獅子頭烹製的混合過程並不少見，締子菜的製作過程，在原理上與此完全類似。由於這類菜肴製作時，要對蛋白質含量高的原料作人工加水的工藝處理。所以烹製成的菜品比單純的高蛋白原料直接烹製的菜品細嫩，故而很受人們歡迎。

烹飪技術中的機械性加工的工序並不限於上述幾類，但主要的是這幾方面，從科學技術角度來認識這些問題，也並不難。但如果從小文化的角度去認識這些問題，會把事情搞得玄虛莫測，實際上不利於烹飪事業的提高和發展。

最後，筆者就烹飪技術中手工和機械操作的關係問題，想再談一些看法。因為在大陸烹飪界（在國外也有類似看法的廚師）有一種傾向，即認為中國烹飪的一大特色是手工技藝高超，發展烹飪技術的機械化會使傳統優勢喪失。筆者認為這種看法實在不值得提倡，而且也不可能阻擋烹飪技術機械化發展的趨勢。已很普遍的事實是冰箱的使用，即使是最保守的人，也無法否認它的優越性。幾年來，小型的切割粉碎機械、各種攪拌混合機械、某些麵食點心的成型機械、多種清掃洗滌機械和多種新型的炊灶具等，不同程度進入了公共食堂和飲食企業的廚房，只要這些機械的設計的確合理而有效，廚師和炊事員們肯定會樂意採用的。持反對意見的主要是兩種人：一種是好發思古幽情的美食家；一種是並不在第一線操作的老廚師，他們想不通的是某些以畢生精力練就的硬功夫和絕招，輕易地被電流、鋼鐵或者塑膠替代，確有一種失落感。於是硬說機械化做的菜點不好吃，其實是他們沒有向好處想。

當前的任務是要使傳統的烹飪術成為一門真正的科學，那種把傳統當包袱的觀點肯定要被拋棄的。但是筆者也還是要重複前面曾一再說過的那句話，即烹飪技術機械化、電氣化乃至電腦化程度的提高，並不等於拋棄手工工藝，更不主張烹飪業的青年從業人

員，從此不去練習掌握那些精巧的手工工藝。道理很簡單，沒有繼承便沒有發展和創新，即使是最先進的科學技術，例如電子電腦，要一個連初等數學基礎都不具備的人去操縱，那也是天大的笑話。何況在今後一個相當長的時間內，由於飲食集團的分散性，人們的飲食活動不可能完全由機器來支配，也就是說，由手工向機器的過渡絕非是一朝一夕所能完成的，但是必須起步。事實上，許多集團伙食單位，為了降低人工成本，早已在不同程度上採用機械操作了。

第四章

# 火候概念的形成、發展
# 及其在烹飪中的應用

世界各地的古文明形態，都曾經把火當作一種實體物質，著名的古希臘哲學家認為世界萬物都是由水、火、土（或稱地）、氣（或稱風）四種元素構成的，所以叫做四元素說。古印度順世論哲學中也有火，而我們中國的陰陽五行說中也有火，最早的文獻出典見於《尚書·洪範·五行》：「一、五行。一曰水，二曰火，三曰木，四曰金，五曰土。水曰潤下，火曰炎上，木曰曲直，金曰從革，土爰稼穡。潤下作鹹，炎上作苦，曲直作酸，從革作辛，稼穡作甘」。《尚書》又稱《書經》，是孔子刪定的六經之一，都是先秦各代政府的政事公文，曾受到秦始皇「焚書坑儒」政策的普遍封殺，所以在秦朝滅亡後的漢朝，重新整理先秦舊籍時，《尚書》的版本就成了重大的學術爭論。所謂的今古文之爭的核心就是《尚書》，現在收入《十三經》中的《尚書》，是唐代孔穎達根據漢朝孔安國的古文傳本進行疏注的，其中的《洪範》一篇是周武王向商朝老臣箕子請教的治國方略，故常稱為「洪範九疇」。按洪範之洪釋為大，範釋為法，洪範即大法，而「五行」為第一疇，孔穎達《正義》曰：「五行不言用者。五行，萬物之本，天地百物莫不用之，不嫌非用也」。這就是說，「五行」是古代國家立國的指導思想，是考察天地萬物所必須遵循的基本規律，這也是中國一切古典學術以「五行」學說為基礎理論的歷史源頭，至今仍是如此。例如中醫，如果離開陰陽五行說，其理論體系將變得支離破碎。關於這些，不是本書所要討論的重點，所以我們還是回到五行說的本身。

孔穎達在作「五行」疏注時，把《洪範》和《周易系辭》結合起來，所謂「天一、地二、天三、地四、天五、地六、天七、地八、天九、地十」就是五行生成之數，於是有「天一生水，地二生火，天三生木，地四生金，天五生土，此其生數也。如此則陽無匹，陰無偶，故地六成水，天七成火，地八成木，天九成金，地十成土，於是陰陽各有匹偶，而物得成焉」。這是將陰陽與五行相配，從而來解釋一切事物變化的基本理論框架，即天一生水與地六成水相對應，則天一之水是陽水，地六之水是陰水；地二生火與天七成火相對應，則地二之火為陰火，天七之火為陽火；……總之，奇數為陽，偶數為陰，五行變化必有一陰一陽，再加上道家「有生於無」（這個「無」實為微小之微，不是有無之無），則可以將各種物象作為哲學命題來討論，實在是越說越玄。筆者以為，此類說法或為真理，或為無稽，極易走向玄學境界。但在《洪範》本文中，完全是一種樸素唯物主義的描述，「水曰潤下，火曰炎土」，皆其「自然之常性」，「木曰曲直，金曰從革」是指「木可以揉曲直，金可以改更」，也是它們的自然常性，而「土爰稼穡」，是指土可以種植。由此引申為五味，「潤下作鹹」是指水鹵生成的鹽是鹹的；「從革作辛」，即辛是金屬的氣味；而「稼穡作甘」，即「甘味生於五穀」。從這裡足見《洪範·五行》也是中國飲食調味理論的歷史源頭，所以說我們在第五章還要提到它。而對「火曰炎上」和「水曰潤下」這兩句，早在孔安國作傳時就指出：「水火者，百姓之求飲食也」，道出了水火與人類熟食的關係，再結合以前討論過的《周易·鼎卦》：「以木巽火，烹飪也」，說明了中國古代人早已對烹飪的基本原理作過認真的思考。

對於中國烹飪來說，早已有生熟之辨。所以對於用火加熱也必然予以關注，有各式各樣的加熱方法被發明，因此有關「火」的技術術語也有很多變化，其中以「火候」一詞最具有科學意味。因此，討論「火候」的歷史演變過程，是中國烹飪科學技術史的重要命題，也是外國烹飪文化中所沒有的內容。

# 第一節　中華科學技術史上的「火候」

國際科技史界把「火候」英譯為 firephase，如果再直譯為漢語，則為「火相」或「火象」，這是最接近原義的譯法。但是無論是「相」或「象」，在漢語中與「候」的概念總是有區別的。例如，氣候或氣象並不是指的同一個概念。所以說「火候」問題是中華科學技術史上一個值得探討的問題，而且直到今天，在中華的某些科學技術領域中，它並不是一個歷史的陳跡，而且繼續在發揮它的積極作用，這就更值得我們討論一番。

從科學技術的角度來考察「火候」的演變過程，大體上分為以下四個時期。

## 一、「火齊」時期

在先秦古籍中，「火齊」的概念即相當於後來的「火候」。明確提到這個辭彙的古籍有：

《周禮·天官·亨人》：「亨人掌共鼎鑊，以給水火之齊」。東漢鄭玄作注時明確指出：「齊，多少之量」。

《禮記·月令·仲冬之月》「乃命大酋」章：「火齊必得」。

這裡所指的「火齊」，都是指烹調時對食物受熱過程中的溫度、熱量和時間控制。至於「水火之齊」的調節，至今仍然是中國烹飪術的一大訣竅。其實早在戰國時期，呂不韋及其門客就已經在《呂氏春秋》中作了精闢的概括。「凡味之本，水為最始，五味三材，九沸九變，火為之紀。時疾時徐，滅腥去臊除膻，必以其勝，無失其理」（《呂氏春秋·本味》）。對火候的控制，不僅為中國古代廚師和釀酒師所注意，也為冶鑄業和製陶業所重視。例如，前引《周禮·冬官——考工記·栗氏》雲：「凡鑄之狀，金與錫。黑濁之氣竭，黃白次之；黃白之氣竭，青白次之；青白之氣竭，青氣次之。然後可鑄也」。顯然，這是通過對銅錫原料加熱時的表觀變化來控制合金成熟過程的一種生動的描述。

《三禮》是歷代儒家信奉的經典，雖然古文經派和今文經派為之聚訟千秋，也正由

於此類爭論已延續了近兩千年，我們據此斷定它們的存在反而更加有力。特別是從鄭玄的注文中，可以使我們清楚地看到，中國古代早已力圖對五行之一的「火」進行「量」的描述。實際上已經產生類似西方的熱素、火質之類的概念，在時間上要比西方早兩千年左右，惜乎沒有科學的溫標體系，所以未能發展成近代科學。我們提出這種論點，並非出於孤證，一本常見的百家諸子著作《荀子》，在其「強國」篇中有「刑範正、金錫美、工冶巧，火齊得」這一段文字。唐人楊倞在注釋時指出：「刑與形同。範，法也。刑範，鑄劍規模之器也」。「火齊得謂生孰齊和得宜。《考工記》雲：金有六齊。齊，才細反」。很明顯，這段說明冶金火候的文字，也是把「齊」當作量的概念來描述的。

進入兩漢以後，「火齊」一詞在概念上略有變化，見諸文獻的場合不多，甚至成了一種玻璃和醫藥製劑的名稱。例如，在《史記‧扁鵲倉公列傳》中記載了西漢文帝時名醫倉公（淳於意）把去火清熱的藥劑叫做「火齊」，他用「火齊湯」來通大小便、發汗和散膀胱疝氣；如此等等。大概也就在這個時代，醫生們普遍接受了「水火之齊」的觀點，即在同一篇列傳中，記述了倉公的一句話：「夫藥石者，有陰陽水火之齊」。這幾乎和廚師的說法沒有兩樣。但是把「火」上升為中醫的理論基礎概念之一的工作，則不是淳於意，因為至少成書於戰國時期的中醫經典《黃帝內經‧素問》的《陰陽應象大論》中，早已明確指出：「水為陰，火為陽；陽為氣，陰為味。……壯火之氣衰，少火之氣壯，壯火食氣，氣食少火；壯火散氣，少火生氣。……陽勝則熱，陰勝則寒。重寒則熱，重熱則寒」。在這裡，「火」的概念顯然已經跟體溫的變化掛了鉤。

唐代以後，作為熱處理過程描述術語的「火齊」，很少見之於中國古文獻，但並未被人們所遺忘。如五代時梁朝的沈約在撰著《宋書》的《阮佃夫傳》時仍說：「……就席，便命施設，一時珍饈，莫不畢備，凡諸火劑，並皆始熟，如此者數十種……」。這乃是最原始意義上的「火齊」。

## 二、由「火齊」向「火候」過渡時期

在秦漢以後，大概由於直接量「火」企圖的失敗（在沒有科學化溫標的條件下，這種失敗是必然的），人們對「火」或「熱」的描述，傾向於直率的描寫。例如，用微火、猛火、溫火、文火、武火、大火、小火等說法表示火力大小與加熱過程的緩急；或用指定的燃料來控制火力的大小，諸如馬通（糞）火、糠火、炭火、蘆葦火、柳柴火等，這些說法在煉丹家的著作中屢見不鮮。根據陳國符先生考證確定的漢代煉丹古籍如《黃帝九鼎神丹經》、《太清金液神丹經》、《太清金液神氣經》、《三十六水法》、《太清經天師口訣》、《金碧五相類參同契》等，都可以找到這些描述，但卻沒有找到「火齊」或「火候」之類的字樣。在古文獻中，似乎是出現了一個斷層。

煉丹家不同於廚師、青銅匠和陶工，他們屬於當時的知識階層，有條件也有能力從

當時當代的知識體系中吸取理論武器來自圓其說。我們知道，東漢時期緯候學說盛行，這就必然會影響到那些聰明的煉丹家，於是他們將占卜中常用的「候」的概念去說明煉丹過程中的火力變化。《周易參同契》很可能就是在這種條件下產生的專門性的理論著作，儘管今本《周易參同契》中沒有「火候」這個詞，直接說文火、武火之類的詞句也極少。明代王應奎在《柳南隨筆·續筆》中把「始文使可修，終竟武乃陳」和《鼎器歌》中的「首尾武，中間文」這四句定為文、武火說法的鼻祖，看來是有道理的。《周易參同契》的大部分章節都是闡述加熱時溫度控制過程，以及要求達到的具體性狀的，具有強烈的時間概念。但是《周易參同契》的這種處理手法，不僅在當時未得推廣，即使到了晉代，大煉丹家葛洪也沒給它以特別的地位。《抱樸子·內篇·金丹》中雖然有「又當起火，晝夜數十日，伺候火力，不可令失其道」。這麼一句話，雖然說的是用火，但卻找不到有關「火候」的說明和解釋。

隋唐以後，《周易參同契》被奉為「萬古丹經王」，人們把它捧為煉丹術（包括內外丹）中火候學說的始祖，把本來是加熱的現場描述硬要湊合到「符節」之數中去，在它各種有影響注本中，五代後蜀彭曉的《周易參同契通真義》更具有權威性。彭曉在其「牝牡四卦」一章的注文中，明確說：「凡修金液還丹，鼎中有金母華池，亦謂之金胎神寶，乃用乾坤坎離四卦為鼎器、藥物。橐籥者，樞轄也。覆冒者，包裹也。則陰鼎陽爐，剛火柔符，皆依約六十四卦，周而復始，循環互用。又於其間運春夏秋冬分二十四氣，擘七十二候，以一年十二月氣候蹙於一月之內，以一月氣候攢於一晝夜十二辰，中空刻漏……蓋喻修丹之士運火候也」。可見西元十世紀的彭曉在注西元二三世紀出世的書時，是極難還它廬山真面目的。我們考察了《正統道藏》收錄的《周易參同契》的各種注本，值得注意的是映字型大小托名陰長生的注本，映字型大小無名氏的注本和容字型大小無名氏注本。據陳國符先生的考證，托名陰長生的注本最早不早於初唐出世；容氏號無名氏注本的出世年代至遲在盛唐；而對映字型大小無名氏注本，人們並未注意到它的存在，很少有人提及它。我們查對了這三種注本對火候的提法，映字型大小無名氏注本明確說：「火候之訣，最為精妙，非常情所能推測」。以此看來，其出世年代不會早於唐代。托名陰長生的注本並無「火候」字樣，但其序中說：「餘今所注，頗異諸家，合正經理歸大道，論卦象即火候為先，釋陰陽則藥物為正」。而容氏號無名氏注本則全無「火候」字樣，唯有「火數」之說。以此看來，容氏號無名氏注本很可能是現存最早的注本，也可能不是一人一朝之作，大體上發端於南北朝，而完成於初唐。至於托名陰長生的注本，很可能出世於隋或初唐，蓋此時「火候」的說法已經產生，但尚未普及。

值得注意的是現存於《正統道藏》之字型大小的《許真君石函記》，在其「神室圓明論」一節中明確指出五日一候，並明確了六十四卦與火候對應關係。如果該書果真是那位在東晉寧康二年（西元 374 年）在江西南昌率全家四十二口「拔宅飛升」的許遜所作的話，那麼該書便是真正解釋《周易參同契》煉丹火候學說的最早著作。雖然該書並

未把「火候」一詞挑明，但已是水到渠成的事情了。

在秦漢魏晉南北朝約七百年的光景中，從現存古籍中發現的討論火候的著作主要是煉丹著作（包括內外丹，因內丹借用外丹的術語），少數的見於醫藥和其他類著作。例如，南北朝雷著的中藥炮炙專著《雷公炮炙論》，雖然原書久佚，但仍有不少條目見摘於其他古醫書，其中也不乏於火候問題的敘述，多次提到文火、武火、雜木文、柳木火等，但仍沒有「火候」這個詞（注：該書近有王法興重新加以輯校的本子，由上海中醫學院出版社於 1986 年出版）。

## 三、火候時期

隋唐時，煉丹術進入鼎盛時期，「火候」一詞應運而生，不僅成為外丹家的要言妙道，同時回饋到它的歷史源頭——烹飪、食品加工、金屬冶煉、陶瓷等工藝和技術部門，並且以更抽象的形式向內丹和其他領域滲透。

在外丹領域中，現在收錄於明《正統道藏》中的多種唐代煉丹著作，往往有專門章節闡述火候。例如，僅在清字型大小中就有陳少微撰的《大洞煉真寶經九還金丹妙訣》、《大洞煉真寶經修伏靈砂妙訣》等。同時在一些相信神仙服食的文人詩作中，「火候」成了常用詞。例如：白居易詩：「亦曾燒丹藥，消息乖火候」。張憲詩：「山鬼俯闌窺火候，爐神伏地 刀圭」。

在其他技術領域內，特別是烹飪中，「火候」成為廚師的廚藝一絕。段成式《酉陽雜俎·酒食》雲：「貞元中，有一將軍家出飯食，每說物無不堪吃，唯在火候，善調五味」。又如馮贄《雲仙雜記》引《安成記》說：「黃升日享鹿肉三斤，自晨煮至日影下門西，則喜曰：『火候足矣』。如是四十年」。

經五代入宋而達於金元明清，一直到十九世紀末，可以説「火候」已不是專業術語，成了市井俚語。在這個時期內輯錄的大量的煉丹著作，如著名的《諸家神品丹法》、《庚道集》、《丹房須知》、《鉛汞甲庚至寶集成》等，都有火候專節，這裡無需一一備述。但是有一點需要指出，就是「火候」一詞原由實際熱處理過程的直接觀察而來，中間雖經魏伯陽等人抽象化，但始終沒有脫離實際加熱這個基礎。可是唐宋以後，「火候」的概念日益抽象，甚至脫離了中醫的體溫依託。在內丹家那裡，「火候」成了意念和呼吸時氣流進退強度的描述，乃至於有「走火入魔」之類的境界，我們認為目前還難以確定它的真正科學含義。

唐宋以後，中國陶瓷製造業有了很大的發展，各地各個時期的名窯，在生產品類繁多的精陶名瓷時，積累了豐富的焙燒經驗，火候的掌握也是這些能工巧匠們所孜孜以求的，清人唐英在《陶人心語續選》中說：「物料火候，與五行丹汞同其功」。清人朱琰在《陶說》中，詳細論述了青窯、龍缸窯、風火窯、色窯、爐燻窯和匣窯等「六窯」的火候控

制方法。例如，「缸窯溜火七日夜，溜火如水滴溜續續然，徐徐不絕而已，使水氣收，土氣和，然後可以揚其華也。起緊火二日夜，視缸匣色變紅，轉而白，前後洞然矣，可止火封門。又十日開窯，每窯約薪百二十杠，遇陰雨加十分之一」。同樣，在紫砂、琉璃等其他矽酸鹽製品的燒製中，亦有很精闢的火候控制經驗。清人孫廷銓在《顏山雜記》（康熙刻本）中說：「琉璃者，石以為質，硝以和之，礁以鍛之，銅鐵丹鉛以變之，……硝，柔火也，以和內；礁、猛火也，以攻外。其始也，石氣濁，硝氣未澄，必剝而爭，故其火煙漲而黑。徐惡盡矣，性未和也，火得紅。徐性和矣，精未融也，火得青。徐精融矣，合同而化矣，火得白。故相火齊者，以白為候」。這段文字在沒有近代科學指導的情況下，應該說描寫得相當生動了。然而，陶瓷、玻璃等工業生產部門，由於生產數量大，技術改革的要求迫切，所以一當國際技術交流的風吹進來以後，工匠們很快就接受了近代科學的薰陶，而不致泥古食古。例如，在景德鎮，清末就在窯爐上安裝了高溫計以測量窯中的溫度變化。劉錦堂在《清朝續文獻通考》中說：「景德鎮之大窯有百餘座。全年生火者，約三十餘座，餘惟夏季生火。火表多購自德國，所用薪炭取給於餘干、南康、東流、建德等縣，近者二三十裡，遠者三四百里」。這就有力地說明了傳統的火候控制已為科學的溫度測定代替了。至此，可以說火候作為熱處理的技術術語，已經用得相當廣泛了。諸如陶瓷業中的生坯、熟料，煉銅業中的生銅、熟銅，煉鐵業中生鐵、熟鐵等，都是這個概念的延伸，也都是烹飪術的演化。

在烹飪這個領域內，入宋以後，不僅因有像蘇軾這樣的一些大文人的讚頌提倡，加上北宋政權後期君主的驕奢淫逸，南渡杭州以後的南宋政權，可以丟掉恢複故國的宏圖，但奢華的生活排場總不減當年，這就大大刺激了烹飪術的發展。這些情況在一些宋人筆記如孟元老的《東京夢華錄》等著作中得到了淋漓盡致的描述。蘇軾本人也寫了許多詩詞文章，例如他寫的《食豬肉詩》「富者不肯吃，貧者不解煮，慢著火，少著水，火候足時他自美」，說明他完全掌握了紅燒肉的三味。加之印刷術的普及，大量的食單菜譜流傳於世，這種情況絕非東漢魏晉南北朝所能比擬。然而在烹飪理論上並沒有什麼了不起的長進，專門論述火候的著作，直到清代才出現。一本至今尚不能確定撰著者，內容龐雜的烹飪巨著——《調鼎集》，其中有兩處專門談火。該文說：「顧寧人《日知錄》曰：『人用火必取之木，而複有四時五行之變』。《素問》黃帝曰：『壯火散氣，少火食氣。』《周禮》：『季春出火貴其新者，少火之義也』。今人一切取之於石，其性猛烈而不宜人，病疾之多，年壽自減，有之來矣」。顯然，作者的保守觀點作祟，他不可能對中國烹飪術的火候作出什麼歸納提高的結論。作者在該書的另一處談火時，直言各種植物燃料燃燒後「火」的特點，幾乎全是抄錄《本草綱目》，學術價值甚低。

在清代的眾多美食家中，真正對中國烹飪術進行技術總結的恐怕只有袁枚一人。他是蘇軾之後的中國歷史上的又一大文人「食客」，其所著《隨園食單》的學術價值遠在那些食單菜譜之上。該書有一「須知單」，可算是迄今為止已發現的繼《呂氏春秋·本味》

之後的重要的烹飪著作，我們不妨抄錄其「火候須知」如下：

「熟物之法，最重火候。有須武火者，煎炒是也；火弱則物疲矣。有須文火者，煨煮是也；火猛則物枯矣。有先用武火而後用文火者，收湯之物也；性急則皮焦裡不熟矣。有愈煮愈嫩者，腰子、雞蛋之類是也；有略煮即不嫩者，鮮魚、蚶蛤之類是也；肉起遲，則紅色變黑。魚起遲，則活肉變死。屢開鍋蓋，則多沫而少香；火息再燒，則走油而味失矣。道人以丹成九轉為仙，儒家以無過不及為中。司廚者能知火候而謹伺之，則幾於道矣。魚臨食時，色白如玉，凝而不散者，活肉也；色白如粉，不相膠粘者，死肉也。明明鮮魚，而使不鮮，可恨已極」。這一段烹飪火候哲學，至今仍為中國廚師所推崇。

中國古代，雖然沒有科學溫標，但中國的能工巧匠們很善於抓住加熱過程中物料變化的特徵，作為他們的參考溫標。這在中國每一個涉及加熱的手工行業裡，無不如此。篾匠（竹工）用火熨的方法，使粗大的竹子變形，也可算是絕技。而且這些工匠們實事求是，不像煉丹術士那樣故弄玄虛，硬去湊合卦符之候。即如以水煎茶這種服務業小事，也有他們的訣竅。蘇軾在《試院煎茶》中云：「蟹眼已過魚眼生、颼颼欲作松風鳴」。宋人龐元英說得更清楚，他在其撰寫的《談藪》中說：「俗以湯之未滾者為盲湯，初滾者曰蟹眼，漸大曰魚眼。其未滾者無眼，所以語盲也」。同樣，陸羽《茶經》上也有類似的描述。其實嗜茶如命的文人學士對此還不滿足，認為煮茶用的壺或瓶實際上是不透明的，視之不便，乃以「聲辨一沸二沸三沸之節」。宋代羅大經在《鶴林玉露》中就作了這方面的描述。

## 四、近代時期

西方近代科學傳入中國以後，在理論科學和許多產業部門都先後按近代科學技術觀點進行了改造，「火候」在這些科學中成了過時的陳跡。唯獨烹飪這個領域，好像是被近代科學遺忘的角落，新技術革命在這個領域內起步很晚，而且至今收效甚微。中國廚師們的「明火亮灶」、「急火上鍋」等絕技表演，使人為之咋舌。他們承認溫標是科學的，但在他們手上用不上。的確，中國烹飪術把烹煮和調味這兩項操作交叉融合使用，有其獨特的風格，有些菜看在烹飪時，動態地運用火候，要用溫度計去測定那是很難的。「拔絲水果」是大家熟悉的一道甜菜，在中國的適應面很廣，它那獨特的熬糖技術，使人歎為觀止。糖的晶態與非晶態的轉化溫度是那樣的敏銳，過與不及全憑經驗控制。即使設計一只特製的熬糖鍋，自動記錄它的變化溫度，其複演性也是很差的，因為原料糖的晶粒大小、水分含量多少等若干因素都有綜合影響。所以，千萬不要小看了中國廚師的傳統技藝。

1988 年，徐傳駿設計了帶有自動測溫裝置的炒鍋，將它與自動筆錄式 X—Y 函數記錄儀聯用，對江蘇地區的若干位名廚在某些菜看製作過程中的控溫技藝進行了科學測定，

發現他們在烹飪過程中，作為對「火候」強度因素的掌握，實際上是使用著一種「十成油溫溫標」制，即以室溫（通常定為 20℃）油溫為零成油溫，而以油的閃點作為十成油溫，中間均分為十等分，廚師熟記住每成油溫時油面物象變化，據此判斷油溫的高低。所以，同一成油溫溫度，不但以油脂品種不同而異，而且還因廚師個體觀察存在差異，使同成油溫判斷誤差常達 5 ～ 10℃。不過，這個測量精度對炒菜來說，已經足夠了。廚師們能夠靠手營目驗控制不同菜品的成熟溫度和加熱時間，這個功夫不是一朝一夕練就的，有它合理的科學內涵，這些都是應該肯定的。但是烹飪要向現代化，向大生產方向過渡，除需要研究、研製、引進一批先進溫度（即「火候」的強度因數）測控儀器外，目前需要測定大量的火候控制經驗數據。

中國廚師是火候的傳人，他們精湛的廚藝為越來越多的人所理解，既要重視和尊重傳統中國烹飪技術中的精華，又要注意到其中確實存在的某些不科學而應揚棄的東西。中國烹飪作為世界食品科學園林中的一枝奇葩，必將逐漸為世界人民所理解，如果不從近代科學技術這個高度去認識它，那是不對的。看來在烹飪這個領域內，「火候」這個概念在用現代科學手段，幫助它解決多少年來夢寐以求的強度因素和廣度因素的測量手段以前，仍然有它的廣闊天地，也許永遠不需要取消這個概念。

在當代中國。還有另一批人熱衷於「火候」，那就是中國的氣功師及其追隨者，這實際上是中國內丹術的延續。外丹術發展成化學，而內丹術仍然在講「火候」。鑒於這是與加熱現象無關的「火候」，所以這裡不再贅述。

## 第二節　人們對火的本質的認識

火是什麼？全球的古人類對此都曾進行過認真的探索。然而在近代物理學的舊量子論誕生以前，對於諸如兩個堅硬的物體撞擊起火、塵炸、閃電起火乃至鑽木取火之類的現象，都不可能有正確的解釋。也就是說，對於任何一個沒有「能量子」概念的人來說，都無法理解「星星之火，可以燎原」的真正原因。現在，國內飲食出版物中對火的歷史認識過程概括得最全面的，當數徐海榮主編《中國飲食史》（華夏出版社,1999 年版）卷二第二編《原始社會飲食》（執筆人宋兆麟）第四章《從生食到熟食》，其對史籍鉤沉、考古發掘的歸納和民俗調查的田野工夫，做得都很到位，唯對於「火星」產生原因，先後作了六次說明，都是錯誤的。其典型的說法如「……摩擦，由機械能變為熱能，促使空氣中的炭、氫和氧相遇，又因高溫而發生火星，將杆端的火絨燃燒」。原作者不理解

火星的產生乃物體摩擦引起原子中的電子躍遷而出現「能量躍遷」所致。所以對於「火」，無論中外，在二十世紀以前，都只是記錄燃燒的現象。也正是由於對「火」的「口不能言」，所以世界各地的「火神崇拜」，究其本質，都是一樣的。我們中國，更是如此，從《尚書·洪範》中「五行」的注釋，以及後來的《淮南子·原道訓》等，都是越說越玄乎，至今仍持「味道論」的學者奉為圭臬。我們自然科學工作者，有揭穿事物本質的責任。例如，像五代道士譚峭在《化書》中說的：「動靜相摩，所以生火也」。所記依然是一種現象，因為他所持的是陰陽概念的另一種說法，設若動動相摩，難道就不能生火嗎？這乃屬於我們的生活常識，無需作更多的解釋，道教徒的「掌心雷」法，就是兩手手掌相摩，就會聞到硫磺味，凡是懂得臭氧生成原理的人，不難作出合理的解釋。在眾多描繪「火」的古代詩文中，筆者以為西晉潘尼的《火賦》最精彩，現轉抄如下：

「形生於未兆，聲發於無象，尋之不得其根，聽之不聞其響，來則莫見其跡，去則不知其往。似大道之未離，而克氣之灝瀁。故能博瞻群生，資育萬類，盛而不暴，施而不費，其變無方，其用不匱，鑽燧造火，陶冶群形，協和五味，革變膻腥，酒醴烹飪，於斯獲成。及至焚野燎原，埏火赫戲，林木摺拉，砂粒煎糜，騰光絕覽，雲散霓披。遂乃沖風激揚，炎光奔逸，玄煙四合，雲蒸霧萃，山陵為之崩阤，川澤為之湧沸。去若風驅，疾如電逝，蕭條長空，野無孑遺，無隙不灰，無坰不爇，榛蕪既除，九野謐清，蕩枝瘁於凜秋，候來春而改生。其揚聲發怒，則雷電之威也。明照遠鑒，則日月之暉也。甄陶品物，則造化之制也。濟育群生，則天地之惠也。是以上聖人擬火以制禮，鄭僑據猛以立政。功用關乎古今，勳績著乎百姓」。

試看，這裡描述得非常形象，火來去無蹤，有聲有色，馴則造福人類，驚則釀成天災。但火究竟是什麼，只有天知道。現在我們知道，火是物體燃燒時發光發熱的一種自然現象，故而在世界上任何一個地區的先民，都有崇拜火的原始文化。從科學的意義上講，「火是使原始人能廣泛進行化學反應的第一發現。火發現於遠古時代，凡是能劃為人類遺物的東西，大都與火有關」（H. M. Leicester 著·吳忠譯·化學的歷史背景·北京：商務印書館，1982）。因此各個古代文明發祥地，在其自然哲學體系中，火都是當作一種元素來認識的。中國的五行說（金、木、水、火、土），古希臘的亞裡士多德學派的四元素說（水、火、土、氣），古印度順世論學派及其各種流派的五元學說（地、水、火、風和空）等都是如此。正因為如此，人們對火的本質研究就成了古代科學的重要課題，其中最突出最有成效的研究工作是文藝復興以後的歐洲產生的，地處大不列顛群島的英國和地處大陸沿海的法國是這些研究的早期中心。首先是英國科學家波義耳（R. Boyle，1627—1691 年）為代表的一批人，認為火是一種具有重量的火微粒（或火質點），他們甚至試圖用天平來稱量火微粒的重量。當然這種稱量的企圖不可能獲得成功，特別是不能解釋物體燃燒以後，殘渣的重量何以減輕。比波義耳年輕三十多歲的普魯士國王的御醫斯塔爾（G. E. Stahl，1660—1734 年）則首先倡燃素學說（Phlogistontheory），他說凡

是可燃的物體，都含有一種有重量的物質「燃素」，當物體燃燒時，燃素便逸入空氣，所以殘渣的重量減輕。於是許多化學家群起效尤，用燃素學說解釋各種各樣的化學反應，燃素學說成了包治百病的萬金油。但是它有兩點悖謬：①世界上誰也沒有見過燃素，因此無法肯定其存在；②有些物質如金屬在燃燒後，殘渣重量反而增加。有人試圖對它進行修補，但科學家不是墨守成規的懶漢，越是不明白的事情，他們越是喜歡去鑽研，對燃燒現象也不例外。由於實驗研究工作加強了，人們發現了好多種過去沒有認識的化學元素，特別是那些難以捉摸的氣體元素。例如，瑞典藥劑師舍勒（K. W. Scheele）於1777 年發表了《論空氣與水》一文，報導了氧氣的發現，並且證明了氧氣的存在是物體燃燒時必不可少的條件。與此同時，英國科學家普裡斯特利（J. Priestley）於 1774 年用凸透鏡聚熱使氧化汞分解而製得了氧氣，以後又論證了氧與燃燒現象的關係。

　　本來，舍勒和普裡斯特裡的工作已經說明燃燒現象（即「火」）的科學本質，但是很可惜，他們都是燃素論的擁護者，以致當一個更偉大的科學發現已經觸及他們的鼻尖，他們也未能捕捉住。科學史上的這一事件，告誡我們：科學家在理論上的匱乏，會抑制自己的科學靈感。

　　真正認識火的本質，給燃燒現象以科學解釋的偉大功績應歸功於法國化學家拉瓦錫（A. L. Lovoisier1743—1794 年），他精確地使用天平，幾乎是重複斯塔爾、舍勒和普裡斯特利等人的實驗，結果獲得了與其他學者完全不同的結論。他在 1777 年總結了他的科學燃燒理論，即：

　　（1）燃燒的過程都要發出熱和光；

　　（2）物體僅能在氧氣中燃燒；

　　（3）可燃性物體在燃燒過程中所得到的重量即等於空氣所失去的重量；

　　（4）燃燒過程中，可燃性物質轉變成酸類，而金屬則變成礦灰（金屬氧化物）。

　　拉瓦錫的燃燒理論，打破了人們對燃素學說的迷信，揭示了火的科學本質，徹底否定了火是組成世界萬物基本元素的傳統觀點，使化學成為一門近代科學，在促進社會生產力和改善人類物質生活方面起了積極的推動作用。從哲學上講，他是繼波義耳之後，給亞裡士多德的四元素說以毀滅性打擊的一位傑出的科學鬥士。

# 第三節 熱是什麼

　　火的科學本質認識以後，人們進而探索熱的本質。十八世紀的歐洲，占統治地位的自然哲學思想是機械論，由拉瓦錫創立的科學燃燒理論，按機械論的觀點加以發揮，結果熱被看成是一種沒有重量的熱質（熱素），固體的融化和液體的蒸發都被看成是熱質和固體物質或液體物質之間的一種化學反應。按照這種觀點，兩種物體互相摩擦時，其所產生的熱量和參與摩擦物體的數量成正比，例如在金屬切削工藝中，鋒銳的刀具能切削數量較大金屬，在相同時間內，鈍的刀具只能切削數量相對少的金屬。這是人們的常識。但按照熱質說，前者應放出較多的熱，後者則相對的少。可是進行科學測定的結果則剛好與熱質說的推斷相反，鈍的刀具在切削時產生更多的熱量。這是 1798 年，由美國移民歐洲的科學家倫福德（Rumford）伯爵在慕尼克主持研製大炮炮筒時發現的現象。倫福德根據自己的實驗結果，作出了熱本是機械運動的一種形式的結論。以後其他人又設計了更多的實驗裝置，進一步證實了他的結論。可惜在熱質說的掩蓋下，直到 1850 年，國際科學界才完全接受了他的科學論斷。

　　大家知道，早在十八世紀的英國，以紐康門（T. Newcomen，1663—1729 年）和瓦特（James Watt，1736—1819 年）為代表的一批能工巧匠，前僕後繼，在 1765 年左右使蒸汽機定型成為震撼世界歷史的動力機械。但他們在理論上卻難以有什麼建樹，他們未能深入探索控制熱機把熱能變成機械能的各種因素。而探索這種理論問題正是認識熱的本質的關鍵之一，這個任務歷史性地落到了經過「科班」訓練從法國巴黎綜合工藝學院畢業的那些法國工程師們身上。首先是 1824 年，年僅二十八歲的法國陸軍工程師索迪・卡諾（Sadi Carnot）提出了熱機必須工作於兩個熱源之間，熱從高溫熱源轉移到低溫熱源時才能做功，熱機做功的數值與什麼樣的工作物質無關，僅僅取決於兩個熱源間的溫度差，這實際上是著名的熱力學第二定律的萌芽。可惜卡諾相信熱質說，他把熱機的工作原理等同於高處流向低處的水流推動水車做功的情況，因為水的總量沒有變化，所以類比之下，熱量（即熱素的量）也不會減少。這顯然是錯誤的，他看不到熱能和機械能之間的轉化以及兩者總和的守恆關係，從而得不到熱功當量。他的錯誤觀點後來在 1834 年，由另一位法國工程師克拉貝龍（Clapeyron）糾正，這就是熱力學上著名的卡諾迴圈圖。

　　十九世紀三十年代和四十年代，許多著名科學家，如：邁爾（J. R. Mayer）、李比希（J. V. Liebig）、焦耳（J. Joule）、赫爾姆霍茨（H. L. F. Helmholtz）等人，通過不同的途徑，從不同的側面進行了研究，分別提出了能量守恆和轉化定律，也稱為熱力學第一定律。

當今天世界各種動力機械和能量裝置，小到電子錶裡的紐扣電池，大到各種形式的電站、原子彈、氫彈，乃至太空梭和人造衛星的發射與回收，或者人體的膳食平衡原理，都必須遵循這個偉大的定律。知道了這個定律，就可以理解一堆野火、舊式農家的薪柴爐灶、煤爐、煤氣灶、電灶、電磁爐乃至現代化的微波爐，都可以使生米變成熟飯，它們所根據的都是同一個原理。只不過它們的工作效率一個比一個高，清潔衛生條件一個比一個先進，對食物營養成分的破壞程度一個比一個小，人們在烹飪實踐中對能源的控制，一個比一個容易而已。聯繫到本章第二節對火的描述，可知在食物製熟的過程中，有無火焰或火焰的大小，並非烹飪操作的基本要素，習慣所說的火力大小實際上是功率大小的同義語。

認識了各種形式能量之間可以互相轉化的道理以後，也就認識了熱的本質。但是還有一個問題需要回答，那就是我們如何來比較物體的冷和熱。最初人們只能根據自己的感覺（生理學上叫做溫覺），但是光憑感覺，是無法制定冷熱的相對標準的，何況人體的溫覺閾值是很狹窄的，例如在 0℃ 以下、40℃ 以上的環境中，人體就感到受不了。因此就需要借助於專門的儀器，這樣科學家們就根據物體熱脹冷縮的原理製造了各種測量冷暖變化的儀器——溫度計。任何一種溫度計，都要選擇特定的冷暖環境作為比較的相對標準，這個標準就叫做溫標。例如在攝氏溫標中，過去的規定是指在一個標準大氣壓（760 毫米汞柱或 101325 帕斯卡）下，把液態水凝固成固態的冰或冰融化成水時的溫度叫做 0℃；再在同樣的壓力條件下，把水沸騰變成蒸汽時的溫度定為 100℃。然後在 0℃ 和 100℃ 之間分隔成 100 等分，每 1 等分便表徵 1℃。而華氏溫度的規定就不同，它把水結冰時定為 32 ℉，而水汽化則定為 212 ℉。目前科學家又制訂了更科學的熱力學溫標（K）。

溫度實際上是熱的強度因素，是物體分子群體運動平均動能大小的表現，也就是說分子運動得越厲害，其群體的溫度便越高，反之亦然。如果分子運動絕對停止，即分子處於絕對靜止的狀態，這時的溫度叫做絕對零度，用這種溫度做起點制訂的溫標叫熱力學溫標，用 K（凱爾文）表示，相當於水的三相點的 1/273.16。因此 0℃ =273.15K。從熱力學原理講，這個絕對零度是永遠也達不到的，這就是熱力學第三定律。

溫度僅僅是分子運動程度的度量，即 100℃ 比 0℃ 更熱。因此僅有溫度還不能表徵熱能數量的大小或多少。熱能的量不僅與分子運動平均動能的大小有關，而且還和運動分子的數量有關。例如 100 毫升 100℃ 的開水所含的熱量不會大於 100 升 50℃ 的溫水，如把這些開水倒在 1 公斤重的冰塊上，則冰塊不會完全融化，而把同樣重的冰塊投入溫水中，則冰塊肯定完全融化。正由於此，物理學家又引出了一個熱容量的概念。

人們早在熱的本質沒有弄清楚之前就有測定熱的數量的企圖，「火齊」一詞可能就包含了這個企圖。近代科學誕生前後，科學家也有這個企圖，甚至到了拉瓦錫建立了科學的燃燒理論以後，人們還想保留燃素學說中若干要點，拉瓦錫本人也有這個願望，他

也曾接受過燃素和火質的說法，但他在 1786 年做的密封燃燒實驗證明了「火質」是沒有重量的。1787 年居東‧德‧莫爾渥（Guyton de Morveau）把這種沒有重量的東西叫做熱質（法文 calorique 英文 calorie，就是熱或火質的意思），熱質多少即表徵熱量多少。一時為許多人所接受，直到 1850 年焦耳用實驗最後論證了熱和能的關係，才知道熱量的多少就是能量的多少，它們可以共用同一個單位。但在此以前，人們已經用慣了以熱質論為基礎的熱量單位卡（caloric），後來被繼續沿用，但已不是它的原始含義了。不過，在能量守恆和轉化定律被發現以後，焦耳（Joule）則是能量的普遍單位。1960 年，第十一屆國際計量大會（CGPM）正式通過了世界通用的國際單位制（SI 制）。在大陸，國務院於 1977 年 5 月明令推行國際單位制。根據這個規定，熱、力（機械能）、聲、光、電等一切形式的能量，其單位都定為焦〔耳〕（符號 J），它和原來熱量單位卡的互換關係是：1 焦 =0.23855 卡；1 卡 =4.1868 焦。

　　鑑於各種物質的熱效應並不相同，而且在不同的溫度範圍內，各種物質本身的熱效應也不相同，所以在確定熱量的基本單位時，必須選定一種基準物質。經過選擇，大家一致公認液態的純水是最理想的基準物質，因為它在從 0 ～ 100℃，溫度每變化 1℃，其熱效應的變化幾乎是相等的。早些年，國際科學家曾經認可，將 1 克純水，由 14.5℃ 升高到 15.5℃ 時，其所需的熱量叫做 1 卡。這個熱量可以用特製的儀器進行精確的測定。烹飪營養學中所說的卡路裡，就是根據這個單位制度來測定的。由於卡的數值太小，通常用它的 1000 倍叫做千卡或大卡，即 1 大卡 =1000 卡。

　　既然不同的物體或物質熱效應並不都是相同的，那麼以等量的熱量作用於不同物體或物質所引起的溫度效應也必然不同。大量的實驗結果表明：一定量的熱量作用於某一物體，經過一定時間後產生溫度效應，系由該物體所含物質的量和它的各個部分的各種特異的因素所決定的。這些特異因素包括生物、物理、化學乃至其他方面的因素，物理學家把由這些因素決定的溫度效應叫做比熱容。同樣，比熱容大小的測定也需要指定一個相對標準，這個標準也就是比熱容的定義，一物質的比熱容就是指 1 克該物質在一定的壓力條件下，將其體溫升高 1℃ 時所需要的熱量，根據這個定義可知，液態的純水，其比熱容等於 1 卡 / 克‧℃ 或 4.1868 焦 / 克‧℃。對於一個任意的物體，其總體的熱效應就是各個部分物質的量和比熱容乘積之和，可以用公式 $S=m_1s_1 + m_2s_2 + m_3s_3 + \cdots$，式中 $m_1$、$m_2$、$m_3\cdots$分別代表各個物質的量，$s_1$、$s_2$、$s_3\cdots$則是各部分物質的比熱容，而大 S 則稱為熱容量，其單位也是卡和大卡或焦和千焦。

　　我們在這裡不厭其煩地講授熱力學上的一些基本常識，說穿了，每個廚師都是按照這些原理辦事的。廚師們把不同的原料同燒在一只鍋裡時，如果熱的傳導是完全均勻的話，肯定是將不易熟的原料先燒，易熟的後下；大塊的先燒，碎塊的後下。前者是因為它們的比熱不同；後者是因為它們所含物質的量不同。而它們總的熱容量從理論講是相等的。

至此，我們可以對「火候」一詞作一個比較準確的現代科學解釋。大陸已故著名道教文獻學家陳國符先生對「火候」有明確定義，他說火候是「溫度曲線」，這當然是指煉丹術中的「外丹黃白術」，就是化學的原始形態，不過許多人對「溫度曲線」未必理解。所謂「溫度曲線」，是指熱量和溫度隨著加熱時間延伸的變化關係。對於任何一個熱變化系統，在直角坐標圖上，如以時間為縱坐標，溫度為橫坐標，二者之間一定有一個曲線關係（反之亦然，只不過曲線形狀有變化而已），而從曲線上每一點的溫度值，乘以此熱變化系統的總品質，再乘以系統組分的平均比熱容，就會得到該系統在整個熱變化過程的總熱量。就烹飪火候而言，這個總熱量並不太重要，因為它不是食物熟化與否的決定因素，食物成熟的決定性參數是溫度，但因熱量在料塊上的傳遞有明顯的滯後效應，表面易於成熟，內部難以成熟；小塊的能夠迅速成熟；大塊的需要有足夠的加熱時間；食物原料的生物組織結構、生長期長短以及工具的導熱性能等都有明顯的影響，而這些影響的特徵參數是溫度，從分子水準上來考察，只要溫度高低適宜，分子的變化頃刻完成。如要求所有的受熱分子要產生同樣的變化，就需要有足夠的熱量，即表現為維持足夠溫度的時間。人們都有這樣的常識，將一只雞蛋放在 40℃ 的溫泉中，即使水量再大，時間再長，這個雞蛋也不會煮熟；但如將雞蛋放在能夠維持 100℃ 的水杯中，幾分鐘就可以完全成熟。由此可見，烹飪火候的要訣在於溫度，而加熱時間的長短則決定於料塊的大小和物料的數量。至於總熱量，只有在計算所需的能源數量和加熱效率時才需要考慮。習慣說法中的大火、中火、小火、溫火、旺火、文火、武火等，實際上都是溫度概念的表徵方法，與熱量或加熱時間沒有必然的關係。

　　最近，貴州大學釀酒和食品工程系鄧力等人在《農業工程學報》上連續發表了多篇關於烹飪自動化方向的理論研究論文，烹飪加熱過程是這些論文關注的主題之一。他們反復使用偏微分方程進行了多次理論推導，意在獲得相關軟體設計所需的數學模型和技術參數，從而使手工烹飪開發成自動烹飪。論文也被權威的美國《工程索引》（EI）所收錄。這種研究精神值得讚賞，但是像烹飪這類物料數量相對較小的操作系統，這些研究結果是否有現實意義，筆者不敢妄下結論，更多地希望研究者做出切實可用的技術成果來，這恐怕也是業界的普遍期待。

　　最後，需要再次指出，「火候」一詞仍然在當代的中醫和氣功（內丹）中使用，不過在這些領域內講的「火候」，與實際的加熱過程毫不相干，這裡也沒有討論的必要。

# 第四節　能源類型和加熱設備

　　從古到今，不同的能源材料就會有與之匹配的加熱設施。遠古時代，植物枝葉和樹木的枝幹是人們很容易得到的能源材料，原始人類從天火中得到啟發，於是認識到保留火種的重要性，並因此知道點燃篝火的方法。但因風雨干擾使得野外的篝火很容易熄滅，所以在人類知道「構木為巢」有了躲避風雨的住處以後，便將篝火移入室裡，這便是至今在許多少數民族地區仍然能夠見到的火塘。從篝火到火塘，古人知道光和熱並不一定同時在燃燒過程中出現。一堆篝火，火光沖天，既可以照明，也可以取暖熟食。但是移入室內的火塘，在一陣火光發射以後，亮光消失了，但紅色的餘燼不僅可以熟食，而且有炎熱或溫暖的感覺。就原始的熟食過程而言，篝火和火塘都可以借助於燒烤使動物和某些植物塊根、塊莖甚至較大的果實變熟。在陶器發明以後，只要能解決懸掛和支撐的困難，原始的熟食就演變成早期的烹飪，這就是「以木巽火，烹飪也」。

　　在中國，最早的篝火遺跡當數170萬年前雲南元謀人的用火遺跡，最典型的是約五六十萬年前北京周口店的北京猿人遺跡和陝西藍田人遺跡。在這些用火遺跡中，有的灰燼堆積達6米厚。開始是取天然火種加以保存，後來發展到人工取火，所用的能源材料是植物的枝葉和樹幹，燃燒時產生的火焰，兼有熟食、照明、取暖和作為生產活動的一種手段（例如放火圍獵、火耕火種）等多種功能。人類最初對火的理解就是對火焰的認識，雖然他們並不知道在植物組織燃燒的過程中，灼熱的碳粒是火焰發出光亮的根本原因。但在實踐中，他們應能知道火焰溫度最高的部分不在其內部，而在其外部邊緣，這裡的氧化作用最完全，釋放的熱量也最多，而在火焰的中部則是其亮度最大的地方，因為這裡的碳粒已受到外焰的灼熱而發光。至於火焰的內部，溫度並不高，其主要成分是植物組織，受熱分解而產生的氧化了的可燃物質，內焰的溫度不高。主要是因為這裡缺乏燃燒所需要的第二條件，即是氧氣供給不足。所以古人在實踐中知道要使得食物很快成熟，首先要將食物原料架空在火焰上端或外層，最方便的架空方法就是在篝火上方搭一個木質三腳架，再用繩索把食物原料或炊具吊在火焰上方。可以想像，繩索很容易被燒斷，所以在陶器發明以前，動物的胃臟、青竹筒都曾被用作炊具煮熟食物，這是人類從原始的燒烤向原始煮食的進化，這些方法至今在某些地方仍被保留著。例如，大陸西南少數民族地區流行的竹筒飯。再如美洲的印第安人和歐洲先民，他們曾用獸皮縫成桶，將食物原料和水放在桶內，然後將石塊燒燙，趁熱投入皮桶中，同樣可以燙熟食物，這種方法在大陸北方的先民中也有過。在西北和西南地區，還有直接在熱砂或熱鵝卵石上烘烤的加熱方法，至今在西藏和雲南地區，某些少數民族還在使用石鍋。這類被統稱

為石烹的方法，在人類熟食的歷史上佔有重要的地位，但是其局限性是顯而易見的，所以陶器的發明，依然是烹飪史上劃時代的事件。

原始陶器比較笨重，要用繩索將它們吊起來不容易，但在考古發掘中的確發現過。例如，江西博物館收藏了一只春秋時代的內耳陶罐（據說日本這類古物更多），這顯然是吊起來燒煮的原始炊具，因為繩索系在陶罐內壁，不容易被火焰燒斷。而東北的鄂倫春人，至今仍在使用的吊鍋子（鐵質），該是這種內耳陶罐的改進形態。

農耕時代到來以後的定居生活，篝火變成了室內的火塘，西安半坡遺址、臨潼薑寨遺址等都有充分的考古發掘證據，還有大量的民族學資料，大陸西南地區的壯族、藏族、傣族、哈尼族、拉祜族、佤族、彝族、普米族、傈僳族、納西族（摩梭人）和東北地區的鄂倫春族、鄂溫克族等都有這種火塘，儘管形制各有不同，但都用石質的三腳或陶支子，將炊具固定放置，可以很方便地進行炊煮。

火塘的燃燒效果不太理想，熱能利用率低，乃是意料中的事情，而且不可移動，於是就有了灶的發明，浙江餘姚河姆渡遺址、陝西臨潼薑寨遺址、陝西陝縣廟底溝遺址和洛陽王灣遺址等仰韶文化遺址就出土了一些形制不同的可移動的陶灶。

用三腳石、陶支子支撐陶器炊煮是仰韶文化典型的飲食文化場景，進一步演化便是陶鼎、陶鬲、陶甑、陶甗等的發明。這些具有三足的煮或蒸的炊具，顯然是三腳石或陶支子與陶罐、陶釜的固定組合，它們更便於移動，是中國古人的獨特發明。因為中國自古就有「食為八政之首」、「民以食為天」的聖訓，作為飲食器具的鼎就成了文化符號。到了青銅時代，青銅鼎成了禮器，終於演變成國家的象徵。當階級社會產生以後，鼎的大小和組合數量就成了表示一個人社會地位高低的標誌。

當人們普遍使用陶器的時候，社會的等級制度還不是很嚴格的。但到了青銅時代，情況有了很大的變化，昂貴的青銅器，只能是貴族的專用品，社會的中下層，用的依然是陶器，陶罐、陶釜與陶灶的配合，仍然是秦漢以前普遍使用的烹飪加熱方法。

黎民百姓普遍使用金屬炊具，當在鐵器廣泛使用的漢代。這一變化也帶來了灶的變化，從漢代畫像石、畫像磚以及古文獻的考證中，可以確定漢代普遍有了廚房，也產生了灶神崇拜，特別是煙突灶的發明，燃燒過程中所產生的煙通過煙囪排到戶外，不僅改善了人們的生活環境，也大大提高了能源的利用效率。有了煙囪，木材乾餾技術也就應運而生，天然的樹幹經過乾餾，使其中易揮發的可燃成分逸出，留下結構粗疏的木炭，既容易引燃，即便是「勞薪」（被潤滑油污染的木材），也可煉成沒有煙的好炭，所以到了東漢時代，上層人家的廚房便廣泛使用這種木炭了。《後漢書·皇后紀上》中說東漢皇宮的離宮別墅中，日常儲備有大量的「米糒薪炭」。燒炭成了專門的社會職業，隋唐以後城市中普遍使用木炭，白居易那首膾炙人口的名詩《賣炭翁》就充分證明了這一點。

現在看來，兩漢是中國傳統烹飪能源和加熱設備的定型時期。植物性燃料及其加工

製品的木炭一直沿用至今，當代的中國農村的烹飪加熱設備，2000 多年來幾乎沒有變化，在長江以南城市中燃料品種，直到二十世紀五十年代，主要還是木柴加木炭，只是因為近幾十年來已經沒有森林可伐，城市生活能源才改為煤。至於以石油、天然氣為生活能源，只是最近 20 年的事情。而加熱設備，1980 年以前，傳統的煙突灶、可移動的陶灶（長江下游稱為「鍋腔」）、木炭爐、各式各樣的煤球爐以及北京、上海等大城市才會見到的煤油爐、液化石油氣、天然氣和水煤氣灶，甚至還有電爐、微波爐和電磁灶，上下五千年的能源利用發展史，在中國各地的家庭廚房中都可以見到。

中國人用煤的歷史很悠久，但早期主要用於金屬冶煉，被稱為石炭。河南鞏縣（今鞏義市）鐵生溝漢代煤鐵遺址曾出土煤炭，但還不能肯定已用於煉鐵。嚴謹的用煤史料是 1078 年，在徐州利國監附近發現煤礦，用來煉鐵，效果特佳，節省了大量的木炭，蘇軾曾作《石炭行》以記其事。西元 13 世紀，馬可波羅來華，看到中國人廣泛利用一種黑色石頭作燃料，他覺得非常驚奇。由此可見，中國廣泛用煤的歷史始於宋元時期。

中國也是最早發現和利用石油的國家之一，成書於西元 1 世紀的《漢書‧地理志》有：「高奴有洧水，可然（燃）」。宋代唐蒙在《博物記》中說：「（延壽）縣南有山石，出泉水，大筥，注地為溝，其水有肥，如煮肉泊，羹羹永永，如石凝膏，然（燃）之極明。不可食，縣人謂之『石漆』」。更著名的是北宋沈括在 1080 年，他考察了今天的延長油田，在《夢溪筆談》中寫到：「鄜延境內有石油，舊說『高奴縣出洧水』，即此也。生於水際，沙石與泉水相雜，惘惘而出，土人以雉尾裛（讀意）之，乃采入缶中，頗似淳漆。燃之如麻，但煙甚濃，所霑帷幕皆黑，餘疑其煙可用，試掃其煤灰以為墨，黑光如漆，松墨不及也；遂大為之，其識文為『延川石液』者是也。此物後必大行於世，自餘始為之。蓋石油至多，生於地中無窮，不若松木有時而竭。今齊魯間松林盡矣，漸至太行、京西、江南，松山大半皆童矣，造煤人蓋未知煙之利也。石炭煙亦大墨人衣」。沈括的某些觀點在今天看來未必正確，但他命名的「石油」和預言「此物後必大行於世」，實在精闢。可惜他在當時只知道用它製墨，更不知即使到今天，石油仍不是主要的烹飪能源。

天然氣是當今世界普遍關注的清潔能源，中華民族使用的歷史也很久遠。據《華陽國志》所載，早在秦昭王時，蜀郡守李冰（開鑿都江堰）在四川開鑿鹽井，同時開出「火井」，用來燒鹽，至此，已經有 2000 多年的歷史了。不過天然氣沒有作為烹飪能源，燒天然氣做飯炒菜，那是最近的事。

中國古人深知空氣在燃燒過程中的作用，所以早已懂得鼓風助燃的重要。《吳越春秋》中關於干將莫邪的故事，就提到了「橐籥」（即用革囊鼓風）的作用，但我們今天所見到的木風箱，據元代王禎《農書》所載，大概是宋元以後的事情了，李約瑟把它定為古代中國的一個重要發明。當今的烹飪能源，尚有電能、太陽能等，那都是從外國人那裡學來的，茲不贅述。

# 第五節　傳熱學和炊具的演變

　　傳熱學是現代物理學的一個子學科，它在工程上有著廣泛的應用，其學科定義應為研究熱量傳遞的一門科學。也就是說，凡是有溫度差的地方，就有熱量自發地從高溫物體傳遞到低溫物體上去，最後達到熱平衡狀態。這個看似簡單的物理現象，它的前提條件是能量守恆定律，即是在能量（總熱量）不變的條件下，熱量最終必定在高溫物體和低溫物體之間平衡分佈，倘若整個體系不是封閉的，如果外部環境不斷向高溫物體提供熱量，則這種熱量傳遞過程將繼續進行下去。這裡所包括的科學概念和科學原理非常複雜，雖然前文已有提及，這裡還要重複說明。從 1807 年英國人揚（Thomas Young，1773—1829 年）提出能量的概念；1824 年法國人卡諾（Sadi Carnot，1796—1832 年）發現卡諾迴圈，一門重要的工程基礎科學熱力學初露端倪；1842 年德國人邁爾（Robert Mayer，1814—1878 年）第一次發表了關於能量守恆定律的論文；1843 年英國人焦耳（J. P. Joule，1818—1889 年）測定了熱功當量；1847 年德國人赫爾姆霍茨（Helmholtz，1821—1894 年）使能量守恆定律定型化，後來被定為熱力學第一定律；1848 年英國人開爾文（Lord Kelrin，1824—1907 年）提出了絕對溫度（熱力學溫標）；1850 年德國人克勞修斯（Clausius，1822—1888 年）發現了熱力學第二定律，1851 年英國人開爾文又研究了熱力學第二定律；1853 年德國人維德曼（Wiedemann，1826—1899 年）和弗蘭茲（Franz，1827—1902 年）發現了關於傳熱和導電的定律，人們才對傳導、對流和輻射三種傳熱方式有了準確的認識，1854 年，焦耳、開爾文進一步發現了氣體內部能量交換定律，而熱力學第二定律的統計基礎直到 1877 年，才由奧地利人波爾茲曼（Ludwig Boltzmann，1844—1906 年）所確立。我們在這裡列舉的這些科學發現，都是近代科學中的重大事件，要想全部理解並能準確地應用他們，顯然不是簡單的事，但至少幫助我們認識任何傳熱過程都不神秘，都可以進行定性乃至定量地運算和測定，問題是看是否有那個需要，像炒一盤菜或煮一小鍋飯這樣的熱過程，似乎沒有那個必要。但這並不是說可以不看場合地任意模糊下去，要是遇到食品工程的加熱操作，定量地計算和測定就是必不可少的，我們不能因為其小而否定其科學價值，也不能因為其大而搞煩瑣哲學。

　　至此，我們可以給「導熱」下一個科學定義：導熱是指物體各部分無相對位移，或不同物體直接接觸時而依靠物質分子、原子及自由電子等微觀粒子的熱運動而進行的熱量傳遞現象。所以導熱在固體、液體或氣體中都可以進行，故而有傳導、對流和輻射三種方式。嚴格的講，單純的傳導只能在結構緊密的固體中發生；在物質結構相對疏散的液體或氣體中，熱量傳遞主要是對流方式。無論是傳導還是對流，冷熱物體都必須直接

接觸，即是必須要有宏觀物料作為傳導媒介，但輻射則不同，它是依靠物體表面對外發射可見和不可見的射線（即電磁波）而傳遞熱量的，所以熱源和受熱體之間無需直接接觸。對於這三種傳熱方式，筆者在《烹飪學基本原理》（上海科學技術出版社，1993 年）和《烹飪技術科學原理》（中國商業出版社，1993 年）這兩部書中曾作過探討，但有關這方面的數學處理，閆喜霜先生的《烹調原理》（中國輕工業出版社，2000 年）第四章有較詳細的討論，這裡不再重複。

　　事實上，幾乎每一個爐灶設備、每次烹飪操作，其傳熱過程都不是單一的，以常見的炒勺炒菜為例，爐灶主要以輻射的方式將熱能傳遞到炒勺的外壁；再由外壁將熱能以傳導的方式傳遞到炒勺的內壁；然後再由炒勺內壁主要以對流換熱（也有少量的傳導換熱）將熱量傳遞到勺內液態的傳熱介質（水或油）中去，傳熱介質再將熱量交換到烹飪原料上去，並且發生由其表面向內部的傳熱過程，從而達到製熟的目的。在如此繁複的導熱過程中，烹飪加熱的效率除了有熱源的輻射強度、介質的導熱效率和物料的結構特點等影響因素以外，與炊具的材質和結構也有密切的關係。對於古代來說，無論中外對於近代熱力學當然是一無所知，他們在烹飪實踐中，除了認識到燃料的品種、爐灶的結構、傳熱介質的種類和烹飪原料的性質以外，炊具也是一個重要因素，因此作為烹飪加熱操作重要工具的炊具，在歷史上有著明顯的發展脈絡，其間不僅有其文化學意義，而且也體現了烹飪技術的科學價值。在陶器發明以前，早期人類用火熟食是直接燒烤法。開始時肯定沒有任何炊具，難熟的食物架在明火上直接烘烤，易熟的食物埋在熱的灰燼中焐熟，在發現小塊的食物更容易燒熟以後，便有像今天烤羊肉串那樣的燒烤，串烤肉塊的細木棒當是人類最早的炊具；而焐熟的方法也發展成炮燒法，即以厚泥漿布於原料的外面，放在火中燒灼，這種叫做「炮」的烹飪方法至今仍在使用。當人們還不會熟練地製造工具的時候，受熱烤灼的石頭曾經是人類常用的傳熱介質。「石上燔穀」是農耕文明早期的石烹法，如雲南獨龍族等少數民族使用的石鍋是最先進的石烹法，他們在長期的實踐中，選用受熱不易爆裂的葉岩作為石鍋的製作材料。而在西北地區至今仍然常見的石子饃、熱沙烤等烹飪方法則是另一種形態的石烹法，也是從「石上燔穀」進化來的。這些石烹法的特點是利用天然的石頭，顯然都是乾燒，尚不能煮出液態有湯的食物來。而另一種類型的石烹法是燒熱了的石頭投到盛有水的容器中去。例如，歐美的先民用皮革製的桶，大陸東北鄂倫春族等用樺樹皮製成的樺皮桶，這就有了簡單的但並不耐火的炊具，據民族學者的考察，這種煮肉仍是半生不熟的，但總算有了可口的肉湯了。至於大型動物胃囊做炊具的胃煮法，用鮮竹筒做炊具竹釜煮食法，也是史前人類的重要發明，當代在某些少數民族地區仍在使用。

　　大陸各地考古發掘中，有許多從直接用火到間接用火的證據，其中尤以距寧夏首府銀川 20 千米的靈武市水洞溝遺址最為著名。作為中國三大舊石器時代之一的水洞溝遺址，自 1919 年被比利時傳教士肯特發現以後，90 年來已有世界上近 10 個外國的 40 多

位著名學者和國內近百位知名專家，到此進行五次發掘，發現用於加熱食物的燒石達13200多塊。還有一萬多年前的帶風口的灶坑，古人將燒得通紅的石塊，投入裝有生肉或生水的各種天然容器中，從而獲得他們的美味食品。

真正意義上的烹飪炊具是陶器，陶罐、陶釜、陶鼎、陶鬲和陶甑這幾種典型的器型，陶罐的使用可以說是世界性的，陶釜也並非中國所特有。但陶鼎和陶鬲就不同了，不過陶鼎和陶鬲都是從陶釜衍化來的，在距今7000年到10000年，中國先民已經普遍使用陶釜，在江西萬年仙人洞、廣西桂林甑皮岩的古代人類遺址中都有陶釜出現，浙江餘姚河姆渡遺址的陶釜內甚至還有鍋巴發現。古人在使用這些陶釜時，或用石塊擺放成三個腳，或用黏土燒製的陶支子來放穩擱空陶釜，然後再在釜下燃燒加熱，時間久了，人們索性在陶釜製作時就固定了三隻陶腳，這樣就成了陶鼎。當南方的河姆渡文化發展成良渚文化時，人們便普遍使用陶鼎而不用陶釜了。在新石器時代黃河流域的裴李崗文化，長江下游的崧澤文化遺址中都有陶鼎出土，甚至在西安半坡遺址中也發現了陶鼎，而安徽宿松黃鱔嘴新石器時代遺址出土的陶鼎，就是在陶釜或陶罐或陶壺下面安了三個足。至於陶鬲本來就是陶鼎衍化的，即是將鼎的三個實心足變成空心足，這種流行於龍山文化時期的陶鬲，由於足是空的，所以和火源熱輻射的接受程度加大，因此熱效率加大，但是空足不易攪拌，所以很容易將食物燒焦。為此，後來它被人們放棄了。

陶鼎是在爐灶發明以前，先民們最了不起的科學發明之一，它實際上是炊具和原始灶具的結合，所以攜帶和使用都比陶罐、陶釜來得方便，而且可以穩定豎立，「三足鼎立」是漢語中常用成語，而鼎損一足便是可怕的凶相，《周易‧鼎卦》：「九四，鼎折足，覆公餗，其形渥。凶。象曰：覆公餗，信如何也」。孔穎達疏《正義》說「餗，糝也。八珍之膳，鼎之實也」，又王弼注：「渥，沾濡之貌也」。由於鼎折了足，裡面的食物傾覆了，沾染了貴人的衣服，所以是不好的徵兆（凶相），因此後面的《象》辭教訓人們，要相信早先的判斷，要有「治未亂」的本領，不可自不量力，導致災難發生。因為吃飯是人的大事，所以鼎所示的徵兆，對古人來說，有很大的可信度，所以隨著奴隸社會的誕生，鼎成了國家重器，政權的象徵，鼎的技術含量沒有變化，但其文化價值卻空前提高，在青銅時代，鼎成了奴隸主貴族的專用品，是中國傳統文化的一個重要符號，這也是中國文化史的一大特點。

無論是陶罐、陶釜、陶鼎還是陶鬲都不可燒飯，也就是說，器皿中的水分不可燒乾。因為陶器是熱的不良導體，其傳熱效率很低，所以當它們的底部受熱時，熱量在器體內的傳遞速度很慢，如果熱源溫度過高，器皿內部又缺乏足夠的吸熱介質，那麼就很容易導致陶器內外器壁的溫差過大，而產生爆裂，造成陶器的損壞，這便是陶質炊具只能煮粥，不能燒飯；只能做羹湯，不能燒固形菜肴的原因。大概在新石器時代中期的裴李崗文化、仰紹文化和大汶口文化以及南方良渚文化遺址中，出土了一些稱作「陶甑」的炊具，即是現代的蒸鍋，它們或者是在陶釜或陶鼎腰部設置環形支持裝置，可以擱置竹木

質的蒸箅，或者乾脆做成上下兩層，在上層底部燒成 7 個小孔以代蒸箅。這樣下層就是一個燒水的陶釜，產生的水蒸氣使蒸箅或上層的食物蒸熟，陶甑可以蒸飯，也可以蒸菜或魚肉等，這是中國烹飪技法的又一大特色。還有一種叫做陶甗的炊具，是一種大型的蒸煮器，出土文物中的實物有的是上下聯成一體的，也有上下可以分開，但仍需組合使用，兩種器形的上層（部）都只有一個大孔，可以擱置蒸箅，實際上這是今天蒸籠的雛形。

　　中國古代的蒸法，不僅有實物證據，而且也有古文獻記載。譙周《古史考》：「黃帝時有釜甑，飲食之道始備」；「黃帝始蒸穀為飯，烹穀為粥」。《詩經·匪風》：「誰能烹魚，溉之釜鬵」。這裡的烹魚，實際上是蒸魚。還有其他古文獻記述，這裡不再一一列舉。陶器在人類文明史上佔有重要地位，但考古學上並沒有陶器時代。中國大陸在 20 世紀末期的「烹飪熱」中，曾有人據炊具的材質將烹飪的歷史分為火烹、石烹、陶烹、銅烹、鐵烹等幾個時期，不過這些說法，往往不加論證。例如，火烹的說法顯然站不住腳，因為以熟食為唯一目標的烹飪術，在任何形態的工藝中，都是離不開火的。至於陶烹，也是一直延續至今的，它實際上是石器時代（特別是新石器時代）的一種飲食文化特徵。而銅烹、鐵烹的分期方案也缺乏足夠的科學論證。事實上，人類最早使用的金屬是自然銅，是天然的純銅。考古學將紅銅和石器並用的時代叫做紅銅時代，也叫做「銅石並用時代」或「金石並用時代」，是介於石器時代和青銅時代之間的過渡時期。美索不達米亞和埃及於西元前 4000 年進入紅銅時代，但紅銅質軟，不適宜製造工具，故紅銅時代仍是以石器工具為主的時代。大陸天然紅銅產量很少，已發現的紅銅時代的文化主要是公元前 2000 年的齊家文化，因 1924 年發現於甘肅政和齊家坪而得名，分佈於甘肅洮河、大夏河、渭河上游和青海湟水流域，生產工具以石器為主，生活用具主要是細泥紅陶和夾砂紅陶。它的存在年代相當於原始氏族公社解體時期，即夏朝的初創時期，所以在《左傳》、《逸周書》、《墨子》等古書籍中有關於夏禹收天下之金（即銅），鑄成九鼎，以象徵天下的禹貢九州，以為國家政權的象徵。成湯滅夏以後，這九個鼎遷到洛陽，據說其中有一個沉於泗水，其他八鼎均無下落。從這個歷史傳說中似乎可以說夏代已經有了銅器。但事實上夏代的銅器出土的很少，特別是青銅器，大多是殷周時代的器物。從科學技術角度講，在金屬礦物中，銅礦石的冶煉溫度較低，故可以還原為純銅，當然錫礦和鉛礦也易於還原成純金屬，而銅錫合金比較堅硬，易於鑄造，這就使得青銅器成為人們最早較為廣泛使用的金屬工具。在殷商和西周時期，青銅器被大量的製造，其中的鼎、鬲和甗都是炊具，但價格昂貴的青銅器畢竟不是人人都可以用得的。加之奴隸制的國家政權已經相當強大了，因此，青銅器（特別是青銅質的飲食器）成了奴隸主貴族階層的專用品，並且以法律的形式規定了嚴格的用鼎制度，這是我們在考古發掘中常見到的，也是古代典籍中詳細記載的。所以對於一般平民百姓來說，他們所使用的炊具依然還是陶器。

　　自從鼎用作禮器以後，烹飪所用的炊具實際上是鑊，《周禮·天官·亨人》：「掌

共鼎鑊，以給水火之齊」。這裡的鼎和鑊都是煮物的器具。《淮南子‧說山訓》：「嘗一臠肉，知一鑊之味」。高誘注曰：「有足曰鼎，無足曰鑊」。是以知當火塘變成爐灶時，有足的鼎實際上已很少使用了，實際上用的炊具是無足的鑊，即是後來的鍋，至今大陸南方仍把鍋叫做鑊子。至於置於灶口上的鑊，又被稱為釜，斂口，圓底，或有兩耳，正是我們今天常見的鍋。考古發掘中的釜多為鐵質的，也有陶釜或銅釜。鐵釜多見於漢代，這正是鐵質炊具普及以後的鐵證。中國在商代已使用隕鐵打造兵器，因其來自天外，具有神秘力，這些兵器實際上是統治者的權杖。例如，在河北滿城漢墓中發現的鐵刃銅鉞，就是在青銅鉞上夾鑲了一小片用隕鐵做的刃。中國人工煉鐵始於春秋，大興於漢代，出現了低矽灰口鐵導致了鑄鐵技術的快速發展。春秋戰國時，鐵除了作兵器以外，主要是做手工業和農業的工具。《孟子‧滕文公上》：「許子以釜甑爨，以鐵耕乎？」說明鐵質農具是農業生產中的新型工具。到了漢代，由於冶鐵技術的成熟和規模的擴大，鐵質炊具迅速在民間普及，史遊在《急就篇》中有「鐵鑽錐釜（音同府）鍪（音同謀）」一句。這裡的「鍑」指大口的釜，而「鍪」則指小釜，先秦即已出現的「鑊」，實際上也是釜，只不過是專門煮肉及魚臘之類葷食品的。至於「鼎」，到了漢代都是形制很大的煮肉器具，它的禮器地位也日益淡化了。

到了魏晉南北朝時期，釜的名稱仍然常見，不過有時稱作鎗（音同槍）或鐺（音同撐），多為鐵製，也有銅製，弧底或平底，與高臺火灶配合使用。現代通常認為鐺是平底的，這在《齊民要術》中有一定的根據，還有與釜配合使用的甑，也是常用的炊具。至於鍋這個名稱，在劉熙的《方言》中，認為是車旁盛潤滑油脂的器皿，相當於今天盛潤滑油的罐子，當時在齊燕海岱之間叫「缸」，而關西（今潼關以西）則稱為「鍋」，這顯然不是今天烹飪用的鍋的本義。「鍋」字的廣泛流行可能始於唐宋時期，在華夫主編的《中國古代名物大典》（濟南出版社）的「日用‧飲食‧炊具」部分明確指出：「魏晉以前多稱釜，唐以來多稱鍋」。其根據便是唐人顏師古對前述漢代蒙學讀物《急就篇》的注：「鍪似釜而反唇。一曰鍪者，小釜類，即今所謂鍋」。唐代詩人陸龜蒙《奉和襲美茶具十詠‧茶灶》：「盈鍋玉泉沸，滿甑雲芽熟」。從該《大典》所列相關詞條看，唐代的金屬炊具還有「鐺」（漢代已有，釜無足而鐺有足，土鐺煎茶用，銅鐺烹調用，銀鐺或鐵鐺用作酒器）、「鏊（音同熬）」（平底鐺，烙餅用，鐵質，也應起自漢代）等。

到了宋代，鍋的使用已經非常普遍。吳自牧在《夢粱錄》卷十三「諸色雜貨」中明確提到當時杭州有「修補鍋銚」的專門職業。社會零售的雜物與炊具有關者即有賣：泥風灶、小缸灶兒、馬杓、笊帚、銅銚、湯餅（恐為「湯瓶」之誤）、銅罐、火鍬、火筯、火夾、漏杓、銅沙鑼、銅匙筯、銅瓶、木杓、研槌、食托、菜盆、油杆杖、竹笊籬、蒸籠、拼箕、甌箄、瓷甃、炒錊、砂盆等，這與30年前中國廚房的陳設已經沒有什麼區別。其中，值得提出的是「炒錊」，這個「錊」（音同醉）字，趙所生在《袖珍字海》（江蘇教育出版社，1994年）中釋為「煉，煉鐵」。這個解釋和「炒」很難切合，筆者以為這個「炒」

很可能就是今天廚師手中常用的炒勺（炒瓢），因為它們和一般的鑄鐵鍋不同，不是用生鐵鑄造的，而是用熟鐵煆造的，煆煉的「錊」用於炒菜，所以叫做「炒錊」。需要指出：炒勺在廚行用語中正式出現時間大概在清代康乾時期。另外，在周密的《武林舊事》卷六「小經紀」中，也有「補鍋子、泥灶」這些行當。這足以說明，如果唐代是釜、鍋通用的年代，則宋代已經普遍叫做「鍋」了。

在中國古代文獻中，日常生活用具的名稱是複雜多變的，要弄清楚它們，那是一門不小的學問，所以歷代字書、辭書中都注意搜羅，最早的如《說文》中，羅列的金屬炊具就有鏤、鍑、錡、鐈、鑊、鍪、銏、銼、鉶、鑮、銚、鐎、銷、鐯、鏗等，它們往往有特定的形制和專門的用途，但都類屬於釜類，就像我們今天有各種各樣的鍋子一樣，它們用來加熱食物的基本功能是一樣的，所以這裡無需一一加以介紹。需要指出的是，即使到了宋代，鐵鼎、鐵甗仍然在使用，甚至連北方的遼國也是如此，在今天的北京地區，就發現過遼金時代的鐵質炊具如六鋬鍋、鏊、三足鐺、鼎、罐、鐎等，當然也有陶質的同類炊具出土。至於歷史文化瀕於消失的西夏，近年來通過對流傳在國內外的西夏古籍，包括西夏人自編的西夏文書《聖立義海》、西夏文與漢文雙解的辭書《番漢合時掌中珠》、西夏文《三才雜字》、《文海》、《西夏天盛律令》以及榆林窟壁畫的研究，人們對西夏的飲食文化有了深刻的認識，說明黨項民族對內地漢民族的文化認同程度很高，他們所用的炊具和宋人幾乎沒有任何的差別。

蒙元時期，鐵鍋是主要的炊具，但仍有從鼎衍化的三腳鍋，並且有「鑼鍋、荷葉鍋、兩耳鍋」等不同形制。明代以後，我們炊具的形制和材質都逐步定型化，宋應星的《天工開物》便是明證，其「陶埏第七」說：「沙鍋、沙罐不釉，利用透火性，以熟烹也」。「冶鑄第八」列有專門的鑄鼎、鑄釜的具體方法，不過這種鼎已不是炊具，而釜就是我們今天常見的鐵鍋。清代以後，中餐炊具與前代相比幾乎無變化，只不過器形更加美觀而已。直到鴉片戰爭以後，西方近代科技產品陸續進入中國人的廚房，特別是民國初年，鋁質炊具開始出現，這類被稱「洋鍋子」或「鋼精鍋」的炊具，不僅質輕易於移動，而且導熱性能好，和城市中的煤爐甚為匹配，很快得到普及。不過在以柴草為主要能源材料的農村，鐵鍋還是主要的炊具品種，直到二十世紀後期才略有改變。因為農村能源沼氣化和煤炭的廣泛使用，用農作物秸稈和砍伐樹木作燃料的比例日益縮小，廣大農村也用起了鋁鍋（鋼精鍋）。

近二三十年的大陸餐飲企業，因為能源結構的多元化，特別是城市環境保護和行業衛生安全工作的需要，導致了爐灶的類型和結構的多元化，最終使得烹飪炊具產生了很大的變化，不僅使受熱炊具的材質種類更廣，不銹鋼的廣泛利用，搪瓷製品和古老的陶瓷製品也受到青睞。但是，由鐵鍋衍變的鐵質炒勺依然是專業廚師主要工具。

# 第六節　中華烹飪的加熱技法

中國烹飪的技法多樣，是所有研究和實踐中華飲食文化人士公認的，特別是在二十世紀末期的「烹飪熱」中，可以說是達到了極點，有人說中國烹飪的技法當在千種以上。如果把刀工、火候和調味三大技術類型以及勾芡、裝飾成形、盛裝等輔助技術都算上，肯定不止千數。但若說以火候為技術特徵的烹飪技法在千種以上，顯然是不分類型、不分層次的非科學方法的說法。筆者以為，在火候的基礎上討論的烹飪技法只能是食物的製熟方法，是一種在傳熱學基礎上討論的烹飪技法，也是人類自用火熟食以來的基本技法。

到目前為止，這些技法可分為經典加熱技法和非經典加熱技法兩大類型：所謂的經典加熱技法是指一切基於燃燒現象的經典熱源和非經典熱源（如電流、太陽輻射能等）從炊具外部傳熱，使炊具內部食物製熟的方法；非經典的加熱技法至今只有微波爐加熱一種方法。

## 一、經典加熱技法

中國的廚師和家庭炊事都沒有溫度的概念，他們所說的幾成熱和幾成熟（注意：這兩者不是同一概念）雖然都和溫度有密切的關係。這一點和西方發達國家有顯著的不同，絕大多數中國人都把燒飯做菜要測量溫度當作笑話來調侃，至今仍是如此，跟著感覺走是我們中國人處理日常生活的行為習慣，如果廚師燒菜還要測量溫度，那是他技術不過硬的表現，人家會說他「基本功」不扎實，是很丟面子的事情。因此，有關烹飪加熱技法的爭論，實際上是國人「模糊哲學」和近代科學方法論的爭論，誰是誰非，毋庸多說。

從歷史上看，大陸先秦文獻中，有燔、炙、炮、烙、蒸、煮、爆、膾、燒、燉、熬、溜、焖、煨、漬、脯、豉、醯、菹、臘、醢、齏、羹等一系列的有關烹飪的技術術語，其中不僅有加熱方法的術語，也有刀工和調味方法的術語，有的如膾、脯、齏、羹等，可能就是不同形態食物的名稱。在久遠的石器時代，中國烹飪技術應有三次革命性的變化；第一次是火的應用帶來由生食到熟食的革命性變化，使原始人類的生活品質產生了一次飛躍，這種的熟食方法即是原始的燒烤法。《禮記‧禮運》的「其燔黍捭豚，汙尊而抔飲」是最生動的寫照。鄭玄作注時明確指出；「中古未有釜甑，釋米捋肉，加於燒石之上而食之耳，今北狄猶然」。對此，孔穎達疏《正義》曰：「中古之時，飲食質略，雖有火化，其時未有金甑也，其燔黍捭豚者，燔黍者以水洮釋黍米，加於燒石之上以燔之，故雲燔

黍；或捭析豚肉，加於燒石之上而熟之，故雲捭豚」。至於這個「中古」，孔穎達疏《正義》就說先人有不同說法，一說伏犧為上古，神農為中古，五帝為下古：一說伏犧為上古，（周）文王為中古，孔子為下古：另一說五帝以前為上古，文王為中古，孔子為下古。所以孔穎達討論了半天，認為神農氏為中古，因其已修火利，但尚未有宮室，故不可能有死人以後「升屋而號」的禮儀。譙周在《古史考》中也說，雖然可能已有熟食，但和世界上一切先民一樣，都是原始的燒烤。而在神農時代以後的農耕文明中，使穀物製成熟食，才是中國烹飪真正的開始。

在《禮記·禮運》的上述引文之後，接著說：「昔者先王，未有宮室，冬則居營窟，夏則居檜巢。未有火化，食草木之實，鳥獸之肉，飲其血，茹其毛。未有麻絲，衣其羽皮。後聖有作，然後修火之利，範金合土，以為臺樹宮室牖戶，以炮以燔，以亨以炙，以為醴酪」。這裡的「先王」當指神農以前的傳說人物，如伏羲等；而「後聖」當指神農以後（包括神農）的「三王五帝」，這時的熟食方法有炮、燔、亨（烹）、炙四種，鄭玄作注時指出：炮，「裏燒之也」，即以泥漿塗裏後放在火中烤；燔，「加於火上」，即直接燒烤，這裡沒有強調「燒石」的作用；亨（烹），「煮之鑊也」，這個方法最重要，說明已有了陶質炊具；炙，「貫之火上」，即如今日之烤肉串。我們更要注意引文最後一句，「以為醴酪」，鄭玄注曰：「蒸釀之也」。據此我們將《禮運》的這段引文綜合起來考察，這是古人類飲食文明的第二次革命性的變化，而這次變化的標誌便是陶器的使用，在炮、燔、烹、炙這四種方法中，炮、燔、炙者都是神農時代以前的老方法，都是烤的變態形式，其中或者借固體傳熱，或者借助於輻射，唯有「烹」即現代的煮法，這是在陶質炊具中以水為傳熱介質的熟物方法，距今約 1 萬年左右。

古代中國烹飪第三次革命性的變化是在陶甑發明以後，這時有了「蒸」的方法，即以水蒸氣為傳熱介質，這個方法的發明距今約 7000 年。至於上述的「蒸釀之也」的「蒸」，是否就是熟物的方法，我們還不能肯定。蒸的方法是古代中國烹飪的一大特色，是農耕文明穀物製熟的一大發明，在中華飲食文明流變中具有重要的地位。大概在青銅時代到來之前，對中國烹飪的加熱技法，從科學技術的角度去總結，實際上就是烤、煮和蒸三大類。

考察三代時期的烹飪技法，最可信的古文獻莫過於《禮記·內則》中所列的周代「八珍」，人們通常認為是西周貴族飲食的標本，實際是先秦時代中國烹飪技藝的精華，所謂「八珍」，即《內則》所列的八種肴品，這也是中國一切食譜的濫觴，它們分別是：

（1）「淳熬：煎醢，加於陸稻上，沃之以膏，曰淳熬」。鄭玄注：「淳，沃也。熬，亦煎也。沃煎成之以為名」。這裡的膏指動物油脂，因此，淳熬實際上就是蓋澆飯。

（2）「淳母：煎醢，加於黍食上，沃之以膏，曰淳母」。與（1）類似，只不過（1）為稻米飯，這裡是黍米飯。

（3）「炮：取豚若將，刲之刳之，實棗於其腹中，編萑以苴之，塗之以謹塗，炮之，

塗皆乾。擘之，濯手以摩之，去其皽，為稻粉糔溲之以為酏，以付豚煎諸膏，膏必滅之。巨鑊湯以小鼎薌脯於其中，使其湯毋滅鼎，三日三夜毋滅火，而後調以醯醢」。鄭玄注：「炮者，塗燒之為名也。將當為牂。牂，壯羊也。刌割，博異語也。謹當為墐，聲之誤也。墐塗，塗有穰草也。皽，皮肉上之魄莫也。糔溲亦博異語也。糔讀與滫瀡之滫。同薌脯謂煮豚若羊於小鼎中，使之香美也。謂之脯者，既去皽則解析其肉使薄如為脯然。唯豚全耳。豚羊入鼎三日乃醯醢可食也」。孔穎達對此作了進一步的解釋，但文義已相當清楚了，如果用現代漢語講，就是將小豬（或羊）洗剝乾淨，腹中實棗，外用草泥包裹，置於火上烤乾。剝去泥殼取出小豬（或羊），用手揉去粗皮，再以米粉糊塗其全身，用油炸透，切成片狀，置於小鼎中。再將小鼎置於大鑊中隔水燉三天三夜，起鍋後入醬醋中調味食用。這道古代名食先後用泥烤、油炸和隔水燉三種加熱技法，這可是開中國菜用多種加熱技法的先河，這對後世的中國菜餚製作方法影響很大，它可以看成是後世多種衍生方法的鼻祖，其文化意義更是不可小視。

（4）「搗珍：取牛、羊、麋、鹿、麕之肉，必□，每物與牛若一。捶，反側之，去其餌。熟出之，去其皽，柔其肉」。鄭玄注；「□，脊側肉也。捶，□之也。餌，筋腱也。柔之為汁，和也。汁和亦醯醢與」。孔穎達疏曰：「去其皽，皽既為皮莫（膜），則餌非複是皮莫」。視此，搗珍是經過反復捶打且去了筋腱，再經熟製去了皮膜的裡脊肉塊，食時也以醯醢調味。搗珍的熟製方法很可能是古已有之的燔。

（5）「漬：取牛肉，必新殺者，薄切之，必絕其理，湛諸美酒，期朝而食之，以醢若醯醢」。鄭玄注：「湛亦漬也」。按：這裡的醢，系指調味用的梅漿，《禮記·內則》：「黍酏漿水醷濫」。依此，漬就是生食的酒漬牛肉片，食時蘸以醋、醬和梅子醬。因系生食，所以特別強調新鮮。

（6）「為熬：捶之，去其皽，編萑布牛肉焉。屑桂與薑，以灑諸上而鹽之，乾而食之。施羊亦如之。施麋、施鹿、施麕皆如牛羊。欲濡肉，則釋而煎之以醢。欲乾肉，則捶而食之」。鄭玄注：「熬，於火上為之也，今之火脯似矣。欲濡欲乾，人自由也。醢或為醯。此七者，周禮八珍，其一肝膋是也」。據此，孔穎達疏《正義》指出：周禮八珍實為淳熬、淳母、炮豚、炮牂、搗珍、漬、熬和後述的肝膋。但今天人們普遍將炮豚和炮牂合併而視為一物，另將周禮糝食（見下）插入，列為八珍之一。視此，「熬」是撒了薑乾、桂皮和鹽醃製並捶軟了的牛、羊、麋、鹿、麕肉的肉乾，鄭玄指出：這種肉乾是在火上烤成的。可以濕食，也可乾食。濕食時用醯醢煎了吃；乾食則捶軟了吃。按照這個定義，熬是在火上烤乾的加熱方法，故今日之熬油的熬，甚合古意。有些文獻中，將煎熬連用，實際上是混淆了煎和熬。

（7）「糝：取牛、羊、豕之肉，三如一，小切之，與稻米，稻米二肉一，合以為餌煎之」。鄭玄注：「此周禮糝食也」。孔穎達疏《正義》曰：「三如一者，謂取牛、羊、豕之肉等分如一。稻米二肉一者，謂二分稻米一分肉也」。視之糝即是用兩份稻米，一

份牛、羊或豬肉丁拌和，煎成的肉餅。按照鄭玄的見解，它並不屬於周禮八珍。

（8）「肝膋；取狗肝一，幪之，以其膋濡炙之，舉燋，其膋不蓼。取稻米舉糔溲之，小切狼臅膏，以與稻米為酏」。鄭玄注：「膋，腸間脂。舉或為巨」。又注：「狼臅膏，臅中膏也，以煎稻米則似今日膏酏矣，周禮酏食也」。孔穎達《正義》云：「《周禮·醢人》云：羞豆之實，糝食酏食」。並說炙膋即燋。又說鄭注：「則似今天膏酏矣者，似漢時膏酏，以膏煎稻米，鄭（玄）舉時事以說之」。這個「膏酏」當為漢代的一種油煎食品，今已難考證。而正文中「其膋不蓼」一句，很少見到有人解釋，筆者以為因「蓼」是一種植物，有苦辣味，則「舉燋，其膋不蓼」，即是指炙烤之後「膋」不顯苦味，也就是說不可以烤焦。而酏，鄭玄在《周禮·天官·酒正》的注中明確指出：「酏，今之粥」。這樣，這個「肝膋」的烹製方法是：將狗肝以其網油蒙上，放在火上炙烤，不可令焦。另取稻米淘洗乾淨，與板油丁合在一起煮粥。因此，這裡實際上是兩種食物，一是用網油蒙著烤熟了的狗肝，另一就是加板油丁煮的米粥，這大概就是周代的著名酏食。

通過對周代八珍的解讀，可以看出周代的烹飪加熱方法除在前代的烤、煮和蒸的基礎上，又加了煎、熬、炸和燉。煎和熬都是以油脂為傳熱介質的加熱技法之先河，它們實際含義是非常相似的，所以東漢許慎在《說文》中解釋說；「煎，熬也」、「熬，乾煎也」。不過現代熬法尚保留湯汁，而炸則是油脂用量較大而已。至於燉，也作燉，即是隔水長時間加熱，這個字義至今也沒有變化，如燉雞蛋羹。燉有時會與蒸混淆，燉是以熱水為傳熱媒介，蒸則是以水蒸氣為傳熱介質，例如用蒸汽流蒸飯便不可以叫做燉飯。由於文字的演變和各地方言的影響，我們常常在古書上看到一些與加熱相關的古字，這些古字不一定表示什麼新的加熱方法，例如在《左傳·宣公二年》有：「晉靈公不君……宰夫胹熊蹯不熟，殺之，寘諸畚，使婦人載以過朝」。說的是晉靈公無道，一個廚師因煮熊掌不熟，他便殺了這個廚師，並且裝在畚箕裡，叫女人抬著通過朝堂，這裡的「胹」即煮的意思。由此可見，許多讀音和字形不同的漢字，它們往往表示同一個意思，或者在做法上略有區別而已，例如「烤」字，在先秦即有炙、灼、焯、炕、烘、煏、烙、燒、燋等不同的說法，而略有改變的煨，即爐，原是指在灰火中烤，有煟的意思，《說文》：「煨，盆中火」。但在江南方言中，現在的「煨」即文火慢煮。又如古已有之的炮，最早是裹泥烤，後來演變出「炰」，指在熱油中急火炒熟的方法，這裡「炰」已經完全沒有烤的意思了。本書不注重文字考證，所以對先秦文獻中出現的那些相似的加熱方法，不再一一討論了。

秦漢時期，鐵質炊具廣泛使用，烹飪加熱技法理應更加豐富多彩，然而由於文獻的缺失，像《禮記·內則》周代八珍那樣的記述至今尚未發現，儘管有馬王堆考古的重要佐證，但也只有「飲食遣策」之類食品名錄，詳細的烹調方法記載極為罕見。曾被人視為重要烹飪文獻的如桓寬《鹽鐵論·散不足》和枚乘《七發》等，對於烹調方法也只是隻言片語，如《散不足》中說到的「燔炙滿案，臑鱉膾鯉」之類，也只是語焉不詳的泛指；

《七發》則是典型的文學作品，詞藻華麗，渲染有餘而科技含量不足，南梁昭明太子蕭統將其收入《文選》時，專門列出一種叫做「七」的文體，同時收入的還有曹植的《七啟》和張協的《七命》，後兩者有關飲食的描寫和《七發》極為類似。利用諸如此類的文獻和考古資料當然可以窺察秦漢烹飪技法的一斑，但總不如周代八珍那樣直接。彭衛在徐海榮主編的《中國飲食史》第六編第二章中就做了這項工作，他首先將主食和菜肴分別敘述，在主食部分分別歸納了餅餌類、麥飯、乾飯、粥品和點心類食品的烹製方法，涉及的加熱技法有蒸、煮、烤、烘、煎、炸和熬；對菜肴類製法，彭衛歸納了炙、炮、煎、熬、羹、膾、臘、鍛、脯、醃、醬、鮑（鹽醃）和菹 13 種。其中，羹、臘兩法的加熱方法就是煮；膾和鍛是生食，脯、醃、醬、鮑和菹都是鹽醃，真正屬於加熱方法只有炙、炮、煎、熬、蒸和煮 6 種，彭衛還斷然肯定秦漢時沒有炒法（關於炒，下一節專門討論）。所有這些方法沒有超出前代的技術水準。然而我們知道，在《漢書》中明確記載了一個故事，即西漢末年，有個專門奔走於權貴之門的人叫做婁護，他也因此獲得這些權貴的小恩小惠，其中包括食物賞賜。漢成帝時，其母元帝後王氏（王莽姑母）專權，其弟王譚、王商、王立、王根和王逢時五人同日封侯，號稱「五侯」。婁護遊食於五侯之間，他曾將五侯賜給他的美食，放在同一只鍋裡一起加熱，製成超級美味，時稱「五侯鯖」，這實際是雜燴菜的代表作，燴這個烹調技法也因此載於史冊。其特徵是將多種原料（可生可熟或生熟並用）一鍋煮的方法，算不得是什麼獨立的加熱方法，但後代的高級雜燴菜卻因此層出不窮，此乃婁護之功也。這個婁護，在《漢書·遊俠列傳》中有傳，但本傳中並沒有提到「五侯鯖」。到魏晉南北朝，北魏高陽（故治在今山東臨淄附近）太守賈思勰的《齊民要術》傳於後世，它不僅記述了當時的歷史資料，而且還摘錄了許多前朝的相關著作，有關烹飪的文獻主要是其卷八和卷九。由於它在科技史上的地位，已經有很多人認真地研究過它，凡是研究飲食文化的人，沒有讀過《齊民要術》的人恐怕沒有。就食品生產而言，植物油進入了人們的飲食生活，這樣也就更加豐富了烹飪技法。因此，在《齊民要術》中，除了炙、烤、炮、煏、煎、熬、蒸、煮、煨、燉以外，又出現了䒲（音否）法，其實這個「䒲」有時即煮，通常指小火慢煮，如「䒲豚」、「䒲鵝」；有時與燉同，如「䒲豬肉」、「䒲魚」、「䒲瓜瓠」、「䒲漢瓜」、「䒲菌」；有時就是炒，如「䒲茄子」。所以這個「䒲」法大概在宋元以後就逐漸消失了。與「䒲」類似的還有「腤」（音安），通常是先煮去油，然後調味重新煨燉，如「腤白肉」，（「奧肉」也相似）、「腤雞」（「䒲雞」）「腤魚」等。至於「瀹」法（音躍），則是前代已有的方法《儀禮·既夕禮》：「其實皆瀹」。實際上也是煮，即以湯煮物，如「白瀹肉」，而「瀹雞子」，即今天的臥雞子。

隋唐以後，中國烹飪的經典加熱方法已經相當成熟了，食事著作也比前代大為增加。到了宋代更加繁榮，我們從孟元老《東京夢華錄》、吳自牧《夢粱錄》等文人筆記所列的數百種食品名稱中，發現有燒、熻、炟、爊、擑等幾種前代不常用加熱的表述方法，這說明我們今天廣泛使用的燒法，大體上起自唐宋，明清以後更為廣泛，而且因調料火

候和傳熱介質的差異,演變成多種燒法,但其本質仍然是煮。至於煨,如《夢粱錄》卷十三的「煨腸」,卷十六的「羊雜煨四軟」等,就是在燒煮的基礎上維持恒溫多燒一會兒,使食物保溫或熟透。「焐」如卷十六的「焐腰子」等則是將食物炒後再烹煮,說明今天的走紅、過油等初加工方法在宋代已廣泛採用了。而「熝」就是「熬」,只是一種不同的說法。至於「擽」原本就是一種加熱方法,可能和當代廚行所說的「川」或「汆」是一回事,例如,《夢粱錄》卷十六有「清擽鹿肉」,應該就是將鹿肉在熱水中略燙一下。元、明、清時代就烹飪技法的基礎而言,已經沒有什麼大的變化,主要的發展方向在於許多基礎方法的重複應用,特別是配合刀工和調味技術,而採取二種以上的加熱方法烹製一道菜,製作程式變得越來越複雜。但是由於沒有近代科學方法的指導,即如「食聖」袁枚那樣的人,也未能對烹飪加熱技法進行分類整理,行業中的習慣是一道菜就是一種方法,從來沒有人把烹飪的技術要素抽提出來,使整個烹飪技術系統化,從而走上科學的道路。此項工作直到二十世紀五六十年代才有人嘗試,而真正出現雛形是二十世紀八十年代,原商業部所屬的商業技工學校統編的烹飪教材出版,才算有了一點眉目。二十世紀末期,中國輕工業出版社出版了一套高等專科層次的烹飪教材,這種科學化、系統化工作才算定型。現在雖然有不同的分類方法,但基於按傳熱學原理進行的分類方法,取得多數人的贊同。這種分類方法的概述如下。經典的加熱技法:

(1)以水為傳熱介質的烹製方法

燒:燒是以湯水為傳熱介質,將主料經過蒸、炒、炸、汆(焯水)等初步熟處理後,爆鍋添加適量湯水調味,先用旺火快速燒沸,然後以小火或中火長時間加熱,湯面保持微沸、成熟後旺火收汁成菜的烹調方法。根據其芡汁、成菜色澤和所加調味和不同,燒又分紅燒(醬油為主調料)、乾燒(成菜少汁)、白燒(不用深色調料)、醬燒、蔥燒、辣燒等。

扒:扒實際就是燒,主要是用整料的燒,即原料經過初步熱處理後,整料進行燒製,也有紅扒、白扒、蔥扒、奶油扒等區別。

燜:燜的方法起自唐宋,系由煮法演變來的,主要用於需要長時間加熱的質地老韌的原料,也要進行初步熟處理;然後用中小火長時間加熱,所以多用砂鍋等陶質炊具;最後也要用旺火收汁。燜也有鍋燜、罐燜、乾燜、黃燜、酒燜等的區別。

燉:燉也是煮法演變來的,它和燜的區別在於燉的湯汁較多,主要有直接撒煮的清燉和另盛容器置於水鍋中的隔水燉。

煨:煨實際上是時間更長的燉,寬湯和鍋蓋緊密是關鍵。煨菜的湯汁通常都是白色的,但也有糟煨、紅煨等不同做法。

煮:煮是陶器發明後的老方法,也是主食和菜肴製熟的常用方法。燴:燴就是速煮,寬湯中火快速加熱成菜,原料多為熟料或易熟的食材。汆:汆實際上就是燙,是將新鮮質嫩、料塊較小、易成熟的原料投入沸水中迅速加熱製熟的方法,多用於製湯菜。涮:

涮是用火鍋將湯水燒沸後，邊燙邊吃的烹調方法，出現於明清以後。焗：焗是近代廣東菜的常用烹調方法，其原意是烤。焗是將原料（可以整形的，也可以經過改刀的）經過油處理，添加湯汁調料，用旺火燒沸，然後用小火加熱入味增稠的烹調方法，多用於海鮮和禽類。

通過以上討論，可知以水為傳熱介質的各種烹調方法，煮是最原始也是最重要的方法。

（2）以油為傳熱介質的烹製方法

用油脂做烹飪傳熱介質的方法始於青銅時代，特別是周代，但那時所用的油脂都是動物油脂，叫做脂膏，魏晉南北朝以後才開始使植物油脂，先是胡麻油和荏（蘇子）油，唐宋以後才開始用菜籽油，明清以後，大豆油廣泛使用，對中國烹飪的發展，起了很大的促進作用，用油為傳熱介質，加熱溫度超過100℃，食物的成熟反應加快，食物中的化學成分嚴重降解，所以菜點的風味優良，這一類烹製方法也因此迅速發展。煎：煎或煎熬是金屬炊具發明以後即已發明的烹製法。周代八珍是其史料依據，在油脂尚未普遍使用的情況下，煎並不一定要用油脂，例如，「淳熬」和「淳母」中的「煎醢」，就是在不加水的情況下把肉醬煎炒一下，以後發展到先在鍋底放少量油脂，一方面提高了加熱溫度，另一方面防止原料變焦，所以烹製的食品風味獨特，被人們普遍認為是美味。所以在秦漢時代以前煎熬製品是公認的奢侈食品，這在《鹽鐵論·散不足》和《七發》中都是這樣描述的。現代的煎即廚行中所說的「乾煎」，用少量油配合小火加熱，並兩面翻動的加熱方法，如煎好以後再烹入調味汁，便叫做煎烹；如果與蒸法結合便叫做煎蒸；如果和燒的方法結合便叫做煎燒。

與煎法類似的還有熬，古代的熬，曾經是在釜中直接加熱，不加任何其他物料的烹製方法，就像我們今天熬豬油那樣，因此在很長的一段時間內，煎和熬幾乎都是混淆使用，甚至和燒煮混用，如有的地方稱煮粥為熬粥，正由於此，當代廚行，已不把熬視為獨立的烹調方法。

貼：貼和煎在加熱技法上幾乎是一樣，兩者的區別在貼只能一面加熱，不可使原料在加熱過程中翻身，而煎則是料的上下兩面都要加熱的。人們喜歡吃的麵點鍋貼以及流行於浙滬一帶的生煎饅頭，其熟製方法是典型的貼。

炸：炸就是將原料置於大量熱油中製熟的方法，周代八珍中已使用炸法，因那時沒有植物油使用，所以在古代是一種奢侈的烹調方法，待植物油脂大量使用以後，炸法已經非常普遍了，所以廚行中又有清炸（原料調味後直接入鍋，不用掛糊等方法保護）、乾炸（也稱焦炸，原料表面拍粉吸乾水分再入油鍋）、軟炸（原料表面掛糊再入油鍋）、酥炸（入鍋前用起酥蛋黃糊或水粉糊處理）、包炸（或紙包炸，用無毒的玻璃紙或糯米紙代替漿或糊入熱油中加熱）、脆炸（原料用豆腐皮或網油包裹，蘸粉或掛糊後入油鍋加熱）、松炸（原料掛易於起泡的蛋泡糊後再炸）、浸炸（新鮮脆嫩的原料先用少量熱

油加工定型，再轉用小火在較低溫度下的熱油中製熟）、淋炸（用熱油直接澆淋到原料上去的製熟方法）、板炸（用麵包渣調糊作保護材料故又稱西式炸）等名堂。

溜：也有人寫作熘，這是一種將熟料與調味鹵汁迅速混合的烹調方法，通常用的熟製方法有油炸、蒸煮或油淋，再將熟料投入調味鹵汁或將鹵汁澆淋上去成菜，因熟製溫度高低和鹵汁控制不同有焦溜（用炸法）、滑溜（用溫油或沸水斷生）、軟溜（用蒸煮法）、糟溜（鹵汁中加香糟）、醋溜（鹵汁突出酸味）、糖溜（鹵汁突出甜味）等名目。

烹：古代的烹即煮，並不是獨立的加熱技法，宋元以後，人們用「烹」字來命名一些菜品，因此發展成獨立的烹飪技法，但究其實際，即是溜，也是先熟製然後潑入調味汁，它與溜的不同點在於熟製方法一定用炸法，廚行有「逢烹必炸」的俗語；所用的調味汁為清汁。

爆：爆的方法宋代已有，明清以後魯菜烹調擅長爆法。當代的爆法是將質地新鮮軟嫩爽脆的動物性原料加工成型後，用沸水、沸湯、熱油或溫油進行加熱使之斷生，然後加入配料，烹入調味芡汁，用旺火迅速翻拌成菜，所以爆又分為油爆、湯爆和水爆。而油爆最為常用，故又分為蔥爆、芫爆、醬爆、糟爆、薑爆、鹽爆等不同方法，從這些名稱，不難發現其主要特點。

拔絲：拔絲法中對原料的熟製主要是炸，然後澆上剛熬成的糖漿，當糖漿溫度降低時，因蔗糖的結晶態在加熱熬製時已經破壞，故而在冷卻時轉化成黏彈態，這便是拔絲產生的科學根據。拔絲方法在元代即已產生，但作烹調方法還是在清朝以後。拔絲法因熬糖時是否加水或油分為水拔（用糖加水）、油拔（用糖加少量油）、水油拔（先加油，再放糖，然後加少量水）三種，其實是一樣的，只要溫度控制得當，不加水或油也可以把糖熬好。

掛霜：掛霜方法始於宋代，也是炸法的延伸，即將原料用油炸熟後，直接撒上白糖，也可以將糖加水熬成過飽和糖溶液（即糖漿）投入炸熟的食品中，當溫度降低時，糖即快速結晶成粉狀粘附在食物上。

（3）以水蒸氣為傳熱介質的烹製方法

蒸：蒸是水蒸氣為傳熱介質的古老方法，因為水的沸點為 100℃，所以蒸法的恒定溫度也是 100℃，只是近代鍋爐產生以後，才有了高壓蒸汽，則加熱溫度可以超過100℃，二十世紀六七十年代，以鋁合金為主要材質的高壓鍋出現在中國家庭廚房中，這樣炊事蒸或煮的溫度也超過了 100℃。

蜜汁：嚴格地講，蜜汁不是獨立的烹調方法，它是將原料用白糖、冰糖或蜂蜜為主要調味料，以中小火加熱，經過燜、煮或蒸的熟製方法，是典型的甜菜製作方法。

（4）以鹽或砂為傳熱介質的烹製方法

以砂或卵石為傳熱介質的烹製方法在古代即已有之，至今西北地區的石鏊餅仍然是類似的古代方法，而用固體鹽作傳熱介質的方法則是近代才有的，是廣東菜最早使用的

烹製方法，鹽焗雞是廣東的一道名菜。

　　鹽焗的方法是將經過預處理和調味後的原料，用薄紙包裹埋在熱鹽中緩慢加熱的製熟方法。砂和鹽等固體無機物，都是熱的不良導體，使其升溫的速度相當慢，但其散熱的速度也相當慢，鹽焗就是利用這個特點，使原料慢慢製熟，達到骨酥肉爛的效果。鹽焗法在實施時，鹽鍋下面仍需加熱，或者乾脆置於烤箱中，以維持鹽的溫度，一般控制的溫度在 150 ～ 180℃。

　　（5）在熱空氣中以輻射傳熱方式的烹製方法

　　輻射是經典的三大傳熱方式之一，它無需傳熱介質，即在真空中也能加熱，但生活中的烹飪操作都在大氣中進行的，從而使有些人誤以為是空氣在傳熱，其實空氣存在與否不是問題的本質。輻射傳熱是人類在舊石器時代即以掌握的方法，所以曾有燔、炙、灼等不同的說法。在今天來說，這些都屬於「烤」的方法。在人類飲食文明發展的歷史長河中，「烤」的方法不斷改進，從最初的明火直烤，到今天專門的烤爐、烤箱，烤的工具有了很大的變化。對於中國烹飪而言，明爐和暗爐是烤法的兩大主要流派，前者是熱輻射直射於受烤物料上，後者是熱輻射經過反射再作用於受烤物料上，所以向有明火和暗火的說法，雖不准確，也無傷大雅。以上這些（尚有炒法）都是用傳統能源的烹製方法，無論是用秸稈柴草、煤炭、石油，還是天然氣、煤氣作為燃料，它們的產能和加熱的原理都是相同的，從形式上看就是明火亮灶，中國廚師和家庭主婦數千年的烹飪經驗積累離不開明火亮灶，而且至今仍是如此。中國人知道電的歷史不過百餘年，而用電加熱，更是只有幾十年，用電爐燒菜做飯乃是近年來的事情，至於用電磁感應的原理使金屬鍋體發熱的電磁灶，人們對它至今尚很不熟悉。電爐和電磁灶，因其沒有明火，故而廣大廚師不能發揮其經驗特長，加之電力供應仍然緊張，所以它們的使用，至今仍未普及。需要指出的是，從傳熱學的角度講，電爐及電磁爐和各種經典的加熱方法沒有本質的區別，故而統稱為經典的加熱技法。

## 二、非經典的加熱技法

　　近代物理學認為：一切能量形態最終均可視為電磁波，一定振動頻率的電磁輻射波和能量之間的關係是能量 $E=h\nu$，這裡的 h 是個常數，叫做普朗克常數，$\nu$ 是電磁波頻率，$h\nu$ 即是每個能量子的能量。將 $E=h\nu$ 代入愛因斯坦的質（量）能（量）關係式 $E=mc^2$，於是有 $h\nu=mc^2$ 這裡的 m 是物質的品質，c 是光在真空中的速度，其數質為 30 萬千米／秒。這樣，能量、品質和電磁波頻率之間都有了互變關係，使我們從物質的燃燒反應到原子彈、氫彈的爆炸的過程中，所涉及的能量變化關係有了統一的認識。

　　從 $E=h\nu$ 這個公式中知道，一個能量子的數值大小，完全決定於電磁波的頻率，頻率越高，則能量越大，以可見光而言，紫色光的能量大於紅色光，所以比紫色光頻率更

高的紫外線其能量更大，故而用它消毒效果顯著，而比紅色光頻率更低的紅外線，卻有很好的熱效應，因為紅外線的能量子能導致分子內原子的振動。頻率比紅外線更小的叫微波，它的能量子可引起物質分子發生轉動。微波的頻率範圍為 300 ～ 300000 兆赫茲，其中頻率為 2450 兆赫的微波就可以使水分子發生轉動，轉動狀態的水分子與周圍的其他分子發生摩擦而產生熱能，從而使得受到微波照射的食品製熟。現在市售微波爐磁控管的設計大多使用這個頻率。由於微波爐加熱的原理基於分子的轉動，所以和所有的經典加熱方法都不同，將它分為蒸、煮、煎、炸等具體方法，都是說不通的，所以我們在這裡把它列為非經典的加熱方法，這也是迄今為止，唯一的非經典加熱方法，如果一定要給它一個名稱，筆者在自己主編《烹調工藝學》（高等教育出版社）中叫做「照」。頻率較大的電磁波（如太陽光）照到食物上去能導致化學作用，產生食物變色等現象；頻率略小的紅外線照到食物上去，會導致水分蒸發等乾燥作用；而頻率更小的微波照到食物上去，導致的直接結果便是產生熱量使食物變熟。

# 第七節　炒法和勺工

　　如果在古代，中國烹飪的獨特技法是蒸，那是一點也不為過，因為在其他古文明發祥地，他們的祖先用的是從烤演變來的烘焙法，古埃及金字塔遺址曾出土很多用來烤麵包的陶器，外形有點像漏斗，在大陸的考古發掘中從未發現過，因為我們祖國各地先用陶甑蒸熟食物，乾濕兩便。如果說中國烹飪還有什麼獨特的方法，那便是炒，這也是真正的國粹，所以在前面的敘述中，對炒法避而不談，而特地放在這裡作專門的討論。

## 一、炒法

　　什麼叫炒？新版《辭海》的解釋是：「把東西放在鍋裡翻拌使熟」。按照這個定義，炒則產生於「石上燔穀」的時代，儘管那時沒有鍋，那被燒熱了的石板就是起了鍋的功能，當穀物被放到熱石板上去時，如果不翻動，則因受熱不勻而造成生熟不均，因此古代肯定要用樹枝之類去翻動它們。而金屬炊具發明以後，這種現象肯定依然存在。在古代有一種叫做「糗」的食物，它便是炒熟了的稻、麥等穀物，熟了以後，有的還要搗碎了再食用，也有不搗碎便食用的。這種糗的製法必定是炒法，可是這個「炒」字在古文獻中至今沒有發現，就連東漢許慎的《說文》中也沒有收錄。但在揚雄的《方言》中出

現了「煑」字,「煑,火乾也。凡以火而乾五穀之類,秦晉之間或謂之」。晉人郭璞對此作注時說:「煑,即爤字也」(同「炒」)。宋代的《廣韻》「爤」字(同「炒」)。稍後不久的《集韻》就正式出現了「炒」字。事實上「炒」的同音字「爆」,在《齊民要術》中就已經出現了,宋代即為炒意,陸遊《老學庵筆記》卷二:「故都李和爆栗,名聞四方」。由此可以推斷,今天食品行業的「炒貨」,肯定比「炒菜」要早得多,而且古已有之。

　　1923 年,在河南新鄭縣春秋墓葬中出土了一件長盤形的青銅器,據考其製作時間在西元前 590—570 年,器高 11.3 釐米,長 45 釐米,寬 36.6 釐米,上有銘文「王子嬰次之庶盧」,是楚令尹子重的遺物。有學者認為:銘文中的「庶」即古「炒」,因此,這條銘文的現代解讀為「王子嬰次之炒爐」。看來炒法應產生於周代,姚偉鈞先生在徐海榮主編的《中國飲食史》卷二第四編第二章就持這種觀點,文物考古界也不乏此類見解。《中國飲食史》第五編的執筆者陳紹棣也對此作了肯定。但是該第六編執筆人彭衛則明確指出在秦漢時期,炒法尚未出現(原書卷三 486 頁)。足見這是個尚有爭論的問題。其實在前引姚偉鈞先生的論述中,他沒有提及《齊民要術》,因為現在傳世的《齊民要術》的卷六「作乾酪法」和「作漉酪法」中,「炒」字出現了 3 次;卷六有「炒雞子法」提到了油炒;卷七「造神麴並酒」中「炒」字出現 5 次,如「炒麥黃,莫令焦」;同卷「笨麴餅酒」中「炒」字出現 3 次;同卷「法酒」中「炒」字出現 1 次;卷八「脂煎消法」中「炒」字出現 1 次;同卷「菹綠法」中「炒」字出現 1 次;卷九「作奧糟苞」中,出現 3 個「爆」字,但其含義與「熬」同,這個統計所根據的是《四部叢刊》影印明抄本,統計或許尚有遺漏。總而言之,南北朝時期,炒法已經流行,但相當於現代以油為傳熱介質的炒菜法並不普及,更多的是「炒貨」的炒。隋唐時代恐怕也是如此,因為我們在唐代的菜肴名稱中,幾乎沒有發現用炒法製的菜。

　　炒法的盛行始於宋代,這是有根據的,在吳自牧《夢粱錄》卷十六所列的數百種食品名稱中「炒鱔」、「銀魚炒鱔」、「假炒肺羊熬」、「炒雞麵」、「炒鱔麵」都是用炒法烹製的,而炒貨中的「炒栗子」也是明確其製法的。而在周密《武林舊事》卷九所列張俊宴請宋高宗的食單中,有「炒沙魚襯腸」、「鱔魚炒鱟」、「南炒鱔」、「炒白腰子」等炒製菜,說明炒法在當時已經相當流行了,而且還有「南炒」或「北炒」的區別。元代以後,旺火速炒的方法越來越受到人們的青睞,「炒菜」成了廚師的代名詞,炒法也成了中國烹飪的一大特徵,不僅西方餐飲界對中國的炒法不易理解,就連曾經注意學習中國的日本,他們也不學習中國的炒菜。筆者退休前,曾經為外國烹飪教師和廚師講課,他們對黑乎乎的中國鐵鍋,開始很不理解,以為不衛生,可是一當他們真正接觸中國的鐵鍋,很快發現了它的魅力,以致有人在回其祖國時,買上幾口鐵鍋和炒勺帶回去。鑄鐵的導熱性能與一般的烹飪操作的時間控制極為匹配,低濃度鐵離子對人體無毒,鐵鍋弧形圓底的形狀對菜肴料塊的翻動極為便利,而這一切並非科學實驗的結果,乃是數千年來烹飪實踐的經驗積累,是當之無愧的國粹。

## 二、勺工

炒法的實施與工具的改良有很大的關係，像「王子嬰次炒爐」那樣的盤形炊具，可以肯定其炒製效果是不會好的。由於陶器不能承擔炒法的任務，青銅器又是昂貴得只有貴族才能使用的工具，所以先秦時代炒法不會廣泛流行，當鐵製炊具大量使用之後，某些小型的炊具就可以用於炒法，陳學智在《中國烹飪文化大典》中曾作過考察，列舉了一些可能被用作炒法工具的文物，其中最有可能的當數「鐎」。「鐎」又稱「斗」或「刁斗」，陝西漢中鋪鎮曾出土過實物，是一種有柄的青銅炊具，以其容量為一斗故稱斗，恰好供一人一餐之需，故常視為軍用品，宋人王黼在《博古圖》即收錄了漢代的斗，有流與蓋，戰國器也有所發現，直到唐代仍在使用，甚至被用作夜間巡更敲擊警戒的發聲器具。《說文》中也收錄了「鐎」字，段玉裁作注時指出：「即刁斗也」。斗可以炒菜，但古籍上均未明確。《齊民要術》講炒法時多數未講使用何種炊具，有時（如炒雞子法）則指明用銅鐺，當然也可能是當代相當普遍的鐵釜（特別製炒貨時），唐宋時可能受到斗和銅鐺或小釜的啟發，而發明了今天普遍使用的炒鍋或炒勺。筆者在本章前文中提到的「炒」或許就是今天的炒勺，正是由於炒勺的發明，才導致炒法的普及，因為翻拌和估量調料用量的需要，又發明了手勺。筆者推測炒勺和手勺的配合使用，應在明清時代，特別是清代中期的中國烹飪技藝完善的時期。廚師把炒勺作為展示絕技的工具，於是練成了令人歎為觀止的勺工，由於勺工是臨灶廚師的基本功，所以學徒工要用粗砂代替食物料塊，反復練習這種技藝，最小的料塊如米粒，最大的可以是幾斤重的大魚，是令人十分讚歎的廚藝功夫。這種做法被普遍編入當代的各種烹飪技術教材中，陳學智在《中國烹飪文化大典》中曾有詳細的描述。

## 三、當代的炒法

當代的炒法一如古代，分為兩大類：一類是食品行業的炒貨製作，用於炒乾果或瓜子之類，它們是在鐵鍋中直接炒製，最奇妙的是炒茶過程，熟練工人靠手技和手的測溫敏感度來製作各種名茶；對於那些粒子較大的乾果如栗子之類，炒鍋中還添加食鹽或砂粒甚至調味品，如糖炒栗子之類。另一類即是餐飲業中普遍使用的炒法，它們應該歸入以油為傳熱介質的烹製方法。

當代烹飪書刊上對炒法的定義基本上都如下所述：炒是將經過加工整理、切配成形的動植物原料，以油為主要導熱體，採用旺火或中火在中小油量的鍋中，以較短的時間快速翻炒至斷生，加調味品入味的烹調方法。因為炒法是當代廚師做菜的重要技法，所以人們又將其細分為：

（1）生炒：也稱煸炒、生煸，是將經過加工整理、質地軟嫩、不易碎裂、無需上漿、

無需掛糊、不必醃製的小型料塊,在有少量底油爆鍋後直接下料,短時間旺火翻拌斷生,再放調料入味成菜的烹調方法。其特點是旺火操作,快速成菜。

(2)熟炒:將經過焯水等初步熟處理的五至八成熟狀態的主料經刀工處理成小型料塊,用適量底油爆鍋投料後,以旺火或中火快速加熱,調味成菜的烹調方法。對於那些生料呈異味的原料,宜用熟炒法烹製。

(3)清炒:適用質地新鮮、柔嫩爽脆、無需配料的單一原料,經初加工或滑油、焯水等預熟處理後,投入少量底油鍋中,用旺火或中火迅速翻拌成熟的烹調方法。典型菜品如清炒蝦仁、清炒荷蘭豆等。

(4)滑炒:滑炒是指在正式炒製前需要上漿保護的鮮嫩小料塊,在經過溫油處理約至斷生後,再在底油鍋中投料,以旺火或中火翻拌,添加配料和調料湯汁入味均勻後,勾芡成菜的一種烹調方法。滑炒從形式上是料塊兩次入油,是當代餐飲業用得最多的方法。

(5)抓炒:常用於質地鮮嫩的雞脯肉、裡脊、蝦仁等動物性原料,在經過初加工後,掛薄糊後入熱油鍋內炸至外焦裡嫩的成型料塊,再在底油鍋內用旺火加調味芡汁迅速翻拌均勻成菜的方法,其實質就是先炸後炒。

(6)乾炒:又稱乾煸、老炒,是以適量油在中火鍋中,將經過初加工的原料反復煸炒,使料塊中的水分較快析出,形成乾香酥脆的質感,再加調料入味成菜的烹製方法。川菜中常用此法,名菜如乾煸牛肉絲。

(7)軟炒:又稱濕炒、推炒、泡炒,是將質地細嫩的主料先加工成蓉泥狀,再用適量的雞蛋清液、加適量調料、湯汁和生粉調成粥糊狀,需用淨油鍋加適量油,在中小火中加熱,使料糊凝結成熟的方法。許多冠名芙蓉或雪花的名菜,以及三不粘等的烹製方法均屬軟炒法。

(8)爆炒:爆炒和前述的生炒類完全類似,也是旺火速成,但爆炒原料需先經過花刀成形和預熟處理,以確保炒製過程的快速。

中餐烹製方法複雜多變,因為它是將烹製和調味合在一起命名的,加之各地廚師標新立異,擅用方言俗語,所以許多名稱,看似新穎,而實際內容大體雷同。還有一些特殊方法如熏臘等,不是直接成菜的方法,所以算不上是烹飪加熱技法,故此未加列舉。對於這些情況,蕭帆主編的《中國烹飪辭典》和徐世揚編著的《烹飪實用辭典》收羅得比較全,可資參考。

第五章

**風味調配**

在烹飪技術的三大要素中，刀工擁有最大的技術難度，至今仍是「手工操作、經驗把握」的中國烹飪，刀工是廚師刻苦訓練出來的手藝，如果採用小型切割機械，廚藝的魅力全失。而且刀工切出來的料塊大小和形狀，具有很強的視覺審美情趣，和進食者的生理需求沒有什麼密切關係，它卻與菜點的烹製火候有密切的關係。烹飪技術的另一大要素火候，是食物由原料轉變成可食食品的核心要素，古人把食物由生變熟的變化叫「革故鼎新」，食物的這些變化主要為了滿足人們的生理需求，任何一種食品，如果不能被人的消化生理系統消化、吸收和利用，那就失去了食品的根本屬性。

烹飪技術要素中的調味技術，原本沒有什麼難度，早先只是調味料和經過用心整治的食物原料（生熟均可）混合均勻而已，但是味型選擇與配合、食物主料與配料的配比、食物熟製過程中的調味時機等的掌握卻對成菜品質有決定性的影響。已故蘇州名廚吳湧根曾有過精彩的經驗之談，他以清蒸魚為例，闡明江蘇菜和廣東菜在調味技法上的差異。傳統做法的江蘇清蒸魚是將魚體清理乾淨後加入蔥薑酒醋鹽等調料，進籠蒸製以魚熟為度；而廣東清蒸魚開頭不加鹽調味，先蒸到魚肉開始變色（約七成熟）時再加鹽調味蒸熟。其結果可想而知，廣東蒸魚鮮嫩到可以用餐匙舀食，江蘇蒸魚魚肉略顯老韌，其原因就在於先加鹽使魚肉過早脫水所致。所以他認為：中國幅員遼闊，各地飲食習慣和烹調技法有明顯差別，但也各有所長，應該互相學習取長補短，講究科學施技。清蒸魚並不是烹製技法難度很大的菜，廣東廚師便在控制加熱時間和調味時機上下工夫，從而保證了成菜品質，進食者對這兩種做法一定會產生明顯的心理反差。所以說，調味技術是為了滿足進食者的生理需求的技術措施。

人的消化系統是食物進行消化、吸收的場所，但它與人體的其他系統密切相關，特別是中樞神經系統是調節人體各種生理功能的「總指揮」，對消化系統當然也產生各種影響，諸如飽腹感和饑餓感，也要受到它的控制，形成各種各樣的條件反射和非條件反射，特別是條件反射對人體消化、吸收過程的影響，導致了人的風味偏愛，並進而影響合理營養。為了滿足各種不同人群和個體的條件反射需要，烹飪和食品加工中的風味問題，就成了必須講究的大問題。

# 第一節　中華傳統文化中的風味

在先秦時期，風和味是兩個互不相干的概念，在本書的第一、二章中，我們多次講到味，尤其是「五味」，是由五行說衍生的第一個「五」字型大小家族，就是傳統的飲食五味。

空氣流動形成風，這是小學自然常識必教的內容，略微懂事的孩子都知道，但在古人那裡，便是大學問。《尚書·大禹謨》：「風以動之」，即現代「風吹草動」的意思，後世注家把它釋為君王行為對社會風氣的影響。例如，夏桀、商紂所引導的荒淫奢靡之風。在飲食行業方面有一個經典的故事叫「楚靈王好細腰，而國中多餓人」（《韓非子·二柄》），說的是春秋時期，楚靈王（西元前 540 年至前 529 年在位）認為腰細的人美，形成楚國人節食挨餓，追求細腰的風氣。這就說明風從一種自然現象衍變成社會風氣，即「風俗」，《尚書·禹貢》和《爾雅·釋地》都有關於天下九州（各種說法不盡相同）風俗不同的注釋，儘管這些注釋大多為漢代人士所作，但可信度仍然很高。例如，傳為後漢人李巡所釋「揚州」，因其風輕揚，故稱揚州；釋「荊州」因南方炎熱，故風「苦楚」，苦楚即荊之意等。這就把各地的氣候與當地人文風氣聯繫到一起。而《詩經·國風》更是描寫各地風俗的傑作。現傳《毛詩·國風》的第一篇是《關雎》，一般都說它是描寫男女愛情故事的，但《毛詩》的注說得很清楚，「關雎，後妃之德也。風之始也，所以風天下而正夫婦也，故用之鄉人焉。風，風也，教也。風以動之，教以化之」。這裡的「風」，完全脫離了自然之風的原意。

「飲食男女，人之大欲」，為正天下之風氣，男女關係需要教而化之，飲食生活當然也該如此，所以飲食教化在儒家經典中也是一個重要話題，尤以「三禮」（《周禮》、《儀禮》、《禮記》）為最，在《論語》和《孟子》中對奢靡風氣的批判，比比皆是，包括其他先秦諸子，也是如此，他們都希望當時社會能夠有良好的飲食風尚，尤其是在祭祀、尊賢、養老諸方面，要做得到位。凡是不合禮制的行為都要革除。《孝經》中即有「移風易俗」的說法，許多古籍都把對自然環境表述的風，引申為人文倫理的特徵，這在《左傳》、漢代應劭的《風俗通義》、班固的《白虎通德論》和《漢書·地理志》中都很容易找到相關的論述。然而這些論述不是對人就是對神，並沒有對於飲食的直接論述。所以風俗之說早已有之，有關這方面的知識，在張亮采的《中國風俗史》中描述得最為言簡意賅，可資參考[1]。根據文獻考據，在歷史上把「風」和「味」組合在一起，用以表徵飲食風尚的「風味」一詞，最早的文獻見於南北朝，也許在魏晉時期就已經出現。宋人韓彥直在其所著《橘錄》上《真柑》篇中引南朝劉峻《送橘啟》：「南中橙甘，

青鳥所食，始霜之日采之，風味照座」。這裡的「風味」即指美味，是目前各種辭書中「風味」普遍所引的最早的例文。「風味」一詞廣泛使用在唐代，唐人筆記《開天傳信記》有一個故事：「唐葉法善有道術，一日會數朝士，滿座思酒。忽有人稱 秀才突入座。少年秀美，講論不凡。法善以小劍擊之，應手墮地，化為瓶。榼中有美酒共飲之，皆曰生風味不可忘也」。這裡的風味，已經兼有風度、風采的意味了。與此類似的詩文在《佩文韻府》可以找到不少。例如杜甫有詩句：「南江改瀾波，西河共風味」。楊萬裡《見王宣子侍郎詩》：「連日無酒飲，令人風味惡」。陸遊詩句：「老去可憐風味在，未應山海混漁樵」；等等。風味與風采幾乎可以通用。著名的辭書大抵皆如此。例如舊版《辭源》的「風味」條：

（1）風度，風采。《世說新語·傷逝》：「支道林（即支遁）喪法虔之後，精神霣喪，風味轉墜」。《宋書·自序》：「（沈伯玉）溫雅有風味，和而能辨，與人共事，皆為深交」。

（2）美味，一地特有之味。例句已見前引劉峻之《送橘啟》。

（3）情趣，特色。風度與風味可以互用。新版《辭海》的「風味」條，第一意為「本指美好的口味，如家鄉風味」；第二意為「風度，風采」，所引例句大抵與《辭源》同。可見風味原指美味，引申為人物或事物的風度、風采、情趣。而在第一章中所說的「風味流派」意識，大概在宋代才正式形成，本章第五節還會作進一步討論。

# 第二節　近代食品科學中的風味

中國的近代食品科學和其他自然與技術科學一樣，是由外國傳入的，在中外文化交流和碰撞中，語言文字的對譯是橋樑。飲食文化中的食物「風味」其英文形式是 flavor，在權威性的《韋氏大字典》第三版（*Webster's Third New International Dictionary 1976*）中，其「風味」條的原文為：

Flavor

1.

1.1 archaic: that quality of something which affects the sense of smell: odor,fragrance,aroma. 古代的解釋是：能夠影響嗅覺感官的物料特性，包括氣味、香氣和芳香氣。

1.2that quality of something which affects thesense of taste orgratifies the palate: savor (condimentsim part flavor to food).

能影響味覺或引起口腔齶部愉悅感覺的物料特徵，即滋味（調味料賦予食品的風

味）。

1.3the blend of taste and smell sensationse voked by a substance (as aportion of food or drink) in the mouth (a pungent bitter flavor).

在口腔中（刺激性苦味）能引起味覺和嗅覺綜合性感覺的物質（食品或飲料中的某些成分）。

2.any agent (as a spice or extract) designed to impart flavor to oralter the flavor of something (kept cinnamon,vanilla and other flavors and extract on a special shelf).

經過設計的能夠賦予風味或改變物料風味（保持肉桂、香草精和其他風味料以及特殊的礦物萃取物）的任何動因（香料、調味料或萃取物）。

3.characteristic or predominant quality (the full flavor of English country life); of ten: characteristic style (as of a school or individual) in literature or art (the acrid flavor of his prose).

特殊的或主要的特質（在所有的英語國家都用風味）；通常指文學或藝術中的特殊風格（學派或個人，如他的散文有辣味）。

很明顯，上述的 flavor 在 1.1 的解釋中是指古代的詞義，僅指嗅覺，即氣味的意思；1.2 是指包括了味覺和嗅覺的滋味和味道；1.3 是指食品或飲料在口腔中被感覺到的滋味；2. 是指某些香料、調味料等所引起的生理感覺；3. 是指文學和藝術的風格、風度和風采。這些和《辭海》的解釋幾乎一致。如果剔除其中的第 3 種解釋，則 flavor 或風味都和物料的化學成分相關，這就是在近代食品科學意義上的「風味」，實際上就是上述 1.3 的解釋，即是味覺感受的滋味和嗅覺感受的香味的綜合，而以味覺感受為主體，這也是食品與化妝品的根本區別。於是「風味」概念成了重要的食品化學概念，當今世界公認的由美國化學會主編的大型科學文獻檢索刊物——美國《化學文摘》（*Chemical Abstracts*）的主題索引詞中就有 Flavor 和 Flavormaterials。該刊每隔一定年份以後，都要編一本《索引指南》（*IndexGuide*），專門解釋每一詞條的詞義，在 1972—1976 *Cumulative Index Guide* 中，就有 Flavor: Studies of flavor it self are in dexedat this heading. For studies of flavor of specific materials, see the sespecific heading. See Also Taste. 這就明確指出了風味是指具有香味和滋味特性的物料的感官特徵，在食品科學中，是專指人們味覺（Taste）受感的物質，日本學者也是這樣解釋的[2]。揚州大學崔桂友曾列舉了當代歐美食品科學家對「風味」所作的定義[3]。H. B. Heath 等在《風味化學和工藝學》一書中說：「風味是一種非常複雜的感覺，基本上是由氣味和滋味組成，還包括觸覺與溫度的感覺。其中滋味主要是舌頭對鹹味、甜味、酸味和苦味的反應，也包括舌表面對接觸刺激（如食物的質構、收斂性）和溫度刺激（如辣椒的灼感、薄荷的清涼感）的反應。但風味最重要的特徵是氣味」。這個定義包括了香（氣味）、味（味道）和食物的質構。

R. C. Lindsay 在《食品化學中的風味》一書中說：「化學物質刺激味覺感受器和嗅覺感受器而產生的一種綜合生理反應，即是風味。現在風味一詞已經發展為在享用食物

時產生的總感受（包括嗅覺、味覺、觸覺、視覺和聽覺的感受）：

①鼻腔上皮的特化細胞能檢出微量的揮發性氣味成分，感覺出食品氣味的強度和性質。②舌表面和口腔後面的味蕾使人感覺出甜味、酸味、鹹味和苦味，這些感覺對食品滋味的性質起作用。③非特異性的反應和三叉神經的反應感覺出食品的辛辣味、溫感和鮮味。④非化學性的直接感覺（視覺、聽覺和觸覺）影響著味覺和嗅覺」。這個定義不僅包括了食品的氣味、滋味和質構，而且還包括了食品的顏色、形狀和加工與進食時產生的聲音。

B. A. Fox 等的《食物科學的化學基礎》中說道：「風味是食物吸引人的最重要的條件之一，並且是靠人對味道和氣味的感覺來覺察的。味道主要由四種滋味—甜、酸、鹹和苦——組成的。這些滋味主要靠位於口中的舌、齶和面頰上（似應為口腔內壁）的味蕾來覺察的」。顯然，這裡的風味僅指氣味和滋味（味道）。以上所引的三種說法基本上代表了歐美學者的全部觀點。大陸學者，從理論上探討風味科學的人不多，曾廣植先生是主要代表之一，在他和魏詩泰合著的《味覺的分子識別》（科學出版社，1984 年）一書的序言中說：「人對食物的獲取不僅是生理上的需要，而且是一種包括了各種心理因素的物質享受。人們對食品的色、香、味有越來越高的要求，這是在研究合成食品時不可忽視的重要因素」[4]。從這裡我們看出他是把色、香、味三者都視為風味要素的。還有在國內頗有影響的一部書《食品生物化學》（輕工業出版社，1981 年），在其第十一章第一節，專門討論了風味的概念，他們的看法是：「風味是一種感覺現象，包括食物入口以後給予口腔的觸感（Tactilesensation）、溫感（Thermalsensation）、味感（Tastesensation）及嗅感（Smellsensation）四種感覺的綜合。觸感與溫感是物理屬性，味感與嗅感是化學屬性，通常在談到風味時主要指的是味感與嗅感的綜合」。顯然，這和福克斯的看法是一致的[5]。

至此，我們可以得出結論，即在大陸的食品科學界，食品風味就是指食物的氣味和味道（香和味），這乃是最狹窄意義上的風味概念。可是在大陸烹飪行業中，風味不僅包括了色、香、味、形四者，而且還有人主張用「色、香、味、形、滋」，「色、香、味、形、質、滋」，「色、香、味、形、質、器、意」等，真是五花八門。其中，除了色（顏色）、香（氣味）、味（滋味或味道）、形（形狀和形態）四者，是從科學意義探討風味的觀點外，其餘說法都雜糅了烹飪的文化屬性和藝術屬性。如此，日本人有一個極好的歸納，他們在一家公司推銷味精的宣傳品種，以食物可口性的概念繪製了圖 5-1 所示的系統表，把我們上述所涉及的概念都收進去了。

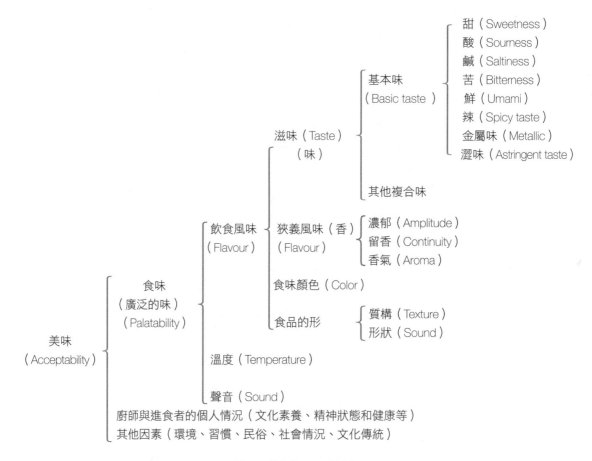

**圖 5-1 食物的可口性系統**

　　這個系統表，根據解釋，第一步是味蕾感知的滋味（即我們所指的狹義的味或味道）；第二步的食風味，是指味覺、嗅覺和觸覺感知的風味（和大陸食品科學界的說法相似）；第三步的食味，還要在前者的基礎上加上視覺和聽覺（即大陸烹飪行業中所說的廣義的風味）；第四步的美味，顯然結合了我們所說的文化屬性和心理因素（這相當於我們中國所說的美食，即 gastronomy）。

　　關於風味的概念，我們已經列舉並且比較了各家的觀點，最後的結論是：按照大陸烹飪行業現在流行的傳統說法，就假定為色、香、味、形四個字，這是這個概念的主要特徵，所有的菜肴點心都必須在這四個方面有所體現，諸如其他的因素（如聲音、溫度等），則並無統一的要求。

　　至於如崔桂友文中所指出的目前在許多菜譜和文章中，冠以風味食品、風味菜肴、風味小吃、地方風味等說法，實際上都是誇大了的說法，是招徠顧客的廣告手法，和風味科學是兩碼事。

　　關於食品風味的研究，有兩個主要方面：一個是生理和心理方面；另一個是物理和化學方面。兩者互有聯繫，但就其物質基礎而言，主要是化學方面，所以才有風味化學

這個食品化學分支。

# 第三節 感官和風味化學

從自然科學的角度看飲食風味問題，涉及化學和生理兩個方面，人體的感覺器官是感知飲食風味的生理基礎，而具有風味效果的物料則有其特殊的化學結構，前者是感覺生理，後者是風味化學。

## 一、感覺生理

人們討論與飲食相關的生理現象時，往往把注意力放在由口腔、食道、胃、小腸、大腸和肛門以及與這些器官相關聯的消化腺構成的消化系統和排泄系統，這就是消化生理學研究的內容，是人體吸收營養、排泄廢物進行新陳代謝活動的關鍵構造，其中任何一種組織，哪怕只有輕微的異常情況，也會使人體處於疾病狀態，嚴重的還會導致死亡，所以消化和排泄系統是飲食生理研究的主要對象。此外，還有一套集中在人體頭部的生理系統，是人體從外部獲取各種生存資訊的感官系統，生理解剖學上把它們納入神經系統，也是與人體飲食活動密切相關的生理系統。這個系統由口腔、鼻、眼、耳和全身表皮的神經組織所構成的感覺器官，它們的感知能力分別被稱為味覺、嗅覺、視覺、聽覺和觸覺。這五種感知能力與食物的營養價值沒有必然的評價關係，有時甚至會產生對人體健康的負面效應。例如，吸煙和酗酒等。但它們是人體判斷美食的生理基礎，也就是風味科學的生理基礎。因此，能夠感知食物風味特徵的這五種感官，同樣是人們飲食活動的生理基礎，即飲食審美現象的源頭，我們將在本書第七章作深入的討論。

由於各種《烹飪化學》教材都會把足夠的篇幅放在風味科學方面，所以我們在這裡沒有必要做過多的重複，僅對五種感官作概括的描述。

### 1. 味覺

味覺無疑是飲食風味最重要最核心的感覺，人們往往說味覺器官是舌頭，這是因為人們在嘗味的時候往往總是伸出舌頭去舔一舔。其實整個口腔都有嘗味的功能，尤其是中國烹飪，其風味內涵不僅局限於 flavor（即味和香），而是包含了色、香、味、形、質五個方面，其中除了色和形由視覺所感知以外，香、味和質都在口腔中得到感知，只不

過香的最後確認在鼻腔的上部，而質（質構、質地）的感知是牙齒咀嚼和舌頭攪動的結果，整個過程也是在口腔中進行的。

對於人來說，口腔是個非常重要的生理結構，通常也叫做嘴，不僅舌頭、牙齒、軟齶等包含於其中，向外開放的鼻腔和向內連接的食道和氣管都和它相通，具有發聲語音功能的聲帶也被安排在口腔中，進食和說話這兩大生理現象都離不開口腔，所以俗語有「病從口入」的說法，是指吃了不潔的食物；也有「禍從口出」，是指說了不該說的話。要說舌頭是味覺器官也只是它的功能之一，因為人的語言如果沒有舌頭的配合，光憑聲帶的振動，那就只能發出單調的單音節，那是沒有多大意義的。當然，與口腔各種功能相關的神經系統更是非常複雜的。總的來說，口腔是消化系統的第一站，食物在這裡進行初加工，以便於胃的消化，口腔所分泌的唾液澱粉酶僅能將澱粉水解成麥芽糖，除此之外，沒有更深層次的消化作用。口腔是呼吸系統的備用通道，當鼻腔通道受阻時，呼吸作用的通道只能暫時由口腔來代替，人們在重感冒時常有這種體會。口腔是語音系統唯一工作平臺，聲帶的振動、舌尖的攪動、腔體的脹縮和嘴唇的開合，可以產生各種各樣的聲音。口腔是人們欣賞美味的主要生理結構，牙齒、舌頭、軟齶和口腔內壁都各有職司，這裡有食物組織層次的觸覺和分子層次的味覺和嗅覺。

對於神經中樞來說，人的進食過程是整個神經系統指揮協調的複雜過程，包括生理和心理兩方面感覺的綜合效應，有人把它稱為廣義的味覺。廣義的味覺可以用表 5-1 綜合表述。

**表 5-1　三種不同的味覺範疇**

| 心理味覺 | 顏色、就餐環境、背景音樂、就餐程式、食品造型等 |
|---|---|
| 物理味覺 | 食物的機械特性（軟硬、鬆脆、黏彈、油膩等） |
| | 食物的幾何特徵（料塊形狀、纖維狀、砂粒狀等） |
| | 食物的溫度特徵（冷、熱、涼、燙等） |
| | 食物的組織特徵（生、熟、半生半熟等） |
| 化學味覺 | 基本味（酸、甜、苦、鹹）鮮味，複合味 |

很顯然，心理味覺不是在口腔中產生的，物理味覺是由牙齒的咀嚼和口腔內膜的觸覺所引起，只有化學味覺是由舌頭和軟齶所感知的。所以狹義的味覺（Taste）實際上是化學味覺，其感覺器官主要是舌頭。

人們對味覺器官的認識晚於其他五官，十九世紀初期，著名的生物學家貝爾第一次發現，舌面上的味蕾是味覺的感受器。直到 1925 年，生物學家才進一步證實，人的舌面的不同部位的味蕾感知不同的滋味，才初步揭開了味覺感受器的生理構造。

近代生理科學的研究結果表明，典型的味覺所感知的食品的各種味（味道、滋味、

口味），都是由於食品中的可溶性成分溶於唾液或食品的溶液刺激舌頭表面上的味蕾，再經過味神經纖維傳達到大腦的味覺中樞，經過識別分析的結果。

味蕾是分佈在口腔黏膜中極小的結構，它們以短管（味孔口）與口腔相通，一般成年人有二千多個味蕾，其中一小部分分佈在軟齶、咽後壁和會厭，大部分分佈在舌表面的味乳頭中。味蕾由 40 ～ 60 個橢圓形的味細胞組成，並緊聯著味神經纖維，由味神經纖維聯成的小束直通大腦，以上這些部分便構成了味的感受器。味蕾在舌黏膜的皺褶中的乳頭側面上分佈最稠密，因此當用舌頭向硬齶上研磨食物時，味感受器最容易興奮。舌黏膜由脂質、蛋白質、無機離子及少量糖和核酸組成。試驗證明，食物的鹹味和苦味的感受器是脂質部分，但苦味感受器也可能與蛋白質有關；甜味感受器只能是蛋白質。呈味物質在感受器上可能有不同的結合位置，而且還證明了味感受器對甜味和鮮味物質的結構，有嚴格的空間專一性。加之，味蕾分佈密度最大的舌頭，在其表面的不同部位的味蕾，對不同的味道的敏感程度也不同，表 5-2 所列的數據，就具有更強的說服力。

**表5-2味覺在舌面不同部位的分佈（單位：摩爾/升）**

| 味道 | 呈味物質 | 舌尖 | 舌邊 | 舌根 |
|---|---|---|---|---|
| 鹹味 | 食鹽 | 0.25 | 0.24-0.25 | 0.28 |
| 酸味 | 鹽酸 | 0.01 | 0.006-0.007 | 0.016 |
| 甜味 | 蔗糖 | 0.49 | 0.72-0.76 | 0.79 |
| 苦味 | 硫酸奎寧 | 0.00029 | 0.0002 | 0.00005 |

典型的味覺的感知都必須在溶液中進行，因此只有能溶解於水的物質才能刺激味蕾。所以唾液是食物的天然溶劑。實驗證明：唾液的分泌量和食物的乾燥程度成正比。而唾液的成分則與食物品種有關，例如對蛋黃分泌濃厚而且富含酶的唾液，對食醋便分泌稀薄的少含酶的唾液等。

味覺感受器的激發時間是很短的，從呈味物質開始到感覺有味，僅需 1.5 ～ 4.0 毫秒，其中以甜味的感覺最快，苦味最慢。可是從味覺的敏感性來說，卻剛好相反，當然這與選定的呈味物質的品種有關。表 5-3 所示為幾種呈味物質近似的敏感的閾值。

**表 5-3　蔗糖等物質呈味閾值**

| 物質名稱 | 味道 | 呈味閾值/（摩爾/升） |
|---|---|---|
| 蔗糖 | 甜 | 0.03 |
| 食鹽 | 鹹 | 0.01 |
| 鹽酸 | 酸 | 0.009 |
| 硫酸奎寧 | 苦 | 0.00008 |

　　溫度對味覺的靈敏度也有顯著的影響。一般說來，最適的感覺溫度為 10 ～ 40℃，其中以 30℃最敏感，50℃以上便顯著遲鈍，溫度過低也要遲鈍，表 5-4 所示為有關的實驗結果。

表 5-4　不同溫度對味覺的影響

| 呈味物質 | 味道 | 呈味閾值 | |
|---|---|---|---|
| | | 常溫/% | 0 ℃/% |
| 鹽酸奎寧 | 苦 | 0.0001 | 0.0003 |
| 食鹽 | 鹹 | 0.05 | 0.25 |
| 檸檬酸 | 酸 | 0.0025 | 0.003 |
| 蔗糖 | 甜 | 0.1 | 0.4 |

　　至於味的強度，與呈味物質的水溶性有很大的關係，完全不溶於水的物質，實際上無味。對於可溶性的呈味物質來說，溶解的速度越快，則感知的速度也快，但消失的速度也快，蔗糖就是一個明顯的例證。

　　我們在這裡雖然介紹了味覺器官和味覺神經系統的生理解剖結果，也介紹了一些有關的實驗數據。但這些卻都不能說明人的味覺究竟是如何產生的？味覺信號的傳遞性物質是什麼？人們為什麼能夠鑒別不同的味道？……還有一些更麻煩的問題，辛辣味感覺、澀味感覺、鮮味感覺等不為味蕾所感知的感覺，算不算味道？所有這些問題都說明，人們對味覺的研究狀況和嗅覺狀況差不多，作為基礎的味覺生理學還處於未成年的狀態，所有其他有關味覺方面的問題，也只能就事論事了。

### 嗅覺

　　嗅覺器官主要是鼻子，幾乎所有的陸生的高等動物都有這個器官，是這些高等動物一生都在工作的重要器官，是呼吸系統的第一道生理關口，除了呼吸作用以外，它還要通過辯認氣體成分，規避危險和天敵、尋找食物、結交異性。對於人類來說，這些從動物時代傳承下來的嗅覺功能幾乎都上升到文明狀態，鼻子不僅是人類飲食嗅覺審美的重要器官，也是人際交往的重要範疇，形形色色的化妝品，除了彰顯其視覺效果以外，散發香氣是化妝品的一大功能，所以最偉大的調配香氣的能手，不是廚師，而是從事化妝品調製的技師，其次是從事酒、茶、煙等嗜好性食品生產和檢驗的技術人員。

　　在中國古代陰陽五行說中，和五行相配的五氣是臊（木行）、焦（火行）、腥（金行）腐（水行）和香（土行）。用於飲食，唯香氣是人們所追求的，其他臊、焦、腥、腐四氣均為惡氣，它們均能為嗅覺所感知，但人們力求規避它們，不過中國烹飪調味方法，往往能化腐朽為神奇，常用這些惡劣氣烘托香氣，這一點我們在隨後的風味化學部分還

要討論。

　　稍晚於袁枚的法國美食家布裡亞－薩瓦蘭在他的不朽名著《廚房裡的哲學家》中，對嗅覺曾給過很高的評價，他說：「沒有嗅覺的協助，就沒有完整的品嘗的過程。我甚至認為，嗅覺與味覺實際上是一種複合型的感覺。嘴起的是實驗室的作用，鼻子起的是煙囪的作用。更確切地說，嘴品味的是固態物質，而鼻子品味的是氣體」。「嗅覺雖不是味覺的組成部分，但它是產生味覺的必要因素」。「吃東西的人都能意識到食物的氣味」。「對於未知的食物，鼻子起到了哨兵的作用，它會喝問：『誰』」？「當嗅覺被阻斷時，味覺也陷入癱瘓」。傷風感冒時，誰都會有這個體會，所以在進食時缺乏嗅覺的協助，味覺的敏感程度將大為遜色[6]。

　　人體的嗅覺器官主要是位於鼻腔中的一個相當小的區域（約 2.5 平方厘米），稱為嗅上皮和與之相聯的嗅覺神經系統。嗅覺上皮覆蓋在一部分中鼻膈的側壁和上鼻甲的中央壁上，由嗅覺感受器細胞、支持細胞和基細胞三種類型的細胞組成，並構成了嗅上皮不同的三層。其表面層為黏膜層，厚為 10 ～ 55 $\mu$m，呈連續分佈，整個嗅上皮都在其覆蓋之下，所有的氣味分子都必須透過此層才能與細胞要素相互作用，約有 $5 \times 10^7$ 個嗅覺感受器神經元組成鼻腔側部的感受上皮。這種嗅覺感受器細胞的原始類型的雙極神經元，深入於嗅上皮的中間層，而其纖毛則伸向嗅上皮表面的黏液之中，感受器細胞的軸突則深進黏膜下層，在此與其他軸突接合形成嗅絲。嗅上皮的第二種細胞即支持細胞，它為嗅上皮提供了厚度，具有：（1）機械功能，即保持末梢上皮表面的結構整體性；（2）分離的功能，使上皮表面上的黏液與細胞周圍的細胞外液分開；（3）障礙的功能，阻止初始非脂溶性分子移過嗅上皮。至於其他細胞，目前的研究成果還不很多，且有爭議，但大多數實驗的結果說明它在正常細胞更新的過程中，周而復始將衰朽的細胞除去，並能更新感覺上皮和恢復嗅覺功能。嗅上皮中嗅覺感受器神經元的主要功能是對氣味的強度、持續性和品質進行檢測和編碼並傳遞給嗅球，嗅球是嗅覺的第一次中樞，神經纖維由此出發，止於前嗅核、嗅結節，到達第二次中樞的前梨狀皮質，扁桃核等處（這些組織都位於眼窩的前頭），所有這些組織構成第二個嗅覺區域，它的功能：一是識別氣味；二是對氣味作出綜合判斷和鑒賞。

　　從生物化學的角度看，對嗅覺生理基礎的認識遠不及視覺，例如嗅覺神經傳遞的分子過程（即類似於維生素 A 之類作用的化合物）尚不清楚。嗅覺細胞生理學的問題尚多，嗅覺分子生理學的研究還剛剛開頭。

　　能被嗅覺感受器神經元覺察的易揮發性的低分子量的物質（指刺激物氣體或有氣味能引起嗅覺的物質），隨著正常呼吸時的每一次吸氣動作，被吸進的空氣攜帶了這些揮發性分子，通過外鼻孔經過上皮表面，被嗅上皮的絨毛所接受而引起刺激。此後，空氣通過內鼻孔進入肺部，即與這種感覺無關了。但隨著每次呼氣，則發生相反的過程。因此，正常呼吸迴圈時，膈肌和胸壁的有規律的收縮所引起的空氣流是導致嗅上皮暴露於

可能引起嗅覺的分子的最初過程。

　　不過筆者在這裡要解釋一個廚師們常常誤解的現象。廚師們認為既有鼻子聞出來的香氣，也有口腔吃出來的香味。前者無需說明。後者是指口腔咀嚼酥脆的食品（如油炸食品和焦香的鍋巴等）時，似乎有一種香的味覺效應。其實這是一種誤解，是食品中的香氣成分，在咀嚼時釋放揮發出來，通過咽喉向上刺激嗅上皮的結果，因此仍是一種嗅覺效應。

### 3. 視覺

　　視覺器官就是眼睛，從表面看就是安置在眼眶中的眼球，眼球的作用就像老式照相機，瞳孔的開閉如同照相機的快門，只要不是閉上眼睛，它就不停地接受外界的各種信號，並經由神經系統傳入人腦加以識別。據統計，在大腦所獲取的全部資訊中，大約有 95% 以上來自視覺系統，其中當然也包括與飲食活動相關的資訊。

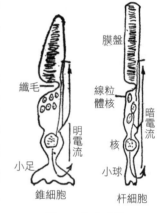

圖 5-2 光感受器

　　人的視覺器官主要是眼球和視覺神經系統。關於眼球的構造和其各個部分的作用，生理學上研究得相當清楚了。關於視神經系統，視覺神經生物化學的研究結果表明，其周邊部分即為視網膜，而視覺中樞即是視皮層。視覺的初始過程發生在光感受器上，光感受器（如圖 5-2）可分為杆細胞和錐細胞兩類，分別主司暗視覺和明視覺。杆細胞和錐細胞均分化為內、外兩段，兩者之間由連結纖毛相聯。內段包括核、線粒體和其他細胞器，內段和末端相連，而這種末端則與下一級神經元形成突觸聯繫。外段包含由原生質膜內摺而成的堆積的膜的小盤，這膜盤上排列一種對光敏感的色素，即視色素。視色素受光照後發生的一系列光化學變化是整個視覺過程的起始點。

　　視色素是一種色蛋白，相對分子品質為 30000 ～ 50000。它也由兩部分組成：一部分是視蛋白質；另一部分是載色基團——維生素 A 的醛類（視黃醛），在暗中這兩個部分鑲嵌在一起，在光照射後視黃醛分子的空間構型發生變化，逐漸與視蛋白相分離。在這一過程中光感受器發生興奮，已經有人記錄到這種興奮的電活動，說明了視色素在光照後發生了構型的變化。

　　近年來的研究又表明了光感受器在形態上就有杆細胞和錐細胞之分。對於具有三色覺的動物（人、金魚等），錐細胞又有紅敏、綠敏、藍敏三種，它們的電活動信號各不相同。在當代，儘管這些仍屬神經科學前沿的問題，尚未完全搞清楚。但人的視覺神經的生理基礎及其化學機制，大體上已經可以說明問題了。

　　視覺的物理基礎主要可分兩個方面：一是光的本性；二是物體的顏色與光的關係。

　　關於光的本性即光是整個電磁波譜中一段（圖 5-3）。我們平時所說的光線，是指電

磁波譜中可見光區，它們的波長為 400～800 納米，在這一區間，由於波長不同其所相
當的能量子大小也不同，故而我們肉眼所感知的顏色也不同，通常粗略地分為紅橙黃綠
青藍紫七色，其實只有紅、綠、藍三者是最基礎的，即前面所說的三色覺。因此紅、綠、
藍三色被稱為原色，這是從色盲患者對光線反應障礙研究出的結果。若此三色光線對人
眼的刺激強度相同，我們便感覺為白光。

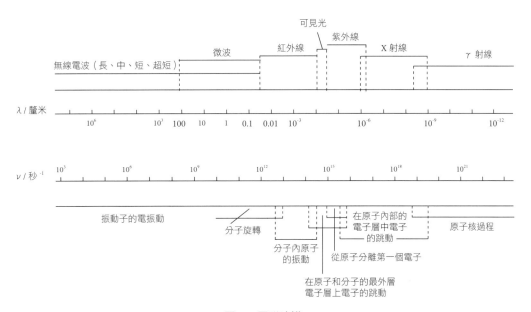

圖 5-3 電磁波譜

　　關於物體的顏色與光線的關係，與前者不同，即可見光線照射在某物體上，其中必
有部分為該物體的組成分子所吸收，而我們所看到的該物體的顏色，實為選擇反射的結
果。若該物體能吸收除紅色以外的所有光線，則當一束白色光線照射上去時，我們便感
知該物體為紅色。若該物能吸收所有的可見光線，則我們便感知為黑色。若該物體能反
射所有的可見光線，則我們覺得它是白色的。這種選擇反射和選擇吸收的關係叫做顏色
的互補關係。表 5-5 所列的便是這種互補色的具體實例。

表 5-5　不同波長光的顏色及其互補色

| 物質吸收的光 | | 互補色 |
| --- | --- | --- |
| 波長/納米 | 相應的顏色 | |
| 400 | 藍 | 黃綠 |
| 425 | 藍青 | 黃 |
| 450 | 青 | 橙黃 |

| 物質吸收的光 | | 互補色 |
|---|---|---|
| 波長/納米 | 相應的顏色 | |
| 490 | 青綠 | 紅 |
| 510 | 綠 | 紫 |
| 530 | 黃綠 | 紫 |
| 550 | 黃 | 藍青 |
| 590 | 橙黃 | 青 |
| 640 | 紅 | 青綠 |
| 730 | 紫 | 綠 |

　　視覺對物體的感知範疇，除了顏色以外，還有其大小形狀、與觀察者的距離，以及物體移動時的動態變化等。所以在中國傳統的風味概念中，視覺感知的不僅有食物的色，還有食物的形。又由於食物色的感知與口腔和鼻腔都沒有關系，因此，感知刺激來自輻射光線對視網膜的作用，這和味覺和嗅覺的感知有本質的不同，即食物的味和香是其中的呈味物質和呈香分子的直接刺激，而食物的色則是其中有色成分對輻射光線的吸收和反射（或透射）的結果。也就是説，味覺和嗅覺的感知是食物中的特徵分子與味蕾或嗅上皮接觸的結果，而視覺的感知並不需要食物與眼睛直接接觸。我們可不要小看這個差別，這正是黑格爾等古典美學家否認味覺和嗅覺屬於審美感覺的基本根據。關於這一點，我們在第七章還要詳細討論。至於食物的形，除了有視覺的資訊以外，食物料塊在口腔中的觸覺也有很大的關係，所以是一種綜合效應。

　　從心理的角度看，視覺確有引起食欲的功能，賞心悦目、色彩亮麗的食物首先給人以心理上的享受，而那些灰暗模糊的顏色，的確令人生厭。孔子在《論語・鄉黨》中就説過：「色惡不食」。但他並沒有界定何謂惡色，同樣，在國外人們也在飲食活動中追求色的和諧，有許多心理學家為此進行了多次調查研究，不過他們得出的研究結果，並不一定有普適性。其實這是完全正常的，因為不同地域、不同種族和民族、不同的歷史背景和文化傳統、不同的風俗習慣和宗教信仰等諸多自然和人文因素，都會產生不同的顏色好惡觀，一個顯著的例證就是在大陸的傳統文化中，白色是凶色，所以孝子賢孫們為老人送葬時要披麻戴孝，用的都是白色，可是在西方文化中，白色是聖潔的表現，所以新嫁娘的婚紗都是白色的。再如有些國家和民族認為紅色是凶色，而大陸則認為紅色象徵喜慶，舊式婚禮中新娘的蓋頭是紅色的；孫中山主張的中華民國的國旗是青天白日滿地紅；至於中華人民共和國的國旗更完全是大紅的底色。諸如此類的情況很多，而這些顏色好惡觀也會反映到人們的飲食活動中來。對於我們中國來説，由於早在先秦即已形成的本味主張，對於美食滋味要求體現食材本來的美好滋味，進而影響對食物的顏色

也追求其本色。一個典型的例子是髮菜（因為生態保護現已禁食），它那種深黑色是珍貴的象徵。按照常理，黑褐色不是什麼好顏色，但醬油和食醋都要用黑褐的糖色來著色，這就造成了許多用紅燒法烹製的菜餚都會有些褐色，中國人從不認為它是難吃的顏色。然而，有些果蔬在初加工後產生的褐變，大家都持反對的態度；同樣，一盤五顏六色的雜燴菜或炒菜之類，同樣會令人有賞心悅目的感覺。中國人在飲食的視覺心理方面，從不把一種單調的顏色當作唯一的審美追求，總是把食材的本色和烹飪製作過程的正常色變當作美食的一個重要標準。我們常說，「百菜百味」，實際上還應有「百菜百色」，中國心理學家如果套用外國同行們的研究方法，用問卷調查的方法去徵詢食客們對菜餚顏色的好惡評價，他的研究必然是失敗的。

### 4. 觸覺

觸覺感受器官是指分佈於全身皮膚上的末梢神經細胞接受來自外界的溫度、濕度、壓力、疼痛、振動等方面感覺的組織。多數動物的觸覺器是遍佈全身的，其中又以手指、腳趾、口腔和陰部特別敏感。在解剖學上，人體神經中的觸覺小體被稱為 Meissner 小體，分佈在皮膚的真皮乳頭內，觸覺小體呈卵圓形，長軸與皮膚表面垂直，外包有結締組織，其數量也會隨年齡增長而減少。

在人的飲食活動中，觸覺感知的資訊主要有食物的溫度、濕度和其他的接觸覺，主要的器官組織有口腔內壁和牙齒，用以認知食物的形態和質構。最近有人把手指或手對食物的觸摸感，甚至把目視的外觀感覺都列入觸覺範圍，由於這種感覺主要是判斷食材新鮮度的物理指標，似乎不宜作為人類進食過程的觸覺內容。但是對於用手進食的人群來說，好像也有道理，人們把手的第二個指頭命名為食指，肯定與飲食活動有關，因為在古代，所有的人類都是手食者，只是後來分為用匕箸（筷子）、刀叉和手食三種進食方式，中國最古老的筷子是在江蘇高郵龍虯莊新石器時代遺址中發現的骨箸，而最早的文字記載就是那句著名的「紂為象箸而箕子怖」（距今有 3000 年）至於歐洲人用刀叉進食，開始時有專門的切肉工，人們以手取食，直到羅馬帝國的晚期（相當於中國南北朝）才開始有餐叉。直到現在，世界上更多的人依然是以手指取食，所以把手作為飲食觸覺的器官，也說得過去。

味覺、嗅覺感知的是食物中的特定化學成分，視覺感知的是食物成分的發射光譜，那麼觸覺感知的僅僅是食物中的各種成分的聚集狀態。

### 5. 聽覺

聽覺器官是耳朵，最外面的耳蝸即人們平常所稱的耳朵，它對外來的聲波只起一種擋板引導作用，使聲波振動進入外耳道，促使內耳和外耳之間的鼓膜接受刺激而發生振動，鼓膜的振動通過聽小骨傳到內耳，刺激耳蝸內的纖毛細胞產生神經脈衝，再沿著聽

神經傳遞到大腦的神經中樞，形成聽覺。

在大腦神經中樞接受到的外來資訊的數量，聽覺僅次於視覺，而且它也有遠距離感知的特點，它同樣不受視覺的影響，所以我們在黑暗中，常依賴聽覺來辨別周圍的環境。從生物進化的觀點看，聽覺不僅是動物攫取食物或逃避災難的一種信號來源，而且也是同類之間彼此互相聯繫表達感情的工具。

在飲食感覺方面，研究者往往忽視聽覺的作用，風味科學中也不把聲音看成是風味內涵的一種因素，然而事實並不盡然，至少有以下三方面會出現在人的飲食活動中：一是進食環境中的外來聲響；二是食品製作過程中產生的聲音；三是口腔咀嚼時產生的聲音。根據人們的生活經歷，這三者都有美醜之分，例如鍋巴菜最後澆湯的聲音，糖醋魚製作中，經過油炸的魚體澆上糖醋汁的聲音等，都有令人悅愉的感覺，至於平時進食牙齒咀嚼食物發出的聲音更是司空見慣。但不管怎麼說，聲音在風味概念中畢竟不占主要地位，中國傳統風味內涵的色、香、味、形、質五個方面，僅在質感中附帶涉及聲音。

## 二、風味化學

在各種《烹飪化學》教材中，風味化學都是關鍵內容之一，意在闡述食物的組織、結構和化學成分對各種風味要素的影響，說明食物為什麼會產生這些風味要素的原因。至於食材的組配、飲食器具和進食環境等是飲食的審美要素，並不屬於風味要素。風味要素完全屬於科學的範疇，與人文社會因素沒有必然聯繫，所以我們在這裡討論的風味科學，具有普世性，不同的人群可能會有某種特定的偏嗜性，但沒有本質上的差別。

中國飲食風味內涵包括色、香、味、形、質五個方面，過去都是分開討論的，在這裡為了避免與其他課程簡單的重複，決定按風味物質的分子特性分為兩大類：一類是色香味，它們的產生基於特性物質獨特的分子結構，尤其是香和味即 flavour，完全是化學問題，而色則是物理和化學兼有；另一類是形和質，它們決定於食物組成成分的聚集狀態，即食物的物性。

（一）食物色香味產生的根本原因物質的色香味，都是該物質分子典型的物理性質。例如水，所有的化學書都是這樣介紹的。水，分子式為 $H_2O$，在 101325 帕斯卡的氣壓下，100℃以上呈氣體狀態，0 ～ 100℃呈液體狀，0℃以下為固態（有好幾種晶體狀態），無色透明，無臭無味……水分子的這些物理性質，都是由 $H_2O$ 這個分子結構所決定的，這裡的 $H_2O$ 的原子排列順序是 H—O—H，但這三者並不是在一條直線上，而是在兩個 O—H 鍵之間形成 104°45´的夾角，正是由於這樣的分子結構，才決定了水分子的各種物理和化學性質。

相比之下，有機物的分子結構更為複雜，因為碳原子的正四體型的空間結構，它的四個化學鍵相互之間形成 109°28´的夾角，結果便產生了同分異構現象（即分子式相

同，而結構式不同），正是許多有機化學教科書常舉的分子式 $C_2H_6O$，按照碳、氫和氧的化合價，它應該有 $CH_3CH_2OH$ 和 $CH_3OCH_3$ 兩個不同的分子結構，前者是我們常見的酒精（學名乙醇），後者叫作二甲醚。在一般的室溫條件下，酒精是液體，而二甲醚是氣體，兩者都是無色的，但兩者的氣味有顯著的不同。在這裡舉這個例子，意在說明食物之所以有特徵的色、香、味是其組成成分在分子層次上的性質，我們要解釋它們產生特徵性色香味的原因，就是要從它們分子結構上進行研究。此項研究，從十九世紀末期起的約 150 年的時間內，不知耗費了多少傑出化學家的寶貴生命，可至今依然沒有形成完全令人滿意的理論模型，在色、香、味三個方面，發色理論研究起步最早，取得的成果也比香和味多。然而，不管多與少，研究的基本思路是相同的，那就是勘察特徵的化學結構單元，並且用這些特徵性的結構單元，有意識地合成新的呈色、呈香、呈味分子，豐富人民的日常生活。為此，我們將分色、香、味三個方面加以敘述。

### 1. 發色團學説

十八世紀中葉以後，有機化學的學科體系正式形成，隨後進入應用領域，它最早的應用研究是合成染料的大量生產，並且設計了多種多樣的新染料，感性知識的積累導致人們對理論研究的衝動。1868 年德國化學家維特（Witt）提出了著名的發色團學説，他發現在有機化合物分子結構中大凡含有不飽和結構單元的分子，幾乎都有顏色，即便是顏色太淺，也可以通過把這些不飽和結構單元加倍的方法使其變深，他把這些不飽和結構單元基團叫作發色團。一種分子雖然有色，但不一定有實用價值，例如它不溶於水，因此無法使纖維著色，等等。為了改變這些不理想的性質，就需要引入新的基團，使其有更好的工藝價值，這些新引入的基團叫作助色團。

發色團學説為染色化學家和染色工程師指明了研究方向，從此各種各樣優質豔麗的人工合成染料及其染色方法取得了突飛猛進的成果。就在此時，化學鍵的電子理論出現了，科學家們就用電子雲的概念解釋染料分子結構與顏色之間的關系。二十世紀初，量子力學出現了，化學家們開始用量子論的方法解釋化學鍵理論，其中有一種叫作分子軌道的理論，它可以更好解釋在分子中各個核外電子的運動狀態。到了 1920 年以後，電子雲的概念就逐漸被分子軌道所代替。

在藝術領域內，把自然界的顏色分為暖色和冷色兩種主要類型。所謂暖色，是指紅色和傾向於紅色的黃、橙等顏色，在心理上能引起溫暖、熱情、活躍等作用。所謂冷色，是指青色和藍色，在心理上引起寒冷、恬靜、安全的感覺。為了尋求食物的顏色和食欲之間的關系，心理學家進行過人類對此種關系的心理統計。結果表明：紅色至橙色之間的顏色誘發食欲的作用最強，橙色至黃色次之，黃色至綠色最差，有人還進一步區分各種顏色區間的社區段，例如把紅色進一步區分為粉紅、棗紅、紫紅、猩紅、玫瑰紅等名目；黃色又區分為鵝黃、金黃、杏黃等。根據這種細分法進一步測驗人的食欲與食物顏

色之間關係的統計結果為：從紅色→橙色→桃色→黃褐色→褐色→奶油色→淡綠色→亮綠色的順序，誘發食欲的作用由強變弱。其實，最講究色調變化的專業是染料染色專業，他們對各種色彩的變化有嚴格的規定，不僅有相應的文字表徵標準，而且還限定了光波的波長或頻率範圍，據此制定出一系列規定色調所製成的色板，由這種色板表徵的顏色系列叫作色譜。多數國家都把這種色譜當作技術標準來實施。至於我們食品界和烹飪界根本沒有這樣嚴格，這是因為食物的色多為其自然色的緣故。烹飪和食品工業中所用的色素主要是天然色素，尤其是烹飪加工過程，都想盡辦法保護天然色素，從而保證烹製的菜肴有賞心悅目的視覺效果，有時乾脆不經加熱直接生食，其中尤以水果為最常見。此外在加熱或醃製等加工過程中，食材的色澤會明顯改變，便盡可能使其色變符合人們的飲食習慣，例如醃肉加入少量硝酸鹽或亞硝酸鹽；變蛋製作中用少量重金屬鹽（過去用鉛化物，現已禁用）；烘焙或油炸食品表面的輕微碳化而產生的褐色；綠色蔬菜烹製時用鹼護綠等。

天然食材中的色素最常見的有　　類色素，如血紅素、葉綠素、維生素 B12 等，此類大環色素分子中心的螯合金屬原子都連有 C—金屬共價和配價兩種狀態的電子，在受熱或加工過程中很容易發生變化。例如，葉綠素分子中的鎂原子如因加工條件不當而脫去，葉綠素便會由豔綠色變成黃綠或黃色，令人生厭。

天然食材中另外幾種常見的天然色素如異戊二烯類衍生物（統稱類胡蘿蔔色素）、多酚類衍生物（統稱花色素和類黃酮類）、酮類化合物（紅曲色素等）和蒽　類色素（蟲膠色素、胭脂蟲色素）等。這在烹飪化學中都有介紹，這些色素的變色原理主要基於呈色基團（發色團）氧化還原反應。

食品工業和烹飪行業（尤其是麵點糕團業）也常使用人工合成色素和半合成色素，前者多為偶氮染料（含—N＝N—基團），後者多為改性的天然色素如葉綠素銅鈉等。

食用色素按使用方法通常有水溶性和油溶性兩大類。食材加工過程中，三大產能營養素因受熱分解而產生羰基和氨基，這兩者因縮聚重排而產生一系列複雜的化學反應，最後生成黑褐色的產物。由於整個過程沒有酶的參與，所以也稱非酶褐變。這個過程是法國化學家美拉德在 1912 年發現的，所以也稱為美拉德反應。另一種非酶褐變就是純糖在高溫熬製的情況下生成褐色焦糖的過程，也稱為焦糖化反應。

在酶的催化下，一些含有酚或多酚類色素，在空氣中氧的作用下也會產生褐變，這被稱為酶促褐變。

在通常情況下，包括非酶褐變或酶促褐變，都是要設法防止的，但有些時候人們希望有良好的褐變效果，如烘焙食品的製作就以此作為一種風味效果。

## 2. 發香團學說 [7] [8]

在十九世紀末、二十世紀初，當發色團學說被人們普遍接受以後，一些香料科學家

受到啟發，他們仿照發色團學說，提出發香團學說，以此來解釋物質的氣味與其分子結構的關係，他們羅列了大量的現象，發現某些烴類（尤其是芳香烴）和多種含氧基團（包括醇、酚、醚、醛、酮和酯基）都含有比較愉快的香氣，而一些含氮、硫、磷等的簡單基團，都含有令人討厭的氣味，於是他們把前者稱為香基，後者稱為臭基。由於呈臭物質都是飽和蒸汽氣壓較高的易於揮發的分子品質相對較小的分子，而且嗅感的產生都源於這些小分子品質的氣體分子對嗅上皮的直接接觸，氣味的產生也難用化學鍵理論來解釋，但是並不意味化學家和生理學家放棄這種追求，因此先後提出過幾種有影響的學說。

（1）彈簧鎖理論。由 Moncrieff 1949 年首先提出來，以後又經過 Amoore 的修改和補充，其著眼點是根據呈臭或呈香小分子的立體外形，它們相當於開鎖的鑰匙，在嗅上皮的黏膜上尋找與其牝牡相配的凹形嗅小胞（相當於鎖孔），如果兩者像彈子鎖那樣相配，那麼相關的氣體分子就能刺激嗅細胞而產生嗅覺效應，於是這個理論也被稱為立體結構理論。

（2）外形─功能團理論。實際上是彈簧鎖理論的一種變態，是由 Beets 在 1957 年提出的。這個理論基於嗅覺器官沒有特別的受體部位，嗅感分子與數量 大的各種受體細胞的可逆性物理吸附和相互作用產生嗅覺，而具有受體功能的部位則位於細胞的週邊膜上，其作用是使嗅細胞能夠產生資訊，並傳導到嗅覺體系中。整個嗅覺過程包含：氣體分子以雜亂的方向和構象接近嗅黏膜，分子被吸附於介面時，兩者之間形成過渡狀態。這種過渡狀態能否形成取決於氣體分子的形狀、體積和功能團的本質與位置這兩種屬性。顯然，當空間障礙阻止分子的有關結構部位與受體部位的相互作用，如果此時缺乏功能團，或功能團有較大的空間障礙，就將導致此種相互作用的效率降低，嗅感就不易發生；反之，這種相互作用的效率越大，產生的能量效應也越大，易引起嗅細胞的激發。因此，一些分子極性不大或非極性分子如水或 CO 等，它們就不能激發嗅感，因為它們分子群取向是雜亂無章的；而那些極性分子如 NH3、H2S 等，往往呈定向排列狀態，所以極易激發嗅感。

（3）滲透和穿刺理論。認為嗅細胞被有氣味的極性分子所滲透和極化，穿過嗅黏膜上定向雙脂膜進行離子交換，產生神經脈衝。

以上三種理論都是化學的思維方法，因此都歸入化學學說。

（4）共振理論。認為嗅感分子（即呈臭或呈香的分子）的振動頻率與受體膜分子的振動頻率一致時，受體便接受氣味資訊，不同氣體分子的振動頻率不同，從而形成不同的嗅感。

（5）酶學理論。即是氣味分子刺激嗅黏膜上的酶，而產生嗅感。以上這些理論在形成時，雖然都有一定的事實或實驗支持，但它們常常有例

外，因此就不可能成為令所有人都信服的規律，況且嗅覺生理研究至今仍然是世界科學的前沿課題之一，也是諾貝爾獎關注的重要領域。

2004 年的諾貝爾生理或醫學獎的獲得者是美國科學家理查德‧阿克塞爾和琳達‧巴克，他們獲獎成就即是關於嗅覺產生的機理問題。他們的研究證明，嗅覺是我們人類以分子技術破譯的第一種感覺系統。人類基因的 3% 是被用來編碼嗅覺受體細胞膜上的不同氣味受體的。細胞傳導膜外信號時，首先由不同類型的 G 蛋白偶聯體接受細胞膜外信號（稱第一信使），使受體激化產生細胞膜內信號（第二信使），經過神經突觸傳遞到大腦。第一信使和第二信使都具有特異性，它們只能傳導某一種氣體分子或與此分子相關的幾種分子，所以嗅覺的分子識別性能極高。一個人可以保持對約 1 萬種不同氣味的印記（近來有人說可達上億種氣體分子）。

嗅覺機理中的關鍵物質是 G 蛋白，其全名是 GDP －結合蛋白，這裡的 G 是鳥嘌呤核苷的代號，它既與 GTP（鳥嘌呤核苷三磷酸，鳥三磷）結合，也與 GDP（鳥嘌呤核苷二磷酸，鳥二磷）結合，是一類信號傳遞蛋白質，一般由三個不同的亞基（$\alpha$、$\beta$、$\gamma$）構成異源三聚體。G 蛋白有許多種，它們的作用各不相同，即具有不同的專一性。目前已經證明的由 G 蛋白介導的生理效應如表 5-6 所示。

**表 5-6　G蛋白介導的生理效應**

| 細胞外信號分子 | 細胞膜上受體 | G蛋白 | 產生細胞內信使的效應器 | 生理效應 |
|---|---|---|---|---|
| 腎上腺素 | $\beta$-腎上腺素受體 | Gs | 腺苷酸環化酶 | 糖原分解 |
| 5-羥色胺 | 5-羥色胺受體 | Gs | 腺苷酸環化酶 | 記憶和學習 |
| 光 | 視紫質 | Gt（轉導素） | cGMP磷酸二酯酶 | 視覺興奮 |
| 氣味劑 | 嗅覺受體 | Go | 腺苷酸環化酶 | 嗅覺 |
| fMet肽 | 趨化因數受體 | Gq | 磷酸酶C | 趨化 |
| 乙醯膽鹼 | 毒蕈鹼受體 | Gi | 抑制腺苷酸環化酶活化鉀通道 | 起搏變慢 |

表 5-6 所示僅是目前研究成果的一部分，由此可見幾十年來生物化學的研究是如此的美妙，前科學時代的那些臆想在這些成果面前變得極其蒼白，當然也還有許多生理化學過程至今尚不清楚，但是科學研究的路徑已被指明。不過要讀懂這些新成就並不容易，光是那些專業名詞和代碼就會使你如墮五里霧中，在這裡所摘引的這一點皮毛，肯定是挂一漏萬，因為我們並不要求學習烹飪的學生熟練掌握這些高深複雜的生物化學知識，只是要他們明白要尊重科學，不要因為掌握了一些烹飪技術，就自滿起來。如果有人說「烹飪科學還很年輕，沒有多大的實際用途」，就讓他們去讀一讀生物化學。

2012 年的諾貝爾化學獎、2013 年的生理或醫學獎都跟 G 蛋白和細胞膜有關，我們應該經常關注這些科學新成就。

至於氣味和分子結構的關係，目前還只是一些現象的歸納，由於嗅感分子必須是氣

體狀態，其沸點或昇華溫度都相對較低，因此與分子的形狀和大小有關。在單質分子中，僅有鹵族元素的單質分子（Cl2、Br2、I2）有刺激性氣味，無機化合物中除氮、硫、磷等幾種非金屬元素的氫化物和簡單氧化物、鹵素氫化物如 NH3、H2S、PH3、NO2、SO2 和 HCl、HBr 等具有強刺激性外，其他無機物大多無氣味。我們常見的有氣味分子多為有機物，其中含氧化合物和某些碳氫化合物通常有香氣味，而含有 N、P、S、鹵素的化合物往往有臭氣味，而且與相關分子的立體結構也有密切的關係。對於呈香分子結構的研究，是香料和化妝品工業的重要課題。食物的氣味僅有少量是食材的天然氣味，主要是水果、蔬菜中的揮發性成分，大多數都是在烹調過程中產生的呈香分子。相關的官能團主要是羥基、羰基、醚基和酯基，相關化合物的烴基多為 C10 以下的成員。

芳香烴的氧化物也往往有很好的香味。　類化合物大都有良好的氣味，食用香料如花椒、八角等的呈香成分多為　類化合物。

含硫有機物中的硫醇、硫醚大多很臭，而含有—S—S—或—S—S—S—結構的化合物和異氰硫酸酯類（R—S—C ≡ N）則大多為蔥蒜、球蔥等辛辣香味的源頭，含硫的雜環化合物也有強烈的嗅感。含硫的嗅感成分對熱非常敏感。

含氮的三價氮化物（主要是胺類）大都具有令人厭惡的臭氣，是動物性食物腐敗的徵兆。

含氧、含氮和含硫的雜環化合物常具有食物應有的香氣味。食物的香氣成分都不是單一的，尤其是經過烹飪加熱後產生的香氣往往是幾種甚至幾百種化合物的混合效應，例如，新煮的大米飯其香氣就有 150 ～ 250 種之多，有關這些知識，一般的烹飪化學或食品化學教科書中都有介紹，不再贅述。

### 3. 味細胞膜的板塊振動模型

二十世紀前半葉，有關味覺與分子結構的關係，有過不少探討的文章，大多數仍受發色團學說的影響，認為某些化合物分子的味道源於其分子結構中的定位基，這種定位基，在助味基的協同作用下，表現為特殊的味覺，所以開始時總是找特殊的定位基，對味覺效應進行分類，一種特定的定位基便是一種基本味（或本味、原味），而且各國傳統的說法各不相同，我們中國自古就有五味之說，後來又加上鮮味，西方受古希臘四元素學說的影響，有酸甜苦鹹四個原味……又因為近代科學發端於歐洲，早期生理科學首先闡明了四原味的生理解剖學基礎。而且在各國諸多不同的說法中，酸甜苦鹹這四種味道是大家共有的，這也就造成了早期味道化學研究，首先被關注的也是這四種味道。

1967 年，英國《自然》（Nature）雜志發表了 R. B. Shallenberger 和 T. S. Acree 關於味覺分子識別理論文章，我們國內通常簡稱為沙氏理論。沙氏理論引用了化學酸鹼理論中的路易斯（Lewis）電子理論模型來解釋，即路易斯酸 HA 和路易斯鹼 B 相互在一定距離之內以氫鍵締合的方式互補，從而產生特殊的味感。例如甜味感受器上具有一對相應

B…HA 的互補結構，兩者形成一對雙氫鍵而產生甜味。以果糖為例，甜味感受器（存在於味蕾中）上的路易斯鹼 B 與果糖分子第 5 碳原子上的羥基（—OH）以氫鍵互補；感受器上的路易斯酸 HA 與果糖分子上第 6 位碳原子（—CH2OH）也以氫鍵互補，從而形成一對雙氫鍵，而且其中的氫鍵給予體（即給質子）HA 和接受體（即接受質子的 B）之間的距離在 0.3 納米左右，人體便有甜味的感覺，所以味感是與分子的立體結構密切相關的。沙氏理論進一步論證 H+ 是酸的定位基，鹹味則是味感受器 B 與陰離子的作用結果，苦味則是由於疏水性基團遇到空間阻礙所致。

沙氏理論自 1967 年產生以後，只有補充而沒有異議。但是，大陸有機化學家曾廣植則根據許多實驗事實，說明沙氏理論在感受器的感受機制、味的強度、親水基作用、空間專一性、雙氫鍵分子類型、分子折迭結構、病理味感喪失等七個方面存在的問題。因此這個理論雖然可以說明一些問題，但發展前途很難預料。為此曾廣植先生認為：味資訊的轉譯取決於不同感受器板塊所發出的低頻聲子振動的頻率範圍，故有各種不同的色彩的酸鹹甜苦，這是由於不同結構的酸鹹甜苦分子觸發的頻率範圍不完全相同的緣故。雖然曾先生沒有說，但作者領會到他的味覺板塊就和顏色的色譜圖相類似，除了主味之外，還有許多不純的複合味。

除了曾先生以外，國外還有一些學者提出過其他理論模型，所有這些模型都還處於假說階段。要想對它們作最後的鑒定，得等待味覺生理學取得突破性進展才能辦到。

至於味的分類，我們還只能根據傳統的經驗，分酸、鹹、甜、苦、辣、鮮、澀等，甚至連現在還缺乏研究的清涼味、鹼味（OH- 引起的）、金屬味等都視為基本味了，不過前六種是烹飪行業和食品工業常用的味道，而其中千變萬化的那些味道只能視為複合味了。

物質的味道和化學結構的關係：由於物質的味道是口腔組織感知的結果，而以往的經驗又將基本味歸納到屈指可數的地步，再加上呈味物質又必須具有可溶性，所以在烹飪行業和食品工業中用作調味添加劑的物質品種似乎比色素和香料品種都要少。常用的如下：

甜味劑：各種糖類（包括蜂蜜）和糖精、甘草精、甜葉菊苷。酸味劑：醋酸、檸檬酸、乳酸、蘋果酸、維生素 C、酒石酸、琥珀酸。

鹹味劑：食鹽或含鉀食鹽。

苦味劑：幾種嘌呤族生物鹼。

辣味劑：大蒜素、辣椒鹼、胡椒鹼、生薑酮、生薑醇、黑芥子苷。鮮味劑：氨基酸、核苷酸、琥珀酸。因此，如果要據此歸納出物質的味道和化學結構之間有什麼規律的話，也同樣相當簡單，這就是：

（1）具有甜味的物質都是氨基酸和多肽、多元羥基化合物（包括多元醇和多羥基醛、酮）、酚和多酚（甘草精、查爾酮等），以及取代苯型化合物（如糖精）。

（2）具有酸味的物質都是可以電離產生 H+ 的化合物。

（3）具有鹹味物質都是金屬鹽類，而且起決定性因素的部分是這些鹽的陰離子。

（4）具有苦味物質都為生物鹼、　類、糖苷以及一部分氨基酸和肽。

（5）具有辣味的物質都是兩親性分子，定位基是其極性的頭，助味基是極性的尾。辣味強度隨尾鏈增長而加劇，C-9 左右達到高峰，所以曾廣植把這個規律叫作 C9 規律。

（6）具有鮮味的物質的分子結構特徵，是在水溶液中兩端都能電離的雙極性分子，而且都含 3 ～ 9 個碳原子的脂鏈，這個脂鏈不限於直鏈，可以是環的一部分，而且其中的碳原子還可以被 O、N、S、P 等元素所代替。

通過以上所述，我們會發現氨基酸的味道幾乎沒有規律。事實上任何一種氨基酸的味道都不是單純的。例如，谷氨酸鈉（味精）的味道構成：鮮 71.4%、鹹 13.5%、酸 3.4%、甜 9.8%、苦 1.7%；谷氨酸味道構成：酸 64.2%、鮮 25.1%、鹹 2.2%、甜 0.8%、苦 5.0%。最苦的色氨酸：苦 87.6%、鮮 1.2%、酸 5.6%、鹹 0.6%、甜 1.4%。必須指出，以上所討論的氨基酸和多肽，都是 L 型的。味道化學至今仍然是公認的莫測高深的化學前沿，所要做的研究工作實在太多。例如，曾廣植先生在 2014 年的《應用化學》雜誌上仍然在發表他研究的新成果，遺憾的是有關味覺分子識別問題，目前都是從已有的文獻中進行分析的結果，有關的實驗論證至今罕見。但人們可以根據自己的心理感受，調和出令人愉悅的味道來，廚師是這個領域內的高手，所謂「調和鼎鼐」，此之謂也。

（二）食物的形和質 在近代食品科學中，形和質不屬於風味科學的範疇，但我們中國烹飪中，從老祖宗那裡，形和質就已經是風味科學的內涵之一，試看《論語·鄉黨》：「食不厭精，膾不厭細」（形）。「食饐而餲，魚餒而肉敗，不食」（質、香）。「色惡，不食。臭惡，不食。失飪，不食」（色、香、質）。「割不正，不食。不得其醬，不食」（形、味）。「不撤薑食」（香、味）。

由此可見，在孔子那裡，就已經把「色香味形質」視為禮食的重要標準，只不過當時沒有「風味」這個詞而已。在古代，禮食是最莊重最高級的飲食，所以禮食的製作必須合於禮制的規範，這就成了祭祀和宮廷飲食製作的規範，所以從古到今，色香味形質就成了飲食風味的基本內涵，又鑒於廣大廚師的文化水準低下，所以通常只稱為「色香味」或「色香味形」，把質納入了形之中。西學東漸以後，近代食品科學也進入了中國人民的飲食生活，特別是二十世紀以後，人們知道了 flavour 和 taste 的區別，風味和味只是兩個相關而又區別的概念，但中國餐飲行業，並沒有完全按西方的觀念行事，並未把形和質從風味中剔除，因此，中國烹飪的風味內涵依然是色香味形質，只不過「質」的概念曾經有「口感」、「咀嚼感」等類似的說法。

和色香味不同，形和質不是食物成分單個分子的化學屬性，而是一群分子因聚集狀態不同而體現的物理性質，尤其是形，實際上是形狀和形態的共同表述。有關食物的形狀，是刀工技術的體現，它並未從根本上改變食材的生物學屬性，兼含烹飪加工的需要

和飲食美感的需求。在烹飪術中的形，過去是指原料加工後的料塊形狀和大小，以及菜品點心形成後的造型，故可以視為烹飪術藝術屬性的體現，一般都是為了滿足人們飲食心理上的需要。關於菜肴點心的造型，飲食心理上也一致認為可以通過條件反射來影響人的食欲。這方面主要可以分為三類：第一類是根據原料的自然形態製成的菜肴。如整魚、整蝦、整雞、整鴨甚至整豬、整羊等。這是一種可以體現烹飪原料自然美的造型；第二類是經過刀工技術加工後製成的菜肴；第三類是採用原料的自然形式或經過刀工技術後再加以一定的藝術處理，製成一定圖案的菜肴。這些形象多樣的菜肴給人們以心理上和生理上的享受。但值得注意的是，對菜肴藝術形象的處理，必須掌握分寸，否則將起相反的作用。因為烹飪藝術應和書法藝術、音樂藝術一樣，宜於用抽象的形式表現其藝術性，只要達到促進食欲的目的即可。如果把食物長時間地加以擺弄，精雕細刻，既不符合衛生，有時形象過於逼真，還會降低食欲。

　　食品形的另一層含義是形態，這是指食物成分分子的聚集狀態，從科學的角度看，主要是膠體科學在人們飲食活動的表現和應用。由於所有的食物都含有水分，這些水分的含量和分散狀態便構成了幾乎所有的食物都是膠體狀態，只有極少數食品是純溶液（諸如酒和多種飲料）。食物膠體中既有親液膠體也有疏液膠體；既有溶膠，也有凝膠；既有細分散粒子，即直徑小於 100 納米的細分散系，也有分散粒子大於 100 納米的粗分散系（包括乳化液和懸濁液）。對於這些基本概念，一般《烹飪化學》教科書中都有介紹，我們在這裡無需重複。只希望讀者利用自己的烹飪實踐，多找些實際例證作個合理的解釋。例如，大家常見的肉皮凍就是一個極好的例證。

　　真正具有科學意義的食品風味的形是食品組織中主要營養素的分子聚集形態及其在烹飪加工過程中的變化，即所謂食品流變學研究的問題，也就是食品的質構問題。

　　所謂流變學是有關物質的形變和流動的科學，原文詞義來自希臘文的流，故譯成流變學，已為工程學研究的一個重要方面。流變學的範圍涉及各種固體和半固體物質內部的流動行為，因此也就涉及膠體體系和高分子物質的黏彈性、異常黏彈性和塑性形變等。水和氣體的流動現象則不包括在內，故而和流體力學中所討論的流動學多少有些區別。

　　食品中的主要營養素在各種加工步驟中，常形成含有蛋白質和多糖等高分子化合物的膠體形態，這些變化與食欲有關的硬軟度、口感、滋味等的關係，均和流變學範圍內的各種物性密切相關。不久的將來，隨著食品流變學研究的發展，將使對食品的味道等心理感覺有關的風味因素，逐漸有可能以某種物理量來表示。

　　流變學可以把各種食品在成熟過程和加工過程中的那些微妙的物性變化進行科學地研究，而這些變化過去用化學方法是無法進行研究的。另外，期望這種研究方法能為食品的分子團質構的研究、分子論的研究等開闢道路。

　　對於食品質構的進一步研究屬於下一節食品物性學的內容。這裡說明一點，在風味化學部分有一個未說清楚的問題，就是鮮味，筆者曾專題研究，並且寫成了專文，發表

在 2012 年第 1 期的《揚州大學烹飪學報》上，為了保持原文的邏輯性，現將該文全文以閱讀資料的形式附於本章之後。

# 第四節　食品物性學

　　食品「質構」也稱「質地」，是二十世紀七十年代末期由食品科學家從 texture 轉譯來的，烹飪界開始並沒有使用這個概念，而是用模糊的「口感」之類來說明菜肴、點心的力學特性。二十世紀九十年代，在教材建設中引入了這個概念，並且納入風味科學的範疇，把中國烹飪的風味內涵定為「色香味形質」，即將質構簡化為「質」。

　　食品質構的物質基礎主要是構成食物大量成分分子的聚集狀態和它們的存在狀態，因此前述的膠體和流變學理論就成了研究食品質構的理論基礎，是食品力學性質的研究內容，但食物不只有力學性質，同時也有熱學性質、電學性質和光學性質，這些性質都是食物的物理性質。在國外，大約在二十世紀七十年代學術界開始研究食物的這些物理性質，二十世紀八十年代開始形成體系，並且有為數不多的論著和教材問世。食品物性學這個名稱才具有一定的學術地位，食品物性學、食品化學和營養生理學成為食品科學和食品工程研究中極為重要的基礎學科。但在大陸，食品物性學是「文革」後由留學國外的一批學者從國外引進的，目前我們見到的最早的《食品物性學》專著是李裡特於 1998 年由中國農業出版社出版的，以後又有李雲飛等在 2005 年由中國輕工業出版社出版的《食品物性學》（該書 2009 年又出版了第二版），繼而是屠康等在 2006 年由東南大學出版社出版的《食品物性學》。李裡特的書在國內有很大的影響，故而多次印刷，他自己也在這個領域內勤懇耕耘，其《食品物性學》在國內食品科學教學中已佔有一席之地。

　　李裡特給食品物性學所下的定義是：食品物性學是研究食品（包括食品原料）物理性質的一門科學，這種性質不僅指食品本身的理化性質，而且也包括人對食品的感官性質。[8]

　　食品是一個非常廣泛的概念和複雜的物質系統。從食品加工的角度來看，食品包括初級產品，如收穫後的糧食穀物、水果、蔬菜、肉、蛋、乳、水產品等；也有經過一次加工的食品材料，如各種食用油、糖類、奶粉、蛋粉、麵粉等；還有半成品以及成品食品，如麵團、麵包、饅頭、糕點、豆腐、果汁、果醬、粥飯、麵條等。從組成來看，食品大部分都是複雜的混合物，不僅有無機物、有機物，甚至還包括有細胞結構的生物體（李

裡特在這裡把煙、酒、茶遺漏了）。也有人按食品的形態分為液狀食品、凝膠狀食品、凝脂狀食品、細胞狀食品、纖維狀食品和多孔狀食品。更有人把食品分液態食品（包括可流動的液體、膠體、泡沫和氣泡）和固態、半固體食品（組織細胞、固體泡、半固體、粉體等）。

食品物性學所研究的就是上述各類食品的物理性質的科學，這些性質包括力學性質、熱學性質、電學性質和光學性質。

食品的力學性質是指食品在力的作用下產生變形、振動、破碎等變化的規律，以及這些規律與食品感官評價的關係，是食品工程和機械加工中所涉及的各種變化，因其實用範圍廣，是目前食品物理學的主要研究方向，中國食品風味內涵中的「質」就是食品的力學特徵。

食品的熱學性質是指它們在不同溫度條件下的變化，其熱學性質指標有比熱容、潛熱、相變規律、熱膨脹規律等。在殺菌、乾燥、蒸餾、熟化、冷凍、凝固、融化、烘烤、蒸煮等單元操作中必須掌握的基本數據，是現代食品工業中對食品生產管理、品質控制、加工和流通等工程設計的重要基礎。但在烹飪操作中，由於單獨處理的物料數量較小，過去都不重視食品熱學參數的測定，自從炒菜機器人發明以後，這些數據是必不可少的。

食品的電學性質，主要指食品及其原料的導電特性、介電特性，以及其他的電磁物理特性，這些性質對於食品品質監控和進一步拓寬新的加工方法有重大關系，但目前仍是一個新興的領域。

食品的光學性質是指食品對光的吸收、反射及其對感官反應的性質。研究食品的光學性質，一是為了利用這些性質用於食品成分的測定；二是為了改良食品的色澤。

對於烹飪來說，在上述四類性質中，力學性質尤為重要，因為食品的力學性質研究發端於食品流變學，這和食品風味中的形和質有密切的關係，食品流變學研究的問題，也就是食品的質構問題。

流變學一詞的英文形式是 Rheology，是美國化學家賓漢（E. C. Bingham）首創的，詞頭「reo」即希臘語「流動」的意思。流變學的研究範圍涉及各種固體和半固體物質內部的流動行為，因此也就涉及膠體體系和高分子物質的黏彈性、異常黏彈性和塑性形變等。這和水和氣體的流動現象不同，因此流變學不等於流體力學。食品中的主要營養素在各種加工步驟中，常形成含有蛋白質和多糖等高分子化合物的膠體形態，這些變化與食欲有關的硬軟度、口感、滋味等有密切關係，這將對人的進食心理產生顯著的影響。

食品流變學研究主要物性變化如下：

（1）彈性形變。即物體受力引起形變，但除去外力後立刻恢復原狀的形變叫彈性形變，例如對生或熟的麵條、魚糕等進行一系列的力學測定，從而尋找最適合人們食欲願望的麵團和成品的質構條件和力學強度。再如測定凝乳、奶油、豆腐、膠狀食品、麵包、蛋糕等的彈性的變化來表徵它們的老化程度。

（2）黏性流動。物體受力後，在一瞬間立刻產生大的形變，隨著時間推移，緩慢進行形變，在除去外力後仍然不能恢復原狀的叫作流動形變。也就是說，黏性流動是指物體在外力作用下所發生的流動現象，這多為可以流動的黏稠性液體或半固體的性質，根據這種性質所確定的物理常數即稱為黏度。有些黏度高的食品，隨著在單位時間內流動速度的增大，黏度減小，流動增大，這種黏性稱為內黏性或形態黏性。

巧克力、黃油、番茄醬等食品，在靜置時逐漸變稠，多次攪拌時變稀，這種現象稱為觸變性（thixotropy）。

（3）黏彈性形變。如果黏性流動形變和彈性形變的兩種現象同時出現，則稱為黏彈性形變，此時物體所具有的性質叫作黏彈性。例如生麵團、糯米凝膠等都具有黏彈性。

從黏彈性還可以引出的食品幾種性質如：拔絲性（spinability）、黏稠性（consistency）、延伸性（extensibility）和柔軟性（tenderness），都是我們常見的性質，所以無需多加解釋。還有一種魏斯貝爾格（Weissenberg）效應，例如在加糖的煉乳中，把棒垂直豎立，並加以旋轉，則煉乳將沿棒向上攀登，即說明在旋轉時，液體沿法線方向（與流動相垂直的方向）產生顯著的壓力，這便稱為魏斯貝爾格效應。

食品物性學的研究方法，主要是現代科學中常用的定性、定量科學實驗方法，因此不可避免地要使用理論模型和數學公式，這在食品科學中是司空見慣的，但對於目前仍處於「手工操作、經驗把握」的烹飪術而言，有一種不著邊際的感覺，況且烹飪操作中處理的菜肴或麵點，比起一般的食品工業產品來，組成和結構都更為複雜，所以目前很少見到有相關的理論模型及數學表達方法，本書前面提及的貴州大學鄧力等人的工作即屬於此類。這種情況，中外都是如此。為此，國際標準化組織（ISO）規定了一些典型的質構評價術語，這些術語近來不僅在《食品物性學》著作中可以查到，也被許多《烹飪化學》或《烹調工藝學》引用，在這裡就不再重述。

食品科學家為了定量地研究食品的質構，發明了多種不同用途的食物物性測定儀（質構儀），這些儀器在小麥粉製品如麵包、麵條、饅頭等；肉類製品、水產品等；甚至許多果蔬原料方面都有廣泛使用，從而保證了這些工業化生產食品的品質，可以預見，質構儀在中式速食的現代化、規模化的提升過程中，必將有很大的用武之地。同樣，目前尚處於初始或空白狀態的食物熱學性質、電學性質和光學性質的研究，也將會取得新的成果。

感覺生理、風味化學和食品物性學是未來飲食科學發展的三大前沿，其中既有諾貝爾級的重大課題，也有指導食品生產的工程性的成就，就目前的情況看，食品科學與工程顯然是走在前面。對於烹飪學而言，技藝的精湛不等於科學的精深，接受近現代科學的干預已經迫在眉睫，《淮南子・詮言訓》：「有百技而無一道。雖得之弗能守」。歷史上湮沒的那些烹飪絕技，都是這個原因，我們不應該再泥拘於「人存藝存，人亡藝失」的常規，用科學實驗的方法解釋名師的烹飪訣竅，是避免這種現象最有效的手段。

# 第五節 飲食風味流派的人文表述

　　我們一直主張以刀工、火候和風味調配為中國烹飪技術的三大要素，就科學技術的角度講，這三大要素本身並無國界，更沒有什麼地域性，全世界人類在熟食製作中都離不開這三大要素。但由於氣候、物產、工具以及風俗習慣方面的差異，三大技術要素實際內涵還是有明顯區別，加上語言文字的不同，這些技術要素的表述方式都不相同。尤其是風味調配，其地域特徵尤其明顯，最典型的莫過於「鮮味」，整個東亞文化圈（中國、朝鮮半島、日本、越南）都承認鮮味的存在，並且作為最重要的飲食風味追求，而其他地區則並非如此。筆者有一位朋友在日本留學，並不覺得中日飲食在口味上有什麼特別難以適應的問題。筆者還有一位朋友在法國留學，學校在法國和西班牙交界處的一個小城市，由於當地中國人不多，所以連醬油都難買到，每次回國都要帶幾瓶醬油去法國，食用時也特別小心，每一滴都很珍貴。從國內帶出去的速食麵，那絕對是超過牛排的美食。由此可見，每人都有自己的飲食風味養成期，設若一個嬰兒在其出生地度過嬰兒和童年、少年時期，則他的飲食風味適應性即已定型，生成明顯的風味偏嗜。這種偏嗜，和他的國籍或國內地籍無關。所以人類個體的飲食風味偏嗜，最具有特定的人文背景，一當形成終身難改。我們在日常生活中，常見有北方人到了南方食用大米的地區，總說吃不飽，因為沒有饅頭麵條吃；同樣南方人到北方，也是如此。尤其是在糧食定糧供應的時代，這幾乎是常見的現象。當然最近 20 年，這種現象極少見了，因為食物供應豐富了，選擇的餘地充分，人們不會因吃饅頭還是米飯而犯愁了。

　　飲食風味是個人文色彩濃重的科學概念，其物質要素體現在食物品種、加工技術和風味偏嗜諸方面，而其中起導向作用的竟然是用量不大的調味料，中國人到了醬油很難買到的外國，連一滴都是珍貴的。飲食的風味流派就是這樣產生的。

　　人類飲食的地域差異從古到今一直存在。以我們中國來說，在《尚書》、《詩經》和《楚辭》中，已經隱約看到這種地域差異的存在，而《左傳·襄公十四年》則明確「我諸戎飲食衣服，不與華同」。《詩經·國風》所述大體上都是長江以北的風尚，《楚辭》則描繪長江流域的人民生活狀況，尤以《招魂》、《大招》的飲食描寫為甚，「吳羹」、「楚酪」、「吳酸」等都是南方地域飲食的象徵性品種。古籍上常見的「羌煮貊炙」則是北方遊牧民族飲食的代稱，而「飯稻羹魚」又是南方飲食的象徵。東晉人常璩的《華陽國志》已經清楚記載了今天四川一帶「尚辛香」的飲食風味。漢唐期間的「胡食」則是西域和北方飲食的統稱。而真正有「南食」、「北食」、「川飯」說法則見於宋代孟元老的《東京夢華錄》和周密的《武林舊事》等宋人筆記。明清之際，中國有一定的資本主義萌芽，

貧苦農民湧入城市，飲食服務行業是他們維持生計的主要平臺，往往一個鄉親在城市取得成功，便從自己家鄉引來一批學徒，這些以鄉土聯繫的勞動者群體，常常以籍貫組成互助組織，按行業分成不同的「幫口」，著名的「揚州三把刀」就是如此。由於同一幫口的成員，往往具有相同的技藝傳承關係，甚至具有親朋關係，彼此間也就形成了特殊的共同的技藝特色。對於飲食而言，就形成了特有的飲食風味流派，一家飲食店，老闆、夥計、廚師往往有師徒或者同鄉關係，飲食風味就上升為社會人文形態。清末民初杭州人徐珂，在其所著的《清稗類鈔》的「飲食部」，就列舉了許多幫口的風味特色，並且冠以特定的地域標誌，直到今天，許多廚師，他們仍習慣稱某幫菜，不習慣後來出現的新稱謂。二十世紀中葉以後，由於商業主管部門的提倡，「菜系」取代了頗有行會色彩的「幫口」，但因為沒有發動大家廣泛認證，有人覺得「菜系」的提法缺乏應有的文化內涵，又提出了「飲食文化圈」說，目前仍在爭論之中。

本書的第一章曾對菜系和飲食文化圈的概念做過介紹，這裡不再重複，就筆者本人來說，倒是贊成用飲食風味流派這個概念表徵飲食地域風格和特殊風格的整體描述，對於各個地域來說，中國菜、法國菜……、江蘇菜、上海菜、廣東菜……均可使用；對於特殊風格來說，宮廷菜、官府菜、鄉土菜、清真菜、寺院菜等，也可使用，只要某種飲食風格的共性不同於其他的飲食風格，就可以自成某種風味流派，這種問題的爭論似乎沒有必要再進行下去。

在學術研究中，爭論並不是什麼壞事，爭論帶來的往往是學術水準的進一步提高，以菜系說而言，從二十世紀八十年代起，為了證明地域飲食確實有「系」，中國從古到今的菜肴點心，得到史無前例的整理和發掘，不僅在數量上，而且在烹製技術上，甚至在相關歷史典籍依據和民間傳說方面，都取得了豐碩的成果。依筆者個人的認識，由中國財政經濟出版社出版的那一套中國名菜譜和中國點心譜的權威性就不容置疑，因為這一套食譜是中國由計劃經濟向市場經濟轉型的過程中，整個餐飲行業也從行政管理體制向市場管理體制轉變，當時各省、市、自治區的商業廳（局）都設有飲食服務公司這樣政企不分的管埋機構，它們在行業中的權威作用也不容置疑，而這一套食譜正是在這種有了一定開放意識的管理機構主持下編寫的，許多名廚都樂意奉獻自己的祖傳秘訣和拿手絕技（因為菜系說把中國廚師的地位空間提高，他們的眼界也空前擴展，自尊性和自豪感倍增），所以這一套食譜的權威性、可靠性、科學性、全面性都是空前的。而一當市場經濟指導下管理體制建立以後，名廚們接受了知識產權意識，他們就不願意公開這些，因此而產生的印刷精美、花花綠綠的新食譜，其技術水分也就可想而知了，所以普遍反映「內行不願看，外行看不懂，照著做不出」。作為一種出版文化現象，曾經是書肆中的三大當家品種的食譜（另兩種是教輔材料和通俗小說）就逐步轉入衰敗期，而且恐怕，也沒有復蘇的可能。

菜系說推動了中國烹飪技術的普及，提高了廚師的社會地位，促進了中國餐飲行業

的發展，這是不容否定的。但菜系說也有軟肋，那就是烹飪文化研究的弱化，雖然也出版了不少相關論著，但中國烹飪文化的本質特徵竟然落到了「以養為目的，以味為核心」這個不是本質而當作本質的尷尬境地。筆者斗膽狂言，中國幾乎沒有哪一位學者，能夠真正說清楚各地方菜系的本質特徵，各地都有一些諸如「鹹淡適中，南北皆宜……」四字一句的評價，細看之下幾乎是一樣的。一句話，菜系說的宣導者們，既沒有將中國烹飪真正引上科學化的道路，有一段時間甚至明確拒絕現代營養科學的指導；也忽視了中國烹飪深厚的文化底蘊。相比之下，「圈論」則做了大量的研究工作，一項標誌性的成果，就是由中國輕工業出版社主持的前後運作了 20 多年的大型飲食文化研究叢書——《中國飲食文化史》（10 卷本）的出版，該叢書是按黃河下游、黃河中游、長江下游、長江中遊、中北、東北、西北、西南、中南和京津地區 10 個地域分卷，基本上揭示了中華飲食的地域特色，科學與文化，盡在其中，找出它們的共同點，便是整個中華民族飲食的本質特徵，此事非同小可。

就目前的情況而言，菜系之說已經被國內外普遍認可，大家也都知道，那個「系」不是 series，也不是 system，而是 style，已經約定俗成。

# 第六節　食品和菜點的風味調配方法

中華飲食的風味特徵包括色香味形質五大方面，要取得良好的飲食心理效果，就必須使這五者協調和諧，產生符合現代美食的審美效應，因此風味的美惡決定於「調配」這兩個字。就烹飪技術三要素而言，在技術層面上，風味調配遠沒有刀工和火候那樣難，而且也沒有艱苦的基本功訓練，風味調配的成功與否，全在於事廚者的科學素養和文化悟性。所謂科學素養，是指風味的效果絕不能以破壞食品的合理營養為前提，風格調配要儘量設法保護各種營養要素的合理利用。所謂文化悟性，是指對歷史文化傳統（包括宗教信仰和民族感情）的尊重，現代社會人際關係的和諧和審美意識的培育。正因為如此，風味是兼具科學和人文雙重內涵的飲食範疇，而風味調配技術不全是手上工夫，而是「心靈的雞湯」。人們對不同地域飲食風味兼具包容性和排他性。包容性出自人體生理的本能，中國人吃外國飯菜也能夠消化吸收，即使遇到不太喜歡的外域飲食，也可以出於好奇偶爾一試。排他性大都出於宗教信仰和民族感情，這類純人文性的飲食排他現象是事廚者必須恪守的紅線。當然也有少數人出於其自身的生理條件和免疫禁忌，我們也應該重視。風味調配技術的關鍵在於「配」，即各種食材的配伍，色香味形質是否合

乎規範，首先要有正確的配伍，相關食材的天然色澤和受熱後的變化體現色的配伍；各種呈香食材和相關調料的配伍和用量，有時可以做成獨立產業，如國際知名的印度咖喱、中國傳統的五香粉和當代的王守義十三香等，其訣竅全在於各種香藥成分的配伍；調味料的配伍是中國烹飪的特長，中餐廚師很善於配製品味獨特的複合味，有時還要取得味覺和嗅覺的和諧愉悅，著名的臭豆腐各地都有不同的特色產品。在諸多調味料的使用，鹽最為重要，漢代王莽在其詔書中就有「夫鹽，食肴之將」（《漢書‧食貨志》）的說法，近代陸文夫在小說《美食家》中，就對用鹽的作用，刻意進行了細節性的描寫，令人神往。形的配伍在於刀工技術的配合的不同形態食材的混和；質的配伍決定於用量大的食材中相關分子的聚集狀態，例如，江南一帶的米製糕團，糯米、粳米和秈米的配比不同，成品便有明顯的質感區別，如此等等。

　　風味調配技術的實施手法在於「調」，調就是各種食材進行均勻混和，雖然這種均勻度是相對的，但也要努力爭取最佳狀態。中餐廚師在調的時候，過去很少依賴機械，許多關鍵技術都是手工操作，而且還有明確的操作手法，例如在攪拌操作中，堅持向同一個方向旋轉等。在今天看來，似乎也有物性學方面的理論依據。中餐廚師也很重視調味的時序，根據不同的食材和成菜要求，有時在烹前調味，有時在加熱過程中調味，也有時在停止加熱後調味，而且幾種不同的調料的使用，也有嚴格的順序，《隨園食單》就已經有了「順序須知」。這很像熬中藥，石膏、牡蠣等有效成分不易溶於水，所以要「先煎」，薄荷、藿香等富含揮發油的成分極易揮發，所以要「後下」。廚師也是如此，特別是在香和味的調配中，涉及的特徵成分數量都比較小，要控制得當，過去全憑經驗，所以頗感神秘，《呂氏春秋‧本味》中說的「先後多少，其齊（劑）甚微」說的就是調味，這可是三千年前的經驗之談了。若干年來，被不懂科學的文人們炒作渲染，實在太過了。然而一些善於思考，稍具近代科學知識的廚師，他們就不信這一套了。

　　江蘇鹽城劉正順先生[9]，一直從事烹飪操作技術的定性定量的研究，他開頭把研究的重點放在火候的控制上，首先發明了「測溫勺」，並獲得了國家專利局的實用新型證書。後來又轉而對調料用量作定量控制，不再用「少許」、「適量」的模糊概念，實實在在的用臺秤去稱量。經過多年的實踐，他發現烹飪操作中溫度高低的控制，的確存在相當大的隨意性，特別是水傳熱的操作，嚴格的溫度控制幾乎沒有必要，只要加熱的時間長短得當，一般不影響菜品的品質，倒是調料的用量的確「少許」、「適量」不得，所以他在自己經營的飯店裡，廚師長下的菜單，就是簡易的菜譜，除了標明加熱方法以外，各種主輔材料和調料的用量都要清楚地說明，並在實際操作中嚴格地稱量，所以幾乎沒有烹製失敗的菜品。為了操作上的便利快捷，對於一些常用的烹調技法，例如紅燒，他們便將經過詳細認證的配方，自製複合的紅燒汁，用於紅燒菜品效果很好。從劉正順的烹飪實踐中，可見《呂氏春秋‧本味》中的「鼎中之變，精妙微纖，口不能言，志不能喻」，已經絕對地過時了，我們萬不可用這種過時的結論提倡愚昧，束縛廣大廚師的

創新能力。

# 第七節 美食概念的歷史演變

　　美食在大陸，最早被稱為「玉食」，首見於《尚書·洪範》:「辟惟玉食」，這裡的「辟」指君王，就是說只有君王才能享用玉食，是和「作威」、「作福」同一等級，臣下如果享用玉食，便會「其害於而家，凶於而國，人用側頗僻，民用僭忒」。是最大逆不道的事情，後代注家，將玉食釋為珍食或美食，有的直接注為「珍異之食」，可見最早的美食概念，實際上指珍異的食物原料，因其產量極小，只能供君王獨佔食用。當烹飪加工技術提高以後，有些普通的食材，經過技藝高超的廚師烹製成為美味佳餚，也成了珍食，例如《禮記·內則》所列的「八珍」。這樣，珍食或美食便不一定由君王所享受。漢晉以後，臣下飲食奢華程度超過君王者，屢見不鮮，於是珍食、美食混用的現象成為常態，玉食反而罕見。不過美食概念轉而以滋味為核心，但是珍異原料仍屬於美食，這種現象一直延續至現代。也就是說，在幾千年的歷史流變過程中，美食並沒有真正與人體健康聯系起來，即使傳統醫學的食療理論興起以後，依然是如此。清末民初，近代營養科學由西方傳入中國，它只不過是知識階層中的一個生活細節，並沒有真正指導人們的一日三餐，所謂美食就是「味道好極了」或賞心悅目的食物。二十世紀八十年代烹飪熱興起以後，仍然有人公開排斥現代營養科學，直到二十一世紀開始，由於國家一再頒佈營養政策的指導檔，加上營養學家和食品科技人員的大力宣傳，更因為人們在擺脫饑餓狀態之後，發現一味追求好吃，「三高」（高血壓、高血脂、高血糖）人群迅速增加，迫使人們開始認可營養在美食中的指導地位，營養師竟然成了當前的熱門職業。據報導，全大陸需要營養師 400 萬人，現在僅有 4 萬人，而二十世紀八十年代全國只有營養師百餘名，陳雲曾戲說:「比大熊貓還要珍貴」。所有這些，都迫使我們要重新做出「美食」定義。

　　在當代人們的口語中，美食即美味，就是滋味美好的食物，從來沒有做出過嚴格的定義，連新版《辭海》都沒有這個詞，但在「美」字的第一義中，說美指「味、色、聲、態的好」。在幾千年的流變過程中，美食既指自然界珍稀的可食用動植物，也指經過精烹細作的人工食品，甚至是能夠引起愉悅感覺的食物。可是到了當代，因為人們在受過了自然的懲罰以後，出於對生態環境保護的需要，許多瀕臨滅絕的野生動植物，即使滋味很好，也不准再食用了，這已是當代社會的一種公德；其次是出於人們對健康生活方式的普遍追求，過去曾經被認為是美食的某些品種，人們也需要有更為理性的態度，即

以白酒而言，陳君石院士就明確指出：白酒並不是健康的食品，當然也算不上是什麼美食。至於煙草製品，那就是未定性的毒品；近代營養科學已經日益普及，已成為指導人民飲食生活的常規知識，這將使某些與營養科學原則相悖的烹調技法和食品添加劑，需要加以改良或禁用；出於人類對地球環境和勞動者辛勤勞動成果的愛惜和尊重，某些暴殄天物的烹調「絕技」（特別是那些炫富式的分檔取料操作）也應該退出「美食」的範疇；與中國傳統道德（在飲食中即為孔孟食道）原則相悖的不義之食、貪腐之食，只能算作豪奢飲食、罪惡飲食，而不是人們普遍認可的美食。

綜上所述，筆者個人以為，當代的美食，應當指取之有道、食之合乎當代社會情理、對自然生態環境無害、符合現代營養科學原理、加工精細且富有美感的飲食。如果美食的基本概念不清，仍然像過去那樣胡亂吹噓，則對人們飲食方式的引導，沒有什麼好處。

與美食相關聯的是美食家，孔孟生前對那些追求奢侈飲食的人始終保持批評的態度，孔子一直主張禮食，孟子鄙視「飲食之人」，這導致歷代史家，對諸如阮佃夫、何曾、石崇、王愷，乃至後來的蔡京、和珅等人都採取鞭笞的態度，但對講究飲食的如蘇軾、陸遊、袁枚等人則並非如此，足見「取之有道」是區分美食家和「飲食之人」的重要原則。同樣，近現代許多著名文人如梁實秋、汪曾祺等，他們也刻意追求美食，社會各界並無非議。至於陸文夫在《美食家》中塑造的朱自冶，實在就是孟子說的「飲食之人」，不足稱道。最近，劉廣偉和張振楣在《食學概論》中[10]，把美食製作者和美食鑒賞者分開來討論。他們說的美食製作者就是廚師，他們認為能夠製作美食的廚師應稱為「烹飪藝術家」。我們知道，劉廣偉先生辦了一份以廚師為讀者群的刊物，其刊名就稱為《烹飪藝術家》。他們又把美食家分為三類：第一類是「傳統美食家」，即具有飲食審美能力的人，這些人懂吃會吃，但並無近代營養科學知識，不能把飲食和人的健康處於平衡和諧的位置；第二類是「現代美食家」，即是既具有飲食審美能力，又能按營養科學原理指導美食鑒賞；第三類被他們稱「美食大師」，是指自己會做，也懂吃，更懂營養的飲食專家。依筆者的理解，目前高等烹飪院校那些傳授技藝的教授們，應該都是美食大師了。現實情況如何，筆者沒有調查，不敢妄下斷語。關於美食問題，本書在第七章還要討論。

# 參考文獻

〔1〕張亮采·中國風俗史·上海：上海文藝出版社，1988。

〔2〕季鴻崑·食物風味化學的內涵和外延·中國烹飪研究，1988.1:34~39。

〔3〕崔桂友·國外風味化學研究綜述·中國烹飪研究，1992.2:52。

〔4〕曾廣植，魏詩泰·味覺的分子識別：從味感到簡化食物的仿生化學·北京：科學出版社，1984。

〔5〕天津輕工業學院，無錫輕工業學院合編·食品生物化學·北京：輕工業出版社，1981。

〔6〕（法國）讓·安泰爾姆·布里亞·薩瓦蘭著·廚房裡的哲學家·敦一夫，付麗娜譯·南京：譯林出版社，2013。

〔7〕曹雁平·食品調味技術·北京：化學工業出版社，2002。

〔8〕李裡特·食品物性學·北京：中國農業出版社，1998。

〔9〕劉正順·中國烹飪數位化操作技術·北京：中國商業出版社，2013。

〔10〕劉廣偉，張振楣·食學概論·北京：華夏出版社，2014。

# 鮮味的尷尬

季鴻崑

　　鮮味是中國烹飪和飲食文化中的常見概念，也是中國食品風味的一大核心，然而「鮮味」作為一個名詞，許多重要詞書（如《辭海》等）均未收錄，但在解釋「鮮」字和「味」字時，卻都使用了它，其含義就是好的滋味，並不視為一種基本味覺。倒是《百度百科》網站上，列有「鮮味」條，並明確說它是一種基本味，但沒有說明此說的來源和根據。

　　事實上，鮮味是東北亞儒家文化圈的特有概念，這是一個很奇怪的現象。按理說，味覺是動物的生理現象，人是最高級的動物種類，具有最複雜的味覺生理結構和神經系統，對此，應該不會有像膚色、眼睛、毛髮之類的人種差別，但為什麼東亞人偏愛的鮮味，其他地域的人們（特別是西方）沒有愉悅的感受，甚至對鮮味劑的使用採取排斥的態度。所以我們中國烹飪引以自豪的鮮味，儘管具有獨特的人文地理特色，卻存在著巨大的科學漏洞，即鮮味缺乏完整的化學和生理學基礎，但一道味道鮮美的菜餚，幾乎都可以獲得一致的感覺認同。這似乎是說，鮮味的確是一種味覺的現象。但是，巴甫洛夫說：「不應該描寫現象，而是應該揭露這些現象的發展規律。沒有任何一種科學只是描寫一些現象就能成功的」[1]。那麼鮮味究竟是一個人文概念，還是一個科學規律？本文擬對此加以討論。

## 鮮味概念的起源

　　我們平常所說的「感覺」一詞應該有兩層含義，一種是心理層面的，即我們中國古人所說的「七情」，俗話說的心理感受；另一種是生理層面的，《辭海》釋為「客觀事物作用於感覺器官而引起的對該事物的個別屬性的直接反映」[2]。鮮味顯然是生理層面的感覺。對於人在生理層面的各種感覺，李裡特教授有個比較全面的概括[3]，現引如下表。

| 感覺種類 | 感覺器官 | 感覺內容 |
|---|---|---|
| 視覺 | 眼 | 色、形、大小、光澤、動感 |
| 聽覺 | 耳 | 聲音的大小、高低、咬碎音 |
| 嗅覺 | 鼻 | 香氣（還應有其他氣味——引者） |
| 味覺 | 舌 | 酸、甜、鹹、苦等 |

| 感覺種類 | 感覺器官 | 感覺內容 |
|---|---|---|
| 觸覺 | | |
| 口齒感 | 牙齒 | 彈力感、堅韌性、脆、硬、軟 |
| 口舌感 | 口腔、舌等 | 軟硬、滑爽、粗細等 |
| 溫度感 | 口腔、舌等 | 冰、涼、熱、燙 |
| 平衡感覺 | 耳 | 加速度感 |
| 固有感覺 | 肌肉 | 運動及用力感 |
| 內臟感覺 | 內臟，體腔內膜 | 饑餓乾渴感 |

　　這個表顯然是從食品科學的角度來歸納的，例如，溫度感的主要感覺器官應該是皮膚，而不僅僅是口腔和舌。另外，就味覺而言，感覺器官是舌，這顯然是采信了西方學術界的說法，其中沒有大陸自古就流行的辛味（現演變為辣味）。用愛因斯坦話說：「哲學就是可以被認為是全部科學研究之母」〔4〕。西方哲學源於古希臘亞裡士多德、柏拉圖的「四元素說」，所認定的「水、火、土、氣」分別對應於鹹、苦、甜、酸四味，並且在近代生理解剖學中找到了它們的味覺感受體——味蕾。而中華古代的「五行說」認定的「木火金水土」分別相當於酸、苦、辛（辣）、鹹、甘（甜）五味，在《尚書·洪範》中分別以曲直、炎上、從革、潤下、稼穡表示其緣起和特性，是整個五行系統的重要組成部分。我們將這兩段文字進行對比，並結合近代生理學目前研究成果分析發現，木火水土四者和曲直、炎上、潤下、稼穡都合乎情理，但由「金曰從革」和「從革作辛」而確立的辛味，唐人孔穎達疏《正義》曰：「金之在火，別有腥氣，非苦非酸近辛，故辛為金之氣也。《月令》雲：其味辛，其臭腥是也」〔5〕。這個源於唐代的解釋在今天看來，實在非常牽強，而歷代注家均把「從革」釋為「改更」，並且常和《易》學中的陰陽概念結合起來解釋五行的「體性」和器用，所以孔穎達又說：「由此而觀，水則潤下，可用於灌溉；火則炎上，可用以炊爨，亦可知也。水既純陰，故潤下趣陰；火是純陽，故炎上趣陽；金陰陽相雜，故可曲直改更也」。足見古代對客觀事物的性狀還是認真觀察的，把「從革」說成可以「改更」說明在觀察的基礎上還進行了認真的思考，「改」指金屬的形狀可以改變，在火的作用下還可以「更」，即其形狀還可以變回來。而木則不可，「曲直」之後是無法復原的。由此，金的辛味是多變的，可能古人就發現了辛味是找不到特徵性的標誌物（如鹹味的食鹽，酸味的青梅，甜味的蜂蜜，苦味的茶等。而近代科學分別以 NaCl 為鹹味，鹽酸或檸檬酸為酸味，蔗糖或葡萄糖為甜味，奎寧為苦味的標誌物），而辛味就找不到準確的標誌物，花椒、胡椒、辣椒、蔥、蒜、薑等雖然都歸入辛味物料，但其感官特徵各不相同，只能以籠統的「辛辣」模糊表示，以致在辣椒傳入中國並普遍食用以後，辛味竟然為辣味所取代。在英語中，「辛」有 pungent（刺激的）和 hot（熱的）

兩義。其實 pungent 是嗅覺效應，而 hot 則是觸覺效應，把濃辣椒水塗在身體的任何部位，都有灼痛的感覺，接觸口腔更是加倍敏感，但這種感覺的接受器不是味蕾，而是一般的末梢神經組織。還有明礬和未成熟果實、茶葉等的澀味，實際也是一種觸覺，都不是基本味。

我們在概括地討論了味覺的起源知識以後，就有條件引入「鮮味」這個正題。天津高成鳶先生對此作過文獻考證，引述了「鮮」字的起源和味的關係。他說：「鮮直接跟『味』連用還要等到宋代，見到的最早例證是林洪的《山家清供》，說竹筍『其味甚鮮』。直到明代，鮮的明確概念才普及於民生，例如《食憲鴻秘》說醬油『愈久愈鮮』，『陳肉而別有鮮味』，鮮已與『新』對立起來，這些才確定無誤」[6]。特別是李漁的《閑情偶寄》和袁枚的《隨園食單》問世以後，鮮味的說法為人們普遍的接受。但是，什麼是鮮味？人們只知道動物性原料普遍都有鮮味的感覺，植物性原料中的竹筍、豆芽、蠶豆瓣、海帶、食用菌類等，還有各種經過發酵的醬類等，也都有類似的感覺，但對食材中的鮮味成分是什麼？人的口腔和舌頭又是如何感知的？我們中國人並不瞭解，而且也不想瞭解。我們滿足於陰陽五行說做出各種玄虛的解釋，把一個本來屬於生理學和化學的實證的科學問題，演變成單純的心理感受和文化自閉行為，並據此嘲笑西方人不懂得鮮味，當然也就不懂得飲食的真諦。

1912 年，日本學者池田菊苗（Kikunae Ikeda）從海帶的水解物中分離出穀氨酸，併發現其一鈉鹽具有明顯的增鮮作用，他還首創了一個日語新詞ウマミ（umami），把鮮味確立為一種基本味。他的發現導致了日本味精（味の素）工業的建立和發展，並且影響了中國，上海的民族資本家吳蘊初在抗日戰爭前創建了上海天廚味精廠。如果說中國廚師原本只知道用醬、醬油和某些湯汁調製鮮味的話，從二十世紀三十年代以後，陸續知道使用味精才是最方便的調鮮方法，到了五六十年代，許多家庭主婦也掌握了這種調鮮方法。時至今日，味精和鹽已經居於同等地位，中國也成了世界上最大的味精生產國。我們再回過去檢視袁枚的《隨園食單》，他對每一道菜的評價標準，幾乎都是以「鮮」為上[7]。即使全部文字敘述中沒有「鮮」字，但總離不開鮮味調料或湯汁，所以我們毫不誇張的說，袁枚是中國鮮味的集大成者，他用「鮮」取代中國古代崇尚的「甘」字，對中國廚行產生了極大的影響。100 多年以後，徐珂編撰《清稗類鈔》時，在其「飲食部」中，鮮味已經成了極為普遍的味覺感受，如「以淡菜煨豬肉，加湯，頗鮮」[8]，又如「袁子才（枚）喜食蛙，不去其皮，謂必若是而脂鮮畢具，方不走絲毫元味也。一日庖丁剝去其皮，以純肉進，子才大罵：『劣僧』真不曉事，如何將其錦襖剝去，致減鮮味」。袁枚視鮮味為元味，用現代漢語講，即鮮味乃基本味。足見鮮味是中國人飲食的重要風味追求。可是，在外國人心目中，鮮味並不是什麼好味道，烹調中使用味精調鮮甚至產生不適感覺，於是有「中餐館就餐綜合征」的怪論。只有日本人例外，他們力主鮮味的基本味之說，這大概和他們是味精發明國不無關係，而大陸留學日本的著名食品學家李

裡特，以為鮮味出於「海鮮」的聯想，因而易與水果蔬菜的鮮味混淆，所以他主張用「旨味」一詞，這顯然是與他的留日背景相關的。但是他的混淆說提醒了我們，鮮味和酸甜苦鹹四種基本味有顯著的區別，它和辣味有相似之處，即是同一概念下有相當複雜的味感色彩，就像辣椒和大蒜的辣味有顯著差別一樣，螃蟹的鮮味和乾貝的鮮味完全不同，這說明鮮味是一個複雜的味感。它的產生和存在遠不像陰陽類比那樣簡單。科學允許思辨，但思辨不等於科學，因此要從科學的角度認識鮮味，就必須回答本文在前面提出的那兩個問題：人在生理上是如何感知鮮味的？鮮味物質的化學基礎是什麼？

還要特別指出，「五味」是中國古代自然哲學的重要範疇，故而深深植入中國傳統醫藥，而鮮味始終屬於口腹之欲，至今和中醫藥沒有關係。

### 2. 鮮味的本質

當代飲食文化研究，對鮮味特別關注緣起於二十世紀末的「烹飪熱」，臺灣學者張起鈞《烹調原理》經中國商業出版社（1985年）引進中國大陸以後，曾受到相關學界和行業廚師的廣泛關注，這本書把菜點製作技巧和高尚的哲學以人人皆可懂得的語言結合了起來，特別是廣大廚師覺得烹飪也是一門學問，職業自豪感一下就調動起來了。我清楚地記得，在我做烹飪系主任的那幾年，畢業生分配有去飯店酒樓和做烹飪專業教師兩個管道，大多數人都選擇前者，有個別畢業生留校做大學教師都很不願意。這一方面是由於當時做廚師可多拿幾個錢；另一方面廚師的榮譽感顯然高於教師。曾幾何時，教師成了受人羨慕的職業，於是有些畢業生又後悔了。張起鈞說：「美國人凡是好吃的一律用『delicious』來形容」[9]。這是說美國人根本不懂鮮味，著名社會學家和社會活動家費孝通先生在多種場合也說過類似的話。在英語中，delicious就是美味可口的意思，這和大陸許多辭書把鮮味釋為「好的滋味」是一致的。

日本烹飪學家中山時子女士曾說：「比世界任何一國的人都認真追求口福之樂的，要數中國人，且其傳統非常悠久，深懂長生不老之真諦，在長遠的歷史中，中國人體會到不斷追尋『鮮味』食物的困難，以此為人生的最高目標。所以我認為中國人追求長壽的魄力奠定了偉大的中華飲食文化的根基，追求『鮮味』亦然」。中國人對「鮮味」的追求，「應可說是源於道教」[10]。對於中山時子的觀點，臺灣學者李亦園先生進行了批判，他說：「可是她（指中山女士）說為了尋求長生不死而追求飲食之鮮味是中國人人生最高目標，實在是小看了我們。我們中國人好吃，但並不以美食鮮味為最高目標；我們中國人追求個人身體的均衡和諧與健康，甚而追求長生不老，但也並不是以此為人生最高目標。我們中國人追求的最高理想境界是宇宙、自然與人間最後共同和諧均衡，那才是我們中國人的終極關懷」[11]。筆者很讚賞李亦園先生的見解，過去曾多次引用過。而對中山女士的說法，則深不以為意，我們承認道教對中國烹飪有所影響，但把鮮味追求說成是道教修煉的結果，則缺乏足夠的根據。因為中國道教文獻有一部卷帙浩繁

的大叢書——明代正統《道藏》，最近還輯錄了一部篇幅很大的《藏外道書》。在這些道教文獻中絲毫看不出道教徒追求美食享受的證據。蟄居於深山老林中的道教徒修煉的境界是「天人合一」，我們不能從漢淮南王劉安發明豆腐之類傳說來認定道教與中國烹飪的關係，何況劉安並不是典型的道教人物。神仙道教理論家和集大成者葛洪，在其經典名著《抱樸子內篇》中，有關物質變化的認識集中在「金丹」、「黃白」和「仙藥」三篇之中，其中絕無追求美食的思想和實踐。葛洪是個典型的「神仙可致」論者，卻從未提倡以追求美食作為獲得長生不老的手段，相反在他的《抱樸子外篇》中，多次鞭撻驕奢淫逸者。在葛洪之後的陶弘景、陸修靜等亦同樣如此，對此筆者過去曾有專文[12]。中國道教對傳統中醫藥有深厚的影響，中國烹飪在技法方面與煉丹術也曾有互補，但要說鮮味是源於道教的修煉，是沒有根據的，所以對中山女士的說法，當時就有不同看法，但她本人堅持此論，2001 年第七屆中國飲食文化學術研討會在日本東京召開，筆者親自耳聞她對這個問題的明確態度[13]，但是中山女士始終沒有闡明她所認為的「鮮味」的本質。其實，她所說的也就是美味而已。

### 2.1 鮮味物質的化學特徵

目前已知的鮮味物質有數十種，但在人類食品中廣泛存在或使用的僅幾種，主要有氨基酸、核苷酸和琥珀酸三大類別。

組成蛋白質的 $\alpha$-氨基酸，按立體結構分為 D 型和 L 型兩類，這在一般的食品化學和烹飪化學教科書中都有介紹，其中 D 型氨基酸大多具有甜味，而 L 型氨基酸則有甜、苦、鮮、酸四種不同的味感。天然存在的 $\alpha$-氨基酸都是 L 型（除無手性碳原子的甘氨酸外）的，一般生物體中存在的主要有 20 種，根據曾廣植的統計分析[14]，L-氨基酸中側鏈短的、環亞胺型的和具有鹼性側鏈的都有甜味；具有長的疏水側鏈和部分鹼性側鏈的呈現苦味；酸性側鏈長的具有明顯的酸味。而兩性鹽同時具有鹹味和甜味兩個中心就會具有鮮味，以 L-谷氨酸為例，它含有 21.5 % 的鮮味，64.2 % 的酸味，2.2 % 的鹹味，0.8 % 的甜味，5.0 % 的苦味；當它和適量 NaOH 作用變成鈉鹽（即商品純味精），即含有 71.4 % 的鮮味，3.4 % 的酸味，13.5 % 的鹹味，9.8 % 的甜味和 1.7 % 的苦味[15]。這是因為分子中有一個羧基（—COOH）變成羧根離子（—COO-—）使其酸味大大降低，而羧根負離子又有顯著的鹹味，並且因而產生鹼性側鏈（—NH+），使甜味增加，這樣就有了鹹味和甜味兩個中心，從而大大增強了它的鮮味。凡是具有類似結構的 $\alpha$-氨基酸，只要是 L-型的，其鈉鹽都會具有不同程度的鮮味，天冬氨酸一鈉鹽和某些二肽、三肽也具有鮮味。

核苷酸類鮮味劑，目前已經商品化的是嘌呤核苷酸類，主要有肌苷酸、鳥苷酸和黃苷酸，其結構也具有空間專一性，定位基是核糖磷酸部位，助味基是嘌呤環的取代基，核糖磷酸是親水的，嘌呤環上的取代基是疏水的。

琥珀酸（學名 1，4-丁二酸）及其一鈉鹽也是目前已發現的鮮味劑，主要存在貝類中，某些發酵調料如醬、醬油、黃酒等中也少量存在。

目前市場上銷售的雞精、牛肉精等是相關動物或植物原料中蛋白質水解產生的氨基酸，小分子肽、肌苷酸等的混合物，有的甚至就是用這些組成混合物組配而成的，所以「雞精無雞」並非笑話，但鮮味是有的。以上這些就是目前鮮味化學的主要成就，現在的問題是明明有鮮味存在，為什麼同是人類的歐美人士卻不承認？而我們自己的祖先也沒有這方面的感知（據高成鳶先生的考證，中國人是宋代以後才知道）。按發明和發現這兩個詞的現代詮釋，認識鮮味屬於發現的範疇，因為鮮味原本就存在，明明牛排和肯德基的雞塊都有淳厚的鮮味，歐美人士就吃不出來，中國古人早就講究五味調和，為什麼沒有鮮味的記述。曾廣植先生曾指出：味覺的分子識別畢竟是生物進化的結果，因此不可能是完美無缺的。由於長期的文化發展，人類積累了豐富的識毒、防毒知識，已不像動物那樣處處依賴其本能。結果反而導致人類嗅覺和味覺本能的退化，而且通過風俗習慣的訓練，不少人形成了特殊的風味偏嗜[16]。動物經過自然選擇也是如此，一種動物拒食的東西，可以成為另一種動物的嗜好食品。《莊子·齊物論》就有此結論：「民食芻豢，麋鹿食薦，蝍且（蜈蚣）甘帶（蛇），鴟鴉耆鼠，四味孰知正味」[17]。這個「正味」不等於現代意義的味覺，但卻有類似的含義。因此要解決味覺的奧秘，僅靠化學家是不行的，必須有生理學家甚至還有心理學家的合作。現代飲食文化學者所說的基本味不能當作原味或本味的同義詞，更不是莊子說的正味。酸甜苦鹹是地球人類迄今為止取得一致認識的基本味，辛辣澀等也是全人類公認存在的味覺感受，它們都有豐富多樣的物質化學基礎，故而以各種不同味感物質相互混和，便會產生各種不同的複合味。那麼鮮味究竟是基本味，還是複合味？

18 年前，筆者曾說過：「至於鮮味，則是一種特殊的味覺，暫時讓它介於單純味和複合味之間。但它是一種獨立的味覺，這一點必須明確」[18]。筆者至今認為這個認識沒有錯，問題就出在鮮味的生理基礎方面。

### 2.2 鮮味的生理基礎

美國人 C.考斯梅爾曾寫了一本名為《味覺》（Making Senseof Taste）的書（國內已有中譯本，可惜有明顯的誤譯）[19]，其第三章為「味覺科學」，說到生理學發現味蕾（錯誤譯為「味覺胚體」）的時間是 1867 年，並且分析了基本味不能用光學的原色作類比的原因。還說「吃東西的時候產生興奮感覺大多是皮膚方面的，也就是舌頭和口腔的皮膚的感覺」。但是不同的味道是具有其特徵的感受區和生理組織的，例如舌尖對甜味特別敏感，依次向舌根推移的敏感基本味是鹹味和酸味，直到舌根部才感知苦味，這是因為不同類型的味蕾分別隱藏不同形狀的味乳頭中的原故。而辣味是因刺激皮膚表面的末梢神經而引起的，故而辣味的感知是滿口火灼，事實上將濃辣椒水塗在除手掌、腳掌以外

的任何部位，都有灼痛的感覺。可是我們將味精溶液當洗澡水，也不會有什麼感覺，只有當它接觸到舌頭時，我們才能感知其鮮味。所以考斯梅爾又說：「新近的一些研究者還考慮補充上金屬味、鹼味和可口的美味，但這些仍然是有爭議的，四種基本的味道在大多數討論中仍然盛行著」（這裡的「可口的美味」即指鮮味），說明鮮味並未被全人類所共同認知，其原因就在於我們對鮮味的味覺感受器的生理解剖學基礎完全無知。但舌尖嘗鮮的習慣做法倒是使我們想到曾廣植分析指出的，鮮味的呈現是該物質具有甜味和鹹味兩個中心的共同效應，而這兩種基本味的敏感區域確實都在舌尖部位。因此鮮味可能不是基本味，而是甜味和鹹味組合的複合味，我們南方廚師普遍用加糖提鮮的方法，其生理學基礎即在於此。然而，我們將蔗糖和食鹽兩種溶液混合並調不出鮮味來，因此這種調和作用存在於鮮味物質的分子內部，故而鮮味具有基本味的特徵。以致日本學者認為鮮味是食物中含有蛋白質的信號，的確有其統計學意義。

　　曾廣植先生的分析，具有很大的啟發意義。可惜的是我們知道，曾先生是位依據文獻做統計分析的化學家，他本人不做實驗，所以他的結論缺乏應有的科學實驗依據。因此，目前只能是一種假設。此外，從生理學角度看，截至目前，人們還沒有關於鮮味接受器的任何報告。1954 年諾貝爾化學獎得主，二十世紀世界著名美國結構化學家鮑林（Linus Pauling，1901—1994 年），對免疫化學、酶催化反應的專一性、藥物對致病細菌的作用等方面都有獨到的見解，他對化學鍵的電子本質和分子的立體特徵都高度關注，他說：「甚至味覺和嗅覺也是基於分子的構型而不基於平常的化學性質」。他進一步說：「我相信，將來會發現，由於我們對生理現象理解的加深，在決定分子的生理行為方面，分子的形狀和尺寸，就像它們的內部結構和通常的化學性質一樣具有重大意義」。鮑林的這種見解是具有一定的實驗根據的，二十世紀前半期，即已流行鎖鑰理論，這個理論是將生理組織或器官比作一把彈簧鎖，而具有各種專一性生理功能的化學分子（從簡單的氫離子到複雜的生理高分子）便相當於鑰匙，只有當鎖孔的形狀和尺寸與鑰匙的功能部位牝牡相配，這把鎖才能打開，就相當於相關生理現象的顯現。例如在味覺領域內，著名的沙氏理論（R. B. Shallenberger 和 T. E. Acrcc 於 1967 年提出）就是如此。但是，現在的問題是：生理學家至今沒有找到鮮味鑰匙的鎖孔，這就成了一部分人認為不存在鮮味的主要原因。


### 3. 鮮味的尷尬

　　鮮味的尷尬主要是由於至今未能確認鮮味接受器的存在。因此，對這種味感出現了很大的文化差異，是個典型的風味偏嗜。正如考斯梅爾所說：「味覺偏愛不可避免地是與個體和文化相關聯的」[19]。我們中國人揶揄西方人不懂得鮮味，看來不可能是生理上的差異所造成的，而是由於文化差異所造成的。這種文化差異主要是由於烹飪術的繁簡所決定的。鮮味跟甜酸苦辣鹹等味感不同，鮮味不是食物原料本來的味道，它是在烹

調過程中形成的。各種海鮮、河鮮乃至菌菇、竹筍、海帶等，在生鮮狀態是沒有鮮味的，這和甘蔗是甜的，青梅是酸的，苦菜是苦的，紅尖椒是辣的，食鹽是鹹的完全不同，特別是公認的酸甜苦鹹四種基本味，它們的標誌性原料在生熟狀態下的味感是不變的。但鮮味原料則不同，魚蝦等只有在煮熟時才表現出鮮味。由此可見，鮮味是個次生類型的味道，呈鮮味的物質谷氨酸、核苷酸和琥珀酸都是由其相關的前體材料受熱分解並溶解在水中形成湯汁才表現其鮮味。英國人類學家傑克‧穀迪（Jack Goody）敘述了在那些具有強烈的階級等級劃分和文字記錄的社會中，其烹飪傳統的發展經歷了多次等級協調和飲食方式的轉變和分化，從而產生了「高級」烹飪和「低級」烹飪之間和區別。文字傳統對飲食的文字記述使得食物成為反思的主題，並證明了飲食與其哲學體系的聯繫。這段論述對於我們中國烹飪來說是再精闢不過了，宋元以後對鮮味的追求正好標誌著中國「高級」烹飪的產生和發展。而西方以燒烤為主要特色的烹飪術，他們追求的食物風味中的香，在經過長期的薰陶適應之後，對於次生的鮮味缺乏必要的認同感，有時甚至會產生排斥心理。即便在我們國內，首先把鮮味當作風味追求的是長江流域以南地區的飲食風尚，特別是今天的江浙一帶，林洪、李漁、袁枚這些崇尚鮮味的開山人物，也都生活在這一帶，「飯稻羹魚」發展成高級烹飪，引領了中華飲食文化發展的方向。相比而言，中國北方和西部對鮮味的追求不甚強烈，他們有時甚至學著西方人的口吻，標榜自己做菜不放味精，有的人還會批評南方菜口味偏甜，實際上是反對南方廚師加糖提鮮。

　　當今，鮮味可以說是中國的國味，但它在我們常說的五味之外，並且和五味甚至和香味疊加，調製超越五味之上的美味。而這一切並不因其生理解剖學的缺失而遜色。本文所說的尷尬，實乃指大陸對鮮味科學研究的忽視，我們總是想以人文概念掩蓋科學實踐上的不足，所以說服不了西方學術界。如果我們在鮮味科學的研究上多下工夫，也許會與諾貝爾獎結緣。

# 參考文獻

〔1〕C. A. 彼特魯舍夫斯基著‧巴甫洛夫學說的哲學基礎‧餘增壽譯‧北京：科學出版社，1955。

〔2〕辭海‧上海：上海辭書出版社，1989。

〔3〕李裡特‧食品物性學‧北京：中國農業出版社，1998。

〔4〕A. 愛因斯坦‧物理學、哲學和科學的進步‧愛因斯坦文集‧第一卷‧北京：商務印書館，1976。

〔5〕阮元‧十三經注疏‧北京：中華書局。

〔6〕高成鳶‧飲食之道——中國飲食文化的理路思考‧濟南：山東畫報出版社，2008。

〔7〕袁枚‧隨園食單‧中國商業出版社。

〔8〕徐珂‧清稗類鈔‧第十三冊‧北京：中華書局，1986。

〔9〕張起鈞‧烹調原理‧北京：中國商業出版社，1985。

〔10〕中山時子‧中國的鮮味‧第一屆中國飲食文化學術研討會論文集‧臺北：中國飲食文化基金會，1993。

〔11〕李亦園‧中國飲食文化研究的理論圖像‧第六屆中國飲食文化學術研討會論文集‧臺北：中國飲食文化基金會，2000。

〔12〕季鴻崑‧道家、道教養生思想源流和中國飲食文化‧飲食文化研究，2001.1:15~25。

〔13〕第七屆中國飲食文化學術研討會論文集‧臺北：中國飲食文化基金會，2002。

〔14〕曾廣植，魏詩泰‧味覺的分子識別：從味感到簡化食物的仿生化學‧北京：科學出版社，1989。

〔15〕杜克生‧食品生物化學‧北京：化學工業出版社，2002。

〔16〕曾廣植‧味道化學‧鄧從豪主編‧現代化學的前沿和問題‧濟南：山東大學出版社，1987。

〔17〕莊子‧上海：上海古籍出版社，1989。

〔18〕季鴻崑‧烹飪技術科學原理‧北京：中國商業出版社，1993。

〔19〕卡羅琳‧考斯梅爾著‧味覺：食物與哲學‧吳瓊等譯‧北京：中國友誼出版公司，2001。

第六章

# 飲食文化和食學

前已述及，中國近代意義上的飲食史研究發軔於張亮采所著的《中國風俗史》，該書敘事起自遠古，迄於明代。關於張亮采的生平，除了他的原書《序例》末署「宣統二年九月既望萍鄉張亮采識於皖江之寄傲軒」之外，還知道他是革命先烈張太雷的父親，其餘未見著錄。該書在每個關鍵篇章（按朝代分），都將「飲食」作為專門一節敘述其時代特徵。因此，它不僅是研究中國風俗史的早期代表作，也是研究中國飲食史的早期代表作，篇幅雖小，但所用史料均翔實可靠。在此之後，直到 1949 年 10 月 1 日前，整個民國時期，對中國人飲食活動作全方位研究的成果，屈指可數，僅有董文田的《中國食物進化史》、郎擎霄的《中國民食史》（商務印書館，1934 年）和李劼人的《漫遊中國人之衣食住行》等寥寥數種。此外尚有關於酒、茶、食器、食禮、食俗等方面的專題研究，數量也不多。總而言之，不成氣候，不足以形成一門學問。因此，也就沒有人對這些研究作過綜合性的概括，直到二十世紀八十年代「烹飪熱」的興起，飲食或烹飪被當作一種文化受到人們的普遍關注，於是有了概述（Review）性的論著出現，據筆者管窺所及，最早是趙榮光的《中國飲食文化研究概論》（據他自己說，此文寫於 1986 年）等五篇論文，後來被收錄在他的論文集《中國飲食史論》（黑龍江科學技術出版社，1990 年）中。

1992 年，他又應約為日本飲食學雜誌《VESTA》寫了《中國食文化研究述析》，後來收錄於《趙榮光食文化論集》（黑龍江人民出版社，1995 年）。差不多同時，《中國烹飪百科全書》（中國大百科全書出版社，1995 年）的前言部分對烹飪文化研究做出該書編輯部的全面闡述。2001 年，姚偉鈞、王玲發表了《二十世紀中國的飲食文化史研究》，以後姚偉鈞又與徐吉軍合作以《二十世紀中國飲食史研究概述》為題在中國經濟史論壇上重新發表，兩者內容略有差異。筆者本人也曾就此問題陸續發表過一些簡短的看法，後來在為《中國烹飪文化大典》審稿的基礎上歸納成《當前中國烹飪文化研究工作中的十大關係》一文，發表在《揚州大學烹飪學報》2008 年第 4 期上。所有這些概述，都有不同的歸納角度和學術觀點，又都沒有經過必要的切磋討論，而且大都偏於「史」的論述，對現當代中國人民的食生產和食生活的聯繫明顯不夠，所以對此問題有重新認識的必要。

# 第一節 飲食文化的內涵和科學定位

飲食文化作為一個社會範疇，自從有了人類社會，它就是客觀存在的，但是作為一個學科概念，它出現的時間並不太長。把人的飲食活動看作一種文化，是社會學和人類學的首創。然而，大陸古代「四庫」或者更早的「七略」中，無論是「飲食」還是「文化」，都是不入流的。因此，飲食文化的提法還是一件舶來品，說得最早的當推孫中山，繼而有蔡元培、林語堂、郭沫若等，毛澤東也認為飲食是一種文化，但他們都沒有真正從事過飲食文化的研究，所論也不過是一種學術觀感而已。我們知道社會學和人類學早期的研究方法，和歷史學相類似，即主要是古文獻和古文物的考證和田野調查。在大陸，費孝通、雷潔瓊等前輩有過卓越的貢獻，不過因為當時中國的社會問題很多，又因為連年戰爭，他們的注意力還未能及於飲食。而 1950 年以後，恰逢史達林在蘇聯推行文化極權主義，把各種科學和各類文化都打上階級烙印，社會發展史和政治經濟學取代了一切社會人文科學，就是在自然科學領域內，也有批判孟德爾遺傳學、鮑林的有機化合物結構的「共振論」等。大陸當時在「學蘇聯」的高峰期，社會發展史和政治經濟學是各級各類學校（包括在職幹部培訓等）的法定教科書，《聯共（布）黨史》第四章第二節（史達林著《歷史唯物主義和辯證唯物主義》）也曾經是大學政治課的必讀教材。學術思想戰線上也曾掀起過批判孟德爾遺傳學，批判共振論，甚至還批判過熱力學第二定律，資產階級「先驗論」是這些批判的常用罪名。這些批判中，後果最為嚴重的是對馬寅初「新人口論」的批判，不顧國情的人口政策造成的嚴重惡果，這是一個不爭的現實。在培養高級人才和從事科學研究的高等教育方面，1952 年的全大陸高等學校院系調整，其最大成就在於確立了新中國的教育主權，使高等教育成為建設新中國的人才培養高地和科學研究戰場，這也是一個不爭的事實。但是在這次院系大調整中，不僅社會學、人類學等一些二級學科，甚至連法學、心理學等都被作為資本主義的學術體系而被清除停辦，教師改行。最有意思是心理學，院系調整後的第一任南京大學校長潘菽先生是國際上知名的心理學家，也不能從事心理學研究，因為當時說人只有階級性，心理學是偽科學。但是後來因為國際學術交流的需要，潘菽就任中科院心理學研究所的所長，這或許因巴甫洛夫是俄國人的緣故，所幸在高等師範院校保留了教育心理學這門課程，才使得大陸心理學人才沒有斷檔。但心理學的社會作用大為削弱了，曾經發生了培養好的飛行員，由於沒經過心理測試而不能上崗的怪事。社會學、人類學的相關領域後來轉型為民族學、民俗學，但都沒有把飲食文化當回事。因此在 1949—1980 年的新中國的前 30 年，真算得上是飲食文化研究的論著寥若晨星的年代，僅有如人們經常提到的林乃燊先生的論文，

就是其中的佼佼者[1]。

　　1980 年代以後，社會餐飲行業和外事旅遊事業的發展，促成了中國烹飪的社會需要急劇上升，從而形成了一股「烹飪熱」。其中有一位做實事的人物，是前商業部辦公廳主任、部黨組成員蕭帆先生，他能利用自己的權力和地位，迅速組織起一支隊伍，創辦了《中國烹飪》雜誌，成立了中國烹飪協會，主持編寫了《中國烹飪辭典》和《中國烹飪百科全書》，整理注釋了一批烹飪古籍，但卻很少在前臺亮相。在他屬下的陳耀昆、黃琳等同志，更是各盡職守，所以在二十世紀八十年代「烹飪熱」高潮中，儘管今天仍有不同的看法，但成績是基本的，我們應該懂得「前人種樹，後人乘涼」的道理，所以我們不應忘記他們。但是需要指出，以蕭帆老人為首的一批學者，他們一開始就提出烹飪是個大概念，食品乃至飲食都是烹飪屬下的子概念，當時在業界流行一句名言：「烹飪是文化、是科學、是藝術。」據說這是國務院某位領導在 1983 年舉辦的全大陸烹飪名師技術鑒定會上提出的。一時間，這種說法充斥各種媒體，不僅廚界朋友對此讚頌備至，因為它對廚師地位提供了一個理論支柱，而且有許多文化人和藝術家也支持這種說法。然而，這卻是個泡沫，因為誰也沒有對烹飪和文化、科學及藝術這三個概念劃等號的提法，作過令人信服的理論闡述。筆者介入烹飪界並關注飲食文化研究實際始於 1988 年，開始對這個提法沒有過多關注，只是覺得它的口氣太大。然而科學工作者的本能養成「不唯書本不唯上」的科學精神，實際工作需要也迫使我認真思考這種提法的科學價值，後來發現它在邏輯上是混亂的，說烹飪是一種文化是可以成立的，因為烹飪是人類進化到熟食階段特別是陶器發明以後做飯做菜的技術，它含有利用自然改造自然的人文意義。至於烹飪如果作為一個文化範疇，它也應該具有科學屬性和藝術屬性，但卻不能武斷地說，烹飪是文化，同時又是科學和藝術。筆者因此對前述提法提出質疑，明確反對這種大而無當的籠統表述，並將相關的見解寫入自己的習作中。需要申明，在此之前筆者對烹飪文化和飲食文化兩個學科名稱，並沒有明確的抉擇，有時認為兩者是可以互通的，但已意識到烹飪文化是飲食文化的一個分支。大約在 1993 年前後，大多數研究者普遍接受了「飲食文化」的概念，但仍有個別學者堅持烹飪文化是大於飲食文化的，甚至把飲食文化曲解為「吃喝文化」的現象。

　　坦率地講，「飲食文化」的提法是西方人類學家首創，而最早研究中華飲食文化的學者卻是日本人，著名的如：青木正兒、筱田統、田中靜一、木村春子、石毛直道、中山時子等，都是中國食文化學者熟悉的名字。隨後是海外華人和臺灣學者，最著名的是人類學家張光直（Kwang chin Chang，1931—2001 年）主持編寫的《中國飲食文化》（Food in Chinese Culture）（美國耶魯大學出版社，1977 年），是中華飲食文化研究領域內頗有影響的著作，可惜這本書在大陸地區僅在一些大型圖書館中見到其英文原著，至今還沒有完整的中文譯本，這就影響了我們如何從人類學的高度來認識中國的飲食文化的歷史淵源和基本特徵。此外，我們還可以從相關的文獻中見到臺灣學者尹德壽的《中國飲

食史》（中國臺北新士林出版社，1977 年），但在大陸地區卻沒有人讀過。不過境外這些資訊還是影響了大陸地區的飲食學界，一些對新事物敏感的學者則跳出了「烹飪」的藩籬，接納了飲食文化這個學科名稱，其間趙榮光先生是比較突出的一位，從他公開發表的論著來看，大概在 1986 年他就明確使用「飲食文化」這個名稱取代烹飪或烹飪文化，他也是大陸地區最早闡述飲食文化學術內涵的學者。他的第一本論文集叫《中國飲食史論》（黑龍江科學技術出版社，1990 年），在該書的第 37 頁，他說：「『飲食文化』是一個涉及自然科學、社會科學及哲學的普泛的概念，是個介於『文化』的狹義和廣義之間而又融通二者的一個邊緣不十分清晰的文化範疇（他的這一句話的表述方式，直到 2008 年都未見到有變化）。確切些說，飲食文化是指食物原料獲取、加工和製作過程中的技術、藝術、科學以及以飲食為基礎的習俗、傳統、思想和哲學」。在隨後出版的《趙榮光食文化論集》（黑龍江人民出版社，1995 年）的第 19 頁，他又重複了這一表述方式，以後他與謝定源合著的《飲食文化概論》（中國輕工業出版社，2000 年）的第 3 頁上，在上述表述的基礎上加了「即由人們食生產和食生活的方式、過程、功能等結構組合而成的全部食事的總和」。而到了《中國飲食文化概論》（高等教育出版社，2003 年）的第 2 頁則改為：「飲食文化是指食物原料開發利用、食品製作和飲食消費過程中的技術、科學、藝術，以及以飲食為基礎的習俗、傳統、思想和哲學，即由人們食生產和食生活的方式、過程、功能等結構組合而成的全部食事的總和」。這個定義在他的《中國飲食文化史》（上海人民出版社，2006 年）第 2 頁上全文照錄，並且對人類的食事分食生產、食生活、食事象和食慣制四個方面作進一步的闡發。2008 年，高等教育出版社的《中國飲食文化概論》第二版第 2 頁，這個定義就再也沒有變化了。筆者如此不厭其煩地作如上的引證，是想使大家明白究竟什麼叫「飲食文化」。而趙榮光正是大陸當代飲食文化研究工作者中唯一認真思考並且作了清晰回答的人，我們也可以從他的認識過程中領悟到這個問題的重要性。事實上，如果不能回答「飲食文化」是什麼？那是不可能建立這個學科的。

大陸地區第一本飲食文化的專著是林乃燊先生的《中國飲食文化》（上海人民出版社，1989 年），他在該書「序言」的開頭說：「飲食文化，是隨著人類社會的出現而產生，又隨著人類物質文化和精神文化的發展而豐富自己的內涵」。他接著列舉了一大堆的「子學科」，但始終沒有用簡潔的語言給飲食文化作個定義。

在 1997—1998 年間，《中國食品報》曾以「食論精華」的欄目介紹了國內一些飲食文化研究人士對飲食文化的內涵和學科定位等方面問題的看法，遺憾的是這些文章都沒有正面回答飲食文化是什麼這個必須回答的問題。2001 年，已故的中國食文化研究會首任會長杜子端先生在《飲食文化研究》的創刊號上，以《建議創建食文化學》為題發表專文，他說：「食文化是綜合性大文化，橫聯社會科學、自然科學、應用技術科學的三千多個學科，每個學科的成果都會直接或間接地影響食文化的新發展。食文化涉及從

原料種類、食物生產到飲食消費的整個過程，並同每個人的日常生活息息相關。我們天天都在享受食文化，同時又發展食文化」。杜子端先生曾先後擔任過國家輕工業部和農業部副部長，也曾經是中國食品工業協會的會長，是長期管理國家食品生產的主要官員，因此他深諳食事研究和管理被人為分割的弊端，所以總想創建一個大範圍綜合的學問，來克服這個弊端，這個大學問便叫作食文化學。其實，這是所有食文化研究者的共同困惑，明確做出回答的人極少。天津的高成鳶先生從 1993 年起，便在《中國烹飪》雜誌上以「中國飲食之道」和「烹飪哲學」為欄名發表一系列理論探討性的文章，後來他又將這些文章整理成《飲食之道》以專著形式出版。他認為飲食文化的內涵不如其學科定位迫切重要，他曾經説食文化在現代學科體系中還沒有找到恰當的位置，因此目前還沒有找到與當代學術體系對話的平臺。他認為文化人類學是登上這個平臺的階梯，因此他贊同某些人類學家建立「飲食人類學」的主張，飲食人類學是「從泛文化的觀點研究人類飲食體系與人類文化相互關係的學科」。通過「尊重現存的學科格局」、「通過切實努力」，可以使這個學術框架逐步充實膨脹，有朝一日就會瓜熟蒂落，甩掉『人類學』名目，成為獨立學科」[2]。高先生指出當前飲食文化「不能進入學術殿堂，沒有機會與各學科對話」。這個判斷是正確的，比某些先生高喊「博大精深」要明智得多，但他把食文化的源頭僅僅放在中國烹飪和中餐上，他又説：「中華文化以飲食為本原，因此，使飲食文化相應成為基本學科便是我們的理想目標」。這種精神和願望，真是高尚而又偉大，但結合當代文化的時代性和民族性的背景，這個目標難以實現。因為飲食與二十世紀那些成為「基本學科」的學科門類（如環境、資訊、空間和管理等）相比，無論是在自然科學還是在人文科學的基礎上，都處於知識鏈的低端。造成這個局面的原因不在現代，而在古代。《周禮》曾經展現過這個苗頭，但先秦和秦漢儒家摧殘這個嫩苗，以後的「七略」和「四庫」也沒有刻意提攜，工匠和廚師的知識體系不為古代學術界所承認，如果沒有賈思勰、宋應星之類傑出人物，中國食文化的科學內涵將是缺失的，環境學科就是一個最好的例證，儘管我們祖宗宣導了「天人合一」，但並沒有協調人和自然的辦法，結果被動滴應自然，反而阻礙了前進的步伐，而莽撞地「人定勝天」也會自食其果，實際上只有當物質文化發展到一定的階段，才會產生現代的環境學科。因此，在當代創建飲食文化學科時，不能無視近代科學各個分支的地位，光靠文化人類學是不夠的，況且文化人類學本身也不具備「基本學科」的資格，平臺本身過低了，我們無法通過它爬到「科學殿堂」上去。不過，高成鳶先生提出的命題是非常重要的，學科定位就是上門牌號碼，否則何來學術地位。

　　正如高成鳶先生所指出的那樣，文化人類學是研究人類社會文化起源及發展規律的科學，即人類學研究的是「初民」，因此無法像歷史學那樣，強調「讓史料説話」，所以只能用「田野調查」的方法進行歷史的「重構」。「從文化人類學的角度看，在相對封閉的人群中，衣食住行因日復一日、年復一年而成為習慣，又隨著空間的擴展和時間

的延續變為風俗，而風俗的人格化即為社會；所謂文化傳統不過是社會的符號表徵，它一旦形成即會反過來規範人們的日常生活」[3]因此當人類學的研究對象從「初民」轉向「古人」的時候，便產生了日常生活史，這就是以現代為背景的「日常生活批判」理論，這個理論關注到「人們首先必須吃喝穿住，才能從事政治、科學、藝術、宗教等社會活動。因此，人的生存需要和滿足需要的生產，以及人身的繁衍和家庭等是社會歷史運行的深刻基礎和社會歷史理論的基本主題」[4]這是二十世紀西方馬克思主義學者對過去那種一味圍繞生產力和生產關係，經濟基礎和上層建築等非日常領域展開的「宏觀」的「科學化」的史學研究的反思，「科學化」的史學使哲學社會科學理論日益抽象化，為了尋找某種「絕對理念」來統領一切，從而忽視人類社會的差異性和個體性，忽視社會發展的文化內涵，在一切領域內尋找普遍適用的「原則」，這種方法現在被稱為「抽象化頑症」。其結果便是理論研究中的「見物不見人的傾向」。而日常生活史學則是將研究對象微觀化，直接從具體的人類群體日常生活著手，並且將目光投向那些「小人物」（即「弱勢群體」），從包羅萬象的「日常行為」中構建更加豐滿的社會模型。日常生活是一個文化概念，不同民族的文化傳統、生活方式是該民族日常生活中最堅固的部分，就連法律在這裡也不可能求得統一。由此可見，要想建立獨立的飲食文化學（或食文化學），必須在傳統史學的方法論中引入人類學的研究方法，而且最好稱為「中國飲食文化學」，因為適用於全人類的飲食文化原理是其內涵中的自然科學成分（在技術層面上仍有差異），在人文社會科學的角度上，我們必須接受日常用生活批判理論的啟示。至於飲食文化學的學科定位問題，在階段性成果尚未取得的當代，一時還無法確定它的門牌號碼。遺憾的是就連《辭海》這種常見的大型工具書，在其 2009 年的新版中仍然沒有「飲食文化」這個詞。筆者在《烹飪學基本原理》初版的第五章第二節，也列了個「何謂飲食文化」的標題，寫作的時間為 1992 年。那時還是個飲食文化研究陣地上的新兵，知識的積累決定了筆者在那時不可能有什麼明確的見解，完全屬於那種「肚裡明白，嘴上說不出」（「口不能言，志不能喻」）葫蘆型的研究者，借用當時流行的物質文化和精神文化之類空話，豈能有什麼明確的結論。由此聯想到什麼「綜合大文化」、「橫聯自然科學和社會科學」之類說法，都是不自覺的「抽象化頑症」，現在首要的任務是構建不同時代、不同地域、不同人群的飲食文化模型，我們並不完全排斥「讓史料說話」，但也不能輕信史料，江蘇高郵龍虯莊的骨箸和青海民和喇家的麵條是我們進行反思的絕好教材。

　　徐吉軍和姚偉鈞先生曾將中國飲食史研究分為興起階段（1911—1949 年）、緩慢發展階段（1949—1979 年）和繁榮發展階段（1980 年至今），並列舉了相關的著述目錄，收錄的文獻到 1999 年止。現在顯然已經不夠了。趙榮光先生在《中國飲食文化概論》（第二版）（高等教育出版社，2008 年）的緒論部分列舉了更為詳盡的成果目錄，收錄的文獻到 2007 年年底。鑑於這本書是印數較大、比較容易見到的專著之一，所以我們在這裡不再轉錄，有興趣的讀者可自行查閱。

# 第二節 大陸地區人民食生產和食生活概述

二十世紀的前半期，中國人民一直處於水深火熱之中，清王朝的滅亡、帝國主義列強瓜分中國、國內軍閥混戰、國共兩黨之間的十年內戰、八年抗日戰爭（東北地區為 14 年）、最後是共產黨奪取全大陸政權的三年解放戰爭，生產力受到了嚴重破壞。廣大人民群眾饑寒交迫，其食生活處於極度低下的保命狀態。

1949 年，農村家庭的恩格爾係數達 90%，城鎮家庭也達到 80%，這就足以說明問題了。

1950 年以後的 60 年，可以分為前 30 年和後 30 年兩個階段，我們通常稱前 30 年為計劃經濟時期；後 30 年為改革開放或社會主義市場經濟時期，其分界線便是 1978 年的中國共產黨十一屆三中全會。在計劃經濟時期，又可以 1956 年城鄉社會主義改造為界，分為 1949—1956 年的經濟建設過渡期，在 1952 年第一個五年計劃開始以前，整個國家處於解放戰爭以後的經濟恢復期，由於土地改革運動，調動了廣大農民的生產積極性，農業生產有了很大的發展，人民的飲食生活曾一度明顯的改善，但是 1956 年的城鄉社會主義改造運動以後，大陸進入了真正的計劃經濟年代，事無巨細均由統一的國家計畫來控制，首先是糧食的統購統銷，繼而是集體經濟剝奪了農民自主經營土地的權利。為了統一認識，推行「輿論一律」，1957 年的反右派鬥爭扼殺了一切不同的聲音，在此基礎上推行的總路線、大躍進和人民公社這「三面紅旗」，嚴重地破壞了生產，最終導致「三年自然災害」的嚴重饑餓狀態。大陸地域遼闊，自然災害年年都有，但 1959—1961 年的災害並不完全是天災，政策措施不當和政治運動不斷，也是無可回避的重要因素，所以從 1963 年起將執行中的五年計劃暫停，進入連續三年的經濟調整期，可是每當國家元氣略有恢復，經濟走上正常軌道，經濟基礎和上層建築之間的矛盾就被誇大，隨之而來的「四清」運動和以後的十年「文化大革命」，到了 1976 年，大陸經濟到了崩潰的邊緣。

國以民為本，民以食為天，是中國人的古訓。事實上，以農立國的華夏古文化，這個「食」實際上就是糧食。最早提出這句名言的酈食其，在向劉邦獻策時，也是以洛陽附近敖倉的糧食作為背景的[5]。毛澤東時期，非常重視糧食生產，提出「以糧為綱」，可是在那時，大陸糧食問題一直沒有解決，甚至沒有達到歷史上的水準，可見糧食問題不僅是吃飯問題，實際上是我們這個人口大國處理一切問題的基本出發點。因此對糧食問題的研究事關大陸的政治和經濟，至於飲食文化研究，更應該是第一命題。在這方面，蔡建文、周婷的專著是一本寫得很好的書[6]，該書一方面分析總結了我們自己的經驗和教訓；另一方面又以科學的樂觀態度指出了前進的方向，正面回答了美國經濟學家萊斯

特．R. 布朗提出的下個世紀（指 21 世紀）誰能養活中國的問題。以可靠的統計數字說明問題，本節所引用的數據有很大一部分均來自於本書，由於引用頻繁，所以未加以詳注。該書對中國歷史上的糧食生產情況做過統計，時間上限為戰國末期，下迄 1998 年，表 6-1 所示為這些數字統計結果。

表 6-1　中國歷代糧食生產消費狀況統計表

| 時期 | 耕地面積/億畝 | 糧田面積/億畝 | 人口/億人 | 糧食總產量/億公斤 | 人均糧田面積/畝/人 | 糧食畝產/公斤/畝 | 人均占有原糧/公斤 | 每個勞動力生產的原糧/公斤 |
|---|---|---|---|---|---|---|---|---|
| 戰國末期 | 0.9 | 0.846 | 0.2 | 91.35 | 4.26 | 108 | 460.5 | 1659 |
| 西漢末期 | 2.38 | 2.24 | 0.595 | 295.7 | 3.76 | 132 | 496.5 | 1789 |
| 唐 | 2.11 | 1.99 | 0.529 | 332.35 | 3.76 | 167 | 628 | 2262 |
| 宋 | 4.15 | 3.9 | 1.04 | 602.5 | 3.75 | 154.5 | 579.5 | 2087.5 |
| 明 | 4.65 | 4.2 | 1.3 | 726.5 | 3.23 | 173 | 559 | 2013.5 |
| 清朝中葉 | 7.27 | 6.18 | 3.61 | 1134.05 | 1.71 | 183.5 | 314 | 1134 |
| 1931年 | | | | | | 135.5 | | |
| 1947年 | | | | | | 90.3 | | |
| 1949年 | | 16.5 | 5.4 | 1131.8 | 3.05 | 85.5 | 206 | 700 |

表 6-2　1949年以後，大陸人民食生產和食生活基本情況統計表

| 年份 | 國民生產總值(GDP)/億元 | 人口數/萬人 | 恩格爾係數/%,農村 | 恩格爾係數/%,城鎮 | 食品工業年產值/億元 | 食品產值/工業總產值/%,年 | 社會餐飲年銷售額/億元 | 餐飲銷售額/社會消費品零售總額/%,年 |
|---|---|---|---|---|---|---|---|---|
| 1949 | 466 | 54167 | 90 | 80 | | | | |
| 1952 | 679 | 57500 | | | 82.8 | 24.1 | 14.1[1] | 5.1[2] |
| 1957 | 1241 | | | | 135.6 | 19.6 | | |
| 1962 | 1149.3 | 67300 | | | 126.9 | 14.9 | | |

| 年份 | 國民生產總值(GDP)/億元 | 人口數/萬人 | 恩格爾係數/%,農村 | 恩格爾係數/%,城鎮 | 食品工業年產值/億元 | 食品產值/工業總產值/%,年 | 社會餐飲年銷售額/億元 | 餐飲銷售額/社會消費品零售總額/%,年 |
|---|---|---|---|---|---|---|---|---|
| 1965 | 2235 | 72538 | | | 175.5 | 12.6 | | |
| 1970 | 2252.7 | 83000 | | | 197.9 | 8.2 | | |
| 1976 | 2943 | 93700 | | | 388.6 | 11.9 | | |
| 1978 | 5689.8 | 97523 | 67.7 | 57.5 | 471.7 | 11.4 | 54.8 | |
| 1979 | 6175 | 97092 | | | 518.7 | 11.3 | | |
| 1980 | 6619 | 98255 | | | 568.0 | 11.4 | | |
| 1981 | 7490 | 99622 | | | 690.1 | 13.3 | | |
| 1982 | 8291 | 101541 | | | 755.5 | 13.6 | | |
| 1983 | 9209 | 102495 | < 60 | | 794.3 | 12.9 | 112.1 | |
| 1984 | 10627 | 103604 | | | 865.8 | 12.3 | | |
| 1985 | 13269 | 104639 | | | 940.6 | 11.3 | | |
| 1986 | 15104 | 106008 | | | 1018.1 | 11.3 | | |
| 1987 | 10920 | 108000 | | | 1134.0 | 11.0 | | |
| 1988 | 13853 | 109614 | | | 1305.7 | 10.8 | | |
| 1989 | 15677 | 111191 | | | 1348.3 | 10.4 | | |
| 1990 | 17400 | 114333 | | | 1360.0 | 10.4 | | |
| 1991 | 21617.8 | 115823 | | | 2665.1 | 11.9 | 492.0 | 5.2 |
| 1992 | 23938 | 117171 | | | 2980.0 | 11.0 | 589.7 | 5.4 |
| 1993 | 31380 | 118517 | | | 3428.7 | 10.0 | 800.1 | 6.4 |
| 1994 | 43800 | 119850 | | | 4039.9 | 9.9 | 1201.4 | 7.2 |
| 1995 | 60794 | 121121 | | | 4496.1 | 10.1 | 1579.2 | 7.7 |
| 1996 | 67795 | 122389 | | < 50 | 5146.5 | 10.1 | 2024.9 | 8.2 |
| 1997 | 74772 | 123626 | | | 5842.1 | 10.3 | 2433.2 | 9.1 |
| 1998 | 79553 | 124810 | | | 5517.3 | 9.6 | 2816.4 | 10.1 |
| 1999 | 82054 | 125909 | | | 6020.3 | 9.3 | 3199.6 | 10.3 |
| 2000 | 89404 | | < 50 | < 40 | 6672.1 | 8.8 | 3752.6 | 11.0 |
| 2001 | 95933 | 127627 | 47.7 | 38.2 | 7278.0 | 8.4 | 4368.9 | 11.6 |
| 2002 | 102398 | 128453 | 46.2 | 37.7 | 8433.0 | 8.2 | 5092.3 | 12.4 |

| 年份 | 國民生產總值(GDP)/億元 | 人口數/萬人 | 恩格爾係數/%,農村 | 恩格爾係數/%,城鎮 | 食品工業年產值/億元 | 食品產值/工業總產值/%，年 | 社會餐飲年銷售額/億元 | 餐飲銷售額/社會消費品零售總額/%,年 |
|---|---|---|---|---|---|---|---|---|
| 2003 | 116694 | 129227 | 45.6 | 37.1 | 8870.2 | 7.7 | 6066.0 | 13.2 |
| 2004 | 136515 | 129988 | 47.7 | 37.7 | 16280.9 | 8.7 | 7486.1 | 13.9 |
| 2005 | 182321 | 130756 | 45.5 | 36.7 | 20473.0 | 8.1 | 8886.8 | 13.2 |
| 2006 | 216314 | 131448 | 43 | 35.8 | 21586.95 | | 10345.5 | 13.5 |
| 2007 | 265810 | 132129 | 43.1 | 36.3 | 32665.80 | | 12352 | 13.8 |
| 2008 | 314045 | 132802 | 43.7 | 37.9 | 37566.16 | | 154042[3] | 14.2 |
| 2009 | 335353 | 133474 | 41.0 | 36.5 | 49698.71 | 20.4 | 17998 | 14.3 |
| 2010 | 397983 | 134100 | 41.1 | 35.7 | 53000 | | 17648 | 18.1 |
| 2011 | 471564 | 134735 | 40.4 | 36.3 | 78078 | 9.1 | 20635 | 11.2 |
| 2012 | 519322 | 135404 | 39.3 | 36.2 | 89552 | | 23448 | 11.1 |
| 2013 | 568845 | 136072 | 37.7 | 35.0 | 約10萬億 | | 25569 | 10.75 |
| 2014 | 636463 | 136782 | 恩格爾係數理論失靈 | | 約12萬億 | | 27860 | 10.617 |

注：(1) 1952年，大陸社會餐飲業第一次有統計數字，當年人均社會餐飲消費為2.45元。

(2) 當年人均社會餐飲消費為1160元。統計專案名稱為「住宿和餐飲業零售額」。2010年餐飲業年銷售額占當年GDP的0.44%。

(3) GDP數值常因統計口徑的變化而略作調整，這裡所列的2006—2010年「十一五」期間的數值為2011年初的調整值。

**表6-3 1980年以來，大陸城鄉人民收入和食物原料產量表**

| 年份 | 農村居民人均純收入/元 | 城鎮居民人均可支配收入/元 | 糧食總產量/萬噸 | 油料總產量/萬噸 | 糖料總產量/萬噸 | 肉類總產量/萬噸 | 水產總產量/萬噸 | 牛奶總產量/萬噸 |
|---|---|---|---|---|---|---|---|---|
| 1957 | | | 19505 | 419.6 | | | | |
| 1965 | | | 19453 | 362.5 | | | | |
| 1977 | (a) | 622[c] | 28272 | 401.5 | 2020.8 | 按頭數計 | 470 | |
| 1978 | (a) | 644[c] | 30475 | 521.8 | 2381.8 | 按頭數計 | 466 | |
| 1979 | 83.3[b] | 705[c] | 32110.5 | 643.5 | 2461.4 | 1062.4 | 430.5 | |

| 年份 | 農村居民人均純收入/元 | 城鎮居民人均可支配收入/元 | 糧食總產量/萬噸 | 油料總產量/萬噸 | 糖料總產量/萬噸 | 肉類總產量/萬噸 | 水產總產量/萬噸 | 牛奶總產量/萬噸 |
|---|---|---|---|---|---|---|---|---|
| 1980 | 85.9 | 762(c) | 31822 | 769.1 | 2911.2 | 1205.5 | 449.7 | 114.1 |
| 1981 | 223 | 463(d) | 32502 | 1020.5 | 3602.8 | 1260.4 | 460.5 | 129.1 |
| 1982 | 270 | 500(d) | 35343 | 1181.7 | 4359.4 | 1350.8 | 515.5 | 161.8 |
| 1983 | 309.8 | 526(d) | 38728 | 1055.0 | 4032.3 | 1402.1 | 546 | 184.5 |
| 1984 | 355.3 | 608(d) | 40712 | 1185.2 | 4794.6 | 1525 | 606 | 221 |
| 1985 | 397 | 690(d) | 37898 | 1578 | 6038 | 1755 | 697 | 250 |
| 1986 | 424 | 828(d) | 39109 | 1473 | 5859 | 1918 | 813 | 286 |
| 1987 | 463 | 916(d) | 40241 | 1525 | 5482 | 1921 | 940 | 319 |
| 1988 | 545 | 1119(d) | 39401 | 1320 | 6237 | 2188 | 1046 | 369 |
| 1989 | 602 | 1950(c) | 40745 | 1291 | 5793 | 2328 | 1148 | 380 |
| 1990 | 630 | 1387(c) | 43500 | 1615 | 7180 | 2504 | 1218 | 413 |
| 1991 | 710 | 1570(c) | 43524 | 1638.3 | 8263 | 2712.2 | 1339 | 462.6 |
| 1992 | 784 | 1826(c) | 44258 | 1640 | 8753 | 2933 | 1646 | 501 |
| 1993 | 921 | 2337(c) | 45644 | 1761 | 7623 | 3780 | 1785 | 498 |
| 1994 | 1220 | 3197(c) | 44450 | 1984 | 7339 | 4300 | 2098 | 530 |
| 1995 | 1578 | 3894(c) | 46500 | 2250 | 7800 | 5000 | 2538 | 548 |
| 1996 | 1926 | 4839 | 50450 | 2200 | 8250 | 5800 | 2800 | 625 |
| 1997 | 2090 | 5160 | 49250 | | | 5304 | 3561 | |
| 1998 | 2160 | 5425 | 49500 | 2292 | 9765 | 4355 | 3854 | |
| 1999 | 2210 | 5854 | 50800 | 2600 | 8400 | 5953 | 4100 | |
| 2000 | 2253 | 6280 | 46251 | 2950 | 7450 | 6270 | 4290 | |
| 2001 | 2366 | 6860 | 45262 | 2872 | 8790 | 6340 | 4375 | |
| 2002 | 2476 | 7703 | 45711 | 2900 | 10151 | 6590 | 4513 | |
| 2003 | 2622 | 8472 | 43067 | 2805 | 9670 | 6920 | 4690 | |
| 2004 | 2936 | 9422 | 46947 | 3057 | 9528 | 7260 | 4855 | |
| 2005 | 3255 | 10493 | 48401 | 3078 | 9551 | 7700 | 5100 | |
| 2006 | 3587 | 11759 | 49804 | 3062 | 10987 | 8100 | 5250 | |
| 2007 | 4140 | 13786 | 50160 | 2641 | 11110 | 6800 | 4737 | |

| 年份 | 農村居民人均純收入/元 | 城鎮居民人均可支配收入/元 | 糧食總產量/萬噸 | 油料總產量/萬噸 | 糖料總產量/萬噸 | 肉類總產量/萬噸 | 水產總產量/萬噸 | 牛奶總產量/萬噸 |
|---|---|---|---|---|---|---|---|---|
| 2008 | 4761 | 15781 | 52850 | 2950 | 13000 | 7269 | 4895 | 3651 |
| 2009 | 5153 | 17175 | 53082 | 3100 | 12200 | 7642 | 5120 | 3518 |
| 2010 | 5919 | 19109 | 54641 | 3239 | 12045 | 7925 | 5366 | 3750 |
| 2011 | 6194 | 21810 | 57121 | 3279 | 12520 | 7957 | 5600 | 3656 |
| 2012 | 7917 | 24568 | 58957 | 3476 | 13493 | 8384 | 5906 | 3744 |
| 2013 | 8896 | 26955 | 60194 | 3531 | 13759 | 8536 | 6172 | 3531 |
| 2014 | 10489 | 28844 | 60710 | 3517 | 13403 | 8707 | 6450 | 3725 |

注：1.(a)表示當時沒有統計；(b)表示集體經濟分配數；(c)表示職工平均工資；(d表示可支配的生活費。

2.2008年首次統計禽蛋總產量，當年為2638萬噸；2009年為2741萬噸；2010年為2765萬噸；2011年為2811萬噸；2012年為2861萬噸；2013年為2876萬噸。

3.油料指花生、油菜籽和芝麻，大豆列入糧食；糖料指甘蔗和甜菜；肉類指豬、牛、羊肉。

這些不容易見到的數字是很寶貴的，我們仔細分析這些表發現，1950 年以後，我們奮鬥了 60 年，人均佔有原糧竟然沒有超過祖宗。1936 年全大陸糧食總產量為 15000 萬噸，1953 年為 16683 萬噸，1957 年為 19505 萬噸，1965 年為 19453 萬噸，1977 年為 28272 萬噸，1978 年為 30475 萬噸。這些數字，如果用當年的人口總數一除，大陸人均佔有原糧在 1978 年以前一直在 300 公斤左右徘徊，即使推行聯產承包責任制以後，也從來沒有超過 400 公斤，大豐收的 1997 年，也只有 398.5 公斤。仍然是低水準。二十世紀八十年代，從世界糧食組織到中國科學院、國家計畫委員會等權威機構評估大陸土地資源的最大生產能力為 8.3 萬億噸／年，以人均糧食 500 公斤／年計，最大人口承載量為 16.6 億人；以人均糧食 550 公斤／年計，最大人口承載量為 15.1 億人。由此得出結論，大陸環境的人口最大容量為 15 ～ 16 億人。

至此，我們可以說，1950 年後的前 30 年，大陸人的食生活是處於饑餓狀態，從事當代飲食文化研究的人們，應當以中國傳統的荒政觀點去看待問題，但是原因是多方面的，以美食觀點研究飲食史的學者，會認為這 30 年有飲食，但沒有「文化」。須知，這種認識是不正確的，「前事不忘，後事之師」，我們需要吸取教訓。

1978 年 11 月 16 日晚，安徽鳳陽縣小崗村 18 戶農民宣誓並捺下了手印，分田到戶，就此揭開了最近 30 年人民飲食生活新篇章，人民從此走向溫飽。由於這 30 年的統計數據比較完整，我們不妨看一下表 6-2-2 和表 6-2-3 的數字。

表 6-2 和表 6-3 所示數據主要來自國家統計局的統計公報，和國務院總理當年的政府工作報告，也有部分來自中國食品工業協會和中國烹飪協會網站，個別數據曾經過核對，因為媒體上所載數據常有差錯，統計口徑並不都完全一致，但總的變化趨勢是正確的，有些數字看上去令人鼓舞，但有些數字令人不寒而慄。例如，1994—1995 年，大陸人口達 12 億，那時的耕地面積是 19.2 億畝，人均 1.55 畝；可到了 2008 年，大陸人口 13.2 億，耕地面積只有 18.2 億畝，人均不足 1.38 畝，如果堅守 18 億畝耕地的紅線，到達承載人口最高值 16 億時，人均耕地僅 1.125 畝，按每人每年需糧 500 公斤，則畝產要達到 450 公斤，對照表 6-2 可以發現這不是很輕鬆的任務，因為現在連 400 公斤 / 畝都不易實現，因此要有一群像袁隆平這樣的科學家，才能實現。否則，要想喝酒吃肉就難了。由於飼料糧數量急劇增加，目前北京、天津、上海、廣東、福建、海南、湖南、湖北、江西、江蘇、四川等省市，人均糧食消費都超過或達到 450 公斤 / 年。這已經超過世界的平均水準。

糧食問題之大，是世界上任何一個國家都不敢小視的，糧食問題表面上看是食生產和食生活的一個側面，但卻是食生產與食生活的核心，無論從微觀還是從宏觀的角度，飲食文化研究者都不可以忽視它。鑒於問題太大，本書的篇幅也不允許面面俱到的去討論所有的問題，僅在這裡揀出一些基礎數據，例如上述三表，目的在於引起大家的注意。還需要指出：大陸從 1953 年建立糧食統購統銷體制，到 1992 年 11 月 1 日，全大陸宣佈放開糧食的購銷價格和經營體制的限制。直到 1993 年年底，大陸 95% 以上的縣市放開了糧食價格，前後達 50 年之久，其中暴露出來的社會問題和文化問題，遠遠超出我們的想像。另外，從 2006 年起，完全取消了延續近 3000 年的農業稅，這更是標誌我們的國家從落後的農業國向先進的工業國的轉變，建設資金的原始積累不再依賴於農業，農業的任務就是滿足人們飲食生活的需要。

## 第三節　中華飲食文化傳統的特徵和揚棄

這是飲食文化研究中理論性最強也是最根本的核心問題，因為在它的上面就是中華文化傳統和中華文化的特徵。在一般情況下，人們對文化傳統和傳統文化往往混淆不清。對此，中國社會科學院前副院長李慎之先生對中國文化傳統是怎樣阻礙了中國的現代化的問題，為此思考了 10 年[7]。他首先論證了文化傳統和傳統文化是兩個不同的觀念，並引用了龐樸的解釋：「文化傳統是形而上的道，傳統文化是形而下的器」。文化傳統

是傳統文化的核心，它幾乎貫穿於一切傳統文化之中，它支配著中國人的行為、思想以至靈魂。「傳統文化是豐富、複雜的、可以變動不居的；而文化傳統應該是穩定的、恒久單一的。它應該是中國人幾千年傳承至今的最主要的心理習慣、思維定勢」。李慎之是位 1945 年參加重慶中共代表團工作的老革命，又是著名的社會科學家，根據他的思考和觀察，並且參考了魯迅、陳寅恪這些學術大師，鄧小平、李維漢等無產階級革命家的總結和反思，他認為中國的文化傳統就是專制主義，即是 1980 年通過的《關於建國以來黨的若干歷史問題的決議》中所說的「封建主義」。他反對用什麼「道」、「理」、「天人合一」、實用理論、憂患意識、樂感文化等抽象概念來表述中國的文化傳統。上層專制主義和下層的奴隸主義是個典型的合二為一的結構，是個儒、法互助的權力結構，這個結構實際上始於秦始皇。他認為中國專制主義有時間長，資格老，具有以儒家學說為核心的宗教意味，以宗教仁義為內容的人情味，是中華大統一的基礎，中央集權官僚制度為漢族或入主中原的少數民族領袖一脈傳承和思想統治或愚民政策等主要特點。從他所說的這些特點來看，中國封建專制主義的主體應該拋棄了，但是它那種綿延堅韌的生命力（是地球上唯一延續不斷的古文明）、「天人合一」的人文傳統、家國同構家國一體的社會倫理觀念、剛健有為自強不息的民族精神、注意和諧崇尚中道的道德原則、求真務實的功利追求等積極因素，則是應該永遠繼承和發揚的[8]。

　　既然一個民族的文化傳統是深入骨髓的東西，要完全拋棄是不可能的，但文化是個既有民族性又有時代性的社會範疇。因此，當某種社會架構在時代大潮的衝擊下，它原有的文化傳統並非完全不變的，三皇五帝和夏商周三代時期，都各有不同的文化特徵，也就是說那時的文化傳統和秦漢以後並不完全相同。所以，在當代努力吸收西方文化中的優良部分，應該構建以愛國（這一點屬於繼承）、民主（這一點屬於吸收）和科學（這一點屬於發揚）為基本特徵的中華民族新的文化傳統。

　　以上所述，看似與飲食文化無關，其實不然，因為飲食文化是傳統文化的一個具體門類，故而它也在民族文化傳統的制約之下。早在 1990 年，筆者介入飲食學術圈子不久，作為一個自然科學工作者的本能，曾經說過：「近十幾年來，在文化理論戰線上，各種流派紛紛登臺，唯獨在烹飪文化這個領域內，卻是一枝獨秀，那就是封建主義的意識形態氾濫成災，作為其中的極端，竟然把整個文化就說成是飲食文化，也就是說，中華民族的一切知識體系都是吃出來的」。筆者也因此得罪了人，趙榮光先生曾引用了這段話[9]，但他的引用更起了火上澆油的作用。可是今天回過頭來再看看，覺得沒有錯，我們不妨列舉一些現象來加以論證。

　　例證之一是中南海、人民大會堂、釣魚臺國賓館等國事服務機構中的名廚，放著「人民勤務員」不要，常自稱或喜歡別人稱他們是「御廚」。還有人說，他們所設計的菜單都是「國家機密」，而且媒體和若干飲食文化研究者也認同這類說法。

　　例證之二是餐飲行業拒絕近代科學對烹飪技術的干預和改造，這在二十世紀八九十

年代達到了頂峰，筆者不止一次聽到有人說：「機器做的菜不如手工做的好吃」。1994年在黃山召開的第二屆中國烹飪學術研討會上，上海有一位代表在會上公然宣稱：請不要與我們講什麼營養，那樣會束縛廚師的手腳。諸如此類的論調不一而足，直到近年來才有所改進。相比之下，食品行業就不會有這些奇談怪論，因為食品工業早在二十世紀之初就進行了科學的改造和更新。

例證之三是一段時間復古之風盛行，而復古的核心內容是宮廷秘製、官府家傳，甚至一再求救於古典文學名著，表面上看是研究專家與企業經營者合夥忽悠廣大老百姓，實質上是封建的等級觀念在作祟。然而，單純復古畢竟不合時代的節拍，曾幾何時，「仿古」之風不再。

例證之四是不斷有人大刮奢靡之風，可算是近 30 年來的社會頑症，飲食業追求「滿漢全席」之風至今不衰。也有人營造「啤酒噴泉」，設計「人乳宴」。每到節日，「萬元宴」、「數十萬元宴」、豪華月餅、豪華粽子、用黃金包裝的大閘蟹……就像始終趕不走的蒼蠅一樣，在人們耳際嗡嗡作擾，據說還有什麼「炒龍鬚」（炒鯰魚鬍子）、「蒸鵝腦」……荒誕的菜品設計。諸如此類並不符合「孔孟食道」的優良傳統，但卻是封建專制主義極權統治者追求物欲的遺毒，魏文帝就說過「五世長者知飲食」的混賬話。

既然封建專制主義的文化傳統阻礙了中國的現代化，我們又何必死抱住它不放呢？這是因為五千年來延續的傳統文化（其中當然也包括飲食文化），是在它的指導下繼續傳承並加以發展的，不過這種的傳承是批判的傳承，即進行揚棄。全盤繼承或一概打倒這兩種極端都是不可取的。為了使得這種傳承更為有效，我們首先必須弄清楚中華飲食文化的基本特徵。

王學泰說他「理解的飲食文化主要指飲食與人、人群的關係」[10]。這話沒有錯，如果沒有人，那還有什麼文化可言呢？但是對於人來說，飲食是生命延續的必備物質條件，除了空氣就是飲食（包括水）。因此，如果這裡所說的「人」，不是特定的，就和一般的動物一樣，也沒有什麼文化可言。大陸的特定地理環境和自然條件，造就了中華民族大家庭，只有這個大家庭的飲食，才會形成中華民族的飲食文化，要說清楚這種特定的飲食文化的特徵，並不是件很容易的事情。張亮采說：「中國以農立國，而風氣早開於古時，由是安土重遷，井裡釀成仁讓之俗。五穀之食，利賴至今」[11]。這個時間，在傳說的神農氏時代。因此，中華飲食文化一切特色，均源於古代的農耕文明。重和尚中的民族性格的源頭便在這裡。所以秦始皇統一中國以後，歷代的疆土面積屢有變動，但黃河、長江這兩大流域始終是中華文明的核心區域，中華飲食文化的特徵，主要就是這個核心區域飲食文化的特徵。我們只有從這裡尋找其飲食文化的個性特徵，才是中華民族飲食文化的個性特徵，一切共性的東西，如主張烹飪文化說的「養為目的，味為核心」，就是人類飲食文化的共性，因此，那不是中華民族飲食文化的特徵。

近 20 多年，研究中華飲食文化特徵（即「飲食之道」）的學者很多，如西安的王子

輝先生用一個「和」字來概括；成都的熊四智先生説是「五味調和」、「營養衛生」；天津的高成鳶先生曾為此寫了一本書，書名就叫《飲食之道》，其核心觀點就是兩個字：「味道」。日本的中山時子女士説中華飲食的核心是追求鮮味。臺灣李亦園先生説我們中國人是喜歡吃，也會吃，但中山女士説我們只懂吃那是太小看了我們。他説我們中國人通過吃，悟出來「中和」這個偉大的思想觀念和行為準則，所以中華飲食之道就是孔子的孫子子思在《中庸》中闡發的「致中和」。而趙榮光先生最早在 1983 年就以《中國飲食文化民族性特徵概説》為題説：中華民族飲食的理論原則是食醫合一、飲食養生、本味主張、孔孟食道；還有食料原料選擇的廣泛性、進食心理選擇的多樣性、食饌製作的靈活性、區域內風格的歷史傳承性和區域間文化交流的通融性，他自己稱這為「四大原則」、「五大特性」。從那以後，他一直是這樣説的，沒有改變。還有其他學者，也曾有過諸如此類的説法，這裡不再引證。對於這些見解，筆者覺得有些困惑，因為人類文明可以概括為物質和精神兩個方面，雖然它們之間有互相依存、互相影響的關係，但如果將這兩者混在一起去認識中華飲食的特徵，常有顧此失彼、混淆不清的感覺，所以筆者主張將物質文化和精神文化分別闡述。

從物質文化的角度講，中華民族飲食文化的特徵主要表現在：以植物性食物為主的膳食結構（具體地講長江流域以南以稻米為主食，長江以北以小麥麵粉為主食，除信奉伊斯蘭教的少數民族外，其他民族的肉食品以豬肉為主，尚有好多少數民族至今仍是以畜牧業為主）；營養指導的兩元化（近代營養學和中國傳統醫學原理同時干涉人們的飲食生活）；複雜多變的烹飪技術；匕箸進食的合食方式；以鮮為佳的調味主張；超越宗教的飲食禁忌（信奉伊斯蘭教和佛教的人士除外）。

從精神文化的角度講，「民以食為天」的人本思想；「醫食同功」的飲食原則；「天人合一」的人文傳統；貴和尚中的倫理原則；儒家傳統的禮俗規範。對於以上這些特徵，出於我們中華民族的思維慣勢，通常都持弘揚的心態，當將其與域外飲食文化比較時，如果發現別人的飲食文化特徵與我們的思維慣勢不一致時，很容易產生鄙視或抵觸情緒，我們常常聽到如「中華民族飲食是人類最健康最文明的飲食」之類自豪語言，其實還是文化沙文主義的不自覺的表現，對於世界上任何一種飲食文化形態而言，本無優劣之分，就像鞋子穿得是否舒適，只有自己的腳知道一樣。文化的排他心理和包容性是共存於一體的矛盾，因此任何一種傳統文化都會有其消極的一面。有人清理過中華飲食文化的消極面，主要有奢靡、暴殄天物和強讓過度三個方面[12]。筆者贊同這種分析。

需要説明，本節若干觀點的介紹，已成為業界的常識，為節省篇幅，故而對其出處未作詳細説明。

# 第四節 孔孟食道

　　「孔孟食道」這個提法的首創者是趙榮光先生，最早叫「孔子食道」，首現於《商業研究》（1993 年 5-7-8 號），原題目為《中國飲食文化民族性特徵概說》，後收入《趙榮光食文化論集》（黑龍江人民出版社，1995 年），該文所說的孔子食道，即《論語·鄉黨》中孔子論述的那段文字。後來在 1998 年世界華人飲食科技與文化交流國際研討會（1998，大連）上，他又提交了《孔孟食道與中華民族飲食文化》的論文，該文系統地闡述了先秦儒家和其他諸子的飲食理論觀點，但該文並未提及《論語·鄉黨》。後來該文又發表在《黃帝與中國傳統文化學術討論會文集》（陝西人民出版社，2001 年）。2000 年，趙先生與謝定源先生合著《飲食文化概論》時，孔孟食道再次作為中華民族飲食理論的四大原則之一進入他的系統化的著作，此後的《中國飲食文化概論》（高等教育出版社 2003 年第 1 版和 2008 年第 2 版）都是如此，2006 年上海人民出版社出版的趙榮光著《中國飲食文化史》依然如此，諸書闡述的孔孟食道的核心文獻都是《論語·鄉黨》，足見這是趙先生一以貫之的食學思想之一。關於孔孟食道本身的評價，我們稍後再說，這裡首先要講清楚孔子對「道」的一般解讀。

## 一、孔子論「道」，兼及其他

　　曲阜師範大學國學院的鄭治文和傅永聚認為：「孔子之道的真義不過是『仁禮合一』『即凡而聖』（極高明而道中庸）二語而已」。「仁禮合一」與「即凡而聖」也正是孔子儒家之精神所在。孔子這種圓融貫通「道德自覺與道德規範」、「超越理想與生活日用」的生命的學問，正是當代學人創構「生活儒學」所亟待開發的寶貴精神資源[13]。

　　所謂「仁禮合一」，就是以「仁」為禮之本，仁是內化的禮，禮是外化的仁。「克己復禮，天下歸仁」（《論語·顏淵》）就是這個意思，如果沒有仁的支撐，徒具虛偽外表的禮，便會僵化為「吃人的禮教」。只有「仁禮合一」才是儒門真傳的孔子之道，這個道的內蘊便是「即凡而聖」、「極高明而道中庸」，這既是形而上的超越之道，又是百姓日用之道。所以孔子要求「非禮勿視，非禮勿聽，非禮勿言，非禮勿動」（《論語·顏淵》），這是「克己復禮」的具體標準，也即是孔子所說的仁道，既是人生的終極關懷，也是日常生活的準則，能做到這一點則「朝聞道，夕死可矣」（《論語·裡仁》）。孔子的這些思想，在戰國時期的儒家後學那裡，集中反映在《禮記·中庸》裡，「仁禮合一」和「即凡而聖」很好地結合到一起了。

　　孟子是戰國時期的孔子，他不僅盡力提倡仁道，而且在行動上要講究「義」，這在《孟子》中可算是連篇累牘，他説：「仁也者，人也，合而言之道也」（《孟子·盡心下》），孟子的仁道即人道，所以他才有「民為貴，社稷次之，君為輕」（《孟子·盡心下》）的豪言。恪守仁義之道，則「人皆可以為堯舜」（《孟子·告子下》）。

　　孔孟之道，偏於人倫，這是儒家的特色，而先秦道家，則把他們視角擴大到天地萬物，現在傳世的《老子》、《列子》、《莊子》等道家元典，論道的論述俯拾皆是，我們在這裡不想去一一引證那些原文，僅以《淮南子·原道訓》中的一段示其總，「無為為之而合於道，無為言之而通於德。恬愉無矜，而得於和。有萬不同，而便於性。神 於秋毫之末，而大宇宙之總，其德優天地而和陰陽，節四時而調五行」。從秋毫之末到宇宙之大，都只有一個「道」。然而《淮南子》是雜家著作，他也涉獵人倫，例如其《齊俗訓》開頭便説：「率性而行謂之道，得其天性為之德。性失然後貴仁，道失然後貴義。是故仁義立而道德遷矣，禮樂飾則純樸散矣，是非形則百姓眩矣，珠玉尊則天下爭矣。凡此四者，衰世之造也，末世之用也」。這段話説得很精彩，多讀幾遍，自有深刻的體會。

　　其他先秦和秦漢諸子也都各論其道，例如墨子的「兼愛」、「非攻」；法家代表人物韓非則明確指出：「道者萬物之始（宋代佚名注：物以道生，故曰始），是非之紀也（宋代佚名注：是非因道彰，故曰紀），是以明君守始以知萬物之源（佚名注：得其始，其源可知也），治紀以知善敗之端（佚名注：得其紀，其端可知也）（《韓非子·主道》）」，他所説的顯然是治國之道。由於各家觀察事物的角度不同，所以各家之道的指向也各不相同。但這些不同的説法，都沒有明確的「食道」的説法。因此，「食道」的提法，實始於趙榮光先生。


## 二、孔孟食道

　　前已述及，趙榮光所説的孔孟食道，即以《論語·鄉黨》中的那一段話，本書之前各章已經多次引用，為敍述上的方便，這裡不妨再引錄：

　　「食不厭精，膾不厭細。食（音譯）而（音艾），魚餒而肉敗，不食；色惡，不食；臭惡，不食；失飪，不食；不時，不食；割不正，不食；不得其醬，不食。肉雖多，不使勝食氣。唯酒無量，不及亂；沽酒市脯，不食。不撤薑食，不多食。祭於公，不宿肉。祭肉不出三日，出三日不食之矣」。對於這一段話，趙先生有明確的現代語體解釋，為免發生歧義，我們在這裡不妨把這段解釋全文引錄：「齋祭時用的食品不能像尋常飲食那樣，用料和加工都要特別講究潔淨。獻祭的飯要盡可能選用完整的米來燒，膾要切得盡可能細些。飯傷了熱濕甚至有了不好的氣味，魚陳了和肉腐了，都不能吃；色澤異樣了不能吃；氣味不正常了不能吃；食物烹燒得夾生或過熟了均不應當吃；不是正常的進餐時間不可以吃；羊豬等牲肉解割得不符祭禮或分配得不合尊卑身份，不應當吃；沒有配量應有的

醯醢等醬物，不吃；肉雖多也不應進食過量，仍應以飯食為主；酒可以不劃一限量，但也要把握住不失禮度的原則；僅一夜的酒、市場上買的酒和乾肉都不可以用（慮其不醇正、不精潔）；薑雖屬於齋祭進食時的辛而不葷之物，也不應用得大多；助祭所分得肉，因不留神過夜而於當天頒賜；祭肉不能超過三天（祭日天亮殺牲至賓客持歸於家，肉已經放置了三天），過了三天就不能再吃了（很可能變質）。孔子的論述，正體現了他主張祭禮食規以示敬、慎潔、衛生的完整思想和文明科學的進食主張」[14]。

對於這一段被概括為「二不厭、三適度、十不食」的禮食原則，趙先生認為是孔子「飲食主張的科學體系──孔子食道」，而其中最具代表性的是「食不厭精、膾不厭細」，他稱之為「八字主張」。這「八字主張」，並非孔子對常居飲食的一般觀點，而是他的禮食主張，是隆重的祭祀食禮的標準。有些人根據這八個字，把孔子想像成一位美食家，那是不正確的。事實上，孔子本人的日常飲食，可以用「簡素尚樸」四個字來概括，有時甚至達到貧困潦倒的地步。但他秉持「君子謀道不謀食」、「憂道不憂貧」的思想準則，從不追求個人的飲食。此外，在春秋時代的生產力水準，所謂的「精」、「細」，也不是後世「美食家」之流所想象的那樣，對照孔子的一貫思想和行為，我們可不該胡亂歪解聖人的言行。

孟子是孔子學說的醇正繼承者，他的飲食思想可以用「食志」、「食功」、「食德」三者來概括，所謂「食志」，就是獲得食物必須要勞動（勞心勞力均可）；所謂「食功」；就是反對「素食」，個人的勞動貢獻與所得食物等值；所謂「食德」，就是堅持享用「正大清白之食和符合禮儀進食的原則」。他的這些觀點，在《孟子》一書中俯拾皆是，所以我們把先秦純儒的飲食主張合稱為「孔孟食道」。故而趙榮光說：孔孟食道，是春秋戰國時代中國歷史上民族飲食思想的偉大輝煌，是秦漢以下兩千餘年中華民族傳統飲食思想的主導與主體，同時也是影響至今的中國人飲食生活實踐中潛在作用的主要因素。因此可以說孔孟食道既是歷史的，也是現實的。說它是歷史的，不僅因為它是歷史上出現與存在的，同時也還在於它是歷史個人與歷史局限的。它首先是小農經濟時代的歷史產物，是孔孟和孔孟式個人的「謀道不謀食」的君子類的食思想與食實踐；其次它重民食而非己食，是抑制個人飲食欲望愉悅追求的理論。孔孟食道無疑有其歷史的革命性、進步性、合理性，但顯然並不完全適合改變了的時代思想和生活都發生了重大變化的人們的要求。

在第五章中，筆者用《論語‧鄉黨》來說明中國飲食風味最早出典「二不厭、三適度、十不食」中準確地包含了色香味形質這五個風味要素。如果說它們就是孔孟食道的全部或整體，恐怕還嫌不夠，因為我們從先秦儒家的元典著作中可供歸納的飲食理論特別是中華飲食的人文精神，遠不止這些。筆者在追求探索之中，覺得至少有如下三點，值得我們重視。

### 1. 上下不移，仁禮為先

先秦儒家力主上下不移、尊卑有序，《論語·顏淵》：「君君，臣臣，父父，子子」被孔子認定為社會秩序的天條鐵律，在人們的一切活動中都不可違犯，飲食活動更是如此，《論語·鄉黨》的本意即在這裡，而維持這種秩序的基礎正是仁和禮，我們在前一節中所引鄭治文、傅永聚的文章中已經說得很清楚了。但在當代的民主社會，一味強化等級觀念，似嫌過分，所以應該將「上下不移」改為「尊老愛幼」，這樣才更加具有永恆的倫理價值。

### 2. 以食養志，取之有道

《論語·子罕》：「三軍可以奪帥也，匹夫不可奪志也」。孔子把人生的志向看得比什麼都重要，反對糊裡糊塗地活著，他鄙視那些「飽食終日，無所用心」（《論語·陽貨》）的人。《論語·裡仁》說得更具體，「富與貴，是人之所欲也；不以其道得之，不處也。貧與賤，是人之所惡也；不以其道得之，不去也。君子去仁，惡乎成名？君子無終食之間違仁，造次必於是，顛沛必於是」。所以孔子不僅要求「克己複禮」，而且要人們做謙謙君子，對於那些取之無道的行為，他甚至號召子弟們「鳴鼓而攻之」，他鄙視「小人儒」，以致後世儒家在不得志的時候，要「安貧樂道」。後世儒家荀卿甚至說：「偷儒憚事，無廉恥而嗜乎飲食，則可謂惡少者矣」[15]。

### 3. 足食節用，崇儉抑奢

這是先秦儒、道、墨、法諸家的共同思想，是當時民族大眾普遍的思想和生活準則，有關的文獻論述如汗牛充棟，因此我們也無需引摘它們。誠如趙榮光先生所言，孔孟食道是三千年前的飲食規矩，當時的生產力低下，人民生活水準與當今世界自然不可同日而語，雖然其整體精神仍有其積極意義，但畢竟時過境遷，有些方面，顯然不合於當代社會，即以上下、尊卑而言，孔孟的主張與當代的民主人權思想嚴重相悖，「安貧樂道」等君子風格，也與今天的積極創造精神不合。至於市場經濟條件下的儉奢觀念，也和農耕文明格格不入了，社會進步需要生產和消費同步，如果僅僅滿足於「足食節用」不僅實現不了現代化，而且還有被現代世界排斥的危險。所以我們講孔孟食道，並非復古，而是古為今用，用揚棄的工夫使傳統文化煥發時代青春。

# 第五節 中華飲食根本之道

　　孔孟食道基本上只是古代儒家信奉的飲食倫理，秦漢以後就有了很大的變化，這種變化是由於人的變化所引起的。當秦漢兩朝專制政體規範化以後，士大夫們有了明確的奮鬥目標，特別是漢武帝「罷黜百家，獨尊儒術」以後，靠死讀儒家經典為進身之階的人日益增多，其中一部分人仍以先秦純儒為榜樣，恪守孔孟食道；而一部分人則表裡不一、言行不一，成了孔子所痛恨的「小人儒」。這種現象歷朝歷代都是如此，以致有一部分人對此強烈不滿而「離經叛道」，其中以清代的袁枚最為突出，趙榮光曾以袁枚詩句「鄭孔門前不掉頭，程朱席上懶勾留」為題述評袁枚的飲食思想（他寫過多篇此類文章），介紹袁枚公開宣佈自己「好色」、「好味」，揭露某些「小人儒」滿嘴仁禮道德的虛偽性，該文有一段話闡發「禮」與「文明」的關係，他說：「中國古代的『禮』或古人講的『禮』都不是普通的習俗，也不是一般意義的文化或文明；它是規範化的『習』，是神聖化（或神秘化）的『俗』，是加工過的『文化』和制度，是文飾後的『文明』」[16]。在「飲食男女」面前，有些人能夠約束自己，「克己複禮」；有些人則縱情聲色犬馬，留下千古罵名；也有些人（即如袁枚）尊重自然情性，「好色」並不縱欲，「好味」如作文章，中國歷史上許多「才子」都是如此，寧做淳樸敦誠的真人，不做矯情做作的「君子」。只有在這些人那裡，曾經的孔孟食道才被發展成中華飲食的根本之道。

　　二十世紀八十年代以後的「烹飪熱」，中華飲食之道的說法很多，天津的高成鳶先生早已研究此道，他在理論體系上更接近於道家，把古人的陰陽概念物化為飲食中的鮮和香，從而把食道衍化為味道[17]。趙榮光先生通常不用「飲食之道」的提法，他稱為基礎理論，即前已述及的「食醫合一」、「飲食養生」、「本味主張」和「孔孟之道」等四大原則。更多的學者則把視點放在「和」或「中和」，如西安王子輝先生[18]、山東王賽時先生[19]。而臺灣的李亦園先生則稱為「理論圖像」，並以「致中和」作為最基本的描述方式，他是迄今為止，對中華飲食之道作出最清晰說明的學者。

　　李亦園認為：我們中國人雖然好吃，也會吃，但這並不是我們人生的最高目標，我們中國人追求的最高境界是宇宙、自然與人的最後共同的和諧均衡，那才是我們中國人的終極關懷。為此他曾經提出「三層面均衡和諧模型」，也叫做「致中和宇宙觀」，其理論架構如下：

| 致中和宇宙觀 (三層面均衡與和諧) | 1.自然系統（天）的和諧，又分時間與空間的和諧。 |
| | 2.人際關係（社會）的和諧，又分人間的和諧和超自然界的和諧。 |
| | 3.有機體系統（人）的和諧，又分內在的和外在的和諧。 |

　　實際上就是自古以來，中國人行為的最高文化指令，無論是個人的日常生活、維持身體健康、社會活動中的人際關係，以至於國家政府的運作，甚至整個宇宙自然的運行，都以此——和諧均衡為最高的理想目標，抑或是中國文化的終極關懷，用我們大陸地區的習慣講，就是中國人最高的精神境界。而這種境界最早的元典敍述見於《禮記·中庸》：「喜怒哀樂之未發，謂之中；發而皆中節，謂之和，中也者，天下之大本也；和也者，天下之達道也。致中和，天地位焉，萬物育焉」。

　　「致中和」文化觀在時間上有連續性，在空間上不僅涵蓋了中華本土（包括兩岸四地），而且也擴散到朝鮮半島、日本、越南等地，在飲食層面上形成了「中華飲食文化圈」，圈內的飲食文化樣式不僅有明顯的共性，而且也存在明顯的個性變異。對於中國本土和日本、韓國在飲食文化方面的「致中和」因素，李亦園先生用下表予以歸納。

| 專案＼地區 | | 中國本土各區域 | 日本 | 韓國 |
|---|---|---|---|---|
| 飲食之和 | 食物結構之和 | √ | √ | √ |
| | 調味之和 | √ | √ | √ |
| | 鼎鑊之和 | √ | | |
| 自然之和 | | √ | √ | √ |
| 人際之和 | | √ | | |

　　該表不僅表示了在飲食製作上，日、韓的烹調技術顯著地遜於中國，而且在人際之和方面，只有中國人熱衷於會食共飲，日、韓都喜歡「各人一份」或獨飲。至於中國本土，無論是兩岸四地，還是大陸內地各省、市、區，無不大同小異，這種「致中和」的文化基因，可以產生量的變異，但不會出現質的顛覆。

　　李亦園先生將全球性的飲食文化學術研究，作如下的大致分類：

| 飲食文化學術研究 | 實用面 | 管理營運 |
| | | 營養、烹調、生產面 |
| | 表達面 | 美學 |
| | | 社會文化面 |

如果將該表切換成大陸地區慣用的馬克思主義術語，實用面即是物質文化，表達面則為精神文化。這兩者都可以看到我們中國人念念不忘的「食不厭精、膾不厭細」，是由於有一套「致中和」的終極關懷哲學在最深層作為根本的導引力量，由於這一套「致中和」終極關懷的指令，中國人追求美食雖有養身壯體的目的，但另一方面也是維護人際的和諧，以及與宇宙自然的和諧與均衡[20]。

李亦園先生把「致中和」作為中華飲食文化的「理論圖像」，比起「和」或「中和」有更深刻的精神境界，但是卻也忽略了中華民族另一個特有的文化指令，即「大一統」。

「大一統」，首見於《春秋公羊傳·隱西元年》，原作經文「王正月」的釋文。統者，始也。是說正月是一年政令的開始，好像沒有什麼深文大義。然而到了漢武帝時，董仲舒作「天人三策」與漢武帝一問一答，可以說是越說越玄，事關國家興亡。到了最後，董仲舒乾脆說：「《春秋》大一統者，天地之常經，古今之通誼也。今師異道，人異論，百家殊方，指意不同，是以上亡以持一統；法制數變，天下不知所守。臣愚以為諸不在六藝之科孔子之術者，皆絕其道，勿使並進。邪辟之說滅息，然後統紀可一而法度可明，民知所從矣」。經他這一番搗鼓，漢武帝終於採取了「罷黜百家，獨尊儒術」的基本國策，雖然沒有像「焚書坑儒」那樣去殺了其他各家各派，但也造成了儒學獨大的專制局面。「大一統」也就成為我們中華民族的文化基因之一，成了中華帝國專制主義的鐵律，其力度不亞於秦始皇。所以有些歷史學家說，秦始皇只是在疆域方面統一了中國，而漢武帝則是把儒學建成了中華民族的精神脊樑，其出謀劃策者竟然是儒生董仲舒，他的儒術較之孔孟，已經大大地變味了[21]。

「致中和」加「大一統」，同樣都是中國人終極關懷的指令，是中華民族兩千多年「分久必合，合久必分」的鑰匙，不管你喜歡還是不喜歡，讚頌還是反對，都無法繞開它，就像孫悟空頭上的緊箍咒，它們影響了我們炎黃子孫的前世今生，自然也影響了我們的飲食生活。李亦園先生說「致中和」使我們追求到自然、社會和人際的和諧均衡，但這絕不是絕對的，所有的和諧都要受到「大一統」的制約，「致中和」使我們包容兼愛，「大一統」使我們長了主心骨，造就了揮之不夫的專制主義，我們必須面對。

如果我們用「致中和」和「大一統」這兩大法寶，去對照中華飲食文化中的任何一個部件，都是準確無誤的，所以我們主張把它們認定為中華民族飲食文化的根基之道，也就是李亦園先生所說的終極關懷。

# 第六節 食學

「食學」這個提法，最早見於 1966 年，毛澤東青年時代的好朋友（後因政見不合而分道）、詩人蕭三的長兄蕭瑜在臺灣出版了一本 5 萬多字的書，書名叫《食學發凡》[22]。在此之前，僅有「飲食學」的說法。二十世紀七十年代，曾為軍醫的臺灣醫生狄震又出版了書名為《中華食學》的飲食指導書[23]。從此以後，「食學」一詞竟無人問津，直到 2011 年，趙榮光先生在杭州主持召開一次規模相當大的國際飲食文化研討會，會標就叫做「2011 杭州亞洲食學論壇」。接著 2012 年，第二屆亞洲食學論壇在泰國曼谷召開（由泰國朱拉隆功大學主辦，泰國國王的女兒詩琳通公主任會議主席）。第三屆，又回到了浙江紹興，2014 年的第四屆在西安召開，2015 年在山東曲阜召開，這五次會議，不僅打出了「食學」的旗號，還建立了相關的網站，尤其是雲南《楚雄師範學院學報》從 2013 年起，開辦了「食學研究」專欄（每年要出 9 期），這是很了不起的創舉。更令人欣慰的是，2016 年日本大阪和 2017 年韓國首爾都將接辦此論壇，「食學」已經成型。

趙榮光先生此次提出「食學」這個名稱，並非受到蕭瑜的啟發，蕭瑜工作的發現緣起於筆者對飲食文獻的整理，是杭州會議之後的事情。從 2011 年秋天以後，筆者也曾接觸到一些飲食文化研究界的同仁，對「食學」的提法，有人贊成，也有人反對。但除了本人以外，其他同仁並未明確亮出自己的觀點。本人以為：從「烹飪熱」到飲食文化研究，主要是因為「烹飪」這個口袋太小了，裝不下「飲食」這個大塊頭，於是「飲食文化」便應運而生，致使「烹飪」派也不得不接受它。現在飲食文化研究到了「深水區」，文化遇到了科學和哲學，它那個口袋也嫌小了，加之飲食文化在古代和當代的學科體系中都找不到娘家，作為茶餘飯後的談資，可以不認真，但作為一門學問，如果說不出子丑寅卯來，豈不太草率了。

筆者老朽，臉皮甚厚，不怕別人笑話，所以膽子較大，杭州會議後寫了兩篇文章，一篇是為《趙榮光教授榮退紀念文集》寫的，題目叫《食學芻議》，一篇為《追溯中國飲食哲理的祖宗——碎片化的陰陽五行說》（已發表於《楚雄師範學院學報》2013 年 1 期），如果尚有天年，還想寫一篇《當代中華飲食的哲理基礎》。而對於食學全貌的認識，這裡作初步的討論。

需要說明，本人武斷地說國內的飲食學界同仁，目前尚沒有人能夠評價全人類飲食學的功底，並不是因為我們懶惰，而是沒有那個條件，像 JackGoody、石毛直道那些大師們，在大陸食學界是不可能出現的。但我們有豐厚的古文化遺產，只要我們能靜下心來，肯花工夫，把中華食學研究個「水落石出」，這個可能性還是存在的。但是我們又

不能沒有世界眼光。中文拼音的發明者，語言學大師周有光（他已經110歲，仍在寫作）同時也是一位文化學者，他堅持用世界的眼光看大陸，堅持科學發展的一元性，強調用世界的眼光看中國，主要目的是要探討規律。中國和外國同在一個地球，從大陸看中國，眼光狹窄，許多問題看不清楚。從世界看中國便於發現規律，把握規律[24]。周有光先生研究中華文化的著眼點是漢語，這是頭號的「中國特色」，可他說：「任何科學，都是全人類長時間共同積累起來的智慧結晶。顛撲不破的，保存下來；是非難定的，暫時存疑；不符實際的，一概別出。公開論證，公開實驗，公開查核。知識在世界範圍內交流，不再有『一國的科學』『一族的科學』『一個集團的科學』，學派可以不同，科學總歸是共同的、統一的、一元的」。「科學有一元性，不分階級，不分國家」。所以我們今天開展食學研究必須採取這種科學的態度。說白了，就是在食學研究中，物質和精神，科學和人文，道和器，中國和外國，都要作全面的考察。「烹飪熱」中的民族沙文主義情緒，是愚昧的表現，這在一個以手工勞動為主的行業中，這個弊端始終是存在的。飯店老闆和廚師可以不管這些，食學研究者不可忽視。

## 一、中華食學的淵源——古代農家和中醫

「食」在漢語中，用作動詞為「吃」，延伸為耍賴，如食言；用作名詞指「食物」，延伸為俸祿，是個使用頻率很高的常用漢字，正因為如此，與食相關的知識就涉及各個方面。《尚書·洪範》就定為「八政」之首，雖然司馬談作「六家要旨」時，並無農家，但對食物的生產和消費，還是給予極大關注的。而班固作《漢書·藝文志》時，定農家為九流之一，其定義為：「農家者流，蓋出於農稷之官。播百穀，勸耕桑，以足衣食，故八政一曰食二曰貨。孔子曰『所重民食』，此其所長也。及鄙者為之，以為無所事聖王，欲使君臣並耕，悖上下之序」[25]。這裡的最後一段，反映了儒家輕視體力勞動的劣跡，對照《論語》「樊遲請學稼」那段文字，我們就不難理解先秦農家存世者寥寥的根本原因，儘管秦始皇「焚書坑儒」並不毀農家著作，《漢書·藝文志》所列九種農家著作明確為六國時著作者僅有兩種，而現今僅存漢代《氾勝之書》的殘本。以致我們在今天無法認定先秦農家的代表人物，僅在《孟子·滕文公上》記有一位「有為神農之言者許行」，還有位叫陳相的人，他原為儒者陳良的門徒，他願意棄儒學農，被孟子著實教訓了一番，從而引出孟子「勞心者治人，勞力者治於人；治於人者食人，治人者食於人」的宏論。從古到今，如果「食於人」者食得過分，那就是農民起義的誘因。所以歷代農家對此均持批評的態度，現存中國兩本著名農書之一的《齊民要術》，在其「敘言」中，賈思勰引《論語·微子》中的一句「丈人曰：『四體不勤，五穀不分，孰為夫子』」？以此責難孔子，又說：「是以樊遲請學稼，孔子答曰：『吾不如老農』。然則聖賢之智，猶有所未達」。另一本書《農政全書》則引用了後一句話，刪去了前一句，算是給孔夫子留

點面子。

對於歷代農家以及某些法家人物如李悝、商鞅等的涉農言論，賈思勰和徐光啟都較詳細地摘引了，但我們現在能見到的原始文獻卻很少了，《管子》在《漢書‧藝文志》裡歸入道家，其實並不都是管仲的遺文，不過其中有不少關於古代農業的論述，特別是其第一篇《牧民》篇（多數學者認為是管仲原作）有：「倉廩實則知禮節，衣食足則知榮辱」，為歷代學者所尊崇，與孔子「去食存信」的說教相比，管仲說的是大實話，而孔子則要求人人皆為聖賢，實際上是做不到的。先秦農家的專著雖然多已散佚，但在其他子書中還留有不少痕跡，尤其是雜家如《呂氏春秋》，其《士容論》的《上農》、《任地》、《辯土》、《審時》諸篇，講的都是農業生產。這四篇也見於唐天寶年間出現的《亢倉子》（或《亢桑子》的《農道篇》）。另外，其《本味》篇便是眾所周知的關於烹飪原理喻政的論述。秦漢以後，對農家的認識逐步加深，尤其是《史記》和《漢書》中都有的《酈生（食其）列傳》中，酈食其在說服劉邦穩齊攻楚時說：「王者以民為天，而民以食為天」，為後世治國理政者必須信奉的訓條，現在則成了食學研究者的口頭禪。現在傳世古農家著作中，真正對農業生產技術作全面總結的是北魏賈思勰的《齊民要術》，在其書序中把神農氏和後稷定為中華農業的鼻祖，這和《史記‧貨殖列傳》是一致的，賈思勰自己說：「今采捃經傳，爰及歌謠，詢之老成，驗之行事，起自耕農，經於醢醢，資生之業，靡不畢書」。故《齊民要術》是中華食學第一次集大成的著作，其內容涉及農作物栽培、林業、畜牧、養殖、食品製造和烹飪等。其後，隨著社會分工的細化，此後的古農書逐漸將食品製造和烹飪等分化出去，如元代王禎的《農書》雖列有「飲食類」，但內容簡略，倒是其收入了一些烹飪器具的圖譜。就是最後一部集大成的農書著作——徐光啟的《農政全書》，在其《製造》篇列有「食物」一項，所述均為發酵食品，但它見證了食品製造和烹飪的分家。大體上可以佐證自唐宋以後，古農書中有關食品製造和烹飪內容逐漸變少，到了明代，宋應星《天工開物》中共列 18 篇，其中就有 8 篇是從農書中分列出來的，所謂「士農工商」四民的分工日益明顯。但是就食學而言，其原始源頭的確是古代農家。王禎在其《農書》自序中說：「農，天下之大本也」。這句話具有永恆的價值，至今仍是如此。我輩研討食學，萬不可忽略農業和農學。

「神農嘗百草」是中國自古就有的美麗的傳說。「百草」經過嘗試，有毒為藥，無毒為食。因此神農氏是農家和醫家共同的鼻祖，所以「藥食同源」是中華食學的一大特點，中醫也就成了中華食學的一大淵源。本來，「神農嘗百草」這種事，外國祖先一定也做過，但他們的後代沒有當回事，沒有「記錄在案」，這足以使我們炎黃子孫引以為榮。

關於中國傳統醫學的鼻祖，大家都說是神農氏。《淮南子‧修務訓》中有一段關於「神農嘗百草」的敘述，但不同版本的《淮南子》，在文字上略有差異，陳邦賢引用的說法是：「神農乃始教民，嘗百草之滋味，當時一日而遇七十毒，由此醫方興焉」。但在漢高誘注的《淮南子》中，這段文字是：「古者民茹草飲水，采樹木之實蠃之肉，時多疾病毒

傷之害。於是神農乃始教民播種五穀，相土地宜燥濕肥饒高下，嘗百草之滋味，水泉之甘苦，令民知所辟就。當此之時，一日而遇七十毒」[26]。這裡並沒有「由此醫方興焉」，但神農宣導了醫藥是肯定的。

司馬遷《史記》中關於醫藥的記述並不多，但他為扁鵲（秦越人）和倉公（淳於意）立了傳，這是中國最早的醫生傳記。在其所記的醫案中，關於飲食和健康的關係，人們已經相當認可了。班固《漢書‧藝文志》中，將醫經、經方、房中、神仙等與醫學相關的書籍統為方技類，收錄經書 36 家 868 卷，其中，僅「經方」中有《神農黃帝食禁》七卷與飲食有關。而「醫經」的《黃帝內經》中，有許多關於飲食養生的理論敍述。《漢書》雖無更多的「醫食同源」史料，但在經方中列舉食經，成為後代史學家的慣例，從《隋書‧經籍志》以後，有關食經、食方的書籍都是這樣分類的，這是中醫成為中華食學淵源的重要根據。

《黃帝內經》是中醫的頭號核心典籍。在學術體系上闡述了傳統醫學的基本原理，所涉及的內涵與近代醫學基本上是一致的，也包括了與飲食關係最為密切的營養學，只不過在生理模型和醫學術語方面不同於近代醫學而已，所以從整體上看，它是科學的，但是，在以往的研究中，忽視對其中營養理論的研究和發展，尤其是在「烹飪熱」中，把中國傳統的食物結構當作營養理論，而對真正的傳統營養理論——營衛學說幾乎無人談及，更不要說對它進行現代解讀了。筆者曾為此有過專門的論述[27]。

農學和醫學，在現代學術分類體系中，均屬於自然科學，農學主食物的生產，醫學主食物的生理功能，這兩者均不涉及食物的分配和消費，而分配和消費屬於人類的社會行為，存在均與不均的問題。司馬遷說：「禮由人起。人生有欲，欲而不得則不能無忿，忿而無度則爭，爭則亂。先王惡其亂，故制禮義養人之欲，給人之求，使欲不窮於物，物不屈於欲，二者相待而長，是禮之所起也。故禮者，養也。稻粱五味，所以養口也；椒蘭芬　　，所以養鼻也；鐘鼓管弦，所以養耳也；刻縷文章，所以養目也；疏房床笫幾席，所以養體也。故禮者，養也」。然則，各種生活物資並不都是十分豐富的，不能夠滿足所有人的「欲」，於是利用階級杠杆，分出貧富貴賤，定出規矩，這個規矩就是「禮制」。《詩》、《書》、《禮》、《樂》都是闡明禮的古代經典，尤其是《禮》，直接對不同的人，在物質分配和消費行為作出嚴格的規定，也包括了鬼神，即是說祭祀也有嚴格的等級規則，司馬遷說：「大饗上玄尊，俎上腥魚，先大羹，貴食飲之本也」。烹飪水準提高了，但在祭祀中，清水或薄酒（玄尊）、生魚（腥魚）、大羹（不調味的肉湯）仍是尊貴的祭祀禮品，因為這些都曾是人類的食物，在祭祀中使用以示不忘本。

儒家尊奉的《禮》指《周禮》、《儀禮》和《禮記》，合稱《三禮》，在「養口」方面有多種規則，為了尊卑親疏，在食物的種類和製作方面也都區分了貴賤。本來在家庭中，烹飪製食的分工是由「主內」的女人擔任的，但在上層社會中，女人比下層社會的男人還要尊貴，這樣烹飪製食就由身份低微的男人擔任，出現了專業廚師，這在《周

禮・天官》中有明確的論述，而且這些專門服務於帝王和貴族的廚師，其技藝水準遠在家庭婦女之上，他們掌握的高級烹飪技術一直處於不同時期的技術頂端，其中有些人還具有很高的社會地位，如《楚辭》中說到的彭鏗（彭祖）、「說湯以至味」的伊尹，乃至傷天害理的易牙，他們都有顯赫的政治舞臺。正由於此，中華烹飪一直具有濃重的帝王意識，直到今天仍是如此，人民大會堂的廚師很樂意別人稱呼他們為「御廚」，就是其遺韻。

漢唐以後，商業性的社會餐飲業雖然形成規模，但人們心目中嚮往的還是「御宴」，這就使得烹飪技術從農書中分離出去以後，進入了《禮》的範圍，大陸現存最早的菜譜（「周代八珍」）就見於《禮記・內則》，而《論語・鄉黨》則成了食禮內涵的經典闡述，漢晉以後的那些食經、食譜，也一直繼承這個傳統，只注重結果，不深究過程，這導致直到乾隆年間，才有《隨園食單》中的「須知單」和「戒單」，對烹飪進行比較完整的技術總結，是為中華餐飲文化在前科學時代的最高境界。

《漢書・藝文志》列儒、道、陰陽、法、名、墨、縱橫、雜、農、小說 10 家，但我們常說的「九流」並沒有小說家。班固說：「諸子十家，其可觀者九家而已」。故而小說家不入流，大概因為「小說家者流，蓋出於稗官。街談巷語，道聽途說者之所造也」。不過孔子並沒有完全否定它。我們當今引用的若干食事文獻，便出於此類小說家（它和現代文體的小說是兩碼事），在「四庫」中屬於「子部」。在飲食文化研究中，古代小說家具有不可或缺的地位，有人認為，著名的《呂氏春秋・本味》便出於小說家的《伊尹說》，此說未必允當，因為道家中也有《伊尹》五十一篇。唐宋以後，小說家的著作演變為文人筆記，其中飲食史料特多，不過不管怎麼說，我們在引用這些小說家筆記史料時，一般都要取慎重的態度。

我們通過對中國古籍的梳理，可以清楚地看出中華食學的淵源。主要起源於屬於古代科技的農家和中醫。只是因為階級社會誕生以後，飲食發展為一種文化現象，越發具有人文社會的特點和內涵，在 5000 年的中華文明發展史中，它逐漸受到儒家的規範和宣導，作為封建禮制的重要內容之一，至今仍在指導我們的飲食生活行為規範，並在筆記小說家的著作中得到與時俱進的記述，國人飲食的中華特色，主要方面雖記錄於此，但它們並不是中華食學的根本源頭。

## 二、再談「烹飪是文化是科學是藝術」

上一節裡，我們討論了從先秦到明清時期，中華食學的變化和傳承，十九世紀西學東漸以後，農學和醫學發生天翻地覆的變化，特別是醫學，西方傳入的近代醫學幾次要顛覆中醫，但都沒有成功。而中國人的飲食生活卻依然是老樣子，雖然西餐也進入了中國，但中國人依然拿著筷子進食。不過，飲食作為一種學問、一種社會生活門類、一種

生產技術，中外其實沒有絕對本質上的不同，從生產技術角度講，中西的區別在機械化，無論是農業生產還是以農產品加工為主要特徵的食品製造，西方很快吸收了工業革命的成果，提高了生產效率，中國相對落後，至今還在追趕。從社會生活門類的角度講，中西飲食的差異主要源於各自的文化背景，即中西飲食文化的確差異大於相同；從學術體系的角度講，中西都沒有形成完整的食學體系，正如蕭瑜所說：「全世界尚無一部……飲食學通典或通論」[22]。誠哉斯言。每個人對於飲食的認知，幾乎都是各說各話。

唐宋以後，國人對於飲食的認識和追求，一是關於烹飪技術；二是關於飲食感受。前者主要群體是廚師和家庭主婦；後者主要是文人。所以我們今天所說的「食經」，其主要內容即菜譜，而所謂的飲食文化研究，即「文人談吃」。如果今天我們在這兩者的基礎上建立食學，就顯得太狹隘了。

二十世紀中葉，中國人飲食水準相對低下，饑餓現象普遍存在，加之毛澤東推行「均平」思想，國人飲食生活幾乎沒有區別。1956 年的城鄉社會主義改造運動，連廚師這個職業的技術傳承鏈都幾乎斷裂，老廚師不願意收新徒弟，而社會的客觀需要又迫使相關主管部門（即主管消費的商業部門）不得不用開辦學校的方法來培養廚師（這和民國時期以培養家政人才的烹飪教育有本質的區別）。這些初級烹飪教育機構，除了對學員有一定的文化知識要求外，還開設了諸如《烹飪營養與衛生》之類的近代科學內容，而且系統地總結了袁枚以後的烹調技術，從而走上了現代化的道路，這真是歪打正著。

1980 年以後，人們的飲食生活水準有了明顯的提高，農業和食品製造業都有了很大的發展，社會餐飲的需求日益旺盛，商業主管部門有了發展餐飲行業的衝動。「烹飪」被作為一門學問提到議事日程上來了。二十世紀八十年代有三件標誌性的事件：1980 年《中國烹飪》雜誌創刊；1983 年江蘇商業專科學校中國烹飪系（現揚州大學旅遊烹飪學院）開辦；1987 年中國烹飪協會成立。這三件事標誌著新時期「烹飪熱」的到來，也開闢了中華食學研究的新紀元。

有人以為「烹飪熱」的說法略帶貶義，其實不然。「烹飪熱」是中國人飲食生活由饑餓走向溫飽的標誌，中國烹飪協會剛成立時，提出了「三個為主」的指導方針，即「大眾化消費為主，個人消費為主，以工薪階層為主」[28]。可惜後來偏離了這個方針，以致現在許多人不知道這「三個為主」，助長了社會享樂主義和奢靡之風。另外，「烹飪熱」提升了大陸學術界對飲食文化研究的熱情，而且空前地提高了大陸廚師的社會地位和工資水準，廚師當人大代表和政協委員成為時尚，還有當了大學教授和專欄作家的。不過有人還不滿足，說歷史上有廚師當宰相，於是出現了一個響亮的口號：「烹飪是文化、是科學、是藝術」。從表面上看，這個口號沒有什麼不妥，問題是這三個「是」就是三個等號，無論是文化、科學還是藝術，都是人類知識的精華部分，現在都集於「烹飪」之下，過猶不及到發狂的地步。在有些人看來，烹飪是天下第一學。筆者覺得這個提法不合邏輯，斗膽提出質疑，結果招致一片反對之聲，簡直就是一頭闖進瓷器店的蠻牛。

筆者還以為，烹飪的本質屬性就是燒飯做菜的技術或技藝，而上述口號中卻沒有表明這一點。當這個口號流行時，還有一個「烹飪王國」的説法，把不同地域人群的飲食生活式樣，分出高下優劣，這是極其錯誤的沙文主義情緒。

現在，「烹飪是文化、是科學、是藝術」的口號已經很少有人喊了，成了明日黄花，而《中國烹飪文化大典》的出版也為這場爭論畫了句號。飲食，作為人類賴以生存延續的生活範疇，是人類文明的重要組成部分，那是毫無疑義的。也正由於此，飲食絕不限於烹飪這一小部分，所以在「烹飪熱」之後，飲食文化便迅速取代了烹飪的地位。但是，我們依然要回顧那一段歷史，研究中華飲食文化的學術研究和歷史總結為什麼會以烹飪為起點？今後的研究又該做些什麼？這倒很像「五四」運動提出了民主和科學這兩大精神，但究竟什麼是民主？各種説法莫衷一是，而中華人民共和國的成立宣告了這場爭論的結束，工人階級領導的以工農聯盟為基礎的社會主義就是中國式民主的典範，但社會主義民主絕不是僵化的，還要繼續發展，我們仍在探索。

## 三、評蕭瑜關於「飲食四理」及其他

「食學」這個詞的確是蕭瑜所首創，而且他還明確的指出：「食學的領域與使命，包括以下四大方面：即一、飲食的生理；二、飲食的心理；三、飲食的物理；四、飲食的哲理」[22]。後來他作具體解釋時，又按國人的習慣，把「飲食」等同於「味」。他把營養學、烹飪術、食譜之類統稱為「飲食的物理」，並斷言中國只有此類著作，而在歐洲只有一部關於飲食生理和物理的混合著作。他所指這部著作即法國人布里亞·薩瓦蘭的飲食學名著 Physio Logiedugout，這本書名如直譯應為《味覺生理學》，法文初版出版於 1826 年，英文版是 1949 年由美國《美食》雜誌早期編輯費雪（Mary Frances Kennedy Fisher，1908 年—？）翻譯的，而中文版則是由敦一夫、付麗娜的翻譯。書名為《廚房裡的哲學家》[29]。布裡亞—薩瓦蘭的法文全名為 Jean-Anselme Brillat-Savarin，因此有人按英文讀音譯為布賴特—薩夫林（如吳瓊等所譯的卡羅琳·考斯梅爾的《味覺》，中國友誼出版公司 2001 年），蕭瑜則譯為浦利雅沙懷蘭，他生於 1775 年，死於 1826 年，略晚於我們中國的袁枚（1716—1798 年），袁枚的《隨園食單》享譽全球，趙榮光先生尊為「食聖」。薩瓦蘭享譽歐美，其著作被尊為美食聖經，而且至今不衰。中國文化人如錢鐘書等也都推崇過這本書。《隨園食單》偏於技藝，故蕭瑜説它是「飲食物理」著作，而薩瓦蘭的書則兼具生理和物理兩者。我們現在有條件讀《廚房裡的哲學家》了，將它與《隨園食單》比較之後，立刻發現薩瓦蘭是在講飲食科學，儘管十八至十九世紀之交的近代科學並不如今天完善，但比之《隨園食單》就先進多了，可見我們接受近代飲食科學是很遲，傅蘭雅的《化學衛生論》是十九世紀末才出版的[30]。

蕭瑜説中國人和外國人都沒有關於飲食心理方面的著作，這是不確切的，數量龐大

的「文人談吃」之類絕大多數講的是飲食心理，只不過沒有提升到心理分析高度，所以這些著作幾乎沒有共同的規律可循。2000 年，我們在組織編寫中國輕工業出版社出版的烹飪高等職業教育教材（一套由 20 種教材構成的職業技術學院的烹飪教材）時，其中便有一本《飲食消費心理學》，由於當時時間倉促，未能組織相關教師詳細討論，主編周忠民又不幸因病去世，故而未能將已經相當豐富的飲食心理學研究成果吸收進來，現在看來真是一個損失。其實，有關飲食心理的闡述，在儒家經典和先秦諸子中都有很精彩的闡述，在以後的文人筆記中也多有發展。近現代的文人談吃更是汗牛充棟，就連豐子愷的飲食漫畫，也大大超過了巴甫洛夫的條件反射實驗。由於心理學兼具自然科學和人文科學的雙重特徵，而我們飲食文化研究隊伍正缺乏這種人才，從而造成食學研究中的一個短板。蕭瑜所主張的飲食哲理，他自己並沒有說清楚。其實不是哲學（philosophy，）而是五四運動後張君勱所說的玄學（metaphysics），現在都譯成形而上學，因為玄學這個詞容易與古代道家的「玄之又玄」以及後來的魏晉玄學相混淆。1920 年以後，主張科學的丁文江和主張玄學的張君勱有過激烈的爭論，羅家倫曾對這場爭論作過明確的評價。羅家倫說：「以前所謂哲學，實際上包括一切的學問，所以把其中最基本的一部分——卻僅是本體論的部分——特別提出來，叫玄學（metaphysics）」。因此玄學與邏輯學、心理學、倫理學和美學都有密切的關係[31]。蕭瑜的「飲食四理」並不能囊括食學的一切，就食學的人文方面而言，人的飲食活動，既然涉及食物的生產、儲存、加工、分配和消費，就必然是一種社會行為。因此，倫理學的地位不容忽視。倫理學就是根據道德規範而努力建設合理的人生關係，注重人類在社會關係方面的實際問題，以及解決這些問題的方法。這樣飲食倫理就成了新的一「理」。也就是説，人們各自的飲食行為，都要服從一定的倫理道德規範，這在飲食文化研究中經常遇到，在當代的食品安全事件中表現出來的道德淪喪問題已經非常嚴重了，所以在食學研究中，對不同時代的飲食倫理規範，要作出合理的積極的評價。然而，道德的力量對所有社會成員來說，並不都是萬能的，當某些社會成員的失範行徑造成對他人的危害時，社會就要用法律手段來糾正和遏止這類危害，這就是飲食的法理問題。故而筆者以為，「食學的領域與使命」除了生理、心理、物理和哲理以外，還應該有倫理和法理。如果要寫一本食學通論的話，就應該包括這六個方面。這樣的食學通論，就超出了原來飲食文化的窠臼，我們推廣食學的概念，也就師出有名了。前已述及，在蕭瑜提出食學概念之後，一位曾做過軍醫的臺灣醫生，寫了一本叫《中華食學》的書，其主要內容就是營養學，不過其中關於烹調的技術要素，明確指出為調味、刀工和火候三個方面，他的這個歸納比筆者早 20 年，惜乎筆者當年沒有見到過該書。

## 四、中華食學的基本哲學原理

羅家倫認為：科學與玄學的合作，就是哲學，科學是「形而下」的「經驗派」，玄學是「形而上」的理論派。也就是說，科學是探索的，而玄學則是概括的，把這兩者合起來，就成了哲學原理，所以人們往往把玄學與哲學混淆。又因為玄學有唯心主義的嫌疑，所以二十世紀三十年代以後，人們恥於談玄學，概以哲學代之。

飲食的哲學原理，古人早已做過研究。對於中華食學而言，就是碎片化的陰陽五行說。到了近代以後，陰陽之說尚有科學證據，而五行之說則為近代科學所不容，所以即使用「形而上」的方法，也不能自圓其說。因為「形」已經潰敗，何「上」之有？其實古人也並不是死抱著某一固定模式而無限放大的。即如「上善若水」，這裡的水是善良的象徵；同時又有「水深火熱」，而這裡的水兇惡無比。所以我們用某一種物相象徵性地闡明某一領域內的哲學原理時，既要關注其歷史背景和地域特徵，又要與時俱進，不斷豐富其學術內涵。從當前飲食文化的研究現狀看，我們對中華食學的哲理基礎，基本已經在如下五個方面取得了共識。

### 1.「民以食為天」闡明了所有人的生存權利

2200多年前，自稱「高陽酒徒」的酈食其對尚未取得天下的劉邦，獻出解除成皋之危妙計時，說出「民以食為天」這句顛撲不破的亙古名言，被司馬遷記錄下來傳至後世，成為中華食學的理論基礎。也是歷代最高統治者治理國家的頭等要務，大凡治國有方者，都是「民以食為天」的忠實踐行者；相反，凡是昏庸無道者，都不知道「食」乃安民之本，其結果無不國破家亡。北宋歐陽修在為官修《崇文總目》的「子部農家類」書目寫總敘時，一開頭就說：「農家者流，衣食之本原也，四民之業；其次曰農稷播百穀，勤勞天下，功炳後世，著見書史」。就是到了現代，這句話依然是國家政權穩定的鐵律。孫中山的「耕者有其田」、毛澤東的「以農業為基礎，以工業為主導」，鄧小平的開放改革以農村改革為前導，還有連續12年的中共中央的「一號檔」，都是這一原理的現代實踐。「民以食為天」，是中國人發現的真理，現在有些外國社會學家、人類學家也注意到這一原理的確實價值，而且出現了現實樣板，最近幾年引發埃及局勢動盪的原因之一的「大餅」問題，就是指長期以來埃及國內執行的全民糧食補貼政策，成為國家不堪重負的經濟負擔。現在有越來越多的人拿「民以食為天」作口頭禪，甚至是許多吃喝者（流行說法叫「吃貨」）在大吃大喝時的調侃語言，其實那是違背它的本意的。

### 2.「致中和」、「大一統」是中華食學的基本理論圖像

「致中和」是孔子之孫孔伋（子思）在《禮記·中庸》中闡述的，原文是：「喜怒哀樂之未發，謂之中；發而皆中節，謂之和。中也者，天下之大本也；和也者，天下之

達道也。致中和，天地位焉，萬物育焉」。他的後代孔穎達在疏證時，引用陰陽五行説來解釋，現在看來，未必都是正確的，但他説：「情欲未發是人性初本，故曰天下之達道也」。只有「致中和」天地之位乃得正，萬物陰陽不錯位，才得生長發育。就是追求和諧，無疑是正確的。

對於「致中和」和飲食文化的關係，臺灣學者李亦園先生曾做過精闢的解釋，筆者亦作過多次引用。

至於「大一統」，首見於《春秋公羊傳·隱西元年》，解釋中只説明為什麼不稱王即位，而叫「大一統」，是指世間萬物，都以春正月為總始，並沒有其他更深的寓意。可是到了漢武帝時，董仲舒舉賢良對策時，他在回答漢武帝時説：「《春秋》大一統者，天地之常經，古今之通誼也。今師異道，人異論，百家殊方，指意不同，是以上亡以持一統；法制數變，天下不知所守」。接下去便是「罷黜百家，獨尊儒術」的建議。漢武帝採納了他的建議，從此這個「大一統」便成了封建王道的護身符，成為中國社會穩定的基本法則。

李亦園先生在構築中華飲食文化的理論圖像時，並沒有提到「大一統」，只説「致中和」。筆者以為在我們中國人的哲學思維中有了致中和，則必有大一統，致中和是手段，大一統才是目的。對於飲食而言，國人追求的「中和」或「和」，都是希望達到一統的效果，哪怕是一盤番茄炒蛋，也是把兩者放在一起加熱調味的，而不是像西餐那樣把番茄和雞蛋分別製熟，然後裝到一個盤子裡。此類做法無處不在，都是源於這個「大一統」思想。有人説，我們中華長於整體思維，或許就源於這個「大一統」。

致中和、大一統帶來的理想境界，便是「天人合一」。對於飲食而言，就是「一方水土養一方人」。「天人合一」是個很高的哲學境界，在當代世界的思想界，得到越來越廣泛的認同，當前震撼全球思想界和各國政界頂層的科技哲學著作《第三次工業革命》的作者、美國經濟和社會學家傑裡米·裡夫金（Jeremy Rifkin）説，中國的國學思想與第三次工業革命的原因有異曲同工之處：儒家學説宣導「天人合一」，人與自然渾然一體，和諧相處；加之中共高層緊抓生態文明建設。中國或將成為第三次工業革命的引領者。

### 3.「和而不同」、「求同存異」是中華飲食多元共存的指導思想

《辭海》對「和而不同」的解釋是：「謂和睦相處，但不盲從苟同」。《論語·子路》：「君子和而不同，小人同而不和」。何晏集解曰：「君子心和，然而所見各異，故曰不同；小人所嗜好者同，然各爭利，故曰不和」。古人也用和羹來比喻這種關係。《左傳·昭公二十年》記錄了齊景公（齊侯）與晏嬰的一段對話：「公曰：『和與同異乎？』（晏嬰）對曰：『異。如和羹焉，水火醯醯鹽梅，以烹魚肉，燀之以薪，宰夫和之，齊之以味，濟其不及，以洩其過。君子食之，以平其心』」。同樣的道理也可用於和聲。這段話同樣見於《晏子春秋》[32]，只不過還有「以水濟水，誰能食之」一句，進一步説明只有「異」

才需要「和」，如果都是「同」，是不需要「和」的。而且這段議論中還引用了《詩經·商頌·烈祖》中的「亦有和羹，既戒既平」一句。《烈祖》是祭祀殷中宗大戊的頌辭，對這兩句，鄭氏箋注曰：「和羹者，五味調腥（生）熟得節，食之於人，性安和，喻諸侯有和順之德也」。所以「和而不同」這句話，在我們中國，有很深的哲學淵源，《周易·系辭下》：「天下同歸而殊途，一致而百慮」。這也導致我們中國人在任何場合都追求「求同存異」，近代更發展為「求大同存小異」，這樣就保證了多元文化的共存共榮。從大的方面講，大陸在外交政策方面與社會制度和價值觀念不同的國家，就是本著求同存異的原則發展友好關係，促進世界和平；對內，大陸有 56 個民族，還有不同的宗教信仰和歷史背景，但中華民族依然是一個和睦共榮的大家庭，甚至還有「一國兩制」這樣的創舉。即以飲食而言，大陸有各種不同的飲食風味流派（即習稱的「菜系」），但個人的飲食習慣並沒有任何制度或風俗方面的約束，即便是宗教食禁，也是由信教者自行遵循的，只要沒有生態上的破壞行為，吃什麼和怎麼吃都是個人自己的事。

### 4.「醫食同源」或「藥食同源」是中國人飲食保健的基本法則

「醫食同源」的形成是中醫藥長期發展的自然成果，所以我們在中醫典籍上並未找到這四個字，但卻為國人所一致承認，對這觀念作明確闡述的是唐代的孫思邈，他提倡「治未病」，講求飲食療法，他說：「君父有疾，期先命食以療之，食療不愈然後命藥」[33]。他的弟子孟詵首創「食療之說」，並且著有《食療本草》，敍述了多種可用於療病的食材，例如，現在已開發利用以取代金雞納鹼（奎寧）治瘧疾的青蒿素，在該書中便注錄了其原藥「青蒿」，可惜這本重要古籍在宋以後散佚，現在的傳世本是敦煌殘本和從其他本草著作摘引的輯佚本[34]，不過已足以說明唐宋以後，「醫食同源」已經是黎庶普遍認知的飲食保健法則，滋補的說法婦孺皆知，這是中華食學的一大特色，符合從量變到質變的唯物辯證法基本原理。

### 5. 費孝通的「十六字訣」是新時代的「人學」原則，也是全人類飲食哲學的普適原則

1990 年 12 月，由日本著名社會學家中根千枝教授和齊健教授在東京主持召開的「東亞社會研究國際研討會」，為費孝通先生（1910—2005 年）祝賀 80 華誕，費老在會上作題為《人的研究在中國——個人的經歷》的主旨演講時，提出了他著名的「十六字訣」，即「各美其美，美人之美，美美與共，世界大同」，現在已經為文化界所普遍認同，「食學」也屬文化範疇之一，因此這十六字訣的哲學價值，也就毋庸諱言了。中華美學的人文精神是建立在儒道兩家思想基礎之上的，有諸如仁義道德之類的思想和行為規範，表現為堅持原則、講究包容、追求和諧，從而形成了中國人特有的慢性子，連打仗都會有「持久戰」的戰略思想，這也是中華農耕文明造成的內斂的民族性格所致。中華飲食的

慢節奏是其一大特色，也是一種美學境界，速食文化是舶來品。

　　亞洲食學論壇已經開過四屆會議了，我們應該給食學有個明確的說法，本人不怕醜，勇於表態，希望學界和餐飲界同仁，大膽批判，以求得「和而不同」的效果。我認為：食學家應該是科學家，但不僅僅是自然科學家；食學家應該是哲學家，但不只是形而上的玄學家；食學家是思想家，但絕對不是美食家！

# 參考文獻

〔1〕林乃燊‧從中國古代的烹調和飲食看中國古代的生產、文化水準和階級生活‧北京大學學報：社科版，1957.2:133~146。

〔2〕高成鳶‧學科定位：食文化研究繁榮的關鍵‧中國食品報，1998-9-11(4)。

〔3〕劉新成‧日常生活史──一個新的研究領域‧光明日報，2006-2-14(12)。

〔4〕衣俊卿‧日常生活批判與社會學範式轉換‧光明日報，2006-2-14(12)。

〔5〕司馬遷‧史記‧酈生陸賈列傳‧北京：中國三峽出版社，2006。

〔6〕蔡建文，周婷‧中國人還會不會餓肚子‧北京：經濟日報出版社，1999。

〔7〕李慎之‧中國文化傳統與現代化‧戰略與管理，2000.4:1~12。

〔8〕曾德昌‧中國傳統文化指要‧成都：巴蜀書社，2001。

〔9〕趙榮光‧趙榮光食文化論集‧哈爾濱：黑龍江人民出版社，1995。

〔10〕王學泰‧華夏飲食文化‧北京：中華書局，1993。

〔11〕張亮采‧中國風俗史‧上海：影印本，1998。

〔12〕郭清波‧傳統飲食文化別議‧光明日報，2005-9-17(7)。

〔13〕鄭治文，傅永聚‧孔子言說的「道」‧光明日報，2014-8-26(16)。

〔14〕趙榮光‧中國飲食文化史‧上海：上海人民出版社，2006。

〔15〕荀子‧上海：上海古籍出版社，1989。

〔16〕趙榮光‧鄭孔門前不掉頭，程朱席上懶勾留──袁枚飲食思想述論，中國烹飪協會編‧中國烹飪走向新世紀──第二屆中國烹飪學術研討會論文選集‧北京：經濟日報出版社，1995。

〔17〕高成鳶‧飲食之道──中國飲食文化的理路思考‧濟南：山東畫報出版社，2008。

〔18〕王子輝‧中國飲食文化研究‧西安：陝西人民出版社，1997。

〔19〕王賽時‧中國文化的精髓──和‧揚州大學烹飪學報，2010.1。

〔20〕李亦園‧中國飲食文化研究的理論圖像‧第六屆中國飲食文化學術研討會論文集‧臺北：臺北財團法人中國飲食文化基金會，2000。

〔21〕班固‧漢書‧董仲舒列傳‧鄭州：中州古籍出版社，1996。

〔22〕蕭瑜‧食學發凡‧臺北：世界書局，1966。

〔23〕狄震‧中華食學‧臺北：華岡出版部，1970。

〔24〕蘇培成，周有光先生治學之道─寫在《周有光文集》出版之際‧光明日報，2013-6-23(05)。

〔25〕班固‧漢書‧藝文志‧鄭州：中州古籍出版社，1966。

〔26〕陳邦賢‧中國醫學史（影印本）‧上海：上海書店，1984。

〔27〕季鴻崑‧中華民族食物和營養理論的歷史演進‧飲食文化研究，2006.4:1~16。

〔28〕張世堯‧十年的回顧‧《1987─1997，崇高的事業──中國烹飪協會成立10周年》紀念冊。

〔29〕讓‧安泰爾姆‧布里亞‧薩瓦蘭著‧廚房裡的哲學家‧敦一夫，付麗娜譯‧南京：譯林出版社，2013。

〔30〕傅蘭雅，欒學謙‧化學衛生論‧清光緒七年（1881）起在上海《格致彙編》上連載，以後由江南製造局及格致書屋等多次印刷單行本。

〔31〕　家　‧科學與玄學‧北京：商務印書館‧「中國文庫」本，系重印1924年上海商務印書館初版。

〔32〕孫星衍，黃以周校‧晏子春秋‧上海：上海古籍出版社，1989。

〔33〕孫思邈‧千金翼方‧養性‧上海：上海古籍出版社，1990。

〔34〕孟詵撰‧食療本草譯注‧鄭金生、張同君譯注‧上海：上海古籍出版社，1992。

第七章

# 飲食審美和烹飪工藝美術

人類對美的追求至少可以追溯到新石器時代，但美學的形成卻很遲，至於飲食美學或烹飪美學，至今未有一致認可的學術體系。按理說，飲食美學應該是指導美食製作和美食消費的藝術哲學，但何謂「美食」？至今也是眾說紛紜，本書的第五章已經作了介紹，但本章還得從美感的產生去討論飲食審美問題。

第一節 美學與人的感官系統

美、美感、美學是爭論很多的學術領域，有時達到水火不容的地步。對於這些爭論，《辭海》中有比較客觀而且完整的說明[1]：在中國古籍中，美指的味、色、聲、態，但卻沒有專門討論美的古籍。在西方，自從德國哲學家鮑姆加登（Alexaander Gottlieb Baumgarten，1714—1762 年）在 1750 年創立「美學」以來，「美就成了美學的基本範疇和中心問題，從自然界到人類社會，從物質到精神，從藝術品到非藝術品，美的現象到處存在。美的本質問題，即美的事物之所以美的根本原因。這個問題，歷來是美學家爭論的中心。主要有三種說法：

（1）美是客觀的，或者認為美是某種客觀存在的物質屬性。如均衡、對稱、和諧等形式；或者認為美是某種客觀存在的精神屬性，如理念、理性以及它們的感性顯現等。（2）美是主觀的。認為美是人的主觀感受，如生理心理的快感、審美態度、直覺、感情的表現等。（3）美是主客觀的統一。認為美既離不開客觀的物質形式和條件，也離不開人的主觀感情和態度。如心物同構、內外相應、主客關系等說。馬克思主義美學認為美是社會實踐的產物。一方面，人按照現實世界本身的規律，改造現實世界，使對象成為人的創造物；另一方面，人在改造世界的實踐中，實現人自身的目的，豐富地展開人的本質力量，使人的本質力量對象化，成為具體的形象，在他所創造的世界中『直觀自身』，從而產生了美。這一學說為美學研究開創了一個新時代。由於美表現於不同的方面，因而有自然美、社會美、藝術美等不同的形態，這些形態是審美和能動創造的對象，又是美感的源泉，並隨著社會的發展而發展」。筆者在這裡毫不掩飾抄錄這個詞條，是因為它是我們常見的美學普及讀物中說得最清楚的一種。而且要解釋美學是什麼？首先要知道美是什麼？至於各種各樣的美學流派，對於任何一個烹飪學研究者或餐飲行業從業人員，大概都難以厘清，因為美學是哲學的一個分支，對於技術、科學、社會人文關系確有指導作用，但畢竟是一門高深的學問，不是人人都可以插嘴的。

通過上述關於「美」的討論，現在可以對美學作一個普適性的定義了。美學是研究

第七章 飲食審美和烹飪工藝美術

204

人對現實審美關係和審美意識的科學（這仍是《辭海》的定義）。由於人們在現實的審美活動中，通常都指事物的藝術性，所以德國古典主義哲學家黑格爾（Georg Wilhelm Friedrich Hegel，1770—1831 年）又把美學稱為藝術哲學，美學思想在古代已有萌芽。

古希臘哲學家柏拉圖（Platon，西元前 427—西元前 347 年）和他的弟子亞裡士多德（Aristoteles，西元前 384—西元前 322 年）把人的感官分為高級和低級，所謂高級感官是指視覺和聽覺，低級感官則是觸覺、嗅覺和味覺，他們最初排定的次序是視覺、聽覺、嗅覺、味覺和觸覺（這個順序在別的學者那裡有差別），劃分感官等級的標準只有一條，就是感知對象與感覺者肉體之間的距離，距離越遠越高級，所以視覺最高級，嗅覺味覺和觸覺都是在感知對象與感知者的肉體之間直接接觸而產生的，所以它們是低級感官。柏拉圖曾說過：視覺孕育著哲學，因為視覺吸收是最純潔最神聖的光。高級感官是審美感官，能感知和諧和美，而低級感官所感知的只是生理上的快感。視覺和聽覺產生的是摹仿性藝術，再現的是人類生活和道德品質。一般地，哪怕是最精美的烹飪也無法取得這樣的成就，而「眼睛一直是理智的象徵」。

在柏拉圖和亞裡士多德之後，歐洲的哲學家一直遵奉他們的論斷，直到美學產生以後，黑格爾和康德（Immanuel Kant，1724—1804 年）等人更堅定地支持感官等級的說法，而此後的美學流派更是風起雲湧，也有人主張飲食審美意識的存在。有關這方面的歷史過程，卡羅琳·考斯梅爾在其《味覺》一書的 1、2 兩節中有詳細介紹[2]。與古希臘哲學家不同，中國沒有什麼「距離產生美」的論斷，我們只需要看看老子是怎麼說的。關於西方美學的歷史演變和主要美學大師們的基本論點，北京大學哲學系張世英教授在《光明日報》上發表過題為《美和我們的現實世界》的文章，說得言簡意賅，且通俗易懂，我們將它作為補充閱讀列在本章之後，大家最好精讀幾遍。

《老子·二章》：「天下皆知美之為美，斯惡己；皆知善之為善，斯不善己。有無相生，難易相成，長短相形，高下相傾，音聲相和，前後相隨」。王弼注曰：「美者，人心之所進樂也；惡者，人心之所惡疾也。美惡猶喜怒也；善不善猶是非也。喜怒同根，是非同門，故不可得而偏舉也。此六者，皆陳自然不可偏舉之明數也」。按王弼的說法，美與愉悅是同一回事。

《老子·十二章》：「五色令人目盲；五音令人耳聾；五味令人口爽；馳騁畋獵，令人心發狂，難得之貨，令人行妨。是以聖人為腹不為目，故去彼取此」。

這裡沒有什麼感官等級，而且老子在世年代早於柏拉圖，他主張「為腹不為目」，好像不輕視味覺[3]。至此，我們可以對美感作一個簡單的概括，我們還是使用《辭海》的說法，「美感」有廣狹兩義：廣義即「審美意識」，狹義專指審美感受，即人對於美的主觀感受、體驗與評價，是構成審美意識的基礎和核心。我們通常指的多為狹義的美感，是受心理因素影響的主觀感受，個體的差異性很大，所以說：「美感的基本特徵是客觀制約性和主觀能動性的統一，形象的直覺性與理智性的統一，個人主觀的非功利性、

愉悅性與社會的客觀的功利性的統一，差異性與共同性的統一。美感是創造美的心理基礎」。

# 第二節　烹飪美學

在二十世紀八十年代，烹飪被當作一門學問來研究以後，對它作深入探討的人越來越多了，由於烹飪學是一門綜合性的科學，所以在研究的人群中，包括了各個方面的專家，當然也就包括了美學家和從事藝術理論研究的專家。其中有幾位先聲奪人的青年學者，首先出版了幾本題名為《烹飪美學》的專著，從而在學術界引起了一陣轟動，爭論由此而產生，在烹飪和其他一些刊物上，討論烹飪美學的文章逐漸增多，結果把一些名家也卷了進來，大有百花齊放、百家爭鳴的勢頭。一開始就形成了三種意見。

第一種意見是認為沒有什麼烹飪美學，理由是人在飲食活動中，「味的美感」只不過是一種單純的生理快感，味覺和嗅覺的感受應排除在美感之外，因此把飲食過程中這些低級的感覺與美學扯在一起，實在是美學的一種墮落行為，所以不要再研究下去了。

第二種意見是認為有烹飪美學，因為在人類的飲食活動和烹飪技術中，都有很多美的體現和美的感受，因此把這些美的東西上升到哲學範疇中去，當然就是烹飪美學了。但是現在已經出版的幾本書，都沒有說到點子上去，徒有烹飪美學之名，而無烹飪美學之實，所以真正的烹飪美學，仍在待產之中。

第三種意見認為不僅有烹飪美學，而且寫出了專著，給烹飪美學的存在和內涵都作了明確的界定。例如鄭奇、陳孝信在他們的專著中給烹飪美學界定的研究對象為[4]：

（1）烹飪飲食活動中的美。這是從實踐角度對美的因素和美的現象進行歸納和總結。

（2）烹飪飲食活動的美感和審美學。這是從生理心理角度去進行的深度的開掘和探討，是由實踐向認識飛躍。

（3）烹飪飲食活動中的美的創造，即烹飪宴飲藝術。這是由認識向實踐的回歸，是第二個飛躍，即在烹飪美學理論的指導下進行藝術實踐。又可包括四個方面：

①烹飪宴飲環境的美化藝術（主要是餐廳和廚房）；

②烹飪宴飲器皿的造型藝術（主要是餐具和炊具）；

③食品造型藝術（冷菜、熱菜、麵點）；

④筵席設計藝術（主題與意境、時間與節奏、空間與佈局、風度與禮儀）。

因此，他們說：「烹飪美學是一門綜合性很強的邊緣科學」。在這三種意見中，烹飪飲食活動是否有美學是這個問題的核心。因此，第二種意見不是一種獨立的見解，因為他們承認有烹飪美學，只不過在目前還沒有達到成熟的程度。因此，這一類說法遲早是要分化的。然而，在當前這種見解還會受到很多人的擁護，因為連錢學森先生都是這樣說的。錢先生在給汪惛款的信中就明確表了態。他說：「我認為從現代科學技術知識的體系來看，美學是美感的哲學」。「……不論『使用對象的技術美』，還是『技術對象的技術美』，大都不是美學內容，是烹飪業務理論，即美食理論。美學是哲學嘛，烹飪業務理論不是烹飪技術美學，不是美食美學！『技術美學』這個詞別人也用亂了。其實，現代工業產品設計製造中的藝術，應稱『技術藝術』（外來語叫 Design，直譯為『工業設計』）；『技術藝術』的哲學概括才是『技術美學』」。但是，對烹飪藝術如何進行哲學概括，如何把烹飪飲食活動的美感上升到美感的哲學，錢先生沒有把文章做下去。

這樣，究竟有無烹飪美學的問題，實際上是第一種意見的否定形式和第二種意見期待的內容，要最後解決這個問題，還是要由第三種意見的人來解答。在這方面，鄭奇等作了初步的回答，在他們的專著中，可以找到一些答案。首先，他們把「飲食審美所涉及的味感、嗅感、觸感」、「被認為是低級感官，不具備審美功能，因而也不是美學所研究的對象」，這個主要的反對派論點，歸結到黑格爾、康德等在美學史上起決定性影響的權威美學著作的偏見中去了。當今的反對派不過只是迷信權威而已，而這一點在科學文化史上是不足為訓的，所以他們說：「經過我們最近幾年的努力，對這一理論問題已有所突破」。接著他們引用了朱錫侯的見解，「以現代生理心理學的研究成果論證了低級感官與高級感官在感覺方式、感覺過程、感覺結果等方面皆無本質區別，低級感官同樣具有審美功能，在飲食審美中，其地位當然更為重要」。

其實，光是從上述的那些與感覺有關的幾個方面去羅列材料，其結果只能得到如錢學森先生所說的「技術藝術」或「美術理論」的素材，並得不到真正的「烹飪美學」或「烹飪技術美學」的基本原理，因為缺乏最必要的哲學概括，儘管有「在烹飪美學理論的指導下進行藝術實踐」的提法，但這個理論的要點是什麼？有什麼明確的說法？都沒有。至少目前已出版的幾本專著中都沒有。所以學術界大多數人認為這幾本書是烹飪藝術或烹飪美術藝術，而不是烹飪美學，就這個意義上講，第二種意見似乎又是中允的。

關於烹飪美學的模式究竟是什麼樣子？學術界是有人做過嘗試性的探討的，筆者在這裡舉一個實例。張穀平對明代著名文人李漁的烹飪美學思想就作過介紹[5]。

李漁在文學史上的重要地位眾所周知。他除了精於學術之外，對吃喝玩樂也極為講究。《閑情偶寄》一書就是鐵證，他在該書的前面寫了個「凡例七則」叫做「四期三戒」，即：一期點綴太平、二期崇尚儉樸、三期規正風俗、四期警惕人心；一戒剿竊陳言、二戒網羅舊集、三戒支離補湊。足見頗有哲學味道，但這七則並非專指吃喝玩樂，故而張穀平據此並結合他的其他詩文，把他在該書「飲饌部」的哲學思想歸納為：（1）源於老

莊哲學的清淡儉約；（2）順應自然的去粉飾、露天真；（3）健康愉快的可口益人；（4）和諧統一的綜合之美四條。筆者在這裡無意評價張穀平論文的水準，但筆者認為烹飪飲食活動中的美學思想的研究，就應該涉及這些問題。

　　美學的產生源起於人的審美活動，由於審美的對象和範圍不同，因此，美學也應有不同的門類，即是蔣孔陽所說的美學研究領域的「橫向聯繫」。「適應近代各門學科相互分工而又相互滲透的發展趨勢，美學也就突破了自身傳統的範圍，與各門藝術、各種科學以至各個社會生活的領域發生聯繫，從而形成了各種各樣的美學」。這種見解無疑是正確的。

　　張振楣曾對味覺審美問題發表過見解[6]，他認為人們的審美活動是普遍的，但是不同形式的審美活動又有他們的特殊性和獨立性，同時也是互相滲透的，這些滲透的綜合影響便產生了一種「通感」。這種「通感」對味覺審美作用來說，有如下三點：（1）美化作用，即把孤立的生理快感上升為美感；（2）強化作用，即審美修養高的人會比一般人有更多的美感享受（他舉了費孝通吃鹽城藕粉丸子的實例）；（3）泛化作用，即「一個懂得藝術的人，可以在飲食活動中觸類旁通，浮想聯翩，通過味覺美向其他感官轉化，發現更廣泛更豐富的美」。

　　張文的重點在於論證味覺美感，並由此獲得他所謂的「通感」。但並沒有從哲學的角度去分析這種「通感」，而這種「通感」獲得過程中的三種作用，特別是強化和泛化作用，好像並沒有明顯的區別。加之這三種作用的產生似乎只有具有相當的文化修養的人才能有，一般的凡夫俗子是無法達到這個境界的。如果真是這樣，說明烹飪中的美學便是脫離人民大眾的象牙之塔，大家如此費力地爭來爭去，卻和大多數人無緣，這個「勞什子」不如扔掉。

　　最近，見吳志健論及烹飪美學的論文[7]，他首先認定烹飪領域內有美學存在，但將這種美學叫做烹飪美學，弊大於利。故而他用除外證法列舉美學五大部類，即自然美、社會美、藝術美、科學美、技術美，然後肯定烹飪領域內的美學不屬於前四類，那麼只有列入技術美的範疇了。所以他說烹飪領域內的美學應該命名為「烹飪技術美學」，因為「烹飪是一門為人類生存、繁衍攝取所需營養的技術，服務性、實用性極強，烹飪領域的美學應屬於技術美學的範疇。烹飪講究藝術性，但不是藝術」。他有一段結論性的敘述，為了不使他人誤解吳文的原意，現抄引如下：「嚴格地說，中國烹飪技術美學是從美學和烹飪技術相結合的角度，以基本的美學原理為理論指導，研究一切烹飪技術領域中有關美學和審美，以及美的塑造的一種應用美學。是自然科學、社會科學（包括藝術）互相融合、互相貫通、交匯一體的產物。應當指出的是：儘管中國烹飪美學依賴於一系列其他學科的研究成果，但仍是不從屬於任何學科的獨立學科」。

　　吳志健在文中對他的結論作了具體的說明，即是美學原理與食品的功能完美地結合起來、統一起來，使食品自身價值和整個烹飪活動的自身價值得以最全面的實現，全方

位地滿足人們生理的和精神的、低級的和高級的需要，並且「按照美的規律」去講究：菜點美、食具美、原料加工技術美，以及烹調和飲食的環境美；工作人員的服務美、儀錶美等。結果他所說的這一套，完全沒有超出已出版的那幾本專著的範圍，按錢學森先生的意見，還是屬於「技術藝術」即烹飪藝術的框子，只不過是想把「烹飪美學」換成為「烹飪技術美學而已」，還是沒有解決問題。

　　鑒於當前研究烹飪領域中美學問題的學者，多是藝術工作者，所以容易出現用藝術哲學的框子套烹飪領域中的哲學問題（包括人類飲食活動中的哲學問題），難免先入為主，作出一些比較玄虛的結論來。例如常見的一個實例，就是這部分同志往往不同意把烹飪的本質屬性定為「燒飯做菜」的技術活動，說這是等於「給機器加油」。殊不知「給機器加油」也有哲學問題。筆者倒是很欣賞有些廚師同志，他們從長期勞動的實踐中，總結出一些頗有哲學意味的經驗來。例如，已故的蘇州名廚吳湧根說過：「烹飪之道在於變」。不知美學界學者以為如何？吳老在生前，曾概括出一系列「變」的體會，其中既有生理感受，也有心理感受。所以美學要發揮作用，就得走向現實生活的各個方面去，參與和解決各門藝術、各種科學以及生活各個方面所存在的美學問題。既然按《辭海》的說法，廣義的美感即「審美意識」，狹義的美感指審美感受、體驗和評價，是構成審美意識的基礎與核心，那麼美感就是創造美的心理基礎。審美就是人的審美活動或審美實踐。因此，人就是審美活動的主體，審美對象就是審美活動的客體，主體和客體構成一定的審美關係，彼此都是客觀事物。對於辯證唯物論者來說，馬克思主義美學是認識這種審美關係的指導思想。鄒元江說[8]：「對於人類需要的豐富性，馬克思主義美學認為需要即人的本性，這可區分為三個層次，即生存的需要、享受的需要和發展的需要」。他解釋「食色，性也」即生存的需要、享受的需要；只有人對精神境界的追求，才是「以生命力的張揚為根基的發展自我、創造自我和實現自我的終極需要」，即發展的需要。馬克思把這種具有發展需要的人稱為「富有的人」。鄒元江認為這是馬克思主義對感性存在的人的內在規定，其本質內涵即審美人的存在。馬克思主義美學認為實踐過程中感性活動的完美性與思維活動的路線是互相契合的。通俗地講，只有感到美才會想到美，是筆者對這種契合性的理解。按照上述的三個層次，對於人的飲食活動，「充虛」式的填飽肚子是生存的需要，好像無美感可言；「味道好極了」是享受的需要，好像只是一種愉悅的生理快感，算不算美感頗費周折，不同的學者有不同的判斷；而「誰知盤中餐，粒粒皆辛苦」，或「借問酒家何處有？牧童遙指杏花村」，才是發展的需要，於是進入了美學境界[9]。

　　「美學」這個名稱不產生於中國，不等於我們中國人不知有美感，中國人在一切領域都有美的追求，即使在「飲食男女」的層次上也是如此。在飲食方面，古代中國已把美食納入日常生活規範，《論語·鄉黨》的「食不厭精，膾不厭細」就是明證，而且在孔子的「仁禮合一」的思想指導下，同樣包含了我們中國人普遍的「終極關懷」，這種「終

極關懷」遠在口腹之欲之上。

飲食美感的認定緣起於人文精神，但它的科學內涵卻是食品的風味，風味是人對食品實現享受需要和發展需要的具體體現。有人把風味和營養等同看待，他們在飲食美感的敘述中，常把營養當作飲食風味的內涵之一，這顯然是過頭了。營養是科學，不是藝術，因此，它不具有審美功能，營養只能滿足人的生存需要。對於風味，中國傳統的飲食文化詮釋主要體現在精神層面上，在物質層面上（即風味的科學本質）的詮釋幾乎沒有。這樣就使得風味變得非常玄虛，因其「精妙微纖」，故而「口不能言，志不能喻」，用三千年前人們的認識來說事，對於科學來說，其結果只能是神秘主義。中華飲食文化研究中自然科學的缺位，至今尚未根本改變。但在近代食品科學和生理科學領域內，大陸學者力圖填補這個缺位，也取得了不少的成就，只不過兩者缺乏必要的交流，科學把文化不當一回事，文化在那裡插不上嘴，結果各自為政、我行我素。其實，我們的飲食文化研究者，應當關注那些現代科學前沿的研究成就，例如諾貝爾獎的獲獎專案，必將會使我們的研究工作更有底氣。科學發展到了今天，「隔行如隔山」應該是常態，但無論是科學還是文化，某些部分到了成為公共生活常識的地步還不互相認同，那就是愚昧了，就像前些年某些飲食文化研究的學者，賣力地攻擊現代營養科學，實在是逆歷史潮流而動。

如果有人企圖用人文精神套用到科學技術規律上去，那是要誤大事的。科學和人文究竟應該如何發展？筆者很贊成著名作家、當代文化學者王蒙先生的見解，他認為中國有重文主義的傳統，並引用梁漱溟的話說中國人對齊家治國之道興趣極濃，而把科學（技術）視為西洋傳來的小把戲。然而「1950 年以來，在對於工業化的熱烈追求中，優秀的青年都趨於學理工，國家領導層人員幾乎百分之百地出自理工院系的畢業生」（這是前幾年的狀況，現在已經有了變化）。這說明空談的人文精神是沒有實際意義的，在當代中國，人文精神的張揚需要為脫貧和脫愚服務，所以「人文精神當然應該是一種科學精神，即一種實事求是的精神，而不是造神精神，不是盲目的自我作古的精神，不是詐唬嚇人的態度」。因此，王蒙主張「（自然）科學與人文，只能雙贏，不能零和」[10]。

從近代食品科學的角度看，中國傳統飲食文化中的風味概念，其實際內涵就是色香味形質五個方面，這是作為飲食審美客體的核心標準，但人類的飲食活動與所有其他動物不同，人的飲食活動除了食物本身以外，工具和環境、烹飪技術和製作者與審美主體的親疏關係等都被納入了審美範疇。舉其一端說明之，飯店的廚師製作的食品，與家庭成員自製的食品、白髮老母和小保姆製作的食品……絕對有不同的審美情趣，這些都是風味概念的人文因素。按王蒙的說法，科學與人文要雙贏，才是完整的科學精神。我們如果把《論語‧鄉黨》只當作一種以「仁禮合一」為核心的人文觀念，那麼就必然忽視了它的風味科學內涵。近三千年的中華飲食史就是如此，所以大陸的風味科學知識實際上是從近代科學傳入中國以後才形成的，甚至有人從字面上解讀成孔子在講究飲食衛生，

那就基本上失去了飲食審美情趣。再如在莊子筆下「庖丁解牛」的故事，原本是建立在牛的肌肉骨骼組織構造之上的生理解剖學的科學技術問題，卻進入純藝術境界，從而被國人作為一個藝術範例而引用了兩千多年，人們一直嘖嘖稱讚欣賞庖丁那種巧奪天工的神奇。卻從來沒有把這當作牛的生理解剖知識的典範，因而也沒有為中國生理科學的發展作出貢獻。這就是東西方思維方法的差異，好像中華民族傳統文化中深厚的文化底蘊反成了自然科學技術發展的阻力，這顯然不是中華人文精神的過錯。

# 第三節　袁枚和布里亞‧薩瓦蘭

要比較東西方飲食審美的區別，恰巧有兩部不朽的飲食著作可作標的，一部即國人皆知的《隨園食單》；另一部就是《廚房裡的哲學家》，其作者分別是清朝人袁枚和法國人布里亞‧薩瓦蘭。這兩部書有個共同點，即都不把人的感官等級當回事。兩個作者都是各自國家美食學鼻祖式的人物。

袁枚，浙江錢塘（今杭州）人，生於 1716 年（清康熙五十五年），死於 1798 年（清嘉慶三年），活了 82 歲，這在當時屬於高壽。他歷經康熙、雍正、乾隆、嘉慶四代皇帝，乾隆元年（1736 年）他 20 歲，因此他一生的黃金時代都在乾隆年代，是中國封建社會後期的頂峰時期。作為詩人和學者，他具有欣賞美食的修養和水準；作為才子和富翁，他具有欣賞美食的財力，更為重要的是，他雖然深受儒家文化的薰陶，卻又有「離經叛道」的個性，他所著的《子不語》很具有說真話的品性，對當時俗儒的假正經的道學面孔嗤之以鼻，公開宣稱自己好色又好吃，曾有「鄭孔門前不掉頭，程朱席上懶勾留」的詩句（趙榮光曾以這兩句詩為題，專門作文介紹評價袁枚的飲食思想[11]）。在十八世紀的中國，能以如此率真的本性探討飲食，可以算是絕無僅有。

布里亞‧薩瓦蘭，按法文全名是 Jean Anselme Brillat-Savarin，應譯為讓‧安泰爾姆‧布里亞‧薩瓦蘭，也有人按英文讀音譯為讓‧安瑟姆‧布賴特 - 薩夫林的，多數相關的中文書都稱薩瓦爾或布裡亞 - 薩瓦爾，法國人，生於 1755 年，死於 1826 年，活了 71 歲，比袁枚小 39 歲。在法國大革命中，布里亞‧薩瓦蘭是個地道的保皇分子，並為此逃亡國外，直到 1796 年才得以重回法國，他的出身和經歷，與袁枚完全沒有可比性，但他們都鍾情於各自國家的美食，不過袁枚始終是個詩人，而布里亞‧薩瓦蘭則熱衷於政治。

袁枚花了 40 年時間精研寫成的《隨園食單》，在中華飲食文化史上具有特殊的地位[12]，並不是因為袁枚豐富的吃喝生涯，而在於他不知不覺地運用科學的方法論去總結

中國古代的烹飪技術，今天大家敬佩的主要是其中的「須知單」和「戒單」。他在「須知單」開頭寫了「學問之道，先知而後行，飲食亦然」。把飲食看作學問，是正統儒家難以接受的，但是袁枚卻這樣做了，他把各道菜肴在製作過程中的技術要素提煉出來，寫成「須知單」和「戒單」，是中國傳統廚藝的一次昇華，他的若干飲食審美思想便反映在這些技術要領之中。

布里亞‧薩瓦蘭的「Physiologiedugot」一書，按法文原意應譯為《味覺生理學》，但譯者敦一夫和付麗娜將它譯為《廚房裡的哲學家》[13]。這本被西方稱為兩百年不衰的飲食聖經，幾乎是歐美飲食學者著作中必定引用的經典，它是布里亞‧薩瓦蘭在十八世紀末結束流亡生活回到法國以後，用了近30年時間寫成的，直到他去世前幾個月（1825年）才在巴黎自費出版，這比袁枚的《隨園食單》晚了三十年左右。嚴格地講，布里亞‧薩瓦蘭的書不像是一本學術專著，而是一種隨筆性的記事本，他在書的「前言」中就說這不僅限於一本烹飪書，而是一項重要的事業，與人們的健康、幸福以及日常生活息息相關。為了寫這本書，他自稱「勉為其難地當起了化學家、醫生和生理學家的角色」。這本書主要有兩個部分，第一部分叫「美食學冥想」，第二部分叫「雜篇」。「雜篇」很像菜譜，這和《隨園食單》有些相似。他的美食學論點主要在第一部分，諸如：

「感覺是人與周圍環境溝通的器官」，他認為感覺有視覺、聽覺、嗅覺、味覺、觸覺和性欲六種形式。

「味覺是負責將味道資訊傳遞給我們的感覺，是由專門器官產生的」。味道的種類是無窮的。嗅覺與味覺有密切的關聯作用。

一般認為「食物就是能夠提供營養的東西」，而「科學」則認為「食物」是「指那些被我們吃進胃裡的，可以被消化吸收，從而彌補由於生活勞碌帶來的身體損耗的物質」。「化學對食品科學最突出的貢獻就是肉香質的發現」。

「美食主義是對那些能讓味覺器官愉悅的東西熱情的、理性的，同時也是習慣性的偏愛」。

「美食家不是誰想當就能當的」。「烹飪是人類最古老的行業」。現在它發展成負責加工食品的工作、致力於對食品成分的分析和確定的工作，現在叫「化學」，以及進一步發展為「康復烹飪」或藥劑學。

布里亞‧薩瓦蘭在書的開頭還寫了一些格言，諸如：「宇宙因生命的存在才顯得有意義，而所有生命都需要吸取營養。」、「國家的命運決定於人民吃什麼樣的飯。」、「告訴我你吃什麼，我就知道你是什麼樣的人。」等。

我們把這些摘錄和《隨園食單》進行比較就清楚地發現，我們中國人自古就只講怎麼做，而不太追問這麼做的依據。布里亞‧薩瓦蘭關注的首先是科學，而袁枚首先關注的是好吃，這是中西飲食文化研究的根本區別。由此而來的飲食審美也應有顯著的不同，但是有一點要著重指出，西方的美食學家也並不都是感官等級論的擁護者，我們大可不

必把經典美學理論的框框引進烹飪學領域，硬要拼湊什麼《飲食美學》或《烹飪美學》之類，因為現在的此類著作大多語焉不詳。我們既然不能從理論上認定飲食審美活動中的基本原則，那又何必自尋煩惱呢？

從二十世紀末到現在，《飲食美學》或《烹飪美學》之類著作出版了近 20 種，但都沒有解決飲食或烹飪和美學的關係問題，特別是感官等級問題，較近出版的朱基富主編的《烹飪美學》[14]，在其第三章倒是涉及了這個問題，可惜沒有深入討論下去，沒有把人類飲食活動中，是否也有或必須有「距離產生美」的問題交代清楚。因為這個問題不解決，我們就無法確定到哪里去尋找「美」，結果把哲學範疇的「美」庸俗化了。

# 第四節 再論飲食審美

## 一、趙榮光的「十美風格」

目前，在全世界，凡是主張飲食審美的學者，幾乎都不理會黑格爾、康德等古典美學家們關於感官等級的學說，而我們在前面多次提及的中國古代哲人們，本來就沒有感官等級的說法，因此，一直有美食的主張。在高濂、李漁、袁枚等人的宣導下，逐步形成了中國古代的飲食審美的原則，趙榮光先生對此首先進行歸納[15]，提出了質地美、聞香美、色澤美、形制美、器具美、味覺美、口感美、節奏美、環境美、情趣美十個方面，叫做「十美風格」。後來他又簡化概括為質、香、色、形、器、味、適、序、境、趣十個字[16]。很明顯，其中的色、香、味、形、質即我們早已討論的食物風味內涵，而器指器具、適指適口、序指宴席程式、境指進餐環境、趣即趣味，屬於審美主體—人的心理感覺，都不是審美客體—食物的固有特性。應該說，這個歸納基本上是完整的，從《隨園食單》的「須知單」中都可以找到根據。趙先生治學頗為嚴謹，他把「十美風格」限定為中國古代的飲食審美思想，這就避免了舶來品「美學」爭論的干擾。事實上我們中國人吃飯時想到的「美」就是這些，而「十美」中的「趣」，也是西方美學的重要範疇，至於有人把「營養」（養）也當作審美原則，恐怕文不對題，因為「美」是藝術，而「營養」是科學，兩者不是一碼事。

## 二、劉廣偉、張振楣的「五覺審美」

最近，劉廣偉、張振楣合著的《食學概論》出版了[17]，其第九章叫《食審美》。作者之一的張振楣很早之前就研究味覺審美問題。他們很注意相關概念的定義，這樣可以避免誤解。他們的「審美」定義是：「是指對事物的美感進行欣賞體驗的過程」。而「食審美」則「是指人類攝食中的審美行為」。他們隨後較詳細地討論了五種審美感官的一般知識，在敘述中的排列次序是味覺、嗅覺、觸覺、視覺和聽覺，完全顛倒了古典美學家的邏輯思維。他們引用了孫中山在《建國方略》的一段話：「夫悅目之畫，悅耳之音，皆為美術；而悅口之味，何獨不然？是烹調者，亦美術之道也」。明確主張味覺審美。他們還進一步引用我們當代學者李澤厚的論斷：審美是一種超越生物需要的享受。為此李澤厚說：「所以吃飯不只是充饑，而成為美食；兩性不只是交配，而成為愛情」。李澤厚的主張和袁枚、布里亞·薩瓦蘭驚人的一致。

他們兩位又對我們日常的審美過程進行分析，例如觀賞一幅名畫，屬於視覺審美；聽一場音樂會屬於聽覺審美；看一場電影，則是視覺加聽覺審美……；而參加一場宴會，則是味、嗅、觸、視、聽五覺全部調動起來的五覺審美過程。他們對飲食審美的時序分析為：（1）未進入進食場所前的期待階段，此時浮想聯翩；（2）進入進食場所的食前階段，已感受到環境氣氛的愉悅；（3）五種感官完全活躍的攝食階段；（4）餘味無窮的食後階段。這樣，味覺、嗅覺、觸覺和視覺都在進食過程中得到完美的配合，就連看似沒有地位的耳朵（聽覺）也在進食者之間的交流、某些菜肴在烹製或咀嚼過程中產生的聲響和背景音樂的欣賞之下，有了用武之地，所以稱之為五覺審美。

他們兩位又分析了五覺審美的四大特點：（1）作品欣喜的即逝性，食品吃過便消失了；（2）作品鑒賞的普世性，美食人人可以享受，而貝多芬的音樂不是每個人都能聽懂的，張旭的狂草也不是人人可以認識的；（3）單品鑒賞的小眾性，一道菜最多只能幾十個人享用，而一場音樂會、一個畫展可以吸引成千上萬人；（4）作品不可數位化的複製性，即令是將來可以使用電腦控制的自動化技術製作菜肴，也不可能保證讓每一份菜品都是絕對一樣的，這和印製圖畫、灌製錄音帶是兩碼事。

他們對食品審美的認識和美國學者考斯梅爾對食品和一般藝術品在藝術品性質方面的區別的認識是一致的。考斯梅爾認為食品製作是一門藝術，食品具有審美功能，但和嚴格意義的純粹藝術有四個限制，即：（1）食品的形式排列和表達範圍，要受到更多的限制；（2）食品是一種暫態的表現形式；（3）食品不具有意味，它不象徵其他東西；（4）食品不表達感情[18]。對這四點的第一點，需略加解釋，即是純粹藝術品中，每一個局部（如線條、音符等）都是固定不變的，而每一盤菜中的各種食材的位置分佈，從未有人要作特別的安排。而對於第三、四兩點，對於中國烹飪來說，並不完全如此，許多民俗和節令食品都有其特殊的意味和感情表達。

## 三、臺灣學者李亦園的美在味外論

　　臺灣學者李亦園先生在第六屆中國飲食文化學術研討會的主旨演講中說到飲食文化的表達功能，他認為有美學和社會文化兩個部分[19]。他說：「在美學的表達上各民族的飲食都有不同的表現，即使在簡單文化的民族中，也經常有很突出的展示。然而在中國人的飲食文化中，美學的表達就更為精彩。中華飲食文化的美學表達，並不僅是表現在食物的外觀、形態、色澤、香氣、滋味與口感上，也不僅表現在廚師刀法切割的行距、角度、交叉、深度、厚薄等手法上，更重要的是借文字、筆墨而表現在文學、繪畫上，其效果甚而要比食物本身更令人垂涎欲滴。隨意舉一兩個大家熟悉的例子：曹雪芹在《紅樓夢》第三十八回描述賈府秋日賞桂吃螃蟹的『絕唱』，前四句是：「**持蟹更喜桂陰涼，潑醋擂薑興欲狂。饕餮王孫應有酒，橫行公子卻無腸。**」這樣的食蟹文字如再加上蘇東坡的《老饕賦》中所寫的兩句：「**爛櫻珠之兼密，潄杏酪之蒸羔**」；「**蛤半熟而含酒，蟹微生而帶糟**」。這就是把中華飲食文化的文字美表達無遺了。當然，假如我們再把齊白石或吳昌碩的《菊黃蟹肥圖》擺出來一起欣賞，那一種圖像與意境之美就更引人入勝了。中國飲食的文學與繪畫之美固然美矣，但筆者的專業並非美學，所以不敢也不能多加發揮」。

　　筆者在這裡一字不漏地抄錄了李先生關於飲食美學的見解，顯示本人對此深表贊同，至於他說的最後一句，顯系謙遜之詞。我們還是回到《紅樓夢》第三十八回中去，李先生所引的是賈寶玉詠蟹的一首七律，他只引了前四句，其後四句是：「**臍間積冷饞忘忌，指上沾腥洗尚香。原為世人美口腹，坡仙曾笑一生忙。**」全詩寫的是吃蟹的人。而林黛玉也寫了一首：「**鐵甲長戈死未忘，堆盤色相喜先嘗。螯封嫩玉雙雙滿，殼凸紅脂塊塊香。多肉更憐卿八足，助情誰勸我千觴。以茲佳口酬佳節，桂拂清風菊帶霜。**」

　　這是寫蟹本身。薛寶釵也寫了一首：「**桂靄桐陰坐舉觴，長安涎口盼重陽。眼前道路無經緯，皮裡春秋空黑黃。酒未滌腥還用菊，性防積冷定須薑。於今落釜成何益？月浦空餘禾黍香。**」

　　這是以蟹喻人事，正如書中所說，是「諷刺世人的」。如果我們反復吟誦，仔細品味，就發現三首詩分別表達了賈、林、薛三個故事人物的性格和入世態度，賈寶玉總是沒心沒肺快樂的、林黛玉總是心胸狹隘而帶憂傷的，薛寶釵總是一本正經說教的。這就是曹雪芹的本事。

　　中國飲食文學審美從先秦開始就有貴族情趣和民間情趣的分別[20]，《詩經·豳風·七月》即已有民間情趣，但主要還多是貴族情趣，秦漢以後依然如此，枚乘《七發》等一大批貴族情趣的飲食文學作品，與平民百姓的飲食生活並不相干。直到唐宋以後，有許多膾炙人口的詩詞，遠遠超過飲食活動本身，李白的《將進酒》寫了一個可愛的豪放的酒徒，使人們把醉酒當作一種精神境界，真是「絕唱」。明清以後小說問世，細膩的

筆觸更容易表達飲食審美情趣，《紅樓夢》堪稱魁首。

其實，除了文學以外，音樂、美術作品同樣在飲食審美中獨闢蹊徑。這些藝術品所引發的飲食審美情趣，可以使人們離開餐桌本身，任何簡易粗樸的食物都可以成為審美對象，昔日井岡山革命戰士歌頌唱的「紅米飯，南瓜湯」同樣是很美的。韓偉作詞，施光南作曲的《祝酒歌》，無論是由關牧村演唱的女中音，還是由戴玉強、莫華倫、魏松演唱的男高音，都把酒文化中的豪放情懷發揮到極致，關牧村的優雅令人滿足，而三大男高音的豪放可以使人熱血沸騰。這就使我們認識一般的酒文化審美，常與醉生夢死、落拓憂愁的頹廢情緒迥然不同。

同樣，在美術作品方面，我們也需要把目光從餐桌上的美味佳餚移向更高境界，我們在這裡以幾幅作品為例加以說明：

第一幅是周作人在《兒童雜事詩》中寫的一首白話詩，原文是：**夕陽在樹時加西，潑水庭前作晚涼。板桌移來先吃飯，中間蝦殼筍頭湯。**

豐子愷為這首詩作了插圖，圖題就是蝦殼筍頭湯（圖7-1）。他那種獨特的漫畫手法，把很平常的食物描繪成了人間美食，也彰顯了浙江紹興地區的人文風貌。蝦殼是出了蝦仁的廢料，筍頭是嚼不動的筍的老根，當然也是廢料，但他們都有鮮味，加工做湯取「一字之鮮」，但實際做這道湯的時候，還要加入黴乾菜，這才是真正的食材，否則便用不上箸上功夫了。試問這種飲食不美嗎[21]？

**圖 7-1 蝦殼筍頭湯**
（原詩為周作人親筆，豐子愷插圖），（取自鐘叔河《兒童雜事詩圖箋釋》）

第二幅是發表在2012年3月2日《光明日報》第13版上的一幅油畫，畫題為《早點》（圖7-2）作者是忻東旺，畫面一群人在簡陋的城市食攤旁吃早點，那裡沒有山珍海味，

也沒有美酒羔羊，但生活氣息很濃，同樣是飲食審美的傑作。

**圖 7-2 早點（油畫）**

（取自《光明日報》2012 年 3 月 2 日 13 版）

　　第三幅是發表在 2014 年 6 月 8 日《光明日報》09 版上的一幅照片，攝影者張兆增，選自「80 北京」圖片展，畫面上有九個孩子在吮吸冰棍，是大陸二十世紀八十年代人民生活的生動寫照，圖中 8 個孩子以各自不同的姿勢和表情對待手中的冰棍，而那唯一背對鏡頭的女孩，很可能因沒有冰棍而羨慕不已（圖 7-3）。小孩吃冰棍也能審美，這就是明確的答案。

20 世紀 80 年代，孩子們喜歡的冰棍只有 3 分錢的紅果冰棍，
高檔一點的是 5 分錢的小豆冰棍和巧克力冰棍。那時的孩子
吃冰棍從來捨不得咬著吃，只是含在口中慢慢品嘗。

**圖 7-3 兒童街頭吮冰棍**

（張兆增攝，《光明日報》2014 年 6 月 8 日 9 版　選自「80 北京」圖片展）

第四幅是發表在 2014 年 7 月 6 日《光明日報》09 版上的一幅攝影作品，作者為徐冶，

該版編輯作了點評，筆者覺得無需再說什麼，原樣照錄而已。（圖 7-4）

**圖 7-4 即將快樂**

（選自《光明日報》2014 年 7 月 6 日 9 版）

在西方，也不乏表達飲食的繪畫作品，美國人阿莫斯圖在《食物的歷史》[22]中便收入了 25 幅，分別表示不同時代的飲食思想，例如，書中的圖 4（圖 7-5）是西班牙畫家雅戈的作品。大約在十九世紀最初 10 年的末期，雅戈開始從事屠宰業的繪畫。這幅畫是以一頭綿羊為主題的靜物畫，他引入了受嘲弄的不切實際的元素：神秘的倒置的肋骨，骯髒的畫派風格，可憐的諷刺性的畫面，就是為了表現在現代素食風俗出現的年代裡，食肉被譴責為獸性行為。又如該書圖 10（圖 7-6）是一幅 1952 年作的廣告畫，強調了工業化對食物和烹飪的影響。因為自從 1865 年，德國化學家李比希（Baron Justusvon Liebig）用擠榨生牛肉的方法生產肉汁，並認為這種肉汁含有極其豐富的營養，畫面下方的一句廣告詞就是：「烹調如此方便」。

除了音樂、文學、繪畫以外，近現代的視聽藝術更是飲食審美的有效手段。所有這些立足於文學和藝術的飲食審美方式，最終都符合古典美學家的名言：距離產生美，即是把審美客體從餐桌上移走，去尋找味外或食後之美。這樣，「美」是尋到了，可「味」卻沒了，似乎飲食審美是可以餓著肚皮進行的。這種審美途徑和趙榮光的「十美風格」以及劉廣偉、張振楣的「五覺審美」是完全背離的，這顯然不合人們飲食審美活動的常態。結論還是那句老話：飲食審美是離不開飲食本身的，所謂飲食審美就是享受食物的美感，這種美感應該包括生理上的快感和心理上的滿足，如果條件有可能，也可以上升到更高的境界，即美學境界。要進行飲食審美，就要求作為審美對象的食物具有必要的藝術性，像上面所說的雅戈的那幅羊骨畫，是不會產生食羊肉的美感的，畫家的本意就是對肉食的批判。

**圖 7-5 宰殺後綿羊**

在現代素食風俗出現的年代裡，食肉被譴責為獸性行為，大約在十九世紀最初 10 年的末期，雅戈開始從事屠宰業的繪畫。在他的以一頭綿羊為主的靜物畫中，他引入了受嘲弄的不切實際的元素：神秘的倒置的肋骨、骯髒的畫派風格、可憐的諷刺性的畫面。

**圖 7-6 牛肉汁廣告**

1865 年，李比希男爵從牛肉中榨得牛肉汁，這僅僅是對肉的健康成分進行濃縮的一個實驗結果。然而，含氧物質的將來只是一種方便食品而不是營養成分的來源。1952 年的廣告中強調了工業化對食物和烹飪的影響。

# 第五節 食品的藝術性

食品和烹飪講究藝術性，但不是純粹藝術，食品（包括烹飪製作的菜肴、麵點以及手工作坊生產的多種食品）都是「短命的」藝術品，這已經是行業內外的一致看法。

烹飪的藝術性是誘發烹飪過程中和飲食活動中的生理快感和心理美感的基礎，因此，必須講究烹飪的藝術性。但是，如果把烹飪的藝術性或藝術屬性當作烹飪的本質屬性，那就犯了主次顛倒的錯誤，烹飪的本質屬性只能是它的科學技術屬性，因為它以生產、製造符合營養衛生要求、美味可口的飯菜為第一任務，離開了這一點。哪怕是藝術形象再好的食物原料製品，如民間藝人所做的那些糖塑或面塑製品，已失去了食用價值，因此，這些藝人的手藝，不能視為烹調技術，當然也就沒有什麼烹飪的藝術性可言了。烹飪所追求的藝術性究竟有哪些具體內容呢？就菜肴和點心的製作而言，就是本書從第二章至第四章所講的那些技術要素的美化，這就是狹義烹飪的藝術性；就人類的飲食活動而言，除了狹義的烹飪的藝術性以外，還要講究烹飪器具、食具、菜點生產環境、進食環境、廚師和服務人員的科學文化和藝術素養，進餐者的科學文化和藝術素養等。在這方面，我們要突破一切剝削制度社會條件下的思想桎梏和價值觀點，千萬不要用權力或金錢作為劃分人們對烹飪藝術屬性的認識層次。

至於烹飪或飲食活動中那些藝術性的體現技術和手法等，或許要使用一些美學原理，但從目前的研究的水準來看，還不能說就等於已經建立了「烹飪美學」這樣一個學科，問題主要出在味覺、嗅覺甚至還有觸覺在飲食審美活動中，還沒有形成公認的美學規律，我們可以不理會黑格爾和康德，承認味覺審美過程的存在，但美學規律的內涵是什麼？卻並沒有明確的結論。目前已有的《烹飪美學》之類，最後的落腳點還是在視覺藝術方面，講究色彩和造型，最後形成圖案，並遵循多樣與統一、對稱與平衡、重複和漸次、對比與調和、節奏與韻律等基本的美術法則，味覺審美還達不到這些。所以我們主持編寫的烹飪專業教材中，早已用《烹飪工藝美術》這門課程取代了《烹飪美學》，但我們從來不反對烹飪美學的研究，我們反對用雷人的不切合當前實際的大概念，去掩蓋烹飪科學建設中仍然存在的短板[23]。

江蘇《美食》雜誌在 1990 年第 1 期封二曾拷貝了錢學森先生於 1989 年 11 月 25 日給該報編輯部的一封信。信中對吃喝風、豪華風大為憤慨，講了他對新時代美食的具體主張，概括起來有以下四點：（1）美食的第一個標準是要「合乎現代營養學和生理衛生要求」；（2）盡可能體現優秀的民族飲食文化傳統，同時又要吸收國外的優秀文化傳統；（3）為人民大眾服務的方針堅定不移；（4）要有良好的健康的風味特性。

錢學森先生生前對飲食文化頗為關注，曾多次公開表示自己的看法，但是他畢竟不是美學家，他的美食思想並不等於美學思想，他承認烹飪的藝術性，認為菜點設計與工業設計有共同之處，因此他所說的依然是烹飪工藝美術，並不是什麼美學。另外，美食和美學也是兩個不同的概念，不能李代桃僵。

# 參考文獻

〔1〕辭海·上海：上海辭書出版社，1989。

〔2〕卡羅琳·考斯梅爾（Carolyn Korsmeyer）著·味覺·吳瓊等譯·北京：中國友誼出版公司，2001。

〔3〕老子·上海：上海古籍出版社，1989。

〔4〕鄭奇，陳孝信·烹飪美學·昆明：雲南人民出版社，1989。

〔5〕張穀平·李漁的烹飪美學思想·中國烹飪研究，1991.2。

〔6〕張振楣·味覺審美與其他審美的關係·中國烹飪，1991.7。

〔7〕吳志健·烹飪領域的美學屬於技術美學·中國烹飪，1992.4。

〔8〕鄒元江·馬克思主義美學的當代視野·光明日報，2004-4-6(B4)。

〔9〕季鴻崑·飲食美感與飲食風味·揚州大學烹飪學報，2005.1。

〔10〕王蒙·科學人文未來·光明日報，2004-10-14(B3)。

〔11〕趙榮光·鄭孔門前不掉頭，程朱席上懶勾留——袁枚飲食思想述論 // 中國烹飪協會編·中國烹飪走向新世紀——第二屆中國烹飪學術研討會論文選集·北京：經濟日報出版社，1995。

〔12〕袁枚·隨園食單·北京：中國商業出版社，1984。

〔13〕讓·安泰爾姆·布里亞·薩瓦蘭著·廚房裡的哲學家·敦一夫、付麗娜譯·南京：譯林出版社，2013。

〔14〕朱基富·烹飪美學·北京：中國輕工業出版社，2010。

〔15〕趙榮光·中國古代飲食文化「十美風格」述析：趙榮光食文化論集·哈爾濱：黑龍江人民出版社，1995。

〔16〕趙榮光，謝定源·飲食文化概論·北京：中國輕工業出版社，2000。

〔17〕劉廣偉，張振楣·食學概論·北京：華夏出版社，2013。

〔18〕卡羅琳·考斯梅爾（CarolynKorsmeyer）著·味覺·吳瓊等譯·北京：中國友誼出版公司，2001。

〔19〕李亦園·中國飲食文化研究的理論圖像·第六屆中國飲食文化學術研討會論文集·臺北：臺北財團法人中國飲食文化基金會，2000。

〔20〕季鴻崑·食在中國—中國人飲食生活大視野·濟南：山東畫報出版社，2008。

〔21〕周作人作詩，豐子愷插圖，鐘叔河箋釋·兒童雜事詩圖箋釋·北京：中華書局，1999。

〔22〕菲利普·費爾南德斯·阿莫斯圖（Felipe Fernandez-Armesto）著·食物的歷史·何舒平譯·北京：中信出版社，2005。

〔23〕周明揚·烹飪工藝美術·北京：中國輕工業出版社，2000。

# 美與我們的現實世界

北京大學哲學系教授 · 張世英

　　在我們的印象中，用神聖來形容美，起源於西方。今天，市場經濟讓我們的生活豐富多彩，生活變得更藝術化，是不是衣服更漂亮，打扮更美就是藝術化？提美的神聖性，說不定有人說，這有點脫離實際吧？正因為如此，談美的神聖性就更有現實意義。

　　美是有低層次和高層次之分的。所謂低層次，就是聲色之美；而高層次就是心靈之美。心靈之美就體現了美的神聖性。現實中，一些五顏六色的聲色之美的背後，所缺乏的就是一種高遠的精神境界的支撐。

　　我是研究西方哲學的，就從西方的柏拉圖說起，柏拉圖提出了感官的審美概念，即視覺和聽覺，這是美的神聖性的思想起源。因為眼睛看的、耳朵聽的都沒有實用性，即沒有功利性。柏拉圖在審美感官和非審美感官的區分裡面，包含了一個重要含義，就是美的東西沒有什麼功用性，不能滿足人的功利追求。但是柏拉圖並沒有把對審美感官和非審美感官的區分做更深遠的推論，他講的美，還是跟實用性聯在一起，他跟蘇格拉底都認為美不美的標準，要看它有沒有用，美還是跟實用聯繫了起來。蘇格拉底就講過，有用的才美，沒用的談不上美。到了公元 3 世紀，哲學家普羅提諾不完全同意柏拉圖的觀點，認為美的東西，藝術的東西，是最高神聖的東西的體現，這就把美的價值提高了。他認為，美具有神聖性。雖然他的觀點帶有美的神聖性意味，但還沒有真正達到「美感神聖性」的思想層面。發展到後來，西方哲學家認為，美是超越實物的存在，托馬斯就認為美是超越現實實物的東西，他說美的形式是神的，甚至是上帝的神性的表現，美具有神聖性。這樣一來就大大提高了美的神聖價值。

　　到了康德，他將審美與自由聯繫起來，認為審美的過程，就是人不受功利束縛的過程。不受束縛就是自由。審美的過程，沒有功利的摻雜，所以美是最自由的。西方哲學到了康德就把美的自由命題提出來了。康德有一個理念，說美具有解放的作用，所謂解放就是人從各種利益束縛中解放出來。黑格爾繼承了這一思想，認為美是理念的感性顯現。黑格爾以後，西方現當代哲學轉向了現實。馬克思講現實，海德格爾也講現實，角度不一樣。海德格爾把生命本來的狀況稱作本真狀態，是萬物一體，中國思想裡有「民胞物與」，心靈把大家聯繫為一體。但是，人跟外界打交道，也會把它當成完全是我以

外的東西，主體跟客體就二分了。海德格爾認為，西方傳統思想把主客分得太絕對，讓生活變得枯燥，也滋生了人類中心主義，把人作為世界的中心，萬物都是人的利用對象。西方現代哲學認識到，不能夠這樣繼續下去。海德格爾強調，人需要把自己提高到審美的境界，以便超越單純的利用關係，達到萬物一體。

我原來研究西方古典哲學，後來回頭思考中國的文化。海德格爾講本真的美、詩意的美跟中國意象之美是相通的。中國人講意象之美，「情在詞外曰隱，狀溢目前曰秀」。就是顯出來，是有形有色的。但是詩往往通過有形的象，讓人體會到背後無限的意——詞外之情，言外之意。這個「隱秀」的說法，就是人通過在場的、明顯的意象，體會背後那無窮無盡的沒有說出來的意味。所以中國人講美是講含蓄之美，這種含蓄之美就是把顯現出來的東西和沒有顯出來的東西合為一體，人在這種境界裡面，那是一種高遠的境界。高遠的境界就是一種自由的境界，所以，中國的天人合一，中國的意象說，其實就是一種神聖的美。

在今天，我們市場經濟繁榮發達的時候，我們的生活五彩斑斕，我們的文化生活也五光十色，但在豐富的同時也出現了一些低俗的現象，在這些東西的背後是淺薄，而不是高遠的境界。我們應多給人美的東西，讓人去回味，這個美讓人從表面的東西想到背後深沉的東西，現在，社會上一些人更在意的是表面的聲色之美，而從表面的聲色之美，怎樣讓人體會到萬物背後的人生意味，這是我們這個時代所缺乏的東西，缺乏這個東西也就是缺乏美的神聖性。因此，美的神聖性這個題目具有非常現實的意義，它為文化工作者提出了當代傳播美的課題。

〔注〕2014 年 10 月 15 日，習近平在全大陸文藝工作者座談會講話，反覆提出要傳承和弘揚中國傳統美學精神，引起了哲學界的廣泛關注。此後，2014 年 12 月 17 日《光明日報》「大視野」專欄以《品味美的神聖性》的總標題，刊發了由北京大學美學與美育研究中心主辦的「美感的神聖性」美學散步文化沙龍上 4 位專家學者的發言，本文即為其中的一篇。除此以外，著名科學家楊振寧認為「自然的美是真正的大美」，譬如物理學的那些定律和數學公式，都蘊含著美，讀懂了它們就會有「美的感受」。中國人民大學藝術學院院長丁方說：「美就是光輝燦爛」。而北京大學哲學系教授葉朗則要求人們「把美指向人生」，美就是愛，美就是精神追求，要「相信世界上有一種神聖的、絕對的價值存在」。「在我們當代中國尋求這種具有精神性、神聖性的美，需要一大批具有文化責任感的學者、科學家、藝術家立足於本民族的文化積累，作出反映這個時代精神的創造」。

2014 年 12 月 26 日《光明日報》的「論苑」專欄，又刊發了該年 12 月 20 日中國文藝家協會等聯合召開的「中華美學精神」專題研討會，著重討論了文藝界學習習近平講話時發表的觀點摘錄（一共有 14 位專家的發言摘錄），涉及了與美學相關的各門學科。其中國社科院文學所副所長、國際美學協會主席高建平明確指出：「讓中華美學精神

為當代生活服務」。而中國文藝評論家協會副主席兼秘書長、中國文聯文藝評論中心主任龐井君在闡述中華文明強調人的自然價值時指出：「大自然不是人極力要征服、改造、分析、實驗的對象，而是人需要敬畏、尊重、熱愛、學習、融入、歸依乃至真正實現自由的偉大存在和身心家園。中國人最高的生命理想不是戰勝一切、唯我獨尊，而是要通過融入自然萬物而實現偉大、自由、永恆和超越。這種價值觀貫穿於，從先秦到明清的歷史演進和儒釋道等各家哲學學說中，也廣泛滲透融入社會生產生活各個領域。在文學、繪畫、書法、中醫、飲食、園林、建築、教育等各個文化領域中得到具體生動、淋漓盡致的表現和發揮，積澱產生了獨具特色、光輝燦爛的中華美學精神。中華美學中的氣韻生動、寫意傳神、陰陽化育、涵化融通、和諧共生、感悟直觀、情理交融等藝術追求，以及融入其中的生命精神、超越精神、天地精神、無我精神等，都是中國人自然價值觀的藝術再現和審美闡述」。

我們探討飲食美學，除了關注飲食本身外，更需要關注美學理論的動態變化。

第八章

# 飲食服務業及其社會功能

當代世界把產業分為三類：第一產業指農業和建築業；第二產業指工業；第三產業指社會服務業。這個服務業是個大概念，包括交通運輸、郵電通信、社會保障、金融財貿、商品流通乃至文化娛樂場所等各個方面。餐飲供應、旅遊住宿和傳統的生活服務業自然也包含於其中。從管理層面講，第三產業的特點是投資小、見效快、收益好、就業容量大，是一批勞動密集、技術密集和知識密集的產業，各國對其都非常重視。一個現代化國家的標誌就是第三產業在整個國民經濟中的比重，發達國家的第三產業的產值在 GDP 中的比重都是 60% 以上。

在第三產業中，餐飲業是一種傳統的社會服務業，在歷史上佔有重要地位，是家庭生活社會化的首要行業，其就業容量很大，所以在商品經濟的社會結構中，餐飲業是無處不在、無時不在的行業，可以說它是與商品經濟共生的。

# 第一節 人類飲食文明的起源和餐飲行業的產生

早期人類的飲食活動，當然只是一種果腹充饑的手段，隨著人類文化的發展，特別是有了社會意識以後，飲食禮儀就成了社會早期生活規範的重要內容，而這些飲食禮儀中第一個能夠統治人們思想的形式便是原始的祭祀活動。以大陸來說，無論是在地下發掘的早期禮器和現存的神話傳說及民間習俗，還是在現存的文獻古籍上，都雄辯地證明了這個論斷的正確，歷史上早已有人對此作了研究。例如宋人高承在《事物紀原》中說：「《禮記》曰：禮始諸飲食。蓋自太昊犧牲以供庖廚，制嫁娶以儷皮為禮始也。《王子年拾遺記》曰：庖犧崇禮教以遵文。《通典》曰：伏羲以來，五禮始彰，堯舜之時鹹備。《揚子法言》曰：法始乎伏犧而成乎堯，匪伏匪堯，禮義哨哨，聖人不取也」。由此可見，中國人歷來以「禮儀之邦」炫耀於世，實自原始崇拜之祭祀活動開始。所以高承又說：「《王子年拾遺記》曰：庖犧使鬼物以致群祠，以犧牲登薦於百神，則祭祀之始也。《黃帝內傳》曰：黃帝始祠天祭地，所以明大道。《史記》曰：高陽潔誠以祭祀，高辛明鬼神而敬事之也」。明人王三聘在《古今事物考》的「禮義」部分也說到：「《王子年拾遺記》曰：庖羲氏使鬼物以致群祠，以犧牲玉帛祀神，則祭祀之始也」。

在大陸古代，歷代帝王的政府機構中，都有相應的專門機構料理這些事，《周禮》的「天官」和「春官」都是在這方面的「萬世不易」的經典。高承《事物紀原》中叫做「禮部」，他說：「唐虞秩宗，周官宗伯，皆今禮部之任也，後周有禮部，不言職事。隋以典儀曹，其名命自宇文周始也」。又有「祠部」，「魏代始於尚書省，置祠部曹，蓋其

官自魏始也，歷代因之不變」。再有「主客」：「漢成帝初置尚書客曹，光武分置南北主客，於此遂以曹名」。「膳部」：即「周官膳夫也，晉有左右士曹，北齊曰膳部」。在王三聘的《古今事物考》中所輯的關於各代「禮部」的變遷情況與高承所記大同小異，即「漢成帝置客曹，隋為禮部，今（指明代）尚書，即周春官大宗伯也，今侍郎，即小宗伯也。所屬有四清吏司，曰儀制，因魏儀曹，今掌其儀征而辦其名數。曰祠祭，因晉祠部，今掌祭饗、天文、漏刻、國忌、廟諱、葡筮、醫藥、道佛之事。曰主客，因周官，今掌諸番朝貢等事。曰精膳，因北齊膳部，今掌邦國牲宰酒膳，辦其品數」。同書在其他地方還記敍了在《周禮·天官》的基礎上，從秦代以後對王子王孫的伙食也設有專門機構，「秦有典膳所，後漢有太子食客，隋改典膳正，今（明代）王府因之。典膳正，正八品；典膳副，從八品；奉祀所奉祀正，正八品；奉祀副，從八品……」等名目。王子尚且如此，至於主管帝王膳食等部門，那排場當然就更豪華了。高承《事物紀原》有「尚食、尚衣、尚藥、尚 、尚舍、尚輦」六個部門，其中「尚食」曰：「如淳曰：掌天子之物曰尚，秦置六尚乃有尚食，則尚食，秦官也」。又説：「秦置尚食，歷代為奉御，屬殿中省，今（指宋代）有尚食奉御是也。唐別置尚食使，故五代會要，梁諸司使有尚食使也」。

通過以上所述，可見在人類歷史上最神聖的飲食活動，先是出於祭祀，然後便是帝王的消費。錢玄在《三禮名物通釋》（江蘇古籍出版社，1987 年）曾引《周禮·天官》鄭玄注：「禮飲食必祭」，並列舉了《周禮·春官·大祝》中所説的「九祭」。不僅如此，廚房的產生也始於祭祀。高承和王三聘的著作中關於「廚」的起源，都説：「《帝王世紀》曰：帝太昊制嫁娶之禮，取犧牲以供庖廚，此廚之始也」。至於「御廚」，高承説：「《唐會要》，昭宗天祐元年四月勅有御廚使」，又有「御殿素廚」。「《宋朝會要》曰：大中祥符九年置，在玉清昭應宮後，徙御廚也」。明清兩代均有御膳房，至今北京故宮仍可見到。就是在皇帝外巡時，也有專門的御用廚房，這在《揚州畫舫錄》上有明確記載。

宮廷飲食除了祭祀和皇帝及其家屬的享受之外，還有相當於今天禮賓司的任務。高承在《事物紀原》「禮賓」條中説：「《會要》曰：天寶十三年三月二十八日，勅鴻臚屬司有禮賓院。又元和九年六月，置禮賓院於長興裡，其使名疑自此有也。《五代會要》曰：後唐天成元年，太常禮院奏本朝故事，諸蕃客並於內殿引對事在禮賓使，由此證知其官始自先唐也。又長興三年三月，有禮賓使梁進德自契丹報聘轉回也」。到了宋朝，還專門成立了國信所的外交機構，高承説：「國信所掌契丹使介交聘之事」，設於景德初年。到了明清時代，外交活動更為頻繁，清朝末年，「夷務」成為政府的重要活動，於是乃有總理各國事務衙門的建立。

宮廷飲食活動的第四方面的內容，便是帝王對於臣下的賞賜，多為宴會。王三聘在《古今事物考》中説：「大宴」：「漢高帝十月，長樂宮成，置酒宴群臣，此錫宴之始也。宋朝，南郊畢大宴廣德殿，曰飲福宴。聖節後大宴曰次宴。國朝（明代）凡大祀天地，次日慶成大宴，凡正旦、冬至、聖節。洪武永樂年間，大宴並如慶成儀。宣德以後，朝

官不與宴者，給賜節錢鈔錠」。另有「常宴」，宋真宗朝，聖節外始備春秋二宴，以為定制。國朝，凡立春、元宵、四月八、端午、重陽、臘八等節，永樂間賜百官宴於奉天門，樂宮千秋節，宴於文華殿。宣德以後與皇太后壽旦，俱出宴於午門外」。高承在《事物紀原》中有類似的記述，諸如「次宴」：今聖節後大宴日次宴，《宋朝會要》曰：「建隆元年二月，以長春節大宴廣德殿，誕聖節大宴，自此始也」。又曰「景德元年十二月四日，命石保吉賜契丹使宴射於上津園，自後凡其使至，皆賜宴射，此其始也」。春宴，「《宋朝會要》曰：太平興國三年三月，大宴大明殿，春宴自此始也。乾明節在十月故太宗朝止設春宴」。秋宴，「建隆元年八月，大宴廣德殿，太祖朝，長春節二月設此，秋宴比蓋其始也」。「鹹平三年九月，大宴含光殿。真宗朝，聖節外始備春秋二宴，自此為定制」。

除了大宴之外，還有「廊餐」，高承《事物紀原》說：「《唐會要》曰：正（避貞諱）觀四年，詔所司於外廊置食一頓。《五代會要》曰：唐升平日，常參官每日朝退賜食，謂之廊餐。宋起居幕中賜酒饌，即比例，蓋自唐太宗始也」。王三聘也摘引了這一條史料。

自宋朝以後，賜宴的名堂越來越多。高承《事物紀原》還說：「《宋朝會要》曰：開寶八年賜新及第進士王嗣宗等錢百千，令宴樂。太平興國二年正月七日，太宗親試呂蒙正以下，並賜及第，仍賜宴開寶寺，兼降御製詩二首賜之，此賜宴及詩之始也。唐制禮部放榜後勑下之日，醵錢於曲江為開嘉宴，近代多為名園佛廟，至是官為供帳，為盛集焉。景德二年，始賜宴於瓊林苑，自此定制。按李肇《國史補》雲：曲江在會此為下第舉人，其筵席簡單，比之幕天地席，爾來漸加侈糜，皆為上列所據，向之下第舉人，不復預矣。《摭言》曰：曲江遊賞，雖超大國神龍已來，然盛世開元之末，今瓊林賜宴，亦唐曲江杏園之事爾」。

明清以後，賜宴排場越來越大，名目也日益繁多，僅有清一代，著名的千叟宴耗費驚人，到了晚清，慈禧太后的生日慶典，可以花掉北洋海軍的經費。關於這些，烹飪書刊中都有介紹，尤其是那個醜陋的滿漢全席，更是反映了封建社會制度走向沒落時，最高統治者們扭曲的消費心理。

至此，我們可以鳥瞰中國古代「美食」之最的宮廷飲食，如何從其原始形態走向頂峰的。然而就其功能來講，主要有祭祀、自身消費、與外國交往和賞賜臣下四個方面。許許多多繁縟的「食禮」，就是為這四種功能服務的，是封建法統和倫常的一部分。宮廷如此，則達官貴人當然要照此效仿。各種等級的家廚，構成了封建制度時代上層社會飲食消費的另一個方面，在有些時候，甚至超過當時的最高統治者。在飲食史上常為人們稱道的《韋巨源食單》、魏晉南北朝時代糜爛的官僚豪富鬥富場面、《韓熙載夜宴圖》、宋高宗親幸張俊家的宴會食單，乃至《揚州畫舫錄》上所記的乾隆南巡時，揚州士商的飲食供奉等，無不使人觸目驚心。還有歷代講究吃喝的文人如蘇軾、陳繼儒、李漁、袁枚等，延伸到清末民初的譚家菜等，都是豪富階級飲食消費的象徵，但就其功能來說，

與宮廷的情況大同小異，只不過沒有皇家的氣派大，從禮儀上講，神聖的程度也小一些而已。

　　隨著社會的進步和發展，飲食活動的社會功能自然也產生了變化，首先是宮廷飲食的消失（但其中某些技術則散入民間），其次是達官貴人奢靡生活的衰敗，飲食文化史上的某些現象永遠成了歷史的陳跡。但是作為服務於人們相互交往的市井食肆，卻越來越興旺，為此我們不妨在這裡考察一下市場的起源和歷史的演變過程。

　　所謂「市」，即古代的交易場所。高承《事物紀原》説：「《易》曰：庖犧氏沒，神農作市。《世本》則曰：祝融作市。譙周雲：高陽氏市官不修，祝融修之也。《風俗通》曰：言市井者，按二十家為井，今因井為市，故雲然也」。王三聘《古今事物考》説：「《易系辭》，神農氏日中為市，致天下之人，聚天下之貨，交易而退，各得其所，蓋取諸噬嗑」。可見這種「市」，乃是近代集市的祖先，「交易而退」。至於設有長年的交易場所，則應在早期的城市形成之後。至於大陸，據錢玄《三禮名物通釋》的解釋，在帝王有了固定都市之後，設有供帝王居住的「路寢」，「路寢後有三市，日大市、朝市、夕市」。這種固定的「市」，不可能停留在「交易後退」的階段，因此設有食肆，這是不言而喻的事。另外，即使「交易而退」的階段，食品也肯定是交易的重要內容，因古人的生產、生活資料，遠不如後人豐富，所以早期的物資交換，食物肯定是大宗。關於古代食肆，產生於何時，作者未作詳細考證，但東漢時代辛延年所作的樂府著名詩篇《羽林郎》給我們留下了強烈的印象，即「昔有霍家奴，姓馮名子都，依倚將軍勢，調戲酒家胡，胡姬年十五，春日獨當爐……」。這首詩不僅説明了在霍光擅權的年代裡，有了酒店食肆，而且有了由胡人（漢代指西域人）經營的酒店。關於這些，我們從歷代「正史」的《食貨志》中可以找到肯定的根據，在許多文人的筆記小説中，也有豐富的史料。也就是説，不僅國內貿易有了相當大的規模，中外貿易也有了很大的發展，研究古代絲綢之路（陸上和海上）的學者已作了充分的闡述。唐宋以後，都市繁華的景象已如眼前，唐人詩句中留下的證據確鑿，宋人筆記中《東京夢華錄》、《都城紀勝》、《西湖老人繁勝錄》、《夢粱錄》和《武林舊事》，記錄的情況更為翔實，還有不朽的畫卷——張擇端的《清明上河圖》足資印證，所記雖為開封和杭州兩地，但也可以見其端倪了。至於元代的中外貿易，在鉄庵所作的《人物風俗制度叢談》一書的第74頁中，説得更為詳盡。該書的「酒樓」條還説到：「《明實錄》，洪武二十七年八日庚寅，新建京都酒樓。先是上以海內太平，思欲與民偕樂，乃命工部作十樓於江東諸門之外，令民設酒肆以按四方賓旅，既又增作五樓，至是皆成。賜百官鈔，宴於醉仙樓……此制自古有之。曹植詩：青樓臨大道。《南史·李安人傳》：明帝大會新亭樓勞諸軍，……新亭樓疑即酒樓。《酉陽雜俎》長樂坊安國寺紅樓，《東京夢華錄》所載更多」。清末民初，徐珂在《清稗類鈔》第十三冊（中華書局，1986年）的「飲食類」中，對於酒樓、宴會、筵席等，一方面有所考證，另一方面又作了可靠的記述。所有這些記述，都説明了市井食肆，到了封建社會的中後期，

不僅一般市民和外地人要進出這些市場，連皇帝有時也要在此「與民同樂」。這種現象與奴隸社會和封建社會的早期完全不同了，這是由於商品經濟的發展而造成的必然結果。

至於以家庭為單位的一般人民的飲食，則始終是整個人類飲食的主體結構，雖然也不乏亦精亦樸的美食，但卻始終不為人所注意。這種情況，至今仍是如此。

到了資本主義時期，市肆飲食有了很大的發展，這說明了商品經濟的蓬勃發展。大陸的資本主義社會制度雖不典型，但在民國時代的上海，基本上可作代表。試看徐珂《清稗類鈔》「飲食之所」條所述：「飲食之事，若不求之於家，而欲求之於市，則上者為酒樓，可宴客，俗稱為酒館者是也。次之為飯店、為酒店、為粥店、為點心店，皆有庖，可熱食。欲適口欲果腹者，入其肆，輒醉飽以出矣。上海之賣飯者，種類至多，飯店而外，有包飯作，孤客及住戶之無炊具者，皆可令其日備三餐，或就食、或擔送、惟其便。有飲攤，陳列於露天，為苦力就餐之所。有飯籃，則江北婦女置飯及鹽菜於籃，攜以至苦力麕集之處以餉之者也」。

大陸還有一類特殊的飲食單位（其他國家也有），那就是宗教的寺院伙食，尤其是佛道兩教，歷來宣揚素食主義，所以寺院素菜，頗具特色，加之許多大型寺院，同時兼飲食肆，因此形成了獨特的寺院菜，常為人們偶爾一試的市肆飲食的一個部分。

我們在這裡用這樣大的篇幅來闡述大陸歷史上人類飲食活動的目的和組織形式，除了軍隊以外，其他各方面都涉及了。總體來看，飲食活動的類型可以分為宮廷、官吏、市肆、家庭這四種主要形式，就其目的而言，則具有祭祀、特權消費和果腹充饑三個方面。其中家庭飲食為人類飲食活動的核心，是社會生存的基礎；而市肆飲食則是人類飲食活動中最活躍的部分，是推動社會前進的積極因素。我們在此論證這個問題，就是要汲取歷史的經驗，發展其積極因素，為當前的社會主義建設服務。

# 第二節　國外的餐飲業概況

在西方，飲食服務業多為酒吧、速食或者伴隨旅館出現的，有人說，這種情況可以追溯到西元前 1700 年。古羅馬時期的龐貝古城的客棧、酒吧和餐館都十分興旺；十六世紀中期，歐洲文藝復興的中心－義大利形成了奢華、典雅、排場、華麗的獨具特色的烹飪。系統和規模的經營，可以追溯到 1650 年，在英國牛津出現了咖啡屋。在英國工業革命的影響下，火車、輪船等大型快速交通工具的出現，帶動了飯店、旅館行業的發展，從業人員為了迎合顧客的要求，開始講究服務品質，實行桌邊服務，提升了餐飲服務的

藝術層次[1]。

　　布里亞·薩瓦蘭說：「飯館的主要業務是向公眾提供現成的宴席，根據顧客的要求將各種菜肴分成若干小份，菜肴的價格是固定的。承辦這項業務的機構叫飯館，其管理者就叫飯館老闆。帶有各種菜肴名稱、價格的列表叫菜單，或叫飯單。有顧客消費的菜肴列表以及應付錢款的單子叫帳單」。這該是最早的餐飲服務模式[2]。這個時間大約在1770年前後，在此以前的歐洲，要麼是王室貴族的豪華盛宴，要麼是下層人民在簡陋的飲食攤點果腹。英國學者羅伊·斯特朗（Roy Strong）在《歐洲宴會史》一書中[3]詳細介紹了歐洲各個時期王室貴族的豪華盛宴，在奴隸制社會的古羅馬時期，大型宴會是界定身份的場所，客人帶著僕人赴宴，按照一定的等級秩序被安排在躺椅上（因為古羅馬人斜躺著吃飯）。這種等級安排是從古希臘、古埃及和古巴比倫那裡傳承過來的，他們享用各種珍貴的食材，尤其是使用多達數十種植物香料，講究烹飪藝術，場面莊重豪華，使用大量的奴隸服務。在古羅馬的末期，連食物都要分等級。大約在西元六世紀以後，陸續有坐著吃飯的場景，直到西元十三世紀，人們吃飯才由躺著完全改為坐著，其間基督教起了重大的影響。差不多同時，飲食的生理需要被視覺上的美感所代替，有很長一段時間，金黃色菜肴是歐洲追捧的宴會主題，此時阿拉伯煉金術傳入歐洲，阿拉伯醫藥的民間傳說認為：金黃色可以延年益壽（需要指出：阿拉伯煉金術是中國煉丹術的二傳手，而金液還丹是中國神仙道教的極致追求）。

　　中世紀的歐洲餐桌，進食工具是刀、勺子和手指，還有餐巾，大塊的肉由專門的切肉工處理，餐叉大約在十五世紀的義大利出現，然後傳向歐洲各地，法國路易十四的宮廷成員直到1770年還在用手指。而餐桌的桌布和餐巾折花藝術首先出現於十六世紀的義大利。到了十七世紀法國的豪宅裡才有了專門的餐廳或就餐室的安排。在英國，「餐廳」一詞在1755年被收入詞典。

　　歐洲的小酒館和飲食店最早大約出現在十三世紀前後，但現代意義的「飯店」則產生於十九世紀，這種新式的公共就餐場所最早出現在1789年（也有人說是1766年），它是法國大革命的產物。它的出現徹底衝垮了早先的烹飪行會，飲食中的貴族背景被一掃而光，廚師可以大膽設計自己認為美食的菜肴，而不必顧忌過去的條條框框，人們將「講究的飲食藝術」稱為「美食學」，社會上也出現了一批評價美食的飲食批評家，其中最負盛名的就是以前已經介紹過的布里亞·薩瓦蘭（《歐洲宴會史》譯成比利‑薩瓦尼），他的《味覺生理學》（當代中譯本稱《廚房裡的哲學家》）成為美食家們的教義。餐飲藝術最終與政治和政府脫離，餐飲成了私人的事情。然而，聚餐仍然是一種隆重的社交活動。在歐洲，聚餐仍然代表著一種折衷形式，即1789年以前的等級制度與1789年以後的平等原則的一個奇怪的混合物。直到1918年，僕人漸漸成了過去的事情，但直到1945年以後，他們才完全不存在。而廚房的機械化卻因此而受益。1975年，在冰箱的進一步改進的基礎上，又有了煤氣灶具和電力灶具、洗碗機，以及種類繁多的切菜機、

攪拌機等，還有深層冷凍機和微波爐。同時我們進入商業化的食品醃漬時代，小至一種食材，大到完整的一頓飯菜，任何食品都可以被罐裝、烘乾或冷凍。新型的國際貿易和便捷的運輸使得即使在隆冬季節也能買到來自異國他鄉的水果和蔬菜，季節的局限性不復存在。過去完全屬於地方性的烹飪，現在變成全球性的，任何一個國家的特色餐飲都可以在不同國度和城市興旺起來。

與歐洲相比，美國早期傳承了不少歐洲大陸和英倫三島的飲食習俗，但自從 UnitedStates 建立以後，本土飲食模式逐漸顯現出來，西部拓荒的野蠻簡餐和牛仔酒吧，成為美國飲食的主要特色之一，肯德基、麥當勞一批美國速食名揚天下。2014 年，美國總統奧巴馬甚至說，他們要派出美食軍團，到世界各地去傳播美國的飲食文化。

關於幾十年來的美國飲食，有一家創刊於 1942 年的刊物《美食》（Gourmet），為人們提供了認識它的窗口。該刊後期主編露絲·雷克爾（Ruth Reichl）於 2002 年該刊六十周年時，精選了該刊發表過的 40 篇文章，其中包含了 86 道菜譜，編成一本名為《無盡的盛宴》（Endless Feasts）的文集[4]，分為「美食家之旅」、「美國風情畫」、「美食界名人」、「有關品味」和「食物與烹調」五個部分。

雷克爾在序言中指出：美國烹飪的長處在於多元化。這個評價很公允，因為作為移民國家的美國，飲食的多元化是必然現象。據稱，《美食》雜誌於 1965 年建立了實驗廚房，自此在該刊物上出現的每一個食譜都得經過謹慎的測試、再測試，否則不能登在刊物上。足見科學實驗在美國公眾心目中，是評價任何事物的普遍性程序，這和我們中國完全不同。

文集「美食家之旅」部分共有 11 篇文章，其中有兩篇文章寫 1944 年西藏的飲食生活和記錄抗日戰爭前（1937 年前）的上海飲食生活，特別是後一篇，盡管發表於 1986 年，但在筆者的筆下，當時的上海真是西方「冒險家的樂園」。

文集的「美國風情畫」部分共有 13 篇文章，全部描寫美國各地的飲食風情。文集的「美食界名人」部分共 6 篇文章，一共介紹了五位美國著名的美食作家。文集的「有關品位」部分共 5 篇文章，介紹各種飲食的心理感受。文集的「食物與烹調」部分共 5 篇文章，介紹幾種食材的烹製方法。在這 40 篇文章中，除第一部分有西藏和上海的介紹外，僅在「有關品位」部分有一篇題目為《清燉肉湯凍的回憶》的文章，記述一位華人老彭（Pong）製作的「清燉肉湯凍」（類似於中國的肉凍）弄得兩位小主人一輩子都不想吃這道菜。這位老彭顯然是一位歐美人士家裡服務的僕役。除此之外，全書再也沒有提及中國人和中國飲食，而且在所收錄 86 道食譜中，也沒有一道是中國菜，相反世界上其他地區的菜肴幾乎都有收錄，足見在二十世紀，中國人的飲食在美國上層人士中幾乎沒有影響。

進入二十一世紀，國外的餐飲社會化、商業化趨勢更為明顯，形成了強大的外食業，根據大陸商務部有關部門的統計，全球餐飲產業市場總價值大概在 2 萬億美元，其中餐

館和咖啡館占 40% 以上，飲品店占 20%，速食店占 20%，按地區來分，亞太地區占全球的 30% 以上，美國和歐洲市場各占 30% 左右。

在美國的外食業中，速食業最為發達，在美國全國 90 萬個餐飲網點中，有 50 萬個是速食店和正餐廳，有 1220 萬名從業人員，吸納了大量社會勞動力。美國外食業對相關產業的拉動效應很顯著，相當外食業每年 1 美元的銷售額可拉動其他相關產業 2.34 美元的產值。五大集團——金巴斯、麥當勞、索迪斯、阿爾瑪克和百勝餐飲集團，佔有全球 5% 的份額。進入二十一世紀，在方便食品和速食業大行其道的同時，營養、豐盛又方便外帶的家庭性食品又嶄露頭角，包括即煮即食和即食生鮮菜肴出現在市場上，這便是可以取代家常菜的現成副食品，被稱為「家庭取代餐」（HMR），規模已達到 1240 億美元。由於 HMR 的出現，餐飲業增長了三倍，食品工業增長了七倍。

英國外食業主要分為餐館、酒吧和公共飲食三類，有 5 萬多家餐飲企業，員工約 140 萬人，營業額約 300 億英鎊，連鎖經營是英國外食業的重要經營模式，其營業額占整個餐飲市場的 30%，其中最大的 20 家連鎖企業占整個連鎖餐飲業的 80%。英國人外食率很高，倫敦人的飲食平均有 40% 在外面飯店裡吃的。全世界 50 家最佳餐廳中有 14 家在英國，而其中又有 11 家在倫敦。

法國是世界上三大烹飪王國之一，法國餐廳在世界上有很高的聲譽，一直在歐洲占主導地位。歐洲第一流的大飯店或餐廳雇用的廚師大多為法國廚師。

2012 年法國餐飲業有員工 96 萬人，還有 200 萬人從事與外食相關的職業，接近法國就業總人口的 10%。法國約有 12 萬家飯店、2 萬多家家庭旅館餐廳和 4 萬多家咖啡店，餐飲總銷售額約 639 億歐元，其中速食業的銷售額達 340 億歐元。從總體上看，法國餐飲業的集中度較高，20 家最大的餐飲連鎖企業占整個市場的份額在 80% 以上，而其中的前 4 家餐飲企業就占整個餐飲連鎖企業的營業額的 52.2%。日本餐飲產業營業額約 3000 億美元，店鋪數約 30 萬家，員工有 334 萬人。日本把餐飲分為「內食」、「中食」和「外食」三類。「內食」即家庭自製自食；「外食」是指外面的餐館用餐；「中食」是指外面購買後在家裡或工作場所進食，「中食」銷售的都是即食食品，售賣方不提供進食場所，可以送到家的「份飯」或「便當」都屬於「中食」食品。因此，我們一般意義上的外食業即「中食」加「外食」業，當代日本「外食」業逐年下降，「中食」業逐年增長，現在已占四成以上，連同食品工業的產品，日本「中食」行業年產值在 2800 億美元。「中食」品種包括有蔬菜沙拉、水果拼盤、飯團、米卷、壽司、三明治等，還有布丁、果凍、果汁、牛奶、咖啡、茶等，每個品種又有不同的產品，而且涼、熱均有。保鮮時間都是以小時計，通過便利店、自助餐廳、專門的「中食」店和專業的「宅送」系統為顧客服務，十分快捷方便。

在韓國，城市居民家庭每人平均食品支出為 24.8 萬韓元，其中外食費用為 5.7 萬韓元，外食比率為 23%。在印度的孟買，有一批專門送午餐盒的服務人員，即當代流行的

「宅送」服務，緣起於殖民時代的英國人，他們要別人把午餐從家中送到工作場所，因為他們不喜歡吃印度人做的飯食，就這樣久而久之形成了當地的一種特色產業，這種送午餐的服務人員被稱為 Dabba 或 Dabbawalla（達巴瓦拉）。在當代，達巴瓦拉的主要客戶是商務人士或富裕家庭委託他們把午餐送給在校讀書的孩子。孟買這個物流系統以低科技、高效率、零差錯而聞名於世。美國哈佛商學院曾把它作為專門研究的案例。英國查爾斯王子還接見了該公司的董事長。這說明，世界上的事情只要認真，再簡單的也可以做到出類拔萃。

當代英國著名人類學家傑克‧古迪（Jack Goody）曾對世界各地的飲食進行過數十年的田野調查和文獻梳理，他的代表作《烹飪、菜肴與階級》早已為大陸學者所知曉，最近被全文譯介到大陸[5]。這本書一開始便論證了「提供食物和轉變食物」的過程有四個主要領域，可以概括為：

| 流程 | 階段 | 位置 |
|------|------|------|
| 生長 | 生產 | 農場 |
| 分配/儲存 | 分配 | 糧倉/市場 |
| 烹飪 | 製作 | 廚房 |
| 用膳 | 消費 | 餐桌 |

其實還應該有第五個階段，即：

| 清理 | 處理 | 清潔間 |
|------|------|--------|

上述過程在歷史上任何一個階段都是存在的，只不過形式和內容不同而已。為了研究前工業化社會人們的飲食活動，古迪在非洲加納的北部對洛達基人和貢賈人兩個部落進行了長時間的田野調查，他發現在前工業化社會世界各地人類的飲食活動有很大的共同點。人類飲食生活存在明顯的等級化，這種等級化在烹飪、服務、禮俗諸方面都有明顯的表現，並且存在明顯的高級烹飪和低級烹飪的界限（他認為中國在宋朝時在這方面最為突出）。而烹飪書籍的出現便打破了這個界限，這一運動的引領者便是中產階級。

工業化社會產生以後，工業食物使地方性食物迅速向全世界擴散，這個過程與科學技術有密切的關係，其發展趨勢直接衝擊著高級烹飪和低級烹飪的分化，甚至衝擊著「菜系」的純粹（「正宗」）。因為工業化社會為食品製造和流通消費帶來了便利，其中的保藏、機械化生產、批發零售和運輸這四個環節起了決定性作用，罐頭和人工冷凍、機械化包裝食品生產，連鎖銷售、廣告、鐵路和輪船運輸都是史無前例的。工業化食品生產將導致地球菜系的形成。

按馬克思主義社會發展史的觀點來討論烹飪與家庭經濟結構的關係，可以得出如下

結論：原始公社制是低級未分化的烹飪形態；奴隸制社會開始分化，但家庭烹飪的執掌者仍是女人，她們也是性伴侶；封建制社會明顯分化，高級菜餚的烹製者是男性廚師，低級菜餚的烹製者是「家戶」的女人；而工業化社會（即資本主義）又導致分化的融合。其間，社會餐飲行業是封建制社會才開始產生並逐漸發展，此後，飲食的社會化越來越發達。

# 第三節　大陸餐飲業概況

　　當代中國大陸的餐飲業是第三產業中的一個傳統的服務業，始終保持著旺盛的增長趨勢，尤其是 1980 年以來，取得了突飛猛進的發展，展現了繁榮興旺的新局面。2012年，大陸餐飲業總收入為 23448 億元，比 2011 年增長了 13.6%。占社會銷售品零售總額的 11.15%。2012 年餐飲業的總營業額比 2005 年增長 1 倍以上，年均增長率在 16% 左右，對消費市場起了很大的推動作用。

　　二十一世紀的大陸餐飲業，出現了特色化、產業化、連鎖化、規模化、國際化、綠色化、便利化等趨勢。2011 年 11 月，國家商務部發佈的「十二五」期間的社會餐飲業科學發展的指導意見中，明確指出在整個「十二五」期間，餐飲業保持年均增長率在16%，到 2015 年零售總額要突破 3.7 萬億元，並培育一批特色明顯，營業額在 10 億元以上的品牌餐飲企業集團，以滿足城鄉人民日益增長的飲食消費需求。根據主管部門的統計拆算，2008 年我們城鎮居民在外就餐費用（包括在單位食堂、餐飲店、親友家用餐，不包括公費用餐）已達到 878 元，外食支出占食物總支出的比重已達 21%，高收入家庭的外食消費比重達到了 32%。大陸家庭的廚房設施也大為改善，清潔能源灶具和電冰箱已由城市走向農村，在沿海發達地區，已經普及，許多家庭接受了家庭取代餐（HMB）。

　　2012 年以後，大陸餐飲行業面臨兩方面的嚴峻考驗，其一，有些經營者，因為房租、工人工資、能源價格和原材料成本的增高，便採取不正當手段，忽視了食品安全和菜品質量，造成企業信用下降，甚至倒閉；其二，長期以來，某些高檔餐飲企業走依賴公款消費的邪路，在中共十八大以後，加大了反腐倡廉的力度，這些企業普遍難以生存。其中一些帶有國營資本色彩的單位，各地政府都明令關閉轉行，所以從 2013 年以來，餐飲業過去的那些輝煌明顯消退。大陸餐飲行業面臨在社會主義市場經濟條件下的理性回歸。

　　自從中共中央 2012 年「八項規定」出臺以後，餐飲行業營業額連續下滑，我們將最近幾年的相關數據列表如下：

| 年代 | 全國國民生產總值（GDP）/億元 | 年末人口總數/萬人 | 人均GDP/元 | 全國餐飲業總產值/億元 | 人均社會餐飲消費/元 |
|------|------|------|------|------|------|
| 2010 | 397983 | 134100 | 29078 | 17648 | 1316 |
| 2011 | 471564 | 134735 | 34999 | 20635 | 1502 |
| 2012 | 519322 | 135404 | 39521 | 23448 | 2345 |
| 2013 | 568845 | 136072 | 41904 | 25569 | 1878 |

在 GDP 仍在上升的情況下，餐飲行業的相關數據都在下降。2011 年餐飲業的年度總產值比 2010 年增長了 16.92%；而 2012 年則增長了 13%，這是 20 年來首次下降；到 2013 年，其增長率僅為 9%，這是 20 年首次跌進個位數；2014 年的趨勢不會改變，第一季度已有的數據表明，高端餐飲連續走低，大眾餐飲反而日益火爆，從市場和管理兩個方向都促使大陸餐飲行業轉型，杜絕公款吃喝，多為廣大人民群眾的一日三餐著想。到了 2014 年第二季度，這個趨勢異常明顯，名店如杭州外婆家在 2013 年的年銷售額竟增長了 30% ～ 40%，成了大陸大眾化餐飲企業的榜樣。

行業內部曾經估計過，2014 年大陸餐飲行業面臨大洗牌。過去政宴、商宴、官辦民宴是三大塊團餐消費群體，支撐著餐飲業、娛樂業、酒水業、煙草業等服務行業的半壁江山。現在政宴沒了，商宴中的 50% 的高檔消費也沒了，官員們為其家屬奉辦的各種宴會規模縮小，豪宴絕跡，餐飲業每年近 2 萬億元產值的一半來源的支柱轟然垮塌。現在只能走大眾化餐飲的新路。大陸商務部所說的大眾化餐飲，包括早餐、速食、團餐、特色正餐、地方小吃、社區餐飲、外賣送餐、美食廣場、食街排檔、農家樂以及相配套的中央廚房、配送、網路訂餐等服務形式（其實還應該包括火鍋、方便食品和冷凍食品店）。目前，大陸的大眾化餐飲已占餐飲市場的 80%，商務部規劃在五年內要達到 85%。

2014 年 5 月 27 日，商務部出臺了《加快發展大眾化餐飲指導意見》，全文共有 21 條，分別是指導思想（以人為本、服務民生）、基本原則（突出重點、分類指導）、發展目標（5 年內大眾化餐飲占 85% 以上）、健全大眾化網路、發展大眾化消費、提高大眾化供應能力、創新大眾化服務模式（發展網上銷售送餐）、提高管理水準、加強誠信建設、強化餐飲服務安全、發展健康餐飲、加強國際交流合作、建立長效機制、完善工作制度、樹立節約理念、建設節約型餐飲、加強組織領導、健全法規標準體系、完善促進政策、發揮行業協會的作用、做好宣傳推廣工作。這個意見包括了當前餐飲業發展的方方面面，如能完整地執行，大陸餐飲行業必然會有更健康、規模更大的發展。從以上所述情況分析，大陸餐飲業的發展必將兩極分化，大概有 10% 左右的經營份額堅持走高端發展道路，以滿足國內外一些特殊群體的需要，以傳統的高級廚藝、創新的特色廚藝、引進的外國

廚藝、個性化的健康的高端服務、豪華的餐飲設施和珍稀的合法的食材為經營手段，此類企業的經營切不可以腐蝕執政官員為目標。另外的 85% 左右為大眾化餐飲企業，這類企業面廣量大，整個結構很不穩定，標準化、產業化、國際化程度偏低，行業地位和人員素質普遍偏低，相關的政策和法規制度也不完備，法規、標準建設嚴重滯後，大多數經營規模弱小，很難進行技術改造。看來要有意識有選擇地支持一些企業的發展，改變整個餐飲行業目前存在的低科技、泛文化的現狀，培植領頭企業，擴大規模、減少企業數量，以便於政府對餐飲市場的有效監管。

中小型餐飲企業的低科技特徵是不言而喻的，二十世紀八九十年代的「烹飪熱」，曾經一度將烹飪手藝神奇化、神秘化，給行業技術革新帶來很不好的影響。江蘇鹽城名廚劉正順先生曾為此做過很多努力，《中國烹飪》雜誌也曾經熱心支持，但回應者寥寥，他發明的測溫勺、調料秤銷路很小，他精心測定許多技術參數，在餐飲企業中也鮮有人採用，但他自己卻耐心堅持，自費出版了《中國烹調數位化操作技術》（中國商業出版社，2013 年），並且在自己經營的鹽城迷宗菜館帶著一幫青年堅持實踐，不花國家一分錢的科研經費，通過自己的經營所得，支撐自己的研究工作，這種精神實在值得欽佩。

由於資訊科學，電腦技術和機器人技術的長足進步，為新發展的速食技術科學化提供了堅實的科學技術基礎，炒菜機器人已經走向市場，目前線上銷售的炒菜機器人產品不下百種，但使用者並不多。蘇州地方報紙曾報導，昆山有一家完全用機器人管理、烹製、服務的飯店在正常營業，筆者沒有實地調查，所以不敢妄加評論。不過當大眾化餐飲成為行業的主要業態之後，速食業的發展勢在必行，為使產品標準化、規格化，降低人力成本，炒菜機器人必然有其用武之地，問題在於機器本身的技術是否已經成熟定型，是否具有足夠的有效性，否則很難獲得業界接納和信任。

2013 年年初，美國總統奧巴馬稱 3D 列印技術是美國科技的未來，隨後不久，美國國家航空航天局（NASA）與一家食品公司合作用 3D 列印技術製造航天食品。2013 年年底西班牙一家食品公司推出了披薩或漢堡之類的食品 3D 列印機。2014 年國際消費電子展上，美國展出了生產糖果和巧克力的 3D 印表機，2014 年 12 月 22 日，西班牙的一家名叫自然機器的創業公司，發明了一種可以打印食品的 3D 印表機，目前可以隨心所欲地列印出自己喜歡的餅乾。看來，3D 打印技術遲早會改變人民的飲食生活，科技進步的威力越來越大，但不等於說，在食品和烹飪行業中，手工技藝將會消失。生產技術的改變有許多難點需要克服，但在流通領域，由於網路發揮了作用，餐飲消費的方式已經產生了很大的變化，「滑鼠加車輛」的送餐形式日益普及。不過這種變化並不意味餐飲企業變成了高科技行業，因為在生產手段沒有顯著提高的情況下，是談不上有多大的科技含量的。相反有少數不良的經營者，在生產車間衛生條件極差，食品品質極低的情況下，搞這種忽悠消費者的外賣經營時，遲早都會出事，也必將受到法律的嚴懲。

傳統食品和餐飲業的泛文化特徵，古今中外概莫能外，從博大精深的哲學到民間流

傳的民俗故事，都是這種泛文化特性的具體表現，對於中國來說，無論是二十世紀末期的「烹飪熱」，還是當前的「烹飪文化熱」，人們爭論和信奉的都是各式各樣的文化現象，它們跟飲食科學技術的進步與否無直接的關係。雖然文化和科技都依附於特定的時空範圍，但兩者評價體系和評價方法都不相同，科學技術的進步與否是很容易判斷的，但文化並非如此。在相同的時空條件下，科學技術可以作定性定量的優劣比較，而文化則不能如此。所以說，「中國烹飪是世界上最先進的烹飪」之類，不可妄加評判。

# 第四節 當代飲食服務業的社會功能

在古代，飲食除了強身健體的基本功能之外，其社會功能第一是祭祀，第二是禮儀需要，我們在前面已經討論過的《周易·鼎卦》：「聖人亨（烹）以享上帝，而大烹以養聖賢」，就是這個意思。當然，這並不排除一般人們之間的禮儀往來，相反還為此制訂了許多飲食禮儀規範。到了資本主義時代，祭祀活動中的飲食相對減少，但人際交往中的飲食活動反而因人員流動頻繁而加強。任何形態的人類文化都是有傳承性的，飲食文化更是如此，不同的時空條件下，飲食的社會功能儘管會有變化，但是基本面是不會改變的。

## 一、人類生存的保障功能

這是由食物（食品）的本質功能所決定的。具體說來又有以下三個方面：

### 1. 營養功能
這是食品最基本的功能，是問題的核心。凡是人，不管社會地位、財產狀況、智力水準、身體素質等存在何種差異，對食物的營養需求是共同的生理現象，因此食物的營養功能乃是它的第一功能。

### 2. 品嘗功能
即食品的風味效應。在這種功能中，除了人的生理需要之外，還有心理上的需要。的確，具有優良風味的食品確能刺激人的食欲，並有助於消化吸收。但是一種食品是否符合美食條件，不同的人群有不同的標準。這是個受多種因素影響的複雜問題，但不是

一個單純的科學問題,例如,某些地區性(如美國人不吃狗肉)、民族性(如印度人不吃牛肉)、宗教性的飲食禁忌,就不能用同一個風味標準去處理問題。

### 3. 醫療保健功能

這一點是中國傳統醫學(中醫)的特色,其中對健康人群叫食補;對疾病患者叫食療,並有「藥食同源」的說法。但這並不是我們中國所特有,幾乎任何一種醫學流派都有借助於調整飲食的方法去治療某些疾病的做法,特別是在預防醫學中,食物的醫療保健功能的發揮,是一個重要的課題,這種功能源於食物原料中的某些微量成分,其中絕大多數並無直接的營養價值。這一點現在為越來越多的營養學家和食品科學家所重視,可以預料,不久的將來定會取得重大的突破。

## 二、人際交往中的交流功能

這是從古代禮儀功能演進而產生的,在當代是社會飲食服務業的主要社會功能,其中一部分趨於固定,形成各具特色的民風食俗,有時候在特定時間吃某一種食品,便表示為一種特定的人文含義。諸如名目繁多因地而異的時令食俗、婚喪嫁娶食俗,乃至宗教食俗和某些民族食俗,都有著深厚的歷史澱積。有時候明知所指並非事實,但卻也堅信不疑,最典型莫過於中秋節月餅,原來節日本身緣起於古代神話和拜月風俗,到了宋朝才有「小餅如嚼月」的比附,於是出現了象徵圓月的月餅。可是現代的航太技術已把地球人送上了月球,發現那裡不過是一片荒涼的,無法住人的不毛之地,可中國人在每年的農曆八月十五日,依然不忘月餅,致使它成為中國食品工業中一個季節性的重頭戲,有些傳統的糕點企業,就以此為生。可誰都知道,在人們擺脫了饑餓的情況下,這種高糖高脂肪的月餅,許多人並不喜歡,但因為過節,卻也硬著頭皮吃上一兩塊,主要是為了了卻「但願人長久,千裡共嬋娟」的心態。社會飲食業另一個人際交往功能,就是人們為了日常交流,大到國家之間的外交事務,小到平民百姓的相互交往,飲食活動是一種必不可少的手段,國宴、家宴,宴宴鍾情,連坐在一起吃一頓飯都不願意,那就什麼都不用談了。當代社會餐飲業的正餐,基本上都是這種功能,交流的目的超過飲食本身。

## 三、勞動力就業功能

飲食服務業是個勞動力密集型行業,手工操作佔有絕對大的比重,所以可以吸納更多的勞動力就業,我們在前面已經介紹過,像法國這樣發達的資本主義國家,飲食服務業的員工總數占大陸勞動力就業率的10%;美國這樣的工業文明大國,飲食服務業的員工總數在2012年仍達到1220萬;人口總數只有不到6000萬的英國,其飲食服務業的

從業人員也接近 140 萬，為總人口的 2.5% 左右。而大陸這樣一個 13.6 億的人口大國，飲食服務業的從業人員並沒有準確的統計。二十世紀初，筆者從各種零散的統計資料中，估計中國飲食服務業的員工總數在 2000 萬，如果用英國的比率來計算，大陸應該有 3400 萬人從事飲食服務業。而英國的工業化、自動化程度超過大陸，大陸的飲食服務業接納的就業人口應該更大，這是不可小視的。

## 四、社會財富的積累功能

我們在上一節曾用表列舉了自 2010─2013 年大陸 GDP 和社會餐飲業總產值的統計數字，經過折算，2010 年，社會餐飲業總產量是當年 GDP 的 4.4%；2011 年為 4.37%；2012 年為 4.5%；2013 年為 4.49%。這一組數字說明社會餐飲業在整個國民經濟總產值中的貢獻率基本上是穩定的，它也是社會財富積累的一個不小的管道，所以輕視不得。

## 五、社會文化的承載功能

法國美食學家布里亞‧薩瓦蘭曾寫過 20 條飲食格言，其中前四條是：
（1）宇宙因生命的存在才顯得有意義，而所有的生命都需要汲取營養。
（2）牲畜吃飼料，人吃飯，可只有聰明人才懂進餐的藝術。
（3）國家的命運取決於人民吃什麼樣的飯。
（4）告訴我你吃什麼，我就能知道你是什麼樣的人。
從這 4 條格言就足以說明人的飲食活動也是社會文化史的重要內容，所以當代有許多人文學科都把飲食當作他們的研究對象，人們追求美食，也就是追求文明的一種形式。已故著名的社會活動家費孝通先生曾對世界性的綜合倫理說過四句話，即「各美其美，美人所美，美美與共，世界大同」。這四句話用在人類的飲食文明生活中，真是再確當不過了，所以我們在這裡也無需多加說明了。

# 參考文獻

〔1〕劉廣偉，張振楣・食學概論・北京：華夏出版社，2014。

〔2〕讓・安泰爾姆・布里亞・薩瓦蘭著・廚房裡的哲學家・敦一夫、付麗娜譯・南京：譯林
出版社，2013。

〔3〕羅伊・斯特朗著・歐洲宴會史・陳法春，李曉霞譯・天津：百花文藝出版社，2006。

〔4〕露絲・雷克爾編・無盡的宴會──（美食）雜誌六十年精選作品・卓妙容譯・北京：新
星出版社，2007。

〔5〕傑克・古迪著・菜肴、烹飪與階級・王榮欣，沈南山譯・杭州：浙江大學出版社，
2010。

第九章

# 飲食文化研究的
# 十大關系

大陸的飲食文化研究發端於烹飪學，但很快就提升到飲食文化研究的階段，其間產生不少爭論，最後還是統一到飲食文化這個概念之下。當前飲食文化研究中，存在著食學與飲食文化的關係、創新思維與傳統思維的關係、食品工程與烹飪技藝的關係、近代營養學與中醫養生學的關係、速食與正餐的關係、食品安全法規與企業經營中的道德操守的關係、保持地方風味特色和技術創新的關係、食科教育中，中等和高等教育的層次關係、飲食類博物館和食學圖書文獻情報中心的關係、獨立見解和學術爭鳴的關係。

正確認識這十大關係，對於大陸今後的飲食文化研究，具有引導性的作用。中國食文化研究會在 2006 年牽頭組織編寫《中國烹飪文化大典》時，筆者曾在第一次編委會結束時，寫了《當前中國烹飪文化研究的十大關係》一文[1]。現在該《大典》已在 2011 年 11 月正式出版[2]，這部大典總結中華 5000 年飲食文明史，覆蓋了 13 億人口，首次對當代大陸 34 個行政區劃和 56 個民族的人民飲食生活進行了概括，而且雅俗兼收。我們希望她有 50 年的生命力。就在《中國烹飪文化大典》即將出版的 2011 年 8 月底，2011 杭州亞洲食學論壇在杭州舉行，一共有 18 個國家和地區的飲食文化研究人士與會，盛況空前。會議的主題是「留住祖先餐桌的記憶」，會上出現了由主持者趙榮光先生提出的「食學」和「食品安全是當代人權問題的底線」兩個新提法，會上雖然沒有明確的爭論意見，但會下的確存在不同的聲音，尤其是對「食學」這個概念。筆者在會上對這兩點未發表什麼意見，提交的論文主要談中國烹飪申報世界非物質文化遺產代表作的問題，在會外引起了強烈的反響，至今尚在爭論之中。有關這次會議的情況，讀者朋友們不妨查看會議的論文集[3]和《光明日報》對這次會議的綜合報導[4]，因為這次會議對當前中華飲食文化研究，確有繼往開來的現實作用。現在，亞洲食學論壇已經舉行過五屆，2016 年將在日本大阪舉行第六屆，「食學」已經為國際部分學者所接受。

2012 年 5 月 14 日起，中央電視臺綜合頻道（CCTV-1）連續 7 天，在 22：30 到 23：00 時段播放了大型系列紀錄片《舌尖上的中國》，以後又在該臺紀錄片頻道（CCTV-9）進行重播。《光明日報》還出版了同名的書籍[5]，2014 年又播放了《舌尖上的中國》第二季，反響強烈，反應很好。它把目光主要投放在我們中國人的日常飲食生活上，引導人們把飲食消費回歸到科學健康的狀態之中。國外出版機構也爭相向其國內引進。

在我們中國，首先認定飲食是一種文化的是孫中山，後來毛澤東也指出：「飲食是文化」。既然飲食是文化，那麼這個飲食文化對於一個國家或一個民族來說，不僅具有它的專門特色和時代特徵，而且還應該是某一歷史階段該國家或該民族整體文化的一部分。對於新中國的文化特徵，毛澤東早在 70 多年前就指出是「民族的科學的大眾的」新文化[6]。時至今日，他的這個論斷並沒有過時，相反在建設中國特色社會主義的今天，這三大特徵依然是完美的概括。因此在當前我們研究中華飲食生活中諸多文化現象時，筆者依然主張恪守「民族的科學的大眾的」原則，在前一次討論「十大關係」時是這三

個原則，這次重提類似的問題時，依然是這三個原則，不過因為前一個「十大關係」的視點是「烹飪文化」，而這一次的視點是「飲食文化」，其具體內涵會有所不同。

### 1. 食學與飲食文化的關係

「食」在中國古代就是個事關家國安危的重要概念，特別是《尚書‧洪範》：「八政，一曰食；二曰貨；……」[7]，以致後來史學家們把經濟史著作稱為《食貨志》。在這裡，「食」已超出一般的「飲食」含義，而《管子‧牧民》：「倉廩實則知禮節，衣食足則知榮辱」[8]，則已將「食」提升為社會公德的基礎，於是乃有「民以食為天」的宏論流傳千古。如要作類似的引述，真是不勝枚舉。但是把「食」或「飲食」作為一門學問來研究，在中國歷史上並非正途，即如蘇軾、陸遊，人們看重的仍是他們的詩文，而集大成者如袁枚，其歷史評價也不在於他的《隨園食單》，對中華飲食讚頌有加的孫中山，並沒有什麼飲食專著。直到二十世紀八十年代初，因為市場經濟發展的需要，在原商業部領導的推動下，人們開始關注餐桌和廚房，並且由此掀起了一陣「烹飪熱」，在中華大地上，破天荒地出現了「中國烹飪協會」，創辦了專業刊物《中國烹飪》，還整理出版了 36 種「烹飪古籍叢刊」。更具有劃時代意義的是正兒八經地創辦了烹飪高等教育，用正規的近代高等教育模式培養廚師，用當時國家教育部某些官員調侃的說法：「培養炒菜的幹部（當時的高等教育機制是培養國家幹部，凡大學畢業生皆為幹部）」。一時間，廚師地位迅速提高，嚴重地衝擊著「君子遠庖廚」的儒家傳統，不僅在大陸全國人大、大陸全國政協以及地方人大、政協議事機構中有了廚師的身影，在一向被視為學術殿堂的高等學府，有了從未受過正規學校教育的廚師當上了大學教授。在商貿系統主管官員和某些熱心餐飲行業人士的推動下，先把具有地方風味特色的菜肴麵點打造成「菜系」（至於是系統還是系列，至今沒有權威人士出來說話），繼而提出「烹飪是文化是科學是藝術」的彌天大話。可是調門越高，卻越難自圓其說，要想把「做飯做菜」的烹飪技藝說成是天下第一學，委實力不從心。其實問題出在「烹飪熱」興起之時，無論是人文社會科學還是自然技術科學的主流都沒有參與其事，所以在一陣熱潮之後，人們普遍冷靜了，不能總是用「博大精深」來給自己壯膽。當代不是先秦，人類的知識積累和技術發展與古代相比，已經有了天壤之別，地球村上已沒有了「小國寡民」，現代學術交流已容不得「以意為之」，在這種情況下，人們找到一個大口袋──文化。「文化」這個概念很奇妙，有人統計過，說它有 200 多個不同的定義，因此它可大可小，可虛可實，凡祖傳秘方、丸散膏丹、疑難雜症，都可以用它來對付，於是乎從「烹飪是文化」轉而為「烹飪文化」，又因中華烹飪是世界上「最好的」，所以以中華烹飪文化是世界上最先進的。當人們進一步追究中華烹飪文化特色時，這些大話無濟於事，於是有位智者說：「以養為目的，以味為核心」。引起人們呼應！但仔細一想就不行了，難道世界上還有不「以養為目的」的飲食嗎？還有不講究「味」的飲食嗎？這樣就涉及「養」和「味」的內涵

問題。從「文化」這個特徵出發，世界上所有形態的烹飪文化都是「以養為目的，以味為核心」的，這句話等於白說。

按自然和技術科學的規律看，「養」和「味」是沒有國界、種族和民族區別的，但是由於各地的氣候、物產、風俗習慣、人文傳統和宗教信仰等的差異，人們的食物結構、烹調方法、口味偏嗜等千差萬別，而且也沒有高下優劣之分，自然和地域條件的多元，造成了人文社會因素的多元，故而僅從烹飪的角度來考察人們的飲食風貌以及蘊含於其中的文化習俗、價值觀念等，是得不出合理的結論的。大概在二十世紀九十年代，學術界逐漸以飲食文化取代烹飪文化，並且適應了當今的世界潮流。一句常見的口頭語：「從田間到餐桌」，說明了飲食文化更大的寬泛性，回歸到了《尚書‧洪範》的成書年代。在當代中國，這個轉變在文獻學上有顯著的反映，早期的《烹飪概論》之類出版物明顯減少，而《飲食文化概論》之類出版物如雨後春筍，出版家們樂此不疲。然而，飲食這門學問的致命弱點也越來越明顯了，那就是它的學科地位問題，一門完整的大學問被人為地肢解了，從古代的農家、醫家（還可能有農政）到現代的農學、畜牧學、水產養殖學、林學以及食品學、烹飪學、營養學、公共衛生學和人類學、社會學、民族學、民俗學等。至於社會生產的行業分工上更是橫跨第一、二、三大產業部門，那可真是博大精深，這些都和飲食文化有千絲萬縷的聯繫，飲食文化研究者要真正做出成績來，就要有這種大視野。可是飲食文化在整個學術殿堂中並沒有座位，科學院、工程院、社會科學院不用說，高等學校專業目錄沒有明確烹飪專業屬理科、工科還是文科，圖書館圖書分類目錄中把它列為「生活技術」，一門「博大精深」的大學問和糊扇子、穿刷子地位相同。因此，有識之士也紛紛出力，為飲食文化爭座位，先後提出烹飪學、飲食學、飲食文化學（食文化學）、文化人類學、飲食人類學等不同主張，但都沒有人理睬。

「博大精深」和「大視野」都不管用，我輩怨不得別人，只怪我們至今未能把貫穿理、工、醫、農、文、史、哲、藝八大學科，橫跨第一、二、三產業部門的大學問理出個頭緒來，形成應有的學術體系，並且給這個學術體系冠上恰如其分、客觀合理的名稱。趙榮光先生一馬當先，由他精心策劃、全力主持的 2011 年杭州亞洲食學論壇，首先亮出「食學」的旗號。其實據筆者所知，從 2010 年以來，想以「食學」取代飲食文化的研究者不止一人。如今在中國大陸，至少有兩組研究者在撰著《食學概論》，劉廣偉、張振楣兩位合著的《食學概論》已經面世，另一部也正在醞釀，我們拭目以待。筆者在檢索整理食事書目時，發現在臺灣地區，已有兩部以「食學」為名的出版物。為此拜託東方美食機構的劉廣偉先生到臺灣尋找，可喜的是這兩部出版物均已獲得，它們分別是蕭瑜著《食學發凡》[9]和狄震著《中華食學》[10]。

蕭瑜，原名蕭子昇（升），字旭東，號書同。1894 年 8 月 22 日生於湖南湘鄉蕭家沖，1976 年 11 月 21 日卒於南美烏拉圭。他所著的《食學發凡》一書是一本只有 5 萬多字的小冊子，經筆者多方諮詢大陸地區的圖書館未見收藏，臺灣地區的一些圖書館網上列有

數種版本，筆者得到的是 1966 年臺北世界書局的鉛印直排本（小 32 開 70 頁）。全書共四章：

第一章開章明義二十則（講飲食的各種功能）；第二章飲食與食飲（講飲與食的關係）；第三章飲食與味（分 4 節講味的生理、心理、物理與哲理）；第四章飲食的配合（講宴會、食品組合和組合原則）。全書的精粹在於其第一章第五點便提出的飲食的生理、心理、物理和哲理，第三章又對此詳細說明。蕭瑜認為當代的食學著述少數屬於第一種即飲食生理，多種屬於第三種即飲食的物理，包括烹飪術和各種食譜。至於哲理，他說的是飲食之道，並且斷言「全世界尚無一部關於研究四大方面的飲食學通典或通論」。

1970 年 1 月 12 日，他在致狄震的信中說：「但食學一名詞，由弟所創立，意在包括有關飲食之生理、心理、物理、哲理四大方面之研究，弟曾發其凡而已。」蕭瑜曾經擔任過北京大學校務委員兼農學院院長，也曾擔任過故宮博物院的院長，故對自然科學和傳統文化均有過研究，又曾在海外留學和遊學多年，見多識廣，因此他對「食學的領域和使命」的主張，確實有一定的道理。

狄震（1910—?），字德甫，曾在 1939 年任國民政府軍政部下屬的四川內江補訓總處的軍醫處長，以後在臺灣做職業臨床醫生。從經歷上看，是一位職銜較高的軍醫，所以與軍政高層均有往來。他在 1970 年寫了一本《中華食學》，由臺北華岡出版部出版，筆者獲得的是小 32 開直排本，共 126 頁（不包括自序和目錄），共 10 萬多字，其內容即如蕭瑜所述的「第三種」飲食著述，偏於「飲的物理」，由於他的醫生職業，故本書內容尤偏於營養學，而且全是近代營養學。狄震《中華食學》在內容上頗類於 1939 年上海商務印書館首印的龔蘭真、周璿合作的《實用飲食學》和 1955 年人民衛生出版社首印的周瓊、杜壽玢合作的《飲食學及營養學》，我們將這些再結合二十世紀八十年代以來的那些《烹飪概論》、《飲食文化概論》之類，似乎應該可以構築一門叫「食學」的學問，按眼下通行的說法，宏觀世界應該是文理兼通，農工並舉，學貫中西，以人類飲食為唯一研究對象的綜合體。我們期待這門大學問雛形早日成形，否則我輩就成了只說不練的假把式。對於蕭瑜所說的「哲理」這應該是個人文觀念，由於歷史傳統和價值觀的不同，我們中國人認同的「哲理」，外國人未必認同，所以它只能是一群人的「哲理」，不妨稱為「群理」。

至此，我們還應該考慮，「食學」這個詞對外如何翻譯？我們不能再犯「菜系」那樣的低級錯誤，明明是 style of cooking，卻讓人誤解為 system of cooking 或 series of cooking，現在不得已「約定俗成」了。臺灣圖書目錄上把蕭瑜的《食學發凡》譯成 An introduction of Chinese eating，照此看來，把 Chinese eating 叫做食學未必是合理的，因為「食學」絕不僅屬於中國。那麼「食學」英譯時用 eat、meal、food 還是 diet 做詞根作詞性變形新創，或者有什麼更好的譯法，現在就應該提出來討論。

## 2. 創新思維和傳統思維的關係

大陸自古以來一直處於主流地位的是儒家，其次是道家，他們的思維方式基本上等同於中國的傳統思維，兩者雖然有區別，但是在保守這一點上，基本上是相通的，都缺乏創新思維。自從漢武帝接受董仲舒的「罷黜百家，獨尊儒術」的建議以後，歷代統治者無出其右，即使是蒙元、滿清以及遼、金、西夏等少數民族統治者也不例外，春秋戰國時期「百家爭鳴」的學術風氣基本扼殺，儒家成了不是宗教的宗教。與此同時，道家的一部分則發展成為道教。這兩家都引導知識階層從事經典的背誦，以引經據典、墨守成規為能事。所以導致十六世紀以來世界上先後發生的五次產業革命，中國與前四次失之交臂，而在第五次資訊技術革命之初，中國僅僅是個「追隨者」。幸而有了鄧小平宣導的改革開放，國家首先在理論創新上取得突破，從而大大推動了科學技術的創新。這種推動的力度，完全不亞於當年歐洲新興資產階級對黑暗中世紀的批判，經過大陸幾代科學家和工程師的努力，對正處在第六次產業革命前夜的當代，大陸已經拉近了與世界科技前沿的距離，只要我們不懈怠、不折騰、不動搖，大陸完全有可能在第六次產業革命中，成為「引領者」之一。可是我們又要清醒地認識到，傳統思維的慣性時刻影響人們前進的步伐，總有一些人對科技創新持懷疑甚至反對的態度，他們把弘揚傳統的優秀文化跟科技創新對立起來，把當代社會出現的諸如環境、食品安全等方面的問題，都歸結為科學技術過度開發的責任，他們把古代只有幾千萬人口時的社會和自然環境與當代 13.6 億人口的社會和自然環境當作一回事，把長矛大刀和原子彈、航空母艦當作一回事……。他們在反思「五四」運動時，對科學和民主的精神持遊移的態度，有人甚至天真地以為僅靠儒道經典就能夠使中國走向民族復興之路，筆者認為是自欺欺人。我們萬不可忘記鴉片戰爭、八國聯軍、九一八事變的教訓。用科學發展生產，用民主管理國家，已經為當代中國的現狀所證實。對於飲食文化而言，在物質方面講求營養和追求美味的統一，就是用創新思維去認識我們的飲食文化傳統；在人文觀念方面追求自然與人、人與人之間，以及人類自身個體的和諧，從而構建民族的科學的大眾的新型飲食文化，其關鍵就是要處理好創新思維和傳統思維的關係。

創新思想是科學發展的核心。2012 年 6 月 11 日，胡錦濤在中國科學院第十六次和中國工程院第十一次院士大會的講話中說：「要大幅度提高自主創新能力」，要「深入實施知識創新和技術創新工程，增加原始創新、集成創新和引進消化吸收再創新能力」。他明確指出：「要面向民生重大需求，加強關係人民衣食住行的科技創新，努力解決人民高度關注的食品安全、飲水安全、空氣品質的科技問題」[11]。很明顯，我們一直引以為自豪的中華傳統飲食文化，在當代也迫切需要用創新機制予以改善和發展。

## 3. 食品工程和烹飪技藝的關係

這是個老問題。從科學原理上講，無論古代還是現代，食品工程和烹飪技藝遵循的

理論基礎是完全相同的。例如食品製作和手工烹調中常涉及的發酵，就是一個很典型的例子。在技術方面，機器操作和相關的手工操作的力學原理也是一樣的。但是現實生產中，食品工程師和烹飪大師往往不能互相配合，前者認為自己工作中的科技含量高於後者；後者又因為自己身懷絕技而拒絕近代科學技術的干預。食品工程師對於大廚們津津樂道的飲食掌故往往不屑一顧。1980 年以來，這種狀況有很大的改變，在任何一個飯店酒樓的廚房裡，廚衛設施有了翻天覆地的變化，廚師們樂於接受食品行業加工的半成品；而更多的食品工程師也樂於在傳統的菜點產品中選型，方便食品、速凍食品和冷凍保鮮食品的品種越來越多。許多原先屬於節日供應的民俗食品，現在都能常年供應，諸如此類的變化不勝枚舉。所有這些都證明，食品工程師和烹飪大師的合作，必將使國人的飲食生活更加豐富多彩。即便是其中有某些不盡如人意的地方（如速凍點心複蒸後的風味變化等），最終還是要靠科技創新來解決。

### 4. 近代營養學和中醫飲食養生的關係

這也是個老問題。而且是至今尚未解決的問題，因為近代營養學是十九世紀後期「西學東漸」時從國外傳入的，什麼營養素、維生素、微量元素、能量等的科學概念，在中國古籍中連影子都沒有，因此在二十世紀三四十年代之前，懂得它的人極少，餐飲行業更不把它當回事。而植根於傳統的中醫養生學，根深蒂固，從哲理上，至少可上推到莊子[12]，《莊子·齊物論》有「正味」之說；《莊子·庚桑楚》講「衛生之經」；特別是《莊子·養生主》開頭一段講：「緣督以為經，可以保身，可以全身，可以養親，可以盡年」，接下去便是著名的庖丁是「順中以為常也」。「緣，順也；督，中也；經，常也」。為人順應中道，避免太過和不及，並使之為常態，就可以「保身」、「全生」、「養親」、「盡年」，這就是大陸傳統養生學的濫觴。後來到了魏晉時期，嵇康作《養生論》，南朝陶弘景作《養性延命錄》，養生學說形成了自己的科學體系，其完整敍述見於《黃帝內經素問·上古天真論》，這已經成了大家的常識。傳統養生學並不僅指飲食，直到唐代孫思邈作《千金方》，設有「食治」專篇，大陸傳統的飲食養生學才真正成為指導人們飲食生活的科學準則，而與「養生」類似的「保生」、「攝生」、「保命」、「衛生」、「養性」等也充斥於中國古籍之中。因為它源於中醫，故而離不開陰陽五行說，所以「滋陰」、「補血」、「補氣」之類就成了人們日常飲食中經常性的追求。然而特定食物是否確有如上述滋壯補益的功能，卻從來沒有過科學統計，有人甚至認為不需要有這種統計。「人都吃了幾千年，難道還要用幾隻小白鼠做什麼測試嗎？」說句實在話，吃一盤「韭菜炒牛鞭」就壯了陽，恐怕玄乎！但人們都這麼說，容不得你不信。

然而，陰陽五行始終沒法量化，因此，一旦上升到國家營養政策的層面，傳統營養學便完全喪失了其主導地位，近代營養學處於支配地位，傳統養生理論只能作為指導具體人物的飲食原則，它的這種輔助性的地位是許多文化學者所不樂見的。即以國家現在

強行規定的食品標籤而言，我們只能標注各種營養素的含量，而不是什麼「陰陽性味」之類。

　　國外的飲食營養指導原則是一元化的，即近現代營養學；大陸的飲食營養指導原則是二元的，即近現代營養學和傳統營養學，而且兩者無法溝通，雙方的學術概念和理論模型都沒有明確的對應關係。例如，中醫的營衛學說和養助益充的食物結構，跟近代營養學的營養素之間究竟如何對應？應該是有關學者值得關注的大課題，我們迫切等待相關的理論突破。

　　需要指出：「藥食同源」這句話，不應只是說說而已。因為在當代中國人的飲食生活中，已經產生了困惑與混亂，其中最突出的就是保健食品市場，甚至連牛奶這種傳統食品都有人拿它說事。人們在上當之後，往往責罵「不良商家」，其實事件的背後，幾乎都有「不良學者」。看來，國家的營養法規，是到了應該出臺的時候了，營養科學研究的任務的確很重。

### 5. 速食和正餐的關係

　　速食這個詞在大陸，首先出現在翻譯的文學作品中，「麥克唐納速食店」（McDonaldfastfood）在二十世紀四十年代翻譯成中文的美國小說中是常見的，這就是今天的「麥當勞」。不過當時人們對它並無準確的認識，以為就是餐飲服務快捷而已，直到二十世紀八十年代初，肯德基、麥當勞等進入大陸餐飲市場以後，大陸人才真正認識了美國的速食文化，才知道標準化設計、固定供應食品品種、機械化生產、統一服務模式、連鎖經營等一系列特點，完全不同於大陸傳統的餐飲行業，它們的快捷供應服務僅是一種表面現象。開始時一些老資格的飲食研究者對它們頗有微詞，甚至不屑一顧。事實也是，首先被它們深深吸引的是幾乎完全沒有傳統文化底蘊的大陸孩子，出於對獨生子女的寵愛，家長們也被拖去了，大陸人多，嘴巴也多，結果這些洋速食的經營業績蒸蒸日上，已經連續多年，負責肯德基等的經營管理者百勝公司，總是穩居大陸餐飲經營企業年度 500 強之首，「品種單一」、「技術單調」、「垃圾食品」之類負面評價，對它們的成功毫無影響。於是有些大陸企業家也打起了民族品牌的速食，其中有成功的，也有失敗的，但都沒有超過國外的速食企業，究其原因，主要是沒有學像。由於文化背景的差異，從而導致在思維方式上不能擺脫手工勞動的局限，以致許多中式速食企業（包括一些速凍食品企業）往往以手工成型作為招徠顧客的手段，從而造成產品規格的差異和勞動力成本的上升，壓縮了企業的利潤空間，為了彌補這一部分損失，不惜以次充好、偷工減料，再加資本運作上可能產生的失誤，某些曾吆喝一時的中式速食企業很快就被擠出了社會餐飲市場。如果速食企業的產品質量只掌握在廚師手裡，那它永遠是個大排檔的聯合體，也永遠不可能做大，就像今天許多以出售盒飯、麵條或包子饅頭的個體經營戶一樣，他們雖然打著快餐的旗號，實際上完全沒有速食文化的實際內涵。

與速食相對應的是正餐，就是大陸傳統經營理念中的宴會（筵席），在人數上達不到筵席規模的叫散客。在十幾年以前，筵席消費按檔次以桌論價，菜品組合由主廚決定，只有散客才是點菜吃飯。可是近十幾年以來，顧客的個人喜好程度提高，成桌筵席也是由顧客自己點菜組合，我們可不要小看這個細節，由於顧客來自天南地北，各有自己的味覺偏嗜和飲食習慣，久而久之便引導廚師改變原來的風味流派，以致今天在全大陸任何地方，都會發現菜品製作有趨同的變化。例如，以清淡鮮香為主調的蘇州筵席，也會夾雜辣味很重的水煮魚，這種變化是壞是好，目前還說不准，經營者為了迎合顧客，也不得不如此。但總的來說，正餐的變化不是太大，主要的進步在於環境和生態意識加強了，烹製珍稀野生動物的現象逐漸減少了；由於炊具的改良和清潔能源的使用，環境衛生有了很大的改善；工具改革帶來了烹飪技藝的進一步變化和提高；科學的營養衛生知識在廚師和服務員中日益普及。主要的問題還是為人民服務的誠信意識，在行業競爭和利潤最大化的誘惑面前，往往顯得蒼白無力，這一點我們在後面還要專門討論。

速食和正餐，雖然都是解決吃飯問題，但它們的人文社會功能有顯著的差別，所以不應該採取同樣的指導方針，筆者以為，連稅率都應該有區別。對於正餐場合嚴重浪費現象，可以考慮徵收過量消費稅或附帶收取過量餐餘處理費。

### 6. 在食品安全監督中，法律和道德的關係

如前所述，食品安全事故，主要由於經營管理者缺乏誠信所引起，監管不力，往往也與官員的腐敗行為是共生的，正如 2012 年 6 月 13 日國務院常務會議上所指出的，「食品安全監管，是當今社會治理的短板之一」。這塊短板，「掏空了社會成員賴以形成安全感的基石」。因此，嚴格問責尤其是嚴格對「一把手」的問責，這塊短板才有望補齊[13]。

法律和道德本身就是一個銅錢的兩面，用鄧小平的說法就是「兩手」，而且處理實際問題時，兩手都要抓，兩手都要硬。光靠法律會擴大社會矛盾，無法分輕重；光靠道德，對少數人的缺德行為難以校正。所以任何法律行為的實施，都是以文明教化為前提的，食品安全方面的法律同樣是如此。即首先以弘揚社會公德為手段，使所有從業者知道怎樣做才是正確的，對「不知者不罪」，偶犯者寬宥，屢犯者和重犯者一定要給予法律制裁。因此，對有關食品安全的科學知識和法律常識的宣傳，就成了大陸食學研究者不可推卸的責任。目前迫切需要用通俗易懂的語言和文字闡明食品科學原理、食品安全法規制定的科學依據，以及不執行食品安全法規的危害等方面的科普著作問世，然而遺憾的是許多出版機構熱衷於那些稀奇古怪的「食話食說」，以及宣揚偽科學甚至反科學的飲食指導和飲食禁忌之類的「垃圾」出版，張悟本之流的「傑作」以印刷精美的外表充斥市場，出版機構有很大責任，而飲食學者們的不作為也是個重要因素。我們應將優秀的飲食文化傳統和嚴正的飲食科學知識，用群眾喜聞樂見的形式和通俗有效的手段，向全民進行普及宣傳。《舌尖上的中國》就是一個成功的範例。

## 7. 保持地方風味特色和技術創新的關係

「一方水土養一方人」是地方風味特色形成的根本原因，即是自然地理、物產品種、風俗習慣、宗教信仰和當地居民的人文性格及族群組成等因素綜合影響形成了地方飲食風格。但「天下無不可變之風俗」[14]，不過這種變化主要是因為人員大規模的流動而產生的。大陸在 1980 年之後的 30 多年，地區與城鄉之間的人員流動規模超過歷史上任何時期，有的地方流動人口超過戶籍人口，各地飲食文化交流的規模也是空前的，川渝的「麻辣燙」、廣東的「生猛海鮮」、杭州的「迷宗菜」，都曾經在一段時間內各領風騷，就連西南邊陲的雲南，也全力向沿海地區擴散其「滇菜」，前任省委書記秦光榮提出：滇菜要「進京、入滬、下南洋」，省裡撥專款鼓勵餐飲企業實現這個目標。在這種情況下，還談什麼「菜系正宗」，不僅不合時宜，也不會有多大的市場空間，因此，飲食風格的同質化就必然產生，企業之間以跟「風」為能事，還美其名曰「創新」。這種把風味「搬家」當創新的做法，阻斷了真正的技術創新，而且也把歷史上長期澱積的地方風味特色擠掉了。應當引起食學研究者的關注。各地飲食風格交流是正確的，但同質化的趨勢並不可取。

## 8. 食科教育中，中等和高等教育之間的層次關係

「食科」這個詞，算是筆者的創造，它包括一切與食事相關的知識體系，就技術的層面講，應包括食品和餐飲兩個行業，在沒有形成行業之前，就已經在家庭內產生了它們的傳承體系。在近代產業教育誕生以前，它們的技術傳承都由父傳子、母授女，進而出現了師帶徒。在中國，近代食品工程教育誕生於二十世紀的二三十年代，當時的熱門專業是發酵工程，大陸早期食品科學家如陳聲、方心芳、秦含章等前輩，幾乎都因從事發酵的教學和研究而成名。而將近代教育方式引入烹飪的技術傳承，雖然在二十世紀二三十年代有所萌芽，但並沒有形成體系。直到 1956 年城鄉社會主義改造運動以後，師徒相授的烹飪技術傳承秩序被完全打亂，「大躍進」運動促使許多地方創辦了商業技工學校，其中的烹飪專業便是培養廚師的主要形式，此時也有少數中等專業學校設有烹飪專業。「文革」時期，大陸整個教育系統處於停頓狀態，此類學校真正恢復招生是在十一屆三中全會以後，所以它們的系列教材到 1980 年前後才正式出版。在此後一批普通中學的高中階段，又設立了職業班，其中的烹飪專業和商業技工學校的烹飪專業在入學資格、培養目標和教學計畫等方面，幾乎是一樣的，直到二十一世紀開始，中專、技校和職中這三種形式才完全歸併為中等職業教育。到了 1983 年，江蘇商業專科學校中國烹飪系創辦以後，烹飪技術傳承才有了高等教育，但還屬於高等專科層次，以後演變為職業技術學院，高中畢業入學，三年畢業，是有學歷沒學位的職業技術教育，此類學校的培養目標大都按江蘇商專中國烹飪系的提法，即以培養大中型餐飲企業的行政總廚（廚師長）為目標，但實質上和烹飪中等職業教育一樣，培養的都是廚師。

1993 年，教育部批准揚州大學商學院中國烹飪系（現揚州大學旅遊烹飪學院，原江蘇商專中國烹飪系）開始設置「烹飪與營養教育」本科函授班，1994 年正式設立普通本科班，專業名稱仍為「烹飪與營養教育」，列為目錄外專業，培養目標為中等烹飪專業的師資。此後，許多地方也都興辦了同類專業。據馮玉珠的調查統計[15]，到 2012 年 4 月，全大陸共有 14 所高校，16 個二級學院或系科辦有此種本科班，並且都可以授予學士學位。有趣的是這些院校僅有揚州大學、黃山學院和哈爾濱商業大學三家將該專業設定為理工科專業，招生範圍也是理工科，其他學校都是文理兼收；更有趣的是畢業生所授的學位各校各樣，其中有 7 家授教育學學士，4 家授理學士，1 家授工學士，還有 4 家授文學士，這說明各校在培養方向上沒有明確認識，可教學內容卻大同小異。歸根結底，還是培養廚師的模式。在這裡，中等烹飪教育、高等職業階段的烹飪教育、烹飪本科教育，培養的都是廚師，畢業生服務社會的基本技能都是廚藝，這是值得我們今後研究的大問題。當要將烹飪技術打造成學問的時候，我們不能這樣隨心所欲，如果說烹飪專業本科生授予藝術學學士，我覺得有幾分靠譜，授予文學士，真令人不知所云，至於授予教育學學士，可能是出於畢業生要充當中職師資的考慮，但這些學生教育學知識少得可憐，實在名不副實。在師範院校，中文系畢業生授文學士，數、理、化、生各系均授理學士，只有教育系畢業生才授教育學學士，這一點值得我們借鑒。據馮玉珠說，現在中等烹飪師資已接近飽和，將來這些本科生幹什麼呢？說實話，他們的謀生本領就是廚藝，也只有當廚師的份了。至於說烹飪本科畢業生可以當高級烹調師、高級麵點師、營養師……那可能是強人所難了，剛畢業的烹飪本科生，肯定當不了以手工經驗為特色的高級烹調師，也沒哪個餐飲企業經營者認可他們，所以烹飪本科生的培養問題，值得研討。

　　在食科教育領域，與近代食品科學相關的各專業，在培養目標、培養方式和人才層次方面，都已經成熟。唯獨烹飪專業，特別是它的本科層次，亟待總結提高。至於研究生教育，實際上早已開始。哈爾濱商業大學的烹飪研究方向的食品學碩士，浙江工商大學的飲食文化史方向的專門史學碩士，揚州大學的營養與烹飪教育碩士研究生都已經有了畢業生，這個層次已經脫離了單純的廚藝訓練，而且畢業生的人數不多，所以目前還沒有什麼矛盾。

　　大陸的烹飪教育，特別是烹飪高等教育，客觀上已經在引領一個年產值 2 萬億元的餐飲行業的發展，而所謂的飲食文化研究，也是以從事烹飪教育的教師來擔當的，所以對烹飪教育的層次研究，對餐飲行業的發展，對中華飲食文化走出國門，至關重要，但目前完全處在自發的狀態之中。為此，我們還應該特別強調，本科以上的烹飪教育機構和各院校的飲食文化研究機構，應該注意加強對國外同行的認識和瞭解，無論以什麼名義獲得學士以上學位的畢業生，都應該有與外國同行交流的語言條件，而不是像現在這樣，話不會說，書不會讀。在這一點上食品專業教育是一直嚴格要求的。

### 9. 飲食類博物館和圖書文獻情報中心的關係

最近十幾年，各地對飲食類博物館的建設，熱情很高，除了過去已有的茶、酒博物館之外，其他專題博物館也相當成功，著名的如大連箸文化博物館（現並入旅順博物館）、紹興醬文化博物館等。最近幾年，一些地方菜博物館，諸如淮安、揚州兩地的淮揚菜博物館、杭州的杭幫菜博物館等，也都有相當規模，它們對於促進當地餐飲業的發展，產生了很好的影響。但是，美中不足的是這些博物館，往往出於對商業經濟利益的考慮，故而以實物展示為主，缺乏必要的圖書文物的配合，從而使它們的作用大打折扣，對飲食文化科學發展的推動力不強。

目前，有關飲食圖書文獻情報中心，在中國大陸幾乎沒有，東方美食機構的劉廣偉先生，在文獻收藏方面有高人一籌的認識，他也做了些工作，也有相當規模的投入，但因沒有建立專門的收藏機構，因此，入藏的文獻還不能發揮應有的作用。相比之下，臺北飲食文化基金會所屬的飲食文化圖書館，在飲食文化學術研究方面的推動作用相當顯著，對整個東亞地區都有影響。

當代大陸，每年出版的食品、飲食類書籍上千種，相關刊物一百多種，除了食品科學的檢索依附於其他自然技術科學的檢索工具外，其他都沒有有效的專業檢索工具，情報交流途徑不暢通，研究者坐井觀天，各說各話，嚴重地浪費了寶貴的學術資源，造成了嚴重的重複和無效勞動，因此，建立起廣泛有效的交流網絡，就學術研究而言，其作用遠在一般的博物館之上。

### 10. 獨立見解和學術爭鳴的關係

「文人相輕」是知識份子身上特有的壞毛病，古今中外都有，不過我們中國知識份子身上更多一些。文人相輕容易產生「黨同伐異」的宗派情緒，結果變成不問有理無理，氣味相投便是真理，這顯然不利於學術爭鳴風氣的形成。本來因為分析問題的角度不同形成不同的學術流派，是完全正常的好事，但是因為流派不同，就將文人相輕這個壞毛病發展到極致，那就是完全錯誤的。學術爭鳴和人身攻擊以及封堵不同意見是完全不同的兩種品格。學術研究要鼓勵爭鳴，因為只有爭鳴，才能激發批判思維的產生。批判思維是現代社會不可缺少的精神狀態，是一種獨立思考精神，它不迷信任何權威，只尊重真理和規律；不盲目接受任何一種觀念和經驗，而是經過認真的比較和分析，除去其過時或不適宜的部分。批判思維是創造的基礎，沒有批判，不可能有創造。在學術研究中，既反對文人相輕，又堅持批判思維，做起來是很難的。30年來的大陸食學研究，既有文人相輕的宗派情緒，也有批判思維和人身攻擊混淆的情況；更有「和稀泥」式的「公允」中立者和混淆是非的「好心人」，使得食學研究的觀點模糊，從而造成食學研究進展緩慢。這是大家有目共睹的事實，無須筆者饒舌。

以上諸端，是否妥當？歡迎同行們批判指正。

# 參考文獻

〔1〕季鴻崑・當前中國烹飪文化研究中的十大關系・揚州大學烹飪學報，2008.4：1~6.10。

〔2〕陳學智主編・中國烹飪文化大典・杭州：浙江大學出版社，2011。

〔3〕趙榮光，（泰國）蘇姬達主編・留住祖先餐桌的記憶——2011 杭州亞洲食學論壇學術論
文集・昆明：雲南人民出版社，2011。

〔4〕趙榮光・留住祖先餐桌的記憶：2011 亞洲食學論壇述評・光明日報，2011-8-23（10）。

〔5〕中央電視臺・舌尖上的中國・北京：光明日報出版社，2012。

〔6〕毛澤東・毛澤東選集・第二卷・北京：人民出版社，1991。

〔7〕阮元・十三經注疏・北京：中華書局，1979。

〔8〕房玄齡注・管子・牧民・上海：上海古籍出版社，1989。

〔9〕蕭瑜・食學發凡・臺北：世界書局，1966。

〔10〕狄震・中華食學・臺北：華岡出版部，1970。

〔11〕胡錦濤・2012 年 6 月 11 日在中國科學院第十六次和中國工程院第十一次院士大會上
的講話・光明日報・2012-6-12(2)。

〔12〕郭象注・莊子・上海：上海古籍出版社，1989。

〔13〕吳綺卿・強化食品安全監督，補全社會短板・光明日報，2012-6-15(2)。

〔14〕張亮采・中國風俗史・上海：上海文藝出版社，1988。

〔15〕馮玉珠・烹飪與營養教育的建設及學科歸屬・揚州大學烹飪學報，2012.2:61~64。

第九章　飲食文化研究的十大關系

# 大陸 烹飪技術的傳承與教育體系

　　有人問過，到 1997 年以後，中國大陸的職業廚師總數是多少？一直缺乏權威性的統計，到 2000 年，有人說是 1000 萬，而《中國烹飪》雜誌說有 2000 萬！

　　造成這種誤差的原因是多方面的：（1）廚師職業的流動性大；（2）餐飲行業實行的是多頭管理；1980 年以後，民營的小飯店、排檔之類小微餐飲企業如雨後春筍，數量驟增，它們時開時停，很不穩定。正由於此，廚師總數很難有準確統計。2001 年 11 月，筆者在向第七屆中國飲食文化學術研討會（日本東京）提交的論文中[1]，採取了折衷的方法，把當時全大陸廚師總數估計為 1500 萬。最近幾年，又有人估計為 2500 萬，不過說當代職業廚師總數有 2000 萬，還應該是靠譜的，而且只多不少。如此龐大的廚師群體，其基本素質很難評價，首先就整體文化水準而言，在所有的勞動力群體中，還是屬於偏低的一群。雖然文盲或半文盲的老廚師隨著時間的推移，陸續退休，甚至離開了人世，現在在崗的職業廚師，大多具有初中至高中的文化水準，但培養廚師的中等職業學校，其入學資歷為初中畢業，除少數熱愛此職業的人士外，多數是在普通高中錄取以後再行錄取的，所以他們的科學文化知識是低於普通高中畢業生的；其次從技術素養方面，更是嚴重地參差不齊，有些學生並不熱愛這個職業，所以缺乏刻苦訓練的精神，僅以獲取廚師等級證書為進入職業門檻的手段，造成持證者的級別和他的實際技術水準脫節。報紙上曾經報導有一些飯店在開業不久，便辭退了幾十名「南郭」廚師。更為嚴重的是有相當數量的高級廚師，實際上不掌勺臨灶，成為飯店的准管理階層，久而久之，技能荒廢，名不副實。這種情況近年來雖有所改進，但並未徹底根除；最後，從社會需求來分析，在 1980 年剛剛改革開放時，由於人均收入逐年增加，城市化和城鎮化趨勢日益加快，一段時間內，餐飲行業一直呈現逐年上升的趨勢，所以社會對廚師的需求是逐年增加，特別是一些廚藝精湛的技術能手，都是非常緊俏的人才。有些名廚的工資超過大學教授，甚至政治待遇也超過科學家。例如在江蘇省，二十世紀八十年代，特級廚師的廚師證書是由省長簽發的，而全省沒有一個大學教授的聘書是省長簽發的。與此同時，有些商業機構和新聞媒體，大力炒作名廚，「大師」、「國寶」之類滿天飛，各種美譽紛至遝來。此時，廚師的就業形勢好於其他職業，從而刺激了各級烹飪學校和培訓機構急驟膨脹，培訓品質良莠不齊，存在不少問題，當然也有許多值得借鑒的經驗。進入二十一世紀，情況逐漸改變，社會的廚師人才儲備已經相當充裕了，但技術能手仍然受到企業的青睞，而技術不精的廚師就業壓力相對增大。特別是中共十八大以後，由於黨、中央國務院下大力氣抑制公款吃喝，餐飲行業的經營面臨諸多困難，這是很值得我們注意的新趨勢。為此我們要理性地認識這個過山車式的變化，使餐飲行業真正走向「以人為本」的正路，同時也要求廣大廚師正確對待這個變化。

# 第一節　中華烹飪技術傳承的歷史回顧

中國職業廚師產生於何時？是個永遠也說不清楚的問題，實際上就是男性廚師是什麼時候出現的？正因為是個說不清楚的問題，所以在行業神崇拜方面也較混亂，即以民間普遍信奉的灶神為例，這位主管人間飲食製作的神，全稱是東廚司命定福灶君，俗稱灶君、灶王、灶王爺，是《禮記·祭法》中就已經確定的「七祀」之一（祀灶）。因為灶要生火，所以在兩漢時，祭祀的是火神炎帝神農氏，說他死後托於灶；也有說祝融祿回為高辛氏火正，死為火神，托祀於灶。然而，在古代家庭炊事是婦女的事情，因為《禮記·禮器》又稱祭灶是「老婦之祭」是一種卑賤之祭。直到魏晉以後，灶神才有了姓名，隋代杜臺卿《玉燭寶典》引《灶書》說，「灶神姓蘇，名吉利，婦名搏頰」。唐代李賢注引《雜五行書》說：「灶神姓張名禪，字子郭，衣黃衣，披髮，從灶中出」。總之，灶神初為女神，或稱是老婦，或稱是美女，各地說法不同，後來變為男神，說法依然很多，直到清代的《敬灶全書》仍說：灶君姓張，名單，字子郭。這顯然是男神。民國以後，民間在每個陰曆年底送灶、接灶時，貼在灶頭上的紙馬，各地幾乎都是一對老夫婦的形象，即灶君老爺和灶君夫人的畫像。

以上所述是指一家一戶的灶神，是天上玉皇大帝派到每家每戶的「包打聽」，每年都要上天回報一次（即送灶），然後再回到人間履職（接灶）。但是對於餐飲行業的廚師，他們的祖師爺是誰？同樣沒有固定的說法，在各地流行的民間說法，都沒有獲得普遍的認同。直到二十世紀八九十年代的「烹飪熱」興起以後，《呂氏春秋·本味》被奉為古代烹飪理論巨著，好事者主張把「割烹要湯」的伊尹立為中國廚行的鼻祖。而在江蘇徐州地區，因該地古稱彭城，是神話中的壽星彭祖（彭鏗）的故鄉，《楚辭·天問》有「彭鏗斟雉帝何饗？受壽永多夫何長？」一句，再加諸如《神仙傳》之類的演繹，認為彭祖既然為天帝做過野雞羹，那他就是當之無愧的廚行鼻祖。所有這一類主張，都是先把一個神話武斷地定為歷史真實，然後據此作為歷史依據得出結論，所以這種以虛定實的做法不會被處事嚴肅的學者所認同。例如趙榮光先生便反對這些主張，如果那些歷史人物果真有什麼事實依據的話，他們行業神的地位早就定了，也不至於到二十世紀末才認定，許多手工行業認定魯班是他們的行業神就是一個明證。為此趙榮光先生反對立什麼鼻祖，卻主張把袁枚定為中國的「食聖」，不過也未得到一致認同。

廚行鼻祖的認定莫衷一是，但廚藝傳承卻於史有據，《春秋》三傳和《吳越春秋》上都有關於伍子胥招募勇士專諸幫助吳國公子光（即闔閭）刺殺吳王僚的故事。其中《吳越春秋》卷二的說法是：公子光為了能使刺客專諸有機會接近吳王僚，便利用吳王僚喜歡吃「炙魚」的習慣，先派專諸「從太湖學炙魚，三月得味」。這裡的「太湖」在《史記·刺客列傳》中稱「太和公」，是專諸學炙魚的師傅。專諸學成以後，公子光便以宴請吳王僚的方法，讓專諸在進炙魚的機會，在魚腹中藏短劍（「魚腸劍」），在靠近王僚時將其刺死。但公子光卻因此登上了吳國的王位，他重賞了專諸的後代，以致今天的蘇州、無錫一帶留下許多有關專諸的傳說和地名，諸如蘇州吳中區胥口鎮有炙魚橋，相傳即專諸學藝處，蘇州西郊有專諸村，金門內有專諸巷；無錫城內有專諸塔。

太湖向專諸傳授廚藝的歷史是真實的，但這是為政治服務的，因此專諸的主要身份是刺客，炙魚只是他行刺的一種手段，他們這種師徒關係當然不具有普遍意義。不過這也從側面說明了以師徒相授的廚藝傳承方式，至遲在周代即已存在。男性的職業廚師早已存在，在《左傳》中這方面的例證不少，更有如齊國的易牙這樣的職業廚師。

秦漢以後，隨著生產力的發展和人際交往的增加，職業廚師的工作場所也從宮廷、官府和豪門家庭擴展到市場，社會餐飲行業發展的需要擴大了職業廚師的隊伍，師徒相授的廚藝傳承方式規模也日益擴大。人類飲食受物產風俗等多種因素的影響，也逐漸衍化產生不同的地域風格，早在魏晉時即有南食北食之分。廚師們因同師傳授而形成門派，綿延傳承了上千年的歷史。到了宋代，因廚藝的進步帶來了社會餐飲業的發展和提高，《東京夢華錄》、《夢粱錄》等宋人筆記詳細記載了當時的社會餐飲情況，南食、北食、川味，甚至來自異域的飲食風格都在較大的城市廣泛流傳，於是出現了同一師門，來自同一地域的廚師形成行幫（或稱幫口）。有些幫口，人數眾多，形成同鄉壟斷的態勢，大概在清代乾隆年間，出現了一些廚師之鄉，著名的如山東福山縣、江蘇揚州地區、廣東珠江三角洲一帶等。例如江蘇揚州地區，原指清代揚州府管轄的江都、儀征、高郵、寶應、興化、泰縣、泰興、靖江等縣，因為資本主義的萌芽，導致農民破產進入城市，依靠手工勞動維持生計，勞動密集的社會服務業成為主要的就業方向，加上當時的揚州是以鹽商為金主的消費城市，於是飯店、旅館、理髮店和澡堂林立，形成了以廚刀、剃頭刀、修腳刀為特色工具的「三把刀」，並且從揚州向全大陸擴散。他們的足跡遍及全大陸，至於世界各地，尤以日本和東南亞為最。他們的技術傳承方式，都是師徒相授，而且往往都附帶有鄉土關係。師徒相授，通常都是三年學藝，徒弟對於師傅都有一種人身依附關係，故向有「一日為師，終身為父」的說法。三年學徒期間，徒弟唯命相從，而且不取任何報酬。有些地方，滿師以後還要繼續替師傅勞動 1～2 年，才能自主擇業，這叫做謝師恩。廚師經過這樣長時間的訓練，在廚藝風格上，基本不出師門的窠臼。這種傳承方式，其技術必然保守僵化。而世間那些名廚的成功之道，多為來自師門卻又不囿於師門的聰明人，否則唯有邯鄲學步而已。

以近代教育方式傳授烹飪技術，在中國大概始於二十世紀三四十年代，首先是一些著名的教會學校如北京的燕京大學和輔仁大學、上海的震旦大學、南京的金陵女子大學等，在其家政系開設了課時很少的烹調技術課，大都教授一些常見的西式點心等。由於家政系畢業生並不事廚，所以這時引進的烹飪課堂教育方式，對社會廚行並無實際影響。1950 年以後，家政系全部停辦，現在幾乎沒有人知道這件事。但是，也就是這段時間，在上海、蘇州一帶，也有些人為提倡婦女走出家門、獨立生活而創辦過一些女子學校，對家境貧寒的女青年進行職業教育，其中也有烹調專業，甚至還編印出版了相關的教材。由於這類學校辦學的時間不長，所以也沒有產生什麼社會影響。

1949 年中國大陸地區的教育事業受蘇聯教育模式的影響，學校就是培養幹部的機構，特別是招收高中生的學校，都以培訓幹部為目標，不僅列入高等教育的專科和本科教育如此，就連中等專業學校也是如此。由於廚師在職業分類上屬於技術工人，所以在很長一段時間內，延續著師徒相授的烹飪技術傳承方式，沒有什麼烹飪學校之類。然而到了 1956 年，大陸地區全面完成了城鄉社會主義改造運動。就社會餐飲行業而言，從大飯店到大餅油條店，完全取消了私人經營，分別納入國營、公私合營和合作經營的模式之中，老闆、師傅和徒弟都成了「同志」，大家都靠領工資生活，徒弟對師傅的依附關係不再存在，也不需要再像過去那樣對師傅提供無償勞動了，師傅對徒弟失去了控制手段，因而他們也不再願意收徒，這樣使得餐飲行業的技術傳承鏈節打斷了。雖然在「為人民服務」口號的支撐下，企業提倡為革命學技術、教技術的號召，但其實際效果並不顯著。然而人口的急驟增加，社會對廚師的需要量反而加大了，於是在地方政府的主持下，在1959 年前後，在大陸各地開辦了一批專門培養廚師的技工學校，招收初中畢業生入學，用近代課堂教學的方式進行培養，三年畢業後分配到餐飲行業中去做廚師。由於此類學校多歸商業部門管理，所以幾乎都稱「商業技工學校」，烹飪是這類學校的主要專業之一。

在 1966 年到 1976 年這十年中，中國大陸發生了眾所周知的「文化大革命」，所有的大學、

中等專業學校和技工學校都曾經停止招生。1970 年以推薦制入學的「工農兵學員」，主要在高等學校進行，技工學校不在其中。倒是有少數中等專業學校，在重新招生後設立了烹飪專業招收高中畢業生入學。但當時對「幹部」和「工人」的身份壁壘沒有拆除，此類學校通常只招了一兩屆就停止了。不過以初中畢業生為招生對象的技工學校則普遍興起，而且發展很快。1980 年以後，社會經濟復甦，廚師的社會需求量迅速增大，而普通中學的結構又不盡合理，初中生升高中和高中生升大學都出現了瓶頸，面臨許多中學生無法升入大學而又需要就業的實際情況，只能在高中階段進行分流，於是出現了相當多的普通中學在高中階段轉軌為培養勞動力為目的的職業中學，其中開設以培養廚師為目標的烹飪專業的職業中學數量相當大，例如在江蘇省幾乎每個縣至少有一所職業中學設有烹飪專業。到了二十世紀八十年代後期，國家規定中等專業學校不再招收高中畢業生。這樣，烹飪中專、烹飪技工學校和烹飪職業中學這三種名稱不同，而課程設置和培養目標基本相同的學校，就構成了中國大陸中等烹飪教育網路，其畢業生具有相當於高中畢業的學歷資格。所不同的是烹飪中專屬商業或旅遊部門管轄，烹飪技工學校屬勞動部門管轄（早期也屬商業部門管轄），烹飪職業中學屬教育行政部門管轄，直到 2000 年，才統一由教育部門所管轄，這三者都屬於學歷教育，畢業生視為高中畢業學歷。

烹飪中等職業教育網路還有占比例更大的非學歷教育，即社會上常說的培訓班。這些培訓班，開始時有兩種類型，一種即勞動力就業前的技能教育；另一種是已就業的廚師等級晉升的培訓。這裡需要指出的是：曾被毛澤東認為「資產階級法權」的「八級工資制」，在一切工礦企業和服務業中都是存在的。對於掌握烹飪技能的廚師（還有從事餐廳和宴會服務的人員）來說，他們的技術等級的認定在 1980 年以前是混亂的，在公私合營以前，完全是勞資雙方的一種契約，也沒有專門的技術稱謂，通常分為紅案和白案兩大工種。公私合營以後基本上沿襲了原來的做法，只不過原來的資方變成了黨支部和工會組織。大概在二十世紀六十年代以後，受產業工人「八級工資制」的啟發，在餐飲行業中也設立了廚師等級制度，但由於沒有統一的國家標準，所以全大陸各地並不統一。直到 1980 年以後，當時的中央商業部才統一規範了廚師統一標準，其中尤以 1988年 3 月 1 日商業部頒發的《飲食服務業技術等級標準》影響最大。這個標準正式規範了飲食業的工種名稱和等級標準，計分中式烹調師（紅案）、中式麵點師（白案）、西式烹調師、西式麵點師和餐廳服務員（高級宴會設計師）五個工種，每個工種都分設有特級、高級、中級和初級，在級下面還要分等第。之後，國家旅遊局對旅遊飯店的廚師等級也作了類似的規定。以後勞動部門、人事部門也都曾有過類似的標準，在全大陸各地，地方性的各自為政的局面沒有了，但中央管理機關各頒政令的現象依然存在。以後又經過幾次調整，直到 2000 年，勞動和社會保障部在《國家職業技能標準》中，正式規範了中式烹調師、中式麵點師、西式烹調師、西式麵點師和餐廳服務師的技能標準，每個工種又各劃分為初級技工、中級技工、高級技工、技師和高級技師五個等級。目前執行的大體上就是這個標準[2]。早先，商業部曾規定，廚師升級執行「先培訓、再評級」的規定，加上社會需求的增大廚師培訓曾成為有利可圖的事。某些相關的政府機構、企事業單位，甚至私人，都競相舉辦廚師培訓班。一時間，壟斷和反壟斷的鬥爭暗流湧動，各種培訓班的培訓品質參差不齊，主事者熱衷收費，受訓者全為證書，嚴重的成為腐敗的溫床，這種現象直到 2000年，由於政府職能的轉變，勞動和社會保障部進行了歸口統一管理，廚師培訓工作才走上正軌。

儘管如此，有一些專做技能培訓的民辦機構，管理混亂，培訓品質低下，師資不僅匱乏，而且水準很差，這是亟待加強管理的。廚師培訓的品質控制關鍵是師資、教材和教學設施，主管部門應該認真審查。

大陸烹飪高等教育發端於「大躍進」年代（1959年）的黑龍江商學院（現哈爾濱商業大學），但沒有辦下去而草草收兵。正式創辦於1983年，在江蘇揚州的江蘇商業專科學校（現併入揚州大學）內設立中國烹飪系，積累了足夠的辦學經驗，並升格為本科層次的烹飪與營養教育專業。目前，俗稱大專層次的職業技術學院已經在全大陸普遍開花結果，本科層次的辦學單位也有20多所，還有些學校招收了相關的碩士研究生，大陸烹飪教育已走上正常發展的軌道。

# 第二節　中等烹飪職業教育

大陸是一個人口大國，學生數和教師數都大得驚人，2014年9月9日，習近平主席在大陸第三十個教師節前夕，與北京師範大學師生代表座談時說：大陸有2.6億學生和1400萬教師，職業教育在其中佔有很大的比例。1980年以後，職業教育的發展很快，全大陸在2005年有14466所中等職業學校，到2008年上升到14847所的最高峰，到2011年下降到13093所。2011年的這個數字，占高中階段學校總量的48%，中職的招生人數占高中階段招生總數的49%。拿這個數字與世界水準相比，略低於歐盟21國的52.4%，但高於20國集團的37.6%。總的來說，居於世界前列。然而，大陸的中職教育，雖然學校數和學生數都很大，但當前存在的問題也非常大，具體表現在：

（1）生源日漸枯竭：尤其是高等教育日益「大眾化」，中職教育不再是熱門，許多初中生選擇升入普通高中，以便將來升大學，而不是立刻升入中職學校。

（2）經費短缺：中職教育的核心是技能訓練，因此需要一定數量的辦學硬體設施，故而需要較大的經費投入，這是它不同於普通高中的地方。可是目前各地方對中職教育和普通高中的經費投入，往往是傾向於後者，尤其是那些升學率高的名牌高中。

（3）市場淘選：這主要表現在是畢業生就業的現實危機，即他們的學歷低、年紀小、專業能力有限、文化素養不高，在這些方面他們無法與高職院校、本科院校相比。

綜合上述現實情況，應能解釋大陸中職教育何以會呈下降的趨勢，以致有些縣的職教中心關門歇業，人去樓空。然而令人驚奇的是民辦中職教育迅猛發展，其學校數已占全大陸中等職業學校總數的11%，這一方面說明事在人為，另一方面說明中職教育並非山窮水盡。或許這些民辦中職學校不合要求，但它們能夠存在，就說明社會有這方面的需求，而現代社會，文盲或半文盲的生存空間實在是太有限了。

以上所述，都是中職教育的一般情況，原本沒有升學任務的中職學校，在二十世紀九十年代以後，由於一些高職學校在教學改革中取得突破，即允許學習成績優秀的中職畢業生直接升入高職學習，從而提高了高職教育的技能品質，也受到用人單位的歡迎。例如原江蘇商業專科學校的中國烹飪系（現併入揚州大學）就在全大陸同類學校中首先採用被稱為「對口單招」的教改試驗，並得到江蘇省教育主管部門的批准。這種招生辦法實際上已經被國內職業技術學院普遍採用，同時推動了中職學校辦學功能從單純的就業轉變為就業和升學兩大功能。這種做法，一度曾受到傳

統中職畢業即就業的思維者的詬病，但社會的現實卻不能不承認，就連國務院在 2013 年發出的《關於加快發展現代職業教育的決定》中，也明確提出要打通中職、高職、應用型本科和應用型碩士、博士的上升通道，並在學術型高校和應用型院校之間實現某種程度的學業互認制度。政府的投入相應「均衡」，並為中職學校與產業對接融合提供一些特殊的可行政策，實行多元所有制的改革，中職教育必定有發展的空間和希望。

烹飪中職教育和其他中職教育的規律是一樣的，在 1980 年代的初期，商業技工學校烹飪專業的畢業生曾經是就業市場的香餑餑，當一些大學的烹飪專業向他們招生時，許多烹飪中職畢業生甚至不屑一顧，他們受「三神」心態（中國烹飪文化神聖、中國烹飪技術神秘、中國菜神奇）的影響，有時達到不知天高地厚的程度。然而沒有經過幾年，當近代科學介入烹飪技術領域，一些嚴肅認真的學者對中國飲食文明的真諦進行科學的人文闡述以後，風氣立刻發生了變化，烹飪中職畢業生就業壓力日益增大，工資待遇也不顯優勢，許多烹飪中職畢業生便把升入職業技術學院作為自己的學習動力。北京大學教育科學研究所一份調研報告中指出：某省在高考中，中職的對口高考本科指標全省超過 2000 名，升學教育因此成了該省各個縣中職學校的主要功能；在另一個省，對口高考本科指標不足 200 名，該省就很少以升學教育為目標的中職學校。在這裡，我們同樣看到了高考指揮棒的作用。顯然，省市級的教育主管部門對中職的功能，還是可以根據各地的實際情況進行調控的。同樣，各省市的餐飲行業的發展也不平衡，也可以用這個指揮棒來調節烹飪中職教育和高職教育的比重，把那些成績優秀的中職畢業生送入高一級學校去深造。

現在全大陸各地的中職學校，普遍採用「五年一貫制」的培養模式，即初中畢業生入學五年，在完成普通高中的基礎科學文化課程學習以後或同時進行職業技能教育，畢業生具有「大專」層次學歷。現在的烹飪中職教育，已經普遍使用這一學制，據說效果不錯，但未見有系統的調查報告。烹飪中職教育畢業生的就業，還受到目前遍地開花的廚師培訓班的擠壓，這些培訓班，對於那些只要求獲得入門就業技能的人來說，具有學習成本低，就業性價比高的優點，如果一個人沒有更高的文化科學追求，這種速食式的就業培訓還是很有吸引力的。加之餐飲行業的整體業態以中小型甚至小微企業為主，它們對員工的科學文化素養並沒有太高要求，而且在此類企業中，員工隊伍穩定性也很差，這種現象在相當長時間內不會改變。其實這也是大陸餐飲行業食品衛生安全事故多發的一大隱患，所以主管部門對這些培訓機構的強化管理，實屬當務之急。

廚行師徒相授的傳藝方式，永遠也不會消失，但其規模會日益縮小，其人類學意義也許大於技術性價值，所謂人類學意義，就是「名師出高徒」的社會意識認同，只要有「名師」（無論真假）存在，就會有「高徒」趨之若鶩。當代不少名師收徒，大抵如此。名師對高徒多數沒有直接的技藝傳承關係，而是一種炫耀的光環。設若果真有直接的廚藝傳承關係，它也僅是現代烹飪教育的補充形式，因其師徒之間的個體傳授，不僅技術是碎片化的，也沒有理論體系可言。手工藝人說得很神秘的技術竅門，大多是前科學時代的一得之功，雖然有其應用價值，但那畢竟不是科學結論，這是我們從事烹飪教育人士應有的科學認識。

烹飪教育的品質，體現在受教育者的綜合素質方面，也體現在受教育者的科學文化素養、廚藝訓練的基本功和創新能力方面。在中職階段，只能是做好一名合格廚師所具有的知識和能力，過去商業主管部門和後來勞動和社會保障部門都把這些概括為「應知」和「應會」兩個部分。所謂「應知」，就是指從事某一種職業的勞動者，必須掌握的基礎文化科學知識和技能原理；所謂「應會」，就是指從事該職業的勞動者，必須掌握的基本勞動技能。對於廚師來說，經過幾十年的教育實踐經驗的積累，「應知」知識基本上包括烹飪原料（臺灣稱「食材」）知識、營養衛生知識、烹調（紅案）原理、麵點（白案）原理、餐飲菜點成本核算五個方面；「應會」則有以烹製菜肴為主的烹調技術（刀工、火候和調味技術），以烹製麵點為主的麵點技術（麵團、餡心、成型和

熟製技術）兩大工種。無論是廚師培訓，還是正規的中職教育，各地區多家出版社先後出版了多種相關教材，其中，以1990年以後，中國商業出版社，在當時商業部教育司教材處指導組織下，編寫出版的一套原商業技工學校的烹飪教材影響最大，這套累計印數達百萬套的教材有《烹飪原料知識》、《飲食營養衛生》、《烹飪原料加工技術》、《烹調技術》、《麵點製作工藝》和《飲食業成本核算》六冊。在二十世紀和二十一世紀之交的前後各十年時間，中國大陸廚師沒有讀過這一套烹飪教材的人極少。

中國商業出版社出版的這套烹飪技工學校教材，是中國歷史上第一次對烹飪這門傳統手藝進行系統化的歸納和科學化的改造，使近代科學走進了中華烹飪的傳統手藝，標誌著近代教育的標準化的授課方式完全取代了傳統的無目標、無規格、無計畫的師徒相授，它使得廚師培養工作出現了規模效應，使中華烹飪真正成為一門科學，是一門屬於食品科學的子學科。它的出版和廣泛採用，是實實在在的跨時代的學術成果。可惜本來可以做得更好的學術成果，卻因為組織者和出版者都缺乏近代科學思想和科學精神，在編撰隊伍和審稿人員的選擇方面，做了餐飲行業的尾巴，特別是沒有把傳統手藝和近代科學的主從地位認識請楚，儘管後來又作了一次修訂，但效果並不明顯，從而使這樣一套出版業的名品終於沒成為精品。主事者沒有認識到：一種成功的教材，可以對一個學科的發展起到引領作用，也可以對一個行業的發展起到標準化的作用，這個問題至今沒有解決。再看我們的東鄰日本，他們有一套由厚生省審訂批准的烹飪培訓教材，不僅是由真正的專家執筆，而且經過同行專家的嚴格審查後出版的，這種帶有法規性的統一教材，成了《廚師法》的附屬品。因此，它的技能手段準確，知識點敍述準確嚴謹，完全沒有科學性和文字性的錯誤。對照大陸的情況，就會發現烹飪教材的編寫工作極為混亂，編寫者為了追逐職稱的晉升，出版者為了追逐利潤，管理者放任自流，這使得烹飪中職教育的品質失去制度保證。同樣，在師資和教學設施方面也沒有統一的規範，有的烹飪學校，連起碼的操場都沒有，教學計畫也是自己隨意制訂的；也有的烹飪學校的校長，連起碼的教育規律都不懂，只知道招生賺錢，這種現象到了應該管管的時候了。

《光明日報》教育專欄評論員方言先生說：「中職是職教的起點基石，鞏固和增厚這基石，職教發展才不會成會無源之水，無本之木」。誠哉斯言[3]。

# 第三節　烹飪職業技術學院

當中等烹飪教育發展到一定階段時，學術型的烹飪學雛形逐漸形成，社會和行業都有興辦高等烹飪教育的需求，二十世紀八十年代開始，前商業部部長劉毅先生從行業發展的需要出發，接受商業部經濟研究所一些專家的建議，向當時的國家教委（即教育部）提出興辦大專層次的烹飪專業，招收高中畢業生入學，學制三年。此時大學的任務還定為培養各級各類幹部，故而他的建議被戲稱為培養「炒菜的幹部」，曾經不打算批准設立烹飪專業。但在劉部長的堅持下，教育部還是批准了從1983年起，在江蘇商業專科學校（設在江蘇揚州）開辦了中國烹飪系。隨後，黑龍江商學院、廣東商學院、四川烹飪高等專科學校、武漢商業服務學院、上海旅遊專科學校、北京商學院等院校先後開辦了類似的專業，中國烹飪高等教育有了一定的規模，但都還是大專層次。

再到後來，許多中職學校升格為招收高中畢業生（中職畢業生為高中同等學力）的職業技術學院，烹飪專業是這些職業技術學院的常見專業，他們的辦學模式基本上都仿照原江蘇商專的中國烹飪系（該校於 1992 年併入揚州大學，烹飪系仍歸商學院管理，1998 年和旅遊系重組合併為旅遊烹飪學院）。

烹飪職業技術學院的專業設置實際上就是烹飪工藝，即以近代科學原理指導傳統的烹飪技藝，主要的培養目標依然是廚師。其間對培養目標的提法有過多次爭論，原商業部教育司，先後主持召開過商業系統烹飪高等教育研討會三次（1986 年揚州、1991 年成都、1992 年揚州），另外，各院校在東方美食雜誌社劉廣偉先生的支持下召開過民間自發的研討會（1997 年濟南、1998 年青島、1999 年揚州和 2000 年武漢）四次，這些研討會都把大專層次烹飪專業的培養目標當作討論的重點之一，最後比較一致的意見是培養飯店酒樓的廚師長或賓館的餐飲部經理，同時，也可以擔任中職烹飪學校的專業教師，實際上也有不少畢業生擔任了高等烹飪院校的專職教師，目前幾乎已成為定勢[4]。

培養目標確定以後，教學計畫的制訂就有了可能，以江蘇商專中國烹飪系為例，該系的教學計畫定型於 1988 年，以後為全大陸許多的烹飪專業所採用。與此同時，他們還對「雙師型」的師資隊伍建設、採用「對口單招」的招生辦法、畢業生持「雙證」（大專畢業文憑和廚師等級證書）畢業等教學管理措施進行了有益的探索。這些在全大陸的職業教育系統中都是先行的，自從職業技術學院在全大陸全面興辦以後，這些措施都得到了肯定。職業教育的學生實習問題，向來是個難題，對於烹飪專業學生實習的場所——飯店酒樓，基本上都是中小型企業，在管理理念上與大型甚至中型的工礦企業有顯著差別，而廚師又是典型的手工勞動者，老廚師們對自己賴以生存的廚藝，看得比什麼都重，輕易不肯教給別人，由於諸如此類的因素，烹飪專業學生要安排實習場所，每年都要頗費周章，有的餐飲企業表示拒絕，有些企業要向學校收取十分不合情理的費用，有些企業安排實習生的工作崗位就是「燒火剝蔥」之類技能水準低下的工種，有些擔任實習指導任務的大廚師，在實習生面前故弄玄虛，不樂意授業。昔日的江蘇商專中國烹飪系，為了解決校企合作交流問題，曾在江蘇省的 11 個省屬市聘任了近 50 位名廚擔任兼職教師，請他們協助解決實習場所問題，取得了很好的效果。隨著自己畢業生的成長，其中有些人在行業中站穩了腳跟，也成了名廚，實習問題就不是太難的問題了[5]。

教學計畫是隨著專業的成長而日漸成熟的，教學大綱則是隨著教師教學經驗的積累而日趨完善，而保證教學計畫和教學大綱實施的關鍵是教材，這是所有教師的共識。教材建設是個學術性很強的工作，不僅要符合教育和教學的原則，而且要求編寫者有一定的專業學識和文字表達能力。一般的烹飪專業，其師資規模並不大，一門課程往往只有一兩位教師，多的也只有四五人。因為大專層次的烹飪教育，在開辦時的師資都是從其他專業轉來的，因此編寫符合烹飪專業特色的學術性嚴謹的教材，並不是一件容易的事，但現實的教學需要又迫使各個學校不得不自行編寫教材，原商業部教育司也曾經出面組織編寫教材，但都因為經驗不足或編寫隊伍水準問題，這些教材鮮有成功者。事實證明，要編寫出具有一定學術水準的大專層次的烹飪教材，校際之間的教學經驗交流和編寫協作是唯一可行的辦法。2000 年前後陸續由中國輕工業出版社出版的一套 20 種的大專層次烹飪教材是目前為止最為成功的出版成果，出版之前經過認真討論研究，編寫過程中，由專人負責編寫大綱的審訂修改，每一種教材都由第一作者負責統稿，稿成之後安排了同行專家審稿，最後交出版社進入編輯程式。這種大協作的編寫方法，是我們目前烹飪教材編寫成功的範例[6]。

教材品質的下降往往由於它們的短命或小圈子思想。大陸歷史曾出現許多名教材，不僅有「四書五經」這些人文名著，還有《三字經》、《千字文》等蒙學教材，它們曾統治了中國教壇上千年，少的也有幾百年。進入民主革命以後，這些當然不再適宜繼續當作法定教材，但其影響依然存在。

就在近代教育傳入中國以後，西方的教材（尤其是數理化等自然科學教材）也傳入中國，在二十世紀五十年代以前，什麼《三S平面幾何》、《範氏代數》等都是無人不知的名著，有些中學名教師對這些教材可以倒背如流，在他們的教學中應用嫻熟。解放以後，曾大量引進蘇聯教材，但它們是短命的，沒有幾年就被大陸學者自編教材所取代，教材作為教學過程的法規性文獻的觀點在教師中普遍生根，教材的嚴肅性得到普遍的承認，這正是蘇聯教育家凱洛夫的教學思想。所以在「文化大革命」之前，教育行政部門和各類學校對編寫教材的工作都是極其認真的。舉個實例來說，筆者曾和人民教育出版社中學化學編寫組的梁英豪和許國保兩位編輯有過交往，在他們編寫的初中化學教材中，$2H_2 + O_2 = 2H_2O$ 這個化學反應在漢語表述時，一定要說成「氫氣跟氧氣化合生成水」，而不能說成是「氫氣和氧氣化合生成水」，

因為在英語中「跟」是 with，「和」是 and，故而兩者不可混用，其認真態度可見一斑。筆者是個化學教師，曾經受到許多名教材的薰陶，原中國科學院副院長嚴濟慈的《普通物理》言簡意賅，概念敘述清晰準確，特別是他出的習題，生動有趣，令人讀了以後，終生難忘。北京大學傅鷹教授的《無機化學》、邢其毅教

授的《有機化學》、黃子卿教授的《物理化學》以及南京大學戴安邦教授、北京大學張青蓮教授、南開大學申泮文教授和山東大學尹敬執教授合編的《無機化學》等，都曾經影響了幾代學子，長期使用使得這些教材不斷更新、日新又新、精益求精。聯想到當前的烹飪教材，品種數量倒是「日新又新」，編寫品質跟「精益求精」相去甚遠，編寫者因追逐職稱而倉促上馬，互相抄襲司空見慣，知識點和關鍵點彼此雷同，出版社追求碼洋和銷量，這就註定這些教材是短命的，也不容易得到同行的普遍認可。經驗告訴我們，要編好烹飪教材，開展相關課程的教學研究是前提，繼而進行相互交流切磋，因此，必要的研討會還是要開的，會議規模不在大小，而是開得客觀有效，摒棄門戶之見。在此基礎上選定編寫人員和審稿隊伍，出版以後還要對教材品質和使用情況進行跟蹤調查，每隔兩三年進行一次修訂，大概在 10 年左右，一套具有學術權威性和廣泛認可度的烹飪教材必將出現。以教材申請的各種獎勵，首先要在相關院校師生中廣泛徵求意見，並且要求出版單位出具真實可靠的印刷數量和銷售數量的證明（最好能與同類出版物作比較），切不可憑幾個「專家」評審來評定教材的優劣。

目前大陸的大專層次的烹飪教育，實際上有兩種類型，一種是原中職校舉辦的初中畢業生的「五年一貫制」，另一種是用「對口單招」方法錄取的職業技術學院的烹飪專業，在學制上這兩者都具有大專學歷。由於兩者的入學基礎和培養目標不同，職業技術學院顯然優於「五年一貫制」，但並不能說「五年一貫制」就不可能有優秀的畢業生。不管怎麼說，這兩者都將是大陸當前科班廚師主要的培養通道，其中那些有進一步學術追求的優秀畢業生，應該為他們鋪好進一步深造的途徑，成為有創新研發能力的高級人才或行業精英，其他的大多數畢業生，應該是大陸今後餐飲行業廚師隊伍和主體[7][8]。

# 第四節　應用型本科的烹飪和營養教育專業

大陸應用型本科的烹飪和營養教育專業創辦於 1994 年（專業名稱原為烹飪教育，後改現名），

附錄一：　大陸烹飪技術的傳承與教育體系

1998 年被教育部列為目錄外專業，首先在揚州大學商學院由原江蘇商專中國烹飪系升格而成。以後又有多所院校開辦了同類本科專業，這個專業的代號為 040333W，具有師範類的特徵，按理應該是培養中職烹飪教育的師資，但實際上只是它的培養方向之一。尤其尷尬的是該專業的畢業生，在不同的學校裡被授予不同科目的學士學位，有人統計過，計有理學士、工學士、教育學學士、管理學學士、文學士等不同稱謂，有人說，「這是體現了各自的辦學特色」。同一個本科專業，會有如此多如此大的不同特色，這說明這個專業在開辦時缺乏必要的認證過程，才導致在執行過程中各顯神通的混亂局面。2012 年 9 月，教育部重新頒佈了《普通高等學校本科專業目錄（2012年）》，將「烹飪與營養教育」專業列為目錄內特設專業，專業代碼改為 082708T，將該專業歸屬於食品科學與工程類專業。這樣，該專業的畢業生只能授予工學士學位了。既然是工學士，那麼就應有起碼的工程意識，這是需要在培養目標和教學計畫中有所體現的。

　　烹飪、營養和教育這三個關鍵字與「食品科學與工程」最挨得上邊的是「烹飪」。如此看來，「烹飪與營養教育」這個專業名稱還不如叫「烹飪工藝」更確切，或者乾脆稱「飲食工程」或「傳統食品現代化」。總之這個已經辦了 20 年的本科專業，連個名稱都沒有起好，是需要認真研究討論的，而這種研討的第一步就是調查研究，調查的重點應該是畢業生的就業情況，凡是設有這個專業的學校，都要對該專業的畢業生的就業情況進行回饋調查，並徵求他們對專業方向的建議。這樣做對於應用型本科專業來說，才能與社會的實際需要相契合，如果社會沒有這個需要，只憑少數院校的願望，大辦一些需求量不大或者沒有需求的應用型本科，造成許多畢業生學非所用，那將是高等教育資源的浪費，而且這些畢業生改行以後，他就幾乎沒有什麼競爭優勢，即使有個別成功者，那也不是大學給他的，而是他自己努力的結果。

　　從目前的行業現狀看，烹飪仍然是一門手工技藝，培養一個有一定科學文化素養的合格廚師，用對口單招的辦法入學的三年制的烹飪職業技術學院畢業生是比較理想的培養模式，在知識結構上已能夠掌握廚師所必需的基礎科學知識，主要是獲得了應用這些知識來指導自己的烹飪實踐；在烹飪技能上，經過三年中職和三年高職的實驗實際訓練，再差的學生也能掌握相關的烹飪技能，過去實踐告訴我們，這些畢業生在走進廚房以後，一般在兩三年的實際工作以後，都可能形成熟練技巧，成為大中型飯店酒樓的技術骨幹。這種情況在當年開辦大專層次的烹飪教育時，就已經知道這個結果了，所以多數院校，都注意到大專層次和中職層次的區別，儘管培養的都是廚師，但大專層次培養的是高級廚師，當時的提法是「烹飪高級專門人才」，是一種比較含混的提法。後來因社會現實的需要，一部分職業技術學院的畢業生成了中職教育的師資，但大多數還是廚師，至於能否成為高級廚師，完全決定於他們進入行業以後的業績來決定。

　　自從 1994 年揚州大學開設烹飪本科以後，其培養目的被描述為「四年制烹飪本科教育並不是烹飪高職教育的放大，它應該在堅持職業技能教育的基礎上，突出專業理論學習的系統性，培養具有初步從事烹飪研究能力的高素質的應用型專門人才」。並且在論述烹飪與營養教育專業目標時說：「烹飪與營養教育專業的人才培養目標就是培養懂營養的烹飪高級專門人才」。這個「高級專門」從高等烹飪教育開辦就是這樣的提法，從大專到本科都是如此，「高級」變得沒有底線，「專門」也無從說起，廚師、烹飪教師、營養師、餐飲企業職業經理人、集團夥食管理者、速食業經營者、美食評論家、傳統食品工程師，甚至飲食文化研究者，都應算作「專門人才」，但他們在實際工作中所需的基礎知識和基本技能，並不完全相同，甚至有很大的差異。目前各院校的教學計畫，基本都是以烹飪類課程為主軸，其他課程幾乎都是常識性的配角，完全談不上「高級」。這樣的本科教學計畫，實際上是烹飪高職教育的放大，但就是沒有食品方面的基礎知識。各院校普遍開設《烹飪概論》，但就是沒有《食品工程概論》之類課程，更沒有這方面的訓練與實踐[9][10]。

烹飪與營養教育本科專業開設已經近 20 年，相關的研究交流活動卻很少，各院校幾乎都是各自為政，這對於一個新辦專業來說，不是一件好事。造成這個現象的一個主要原因，是由於該專業沒有一個重視它的直接領導部門，專業設置的行政管理屬教育部，但在教育部管理的上千個本科專業中，它完全排不上重點的位置；烹飪技術的直接相關管理機關長期屬於商業部，但在商業部改制轉型成商務部以後，他們只管餐飲業的經營，不像過去那樣關心教育；在技術上有承接關係的食品工業管理部門，向來不把餐飲行業當回事，他們關心的是機械化生產。屬於醫學分支的營養學，衛生部門有自己的下屬專業，他們管不著燒菜過程中的大眾營養指導……最終結果是沒有哪個實權部門關心烹飪教育，更談不上去組織相關院校去開展什麼教學研討活動，這和原商業部教育司在建時完全不可同日而語。當然政府行為的缺失可以用民間聯誼的方式來彌補，而且我們在世紀之交有過良好的開端，但民間活動需要有熱心的企業家的資助（這是大陸當代的國情），東方美食雜誌社的劉廣偉先生就曾經做過這種熱心人士，但由於種種原因後來中斷了。有些人士把這種交流研討功能寄希望於中國烹飪協會，但也沒有什麼結果。筆者以為最好的辦法是幾所知名院校首先組成聯合體起帶頭作用，開展相關的專題研究，把烹飪與營養教育的專業名稱、培養目標、招生辦法、教學計劃、重點課程的教學大綱、教材評比、教學方法革新，以及與中職和職業技術學院的層次關係等核心問題，研究清楚，取得共識，從而使烹飪的應用型本科教育向更加健康的方向發展，並且要發揮它作為行業發展的引領作用。

烹飪和營養教育的招生問題，是它在改革發展道路上的重要問題，目前存在的「對口單招」和「統考」兩種方案，各有優劣，前者的生源有基本的技能優勢。後者的生源有較好的文化素養；前者只是地方性的變通辦法，後者則是全大陸統一的招生辦法。隨著教育改革的發展，大學本科教育也已經逐步向高等職業教育傾斜，技能性人才的培養越來越向著本科教育擴展，為了吸引更多的有志青年獻身於人民大眾的飲食事業，必須考慮整個烹飪教育鏈的銜接問題，由低一級的烹飪專業向高一級烹飪專業延伸，打開人才水準上升的通道，目前的「對口單招」不僅不應取消，相反地要更加完善，將來職業技術學院烹飪專業學生「專升本」的問題如何解決，是當前就應該解決的問題，而且這也是國務院關於發展職業教育的基本精神之一，從高中階段的普通高中和職業高中分流開始，就應該考慮給職業教育的受教育者備足上升的通道，從職中、職業技術學院、應用型本科，直到應用型碩士、博士，形成完整的職業教育鏈，李克強總理已經多次作了闡述。

畢業生的知識水準決定於課程設置和教材水準，當然還有教師的教學能力，教材是教學過程的硬體，對於保證畢業生的品質有重大的影響力，因此，教材建設理應通過研討交流逐步完善。前文已述及大陸高等教育的某些教材，經過多次磨煉修改，有的已經成了經典，例如，北京大學王力教授的《古代漢語》就是如此。烹飪教材是應用科學教材，隨著技術的進步，理應與時俱進，但這種進步並不是對早先教材的顛覆，而是不斷的補充和增訂。但是現代的人們進入狂躁時期，彼此不買賬，孤芳自賞、封閉自我，利用一切機會拼湊教材，造成當前烹飪教材出版的亂象，數量和品種很多，但公認的權威精品不多，特別是沒有同行的評議。互相抄襲是常見的弊端，加之當前出版社為反對盜版的需要，普遍隱匿真實的累計印數，客觀上影響了人們對某些教材學術認可程度的判斷，現在到了需要有一個權威的機構作出公正科學評價的時候了。

筆者曾三次主編過高職層次的《烹飪化學》，每次都有新的認識和體會，特別是在學科層次，基礎化學知識和化學科學對烹飪實踐的指導作用方面，完全是一個逐步深入的過程。由於烹飪各專業都不可能要求開設生物化學或生理化學之類的課程，所以相關的必須知識都被納入烹飪化學之中，而生物化學又是當代科學的前沿，其發展前景日新月異，烹飪化學也應該隨之跟進，但其中有一個核心知識，就是立體化學基礎知識在這些進步中的作用和地位越來越強，可是當前的許多烹飪化學教材往往忽視立體化學，其原因很簡單，就是一般人的立體概念並不強，立體化學成

了不言而喻的難點，要使學生接受它有一定的難度，故而往往在「夠用」和「必需」的藉口下簡化或忽略它。其實教學過程本身天生就有重點和難點，因此在應用型學科教學中，突出重點，規避難點的做法是正確的，不必因某些並無多大實際意義的難點去引導學生鑽牛角尖；但如果難點也是重點的話，那就不僅不能規避，相反地要花大力氣想方設法使學生掌握它，立體化學就屬於這種知識，當下與烹飪相關的許多生物化學知識，實際上都是立體化學原理的應用。

# 第五節　烹飪教學網路的建設

　　烹飪本身就是一門燒飯做菜的技術，社會整體的科學技術水準對它的技術形態會有重大的影響，截至目前，定型於鐵器時代的配套工具決定了中國烹飪的基本技術形態，但當西方兩次工業革命的成果進入中國以後，中國烹飪的技術形態已經發生了一些變化，雖然廚刀砧板和鐵鍋手勺仍是廚師施技的主要工具，但廚房設備還是有了很大的變化，這是大家有目共睹的。特別是進入二十一世紀，世界第三次工業革命實際已經開始，電子電腦技術和 3D 列印技術已經走進人們的日常生活，炒菜機器人已經達到商品化的地步，3D 列印技術也有了初步的成果（在巧克力和餅乾的生產中已經開始應用），在餐飲企業的經營方式上更是有了成功的實踐，這個勢頭也必將影響烹飪技術的傳承方式。

　　自從廣播電視技術普及以後，它立刻被人們應用到烹飪技術的傳承方式之中，不僅食譜在廣播中被播報，做菜過程和方法在電視上展示，其直觀效果完全達到了身臨其境，完全顛覆了教師和學生必須同處一室的傳統教育模式。

　　傳統教育模式的一大特點是教師和學生同處一室，教師進行傳道、授業、解惑，大陸從孔夫子開始就是這樣做的。而古希臘哲學家亞裡士多德在雅典呂克昂（Lyceum 園林學園）講學以來，創造了我們人類的高等教育方式，即年輕的學生在指定的時間和地點聚集在一起聆聽學者們的智慧。從牛津四方院到哈佛園，自從中世紀大學誕生以來，雖然時代在不斷變化發展，但高等教育的教學、死記硬背、考試模式卻沒有發生本質的變化。

　　曾經的大學教育是少數人的特權，但由於政府財政和私人資本的投入，全球的高等教育都日益趨向大眾化。2014 年夏季，當年美國大學畢業生人數為 350 萬，歐洲達 500 萬，新興國家的大學的發展也很快，我們中國在近 20 年，總計有 3000 萬個大學畢業生。不過，大學的發展在當代有著三大力量的擠壓，傳統的大學教育模式正在改變。這三大力量就是不斷增加的學習費用、不斷變化的社會需求和互聯網技術對大學教學方式日益增強的介入，尤其是互聯網技術的介入。大規模開放式線上課程（Massive Open Online Courses，簡稱 MOOC，中譯為慕課）的出現，表明一場全球高等教育革命的大幕已經拉開，有人甚至預言，其結果將促使一些大學毀滅，而另一些大學將獲再造。

　　慕課最早出現於 2008 年的加拿大，起初只是作為一門線上電腦課程的 MOOC，當時誰也沒有想到，在短短的幾年內就對世界高等教育產生如此重大的影響。這種影響早已不限於課程教學，而是強烈地影響了高等教育工作模式。人們有可能通過電腦的線上學習獲得高等學校的學位，而不必一定要走進高等學校的大門。其中最引人注目的是 2012 年，被美國《紐約時報》稱為「MOOC

之年」，被譽於「顛覆大師」的哈佛大學商學院著名教授克萊頓.M.克裡斯坦森認為：MOOC是一個潛在的「顛覆性技術」。2013年2月6日，克裡斯坦森甚至說：「從現在起的15年裡，一半多的美國大學將處於破產中或破產邊緣」。一些著名大學的頂級教授開設了面向全球的MOOC課程，截至2014年年底，已經出現的MOOC三大平臺都在美國，即哈佛大學和麻省理工學院辦的非營利性平臺edx；由斯坦福大學兩位教授合作創辦營利性平臺Coursera；由斯坦福大學前教授塞巴斯蒂安·色倫與他人合夥創辦的營利性平臺Udacity。三大平臺目前給全球1200多萬學生（其中美國學生占1/3）提供大量的慕課。從目前的情況看，慕課的確具有很強的衝擊力，但也不是絕對完美無缺的[11]。已發現的問題是：

（1）慕課在知識和技能傳授上，的確有它的優勢，但並不能充分調動學生的學習積極性，和其他開放性大學或課程一樣，學生的入學門檻太低，因此會不珍惜自己的學習機會，所以輟學率也很高。

（2）當慕課沒有必要的組織教學過程時，尤其是沒有教師指導時，課程本身就無法給學生以培養人格的功能，正如南京大學校長陳駿所說的那樣：「MOOC（慕課，即大型開放式網路課程）只能傳授學生知識，卻無法將大學的精神與文化原汁原味地呈現給學生，也無法培養學生人格」。「但優秀人才的培養品質不僅僅要注重知識和技能的學習，更要重視情感、品行和價值觀的塑造，健全人格的養成」。大學校園獨特的文化魅力與作用，大學精神在人才培養過程中潛移默化的作用都無法實現。但是現代化的網路技術與線上課程教學也是無法抗拒的，所以高等學校一定要有精神準備。

（3）學習成績如何考核，學分如何認定，至今還沒有成熟的經驗。

（4）在MOOC的學習系統內，「同學」一詞將完全沒有意義，同學之間的人際交往切磋共進也就無從談起。

因為由於上述因素，國際上著名的牛津大學和劍橋大學等，根本不把MOOC當回事。有些教授一針見血地指出：MOOC取代的是教科書，而不是教授。看來，完全拒絕或完全依賴MOOC，都不是完美的抉擇，當前國際上有不少專家主張，將傳統大學經歷和電子大學經歷合併在一起或者是未來可取的高等教育模式，尤其是那些一般性的高校和職業技術學院（美國曾有人預言，社區學院將被MOOC所取代）。

當代大陸高等教育，絕不缺乏模仿能力，但卻缺乏創造能力，大概在20年前，多媒體教學曾是個新鮮事，各級各類學校不惜投入鉅資全力推廣，曾幾何時，很多教師已經很少寫粉筆字，製作課件PPT成了教師的基本功，而他們對教材的科學內涵並沒有什麼長進，因此這些先進教學手段的應用並不意味大陸高等教育（尤其是本科教育）品質的提高，目前已經在大陸高校開展的網路線上教育也同樣是如此。

大陸的線上教育發軔於二十世紀九十年代，近些年借助於移動終端的廣泛普及和互聯網等基礎設施建設的逐步完備，線上教育迎來了「黃金時代」。據統計，2013年全大陸線上教育行業新增企業近千家，平均每天就有2.6家企業進入在線教育行業。據預測到2015年，線上教育的市場規模將超過1600億元，已經是一個不小的行業，但虛擬的小網路產業，究竟產生了多大的實效，特別培養了多少實用的人才，我們沒有看到相關的統計。

和外國的情況相似，大陸線上教育的領頭羊依然是那些名校。上海交通大學首先研發的MOOC平臺「好大學線上」正式上線。面向全球，提供中文線上課程。上海的多所大學還簽訂了MOOC共建共用合作協議，建立學分互認機制，學生不出校門，就能跨校修讀外校優質課程，並獲得學分。同時，北京大學、清華大學等名校也很早起步，依仗自己優秀的研發團隊，搶佔制高點。其他高校也應聲回應，大幹快上，大有一哄而起的態勢。然而，由於缺乏必要的溝通和組織領導，

彼此間很難有共同的認可度，花了不少錢建起來的數字教育資源並沒有得到合理有效的利用，任課教師在國內的教學舞臺上也不具有公認的權威性，因此別人並不一定買賬。例如，一些學校前些年建成的網路精品課程大多是孤立的、重複的、無法及時更新的，最終成了一個又一個「資訊孤島」，其中就包括了不少烹飪方面的課程。這種「一哄而起」而又「一哄而散」的教訓值得吸取。

2014 年 10 月 7 日的《光明日報》，曾介紹了桂林醫學院的教學改革經驗，他們把目前各醫學院普遍缺乏的醫學標本數位化，把每一個可能收集到的標本製成三維模型，並且在教學中實際應用，取得了很好的教學效果。但因為缺少經費，沒有人員編制，工作量無法考核等因素，這項工作難以為繼，更談不上在全面推廣。由此可見，大陸教育行政主管部門，主要工作方法還是滿足於發文件編制計劃，缺乏對第一線工作的指導，有限的研發經費也不一定都用在刀刃上。他們選定的課程和教師往往在名校中產生，但名校並不是都是由名師授課，忽視了同行選拔的必要程式，結果必然是勞民傷財，勞而無功。

對於烹飪教育，慕課可能有獨特的優勢。現代教育模式的大陸烹飪教育，已經過了 60 多年的探索，課程設置已經趨於成熟，其核心課程已經得到一致公認，中職階段為烹飪原料、烹調工藝、麵點工藝、營養衛生知識；高職高專（職業技術學院）階段為烹飪原料學、烹調工藝學、麵點工藝學、烹飪營養學、烹飪衛生與安全學；至於應用型本科的烹飪專業，如以技藝型人才為主要培養目標，和高職高專的課程設置幾乎相同。目前，在中職和高職之間，層次性的問題已經解決，中職偏重於技能訓練，高職除技能訓練之外，還需要適當提高其理論基礎，廣泛的提法是「必需」和「夠用」。但不管用什麼提法，上述幾門課程的基本內涵在全大陸都是接近統一的，特別是烹調工藝學和麵點工藝學，其基本框架已經完全統一，基本上反映了烹飪職業廚師全部的技藝特徵，因此對此類課程，施行統一的慕課式的教學手段，完全可以克服目前各院校分散獨立的教學方式所產生的缺陷，克服在教師科學文化水準、技藝水準、烹飪器具設備、食材供應等方面的不足，使課堂教學的品質有顯著的提高。但是，對慕課的電子資源配置，一定要有計畫有領導、經過同行共同研討而獲得公認，在全大陸範圍內把最好的相關資源集中起來，打造一流的線上課堂。

大陸目前在職業教育領域內舉辦多年的畢業生技能比賽，完全套用了相關行業尋找技藝能手比賽的思路和方法，完全由參賽單位自行組織參賽隊伍，相關的教學單位為這些選手「開小灶」、「單練」，不僅在物質資源上加以保證，還指定有經驗的教師擔任技術指導。不言而喻，這種比賽可以顯示參賽選手的技能水平，但和他所在教學單位的實際教學水準沒有什麼大關係，問題就在於參賽樣本的遴選沒有隨機性，還助長了一些參賽單位弄虛作假的不良心態，為應付比賽把主要精力放在幾個學生身上而忽視了大多數。如果競賽的主辦單位在各參賽單位的全部學生名單中，在開賽前的幾天內隨機抽取參賽選手，那麼這種教學品質檢查式的競賽就是有意義有作用的，否則就只能是一場鬧劇。

用競賽的方法檢查各教學單位的教學品質，與其從學生著手，還不如從教師著手，如果職業教育主管部門把一門核心課程的優秀教師集中在一起，選擇適當條件，讓他們進行課堂教學競賽，所有的參賽者都是評委，用這樣的方法遴選出貨真價實、名副其實的教學名師，再由這類名師主持統一的線上課堂，那麼從教的角度講，一定會取得最優良的效果。

在教的問題解決以後，學的問題同樣不能放鬆。雖然說慕課的課堂是完全開放的，無論是誰在任何時間地點都可以利用這個課堂，因此對於學習積極性不高的學生來說，這個課堂並沒有任何約束力，唯一可以控制的因素是最後的學分考核，這對於一所正規的教學單位，這種牧羊式的教學方法並不可取。相反地是應該利用優質的線上課堂，仍需按教學計畫的安排，在專業教師的指導和帶領下，組織學生集體聽課，並且隨後組織討論消化教學內容，完成相關作業，這種把傳統大學課堂文化和網路文化相結合的方法，一定會取得良好的效果。如果相關的教學單位堅持自

主的學分考核，則得到的學分含金量必然很高。就這個意義講，線上課堂衝擊的只是教科書，而不是教授。

MOOC 來勢兒猛，勢在必行，我們必須有所規劃，讓它為提高大陸烹飪的教學品質提供新的平臺。

# 參考文獻

〔1〕季鴻崑·中國大陸廚師培訓和烹飪教育的歷史和現狀·第七屆中國飲食文化學術研討會論文集·臺北：臺北財團法人中國飲食文化基金會，2002。

〔2〕何宏·廚師技術等級流變·美食研究，2014.1。

〔3〕劉明興，田志磊，王蓉·中職教育的中國路徑·光明日報，2014-10-14(14)。

〔4〕劉廣偉主編·中國烹飪高等教育問題研究·香港：東方美食出版社，2001。

〔5〕劉傳桂，季鴻崑·推陳出新，博採眾長·中國烹飪研究·1988.5,6 合刊。

季鴻崑，徐傳駿·改革招生辦法，加快烹飪高等專門技術人才的培養速度·中國烹飪研究，1989.3。

劉傳桂，季鴻崑·中國烹飪文化和烹飪科學研究中若干問題的探討·中國烹飪研究，1991.1。

季鴻崑等·中國當代烹飪教育芻議·中國烹飪研究，1991.2。

季鴻崑·關於我國高等烹飪教育的專業屬性和培養規格問題·中國烹飪研究，1992.1。

〔6〕中國輕工業出版社「高等職業教育教材」高職烹飪專業教材共 20 種 2000 年第一版。

〔7〕季鴻崑·爭論和發展——中國烹飪高等教育的實踐和思考·揚州大學烹飪學報，2014.2。

〔8〕練玉春·高職應有的擔當與追求·光明日報，2014-10-28(14)。

〔9〕馮玉珠·烹飪與營養教育專業的建設及學科歸屬·揚州大學烹飪學報，2012.2。

〔10〕馮玉珠·大類招生培養背景下烹飪與營養專業課程體系構建·揚州大學烹飪學報，2013.3。

〔11〕本節從《光明日報》相關論文中摘取資料和論點，這些論文有：曹傳傑·「高輟學率」、「傳統大學消亡」、「大幹快上」，正確認識 MOOC 的三大關鍵問題·光明日報，2014-8-26(13)。

李玉蘭·慕課時代，醫學怎麼教？——從桂林醫學院教學改革說起·光明日報，2014-10-7(7)。

胡德維·大學還會繼續存在嗎？——大規模開放式線上課程衝擊傳統大學教育·光明日報，2014-10-12(6)。

程書強·線上教育的問題與解決之策·光明日報，2014-10-26(7)。

陳駿·「慕課」無法培養學生人格·光明日報，2014-11-18(5)。

# 附錄二：

# 季鴻崑 簡介及相關著述、論文目錄

◎簡介

　　季鴻崑，男（1931——），江蘇鹽城阜寧人。原為揚州師範學院（1992 年併入揚州大學）化學系副教授，從事有機化學和化學史、科技史及科技情報、文獻等的教學和研究工作。1987 年調任中國高等烹飪教育第一所創辦院校——原江蘇商業專科學校（中國烹飪系創建於 1983 年）中國烹飪系第三任系主任（現為揚州大學旅遊烹飪學院）兼江蘇烹飪研究所首任所長，1994 年退休。目前為中國食文化研究會常務理事，2016 年 6 月 25 日被聘為「世界中餐業聯合會」新成立的飲食文化專家委員會顧問。

　　季先生出生於教師家庭，父親是一名中學教師，受家風薰陶小時就讀私塾，從而打下了很好的古文功底，1951 年考入揚州師範學院化學系，後留校任教從事有機化學教學和研究工作，後又涉足化學史和科技史兼及科技情報和文獻，對中華傳統學術的儒、道、墨、醫、農、周易、古典詩詞、古典文學、哲學、歲時文化、箸文化等均有深入的研究和解讀，對傳統文化和自然科學都有一定的造詣，相關成果進入科技史學術界交流，如 1983 年原揚州師範學院化學系受中國科技史學會委託主辦的為期 7 天的「中國煉丹術史學術討論會」，1989 年受邀出席於河北石家莊舉辦的「《紀念化學革命 200 周年》討論會」，及常被邀請參加中國科技史學會年會等，同時，和袁瀚青、陳國符、曹元宇、趙匡華、楊根、王奎克等化學史研究先驅素有交往，精通英文，列及日文和俄文，多篇文章曾被收錄《中國化學史論集》等著作中，是中國化學會和中國化工學會的終身會員。

　　特別是 1987 年介入烹飪高等教育界及飲食文化學術界後，因其獨特的知識結構和從業背景，以及對中華飲食烹飪的執著與熱情，學術研究和資料整理及明確中國烹飪發展方向（學科建設）的需要，進一步用正統的學術思維和方法系統而深入的研讀了與中華飲食文化傳統的形成較為密切的古籍，涉列飲食烹飪領域的方方面面，著述頗豐。包括：烹飪教育，中國飲食科學技術史，中華傳統營養學說，中國烹飪教育發展史，中國烹飪技術體系發發展史，中國烹飪理論體系建設，烹飪學的基本原理，烹飪技術科學原理，中國烹飪的申遺問題，飲食文化及科學，食學，飲食文獻資料搜集和整理，飲食美學，美食學，歲時文化，近代營養科學東漸的歷史，箸文化，儒家經典與中國飲食文化，道家、道教養生思想對中國飲食文化的影響等近 300 篇文章和 10 餘部專著，廣受學界推崇和好評！

　　因此，我們說季先生是「雜家」。有深厚且扎實的古文和傳統文化素養及自然科學（化學）建樹的季先生自從 1987 年介入中國烹飪高等教育界及飲食文化學術界以來，在烹飪文化、烹飪科學及教育、飲食文化、食學方面富有創見，作出了卓越的貢獻，在中華食學科體系建設中，奠定了中國烹飪技術科學基礎理論，率先規範了中國烹飪高等教育體系，確立了烹飪專業的理工科屬性，整理了烹飪工藝、烹飪教育專業的教學計畫和主要課程，明確提出並建立了高等烹飪教育師資培養的「雙師制」和烹飪專業畢業生的「雙證制」，將專科層次的烹飪專業確立為高等職業教育的範疇，編寫和審校了高等烹飪教育教材三套共四十餘種。

首先提出烹飪文化是飲食文化的分支，烹飪學是一門技術科學的本質屬性，烹飪技術應是食品科學的一個部分，烹飪文化不是單純的文史研究，要引入自然科學的實驗方法。一直以來都主張以生物化學近現代營養科學為基礎建立當代中國烹飪理論體系，用近現代科學技術手段和方法重新認識和整理中國烹飪，並極力呼籲將民族的（形式）、科學的（內容）、大眾的（為人民服務的方向）的新文化理念作為中國當代飲食文化（食學）研究的指導思想或飲食文化格局，當代語就是：頂層設計，力爭讓中國烹飪以科學的形式走向世界。

據此，我們說季鴻崑先生是當之無愧的中國烹飪科學奠基人和中國烹飪高等教育科學奠基人，季先生為人非常低調，1988 年以前的學術活動很少有提及過，退休後除相關學術會議被邀請出席外，其他一概以讀書、著書度日，這種至今筆耕不輟、勤奮耕耘及淡泊名利的精神是當代人中不多見的了，非常值得我輩珍視和學習，現居於蘇州。

◎主要著述：

1988 年以前季先生主要專業為有機化學，兼及化學情報文獻、化學史和科技史，相關著作有《有機化學》（上、下冊，《大學化學自學叢書》分冊，上海科學技術出版社 1982-1983 年出版）、《化學化工文獻及其檢索》（江蘇科學技術出版社 1979 年出版）、《中學化學教學辭典》（北京師範大學出版社 1992 年出版），並在《化學通報》、《化學世界》、《自然科學史研究》、《化學教育》、《中國科技史料》（現《中國科技史雜誌》）、《揚州師範學院學報（自然科學版）》等刊物上發表了關於化學工藝、有機化學、化學史、化學教育等領域的論文近 30 篇，因其與飲食文化無直接關係，這裏從略。

1987 年調任江蘇商業專科學校（現併入揚州大學為本科院校）中國烹飪系系主任，開始介入烹飪科學、烹飪教育和飲食文化、食學，先後主編及審校的全國高等烹飪院校教學用教材及出版的專著分別有：

◎教材：

1. 高級烹飪系列教材共 9 本，（原揚州大學商學院中國烹飪系編寫，上海科學技術出版社，1993 年）其中主編《烹飪化學基礎》（1993 年）。

2. 全國高等職業教育烹飪教材初版（1999 到 2001 年）共 20 本及其修訂版（2004 到 2005 年），（中國輕工業出版社，與趙榮光先生共同審訂，2001 年），主編《烹飪化學》（2000 年版及 2004 年修訂版），指導並主審《食品與烹飪文獻檢索》（1999 年），主編《面點工藝學》2 版（2005 年），3 版（2017 年），個別科目目前已至第 4 版，如：《烹調工藝學》（馮玉珠主編，中國輕工業出版社，2014 年第 4 版）這套教材是迄今為止全國第一套本、專科烹飪專業通用、學科體系最完備、參與院校最多、認可度最高的一套，至今仍是個名品，個別科目還是精品。與此同時，與 1997 年——2002 年同期共舉辦的五次全國性烹飪高等教育學術研討會，教材和學術會議共同奠定了當代中國高等烹飪教育的學科體系，影響深遠。

3. 全國新世紀高等職業院校創新烹飪系列教材共 9 本（高等教育出版社，2003 年），主編《烹調工藝學》（2003 年），2010 年第 6 次印刷。

◎專著：

1.《烹飪學基本原理》新版修訂本，（中國輕工業出版社，2016 年 1 月）。

2.《烹飪技術科學原理》（中國商業出版社，1993 年）。

3.《歲時佳節古今談》（山東畫報出版社，2007 年），2010 年改變版式收入「農家書屋」工程書系，印數已達數萬冊。

4.《食在中國——中國人飲食生活大視野》（山東畫報出版社，2008 年）；上海《中外書摘》2009 年 1 期 78—80 頁收摘。

5. 主審並參編《中國烹飪文化大典》（浙江大學出版社，2011 年）。

6. 參編《中國箸文化史》（執筆第五章，中華書局，2006 年）。

7. 合著：《長江下游地區飲食文化史》（「中國飲食文化史叢書」十卷本，國家十二五圖書規劃專案，合著者：馬健鷹、李維冰）（中國輕工業出版社，2014 年）。

8.《中國飲食科學技術史稿》（浙江工商大學出版社，2015 年，國家出版基金資助專案）。

◎ 1988 年以來發表的飲食文化與烹飪科學研究論文

一、發表在《中國烹飪》雜誌（中國烹飪協會原會刊）上：

1. 化學革命和烹飪科學的發展（上、下），1990 年 6、7 期，原刊《中國烹飪研究》1990 年 2 期。

2. 也談烹飪的本質屬性和烹飪科學（上、下），1991 年 4、5 期。

3. 關於烹飪學科名詞厘定之我見，1991 年 12 期。

4. 當代飲食文化研究的傾向，1992 年 3 期；收入李士靖主編《中華食苑》第八集。

5. 中國傳統膳食結構的改革和現代食品化學的任務（上、下），1993 年 2、3 期；收入李士靖主編《中華食苑》第四集。

6. 試論中華民族飲食習慣中的優良傳統，1994 年 2 期。

7. 也談中國傳統膳食結構的改革，1994 年 5 期。

8. 談飲食業的科教興業問題，1995 年 12 期。

9. 營養素的立體化學和鼎中之變，1996 年 3 期。

10. 再談飲食業的科教興業問題 -- 關於教育和法制，1996 年 8 期。

11. 鼎中之變的致癌物 --3，4- 苯並芘，1996 年 11 期。

12. 當前我國高等烹飪教育的困惑，，1997 年 8 期；收入劉廣偉主編《中國烹飪高等教育問題研究》，東方美食出版社 2001 年。

13. 鐵鍋和炒——烹飪文化的國粹，1997 年 10 期。

14. 烹飪學是食品科學的一個分支，1997 年 11 期。

15. 關於平衡膳食的原理，1998 年 10 期。

二、發表在《餐飲世界》雜誌（中國烹飪協會新會刊）上的論文：

1. 海外學者眼中的中國餐飲—記第七屆中國飲食文化學術研討會，2002 年 2 期。

2. 讀《走進營養世界》有感，2005 年 3 期；《健康必讀》2005 年 1、2 期合刊轉載

三、發表在《揚州大學烹飪學報》（現名《美食研究》，中文核心期刊，揚州大學旅遊烹飪學院主辦）及其前身《中國烹飪研究》上：

1. 食物風味化學的內涵和外延，1988 年 1 期。

2. 推陳出新博採眾長——談中國高等烹飪教育體系問題（合作者劉傳桂），1988 年 5、6 合刊。

3. 江蘇商專中國烹飪系烹飪工藝專業教學計畫，1988 年 5、6 合刊。

4. 十九世紀末年的一份重要的飲食文化交流史料—關於張德彝的《航海述奇》及其續集，1989 年 1 期。

5. 改革招生辦法，加快烹飪高級專門人才的培養速度（合作者徐傳駿），1989 年 3 期。

6. 化學革命與烹飪科學的發展，1990 年 2 期，《中國烹飪》轉載。

7. 漫談火候，1990 年 3 期。

8. 中國科學技術史上的「火候」，1990 年 4 期。

9. 中國烹飪文化與烹飪科學研究中若干問題的探討（合作者劉傳桂）1991 年 1 期。

10. 中國當代烹飪教育芻議（合作者徐傳駿、路新國）1991 年 2 期。

11. 談中外烹飪文化的交流，1991 年 4 期。

12. 關於我國高等烹飪教育的專業屬性和培養規格問題，1992 年 1 期。

13. 《詩經》飲食文化史料探微——兼論中國烹飪的基本要素，1993 年 4 期。

14. 王莽的科學實驗和豆腐的發明，1994 年 1 期。

15. 飲食行業的社會功能（合作者黃萬祺），1994 年 2 期。

16. 我國當代飲食文化研究中的幾個問題，1994 年 4 期。

17. 《周易》和中國烹飪，1995 年 4 期；收入李士靖主編《中華食苑》第七集。

18. 《三禮》與中國飲食文化，1996 年 3 期。

19. 《尚書》與中國飲食文化，1996 年 4 期。

20. 《春秋》三傳和中國飲食文化，1997 年 1 期。

21. 再論《周易》和中國烹飪，1997 年 2 期。

22. 《黃帝內經．素問》和中國營養科學，1997 年 4 期。

23. 談烹飪化學的教材和教學問題，2000 年 3 期。

24. 中國古典營養學的三個里程碑，2001 年 1 期。

25. 飲食美感和飲食風味，2005 年 1 期。

26. 滴流效應和僭越規則——飲食文明水準提升的基本動力，2005 年 2 期。

27. 《化學衛生論》的解讀及其現代意義，2006 年 1 期。

28. 近代醫學和營養科學東漸與歐美傳教士的作用，2008 年 1 期。

29. 丁福保和中國近代營養衛生科學，2008 年 2 期。

30. 鄭貞文和他的《營養化學》，2008 年 3 期。

31. 當前中國烹飪文化研究中的十大關系，2008 年 4 期。

32. 《食品安全法》和我國的食科教育，2009 年 2 期。

33. 建國 60 年來我國飲食文化的歷史回顧和反思（上、中、下），2010 年 1、2、3 期。

34. 從吳憲到鄭集——我國近代營養學和生物化學的發展，2011 年 2 期。

35. 鮮味的尷尬，2012 年 1 期。

36. 談中國烹飪的申遺問題，2012 年 2 期。

37. 紀念蕭帆先生，2013 年 1 期。

38. 關於「烹調對豬肉中脂肪、脂肪酸的影響」一文的通信，1997 年第 2 期。

39. 爭論和發展——我國烹飪高等教育的實踐和思考，2014 年第 2 期。

40.《論美食兼及淮揚菜—賀＜美食研究＞改刊》，《美食研究》2016 年第 1 期。


四，發表在《飲食文化研究》雜誌上有：

1. 道家、道教養生思想源流和中國飲食文化，2001 年 1 期。

2. 中國烹飪高等教育路在何方 ?2001 年 2 期。

3.「天人合一」和生態平衡，2003 年 2 期。

4，SARS 陰影與我國當代飲食文化，2003 年 4 期。

5. 再論《天人合一》和生態平衡，2004 年 2 期。

6. 趙榮光《滿漢全席源流考述》讀後，2004 年 3 期，另載《書生本色一趙榮光先生治學授業紀事》，
   雲南人民出版社 2013 年，收錄《集成十年——紀念＜東方文化集成＞創辦十周年專輯》，《東
   方文化集成》編委會（季羨林總主編）北京圖書館出版社，2006 年。

7.「天人合一」——論健康，2005 年 1 期。

8. 科學視野下的酒，2005 年 3 期。

9. 關於飲食的風味偏嗜，2005 年 4 期。

10. 中華酒文化三論，2006 年 1 期。

12. 中華民族食物和營養理論的歷史演進，2006 年 4 期。

13. 食品家族的孽子——煙草，2007 年 1 期。

14. 北京奧運會飲食的特點和策劃原則，2007 年 2 期。

15. 雲南原生態飲食的開發和利用，2007 年 3 期。

16. 發揚茶館文化的休閒和養老功能，2008 年 1 期。

17. 北京便宜坊燜爐烤鴨大有作為，2008 年 2 期。

18. 從三聚氰胺說起，2009 年（上）。

19. 當代飲食著作精品評介（八）——讀《敦煌飲食探秘》，2005 年 4 期。

20. 當代飲食著作精品評介（十一）——飲食文化及其研究方法——讀趙榮光新作《中國飲食文化
   史》，2007 年第 1 期。

21. 十九世紀中葉英國人論茶，2006 年第 2 期。

22. 食物功能與生物鹼的人文價值，東方美食《飲食研究》第 1 集，2011 年。

23. 食味的科學與人文解讀，東方美食《飲食研究》第 2 集，2012 年。


五、發表在《東方美食》雜誌（世界中國烹飪聯合會原會刊）上：

1. 烹飪火候的科學內涵，1997 年 5 期。

2. 建立中國烹飪理論體系芻議，（上、下），1997 年 6 期，1998 年 1 期。

3. 有關烹調技術的科普短文共 12 篇，1999 年 6 期—2001 年 6 期。


六、發表在《當代烹飪文化》雜誌（河南省社聯和豫菜研究會合辦）上：

1. 董仲舒與中國飲食文化傳統（上、下），2002 年 6 期，2003 年 1 期。

2. 中餐六大公共衛生陷阱，2004 年 4 期。

3. 關於中國烹飪古籍整理的通信（合作者陳耀琨），2005 年 1 期。

七、發表在《商業經濟與管理》雜誌（杭州商學院學報）上的是：

1.「中國烹飪技術體系的形成和發展」，2000 年 5 期；收入林則普主編《中國烹飪發展戰略問題研究》，東方美食出版社，2001 年。

八，發表在《烹飪教育》雜誌（中國烹飪教育研究會）上：

1. 中國當代烹飪教育芻議，1991 年 3 期。

2. 關於我國高等烹飪教育的專業屬性和培養規格問題，1992 年 2 期（轉載）。

3. 讀者來信，1993 年 1 期。

九、發表在《美食》雜誌（江蘇烹協會刊）上：

1. 從菜品看人品從手藝見精神，1991 年 4 期。

2. 發揮中國烹飪的軟體優勢，1992 年 4 期。

3. 箸文化漫談（共 10 節），1996 年 6 期，1997 年 1-6 期，1998 年 1-3 期。

4. 筷子王國的巡禮，1998 年 5 期。

5. 論烹飪學是食品科學的一個分支，1997 年第五期。

十、發表在臺灣《中國飲食文化》雜誌（中華飲食文化基金會會訊）上：

1. 中國箸文化的研究中心 - 介紹大連中國箸文化研究和陳列室，1999 年 1 期。

2. 中國烹飪教育的縮影 - 記揚州大學旅遊烹飪學院烹飪與營養科學系的辦學經驗，2001 年 1 期。

3. 姑蘇船宴，2002 年 1 期。

4. 淮揚菜與蘇北大運河，2006 年 3 期。

5. 乳酪與豆腐，2008 年第 1 期。

十一、發表在《中國食品報》上：

1. 餛飩的由來，1996 年 7 月 20 日。

2. 菜譜豈能離譜，1996 年 12 月 16 日。

3. 我看烹飪，1997 年 3 月 19 日。

4. 廚師選料應三思，1997 年 4 月 7 日。

5. 烹飪營養專業出路不暢是暫時的，1999 年 5 月 28 日。

十二、發表於學術會議和論文集（凡已在報刊上發表過的不列入）上：

1. 烹飪學研究與中國飲食行業的振興，收入李士靖主編《中華食苑》第七集。

2. 我國當代飲食文化中的幾個問題，收入中國烹飪協會編《中國烹飪走向新世紀——第二屆中國烹飪學術研討會論文集》，經濟日報出版社 1995 年。

3. 關於制定中國烹飪學術名詞的建議，收入劉廣偉主編《中國烹飪高等教育問題研究》，東方美

食出版社，2001 年。

4. 世紀之交的中國飲食文化研究，同上 3。

5. 重談飲食業的科教興業問題，98 世界華人飲食科技與文化交流國際研討會論文集彙編，1998 年 5 月，中國大連. 收入馬連鎮主編《世界食品經濟文化通覽》第一卷，科學教育類，西苑出版社，2000 年。

6. 中國大陸廚師培訓和烹飪教育的歷史和現狀，第七屆中國飲食文化學術研究會論文集，臺北中國飲食文化基金會，2002 年，日本東京. 後又收錄於《食品科學史與餐飲管理》，孫路弘主編，臺北中國飲食文化基金會，2004 年。

7. 箸和中華飲食文明，中國箸文化學術研討會，1997 年 10 月，大連。

8. 滿漢全席之我見，北京《購物導報—滿漢全席》創刊號，2006 年。

9. 餘澤民《咖啡館裏看歐洲》序三：咖啡：生理功能與文化影響，山東畫報出版社 2007 年。

10. 中國醬和鮮味，載馮新泉主編《醬缸流淌出的文化——2007 中國首屆醬文化（紹興）國際高峰論壇文集》，中國社會科學出版社 2008 年。

11. 雲南飲食的特徵和行業發展方向，載《古往今來話滇味——中國滇菜（蒙自）論壇論文集，雲南人民出版社 2011 年。

12. 傳統食品的現代化趨勢，載《健康美食與品牌發展——2012 杭州大眾餐桌美食論壇暨美食文化品牌促進會威立大會》文集 P.51—53.2012 年 11 月 28—29 日，杭州。

13. 餘同元何偉編著《歷史典籍中的蘇州菜》序，天津古籍出版社 2014 年。

14. 論風味概念的科學內涵，2005 食文化與食品企（產）業發展高層論壇論文集。

15. 孔孟食道與當代中國反腐倡廉，2014•西安第四屆亞洲食學論壇論文集，趙榮光、王喜慶主編，陝西人民出版社，2015 年。

16. 孔孟食道與孟子、荀子人性善惡之辯，2015. 曲阜第五屆亞洲食學論壇主題論文。


十三、關於中國烹飪申遺

1. 談中國烹飪的申遺問題，載《留住祖先餐桌的記憶——2011'亞洲食學論壇文集》，雲南人民出版社 2011 年。

2. 再談中國烹飪的申遺問題，刊《中國藝術報》2011 年 10 月 12 日。

3. 中國飲食分菜系的前因後果——三談中國烹飪的申遺問題，刊《中國藝術報》2012 年 1 月 4 日。

4. 關於中國烹飪申遺問題的爭論，刊《南寧職業技術學院學報》2012 年 1 期。

5. 另《揚州大學烹飪學報》2012 年 2 期文已見前 1 文。


十四、關於食學

1. 食學芻議，載《書生本色—趙榮光先生治學授業紀事》，雲南人民出版社 2013 年。

2. 追溯中國飲食哲理的祖宗——碎片化的陰陽五行說，刊《楚雄師範學院學報》2013 年 1 期。

3. 中華食學研究討論大綱，載《健康與文明—2013•第三屆亞洲食學國際論壇學術論文集》，中國紹興，浙江古籍出版社 2014 年。


十五、發表在《楚雄師範學院學報》「食學研究專欄」：

1. 追溯中國飲食哲理的祖宗——碎片化的陰陽五行說，2013 年 1 期（已見「食學」1 文）。

2. 玉食、美食、正食及其他，2014 年 5 期。

3. 中國古代化學實踐中的醋，2014 年 6 期。

4. 孔孟食道與當代中國反腐倡廉，2015 年 1 期。


十六、發表在《南寧職業技術學院學報》的有：

1. 關於中國烹飪申遺問題的爭論，《南寧職業技術學院學報》2012 年 1 期。


專訪：2014 年第六期「食學研究專家」欄目有季先生的專欄。專欄專訪彩頁題名：對「飲食美學」
　　的再認識——專訪中國著名飲食文化學者季鴻崑教授，專欄系列文章共四篇，如下：

1. 季鴻崑：《中西方食學研究異同——〈廚房裏的哲學家〉與〈隨園食單〉》的美食思想對比。

2. 趙榮光：中國烹飪高等教育的文化境遇——與季鴻崑先生風雨同舟二十五年。

3. 李維兵：季鴻崑與中國烹飪高等教育發展研究。

4. 崔桂友，聶相珍：中國近代營養知識早期傳播史料研究——季鴻崑教授對中國烹飪理論研究的
　　貢獻。

## 初版後記

1987 年年底，由於一個偶然的機會，把我捲入烹飪高等教育工作者的隊伍中來。其實本人原來也和其他許多人一樣，只會吃飯，不懂得烹飪，等到「下海」以後，才覺得這真是一片未開墾的處女地，所以立刻吸引了我，放下手中其他的工作，投身於這個領域。除了做一般的管理工作以外，首先研究烹飪高等教育的人才培養規格，當在這項研究中有了初步的認識以後，便發現高等烹飪專業的教材建設，實在是一個大問題。於是著手自籌出版基金，組織和審閱了一本又一本原稿，決心搞出一套「高等烹飪系列教材」來。

五年過去了，被筆者當作事業來追求的「高等烹飪系列教材」的編寫出版任務已完成了四分之三的工作量。我們先後出版了《烹飪衛生學》、《烹飪營養學》、《烹飪專業英語》、《飲食企業經營管理》、《江蘇風味菜點》、《烹飪工藝美術和菜肴造型圖例》、《烹飪分析方法》、《中醫飲食保健學》、《烹飪化學基礎》九本教材，其中《烹飪衛生學》係與外校協編而納入中國商業出版社出版之外，其餘八本均由上海科學技術出版社出版。

1991 年下半年，本人年逾花甲，辭去行政工作，但仍繼續負責教材建設的未完任務。現在完成的這本《烹飪學基本原理》便是離開行政崗位後的第一本，考慮到書中闡述的許多問題多為作者本人的「一家之言」，所以不納入「高等烹飪系列教材」中，以避強迫他人接受己見之嫌。

按照規劃，「高等烹飪系列教材」近年還要出版《烹飪原料學》和《烹飪工藝學》兩種。以後，列入規劃的還有《營養生理學》、《飲食心理和筵席設計》和《食品和烹飪文獻的檢索和利用》三本書，如果本人的身體條件和環境允許的話，能把這五本書出齊，實為本人晚年的一大幸事。

筆者作為一個不署名的組稿人，實際上在做主編的工作，得到了「高等烹飪系列教材」的主管單位──揚州大學商學院（原江蘇商業專科學校）所有同志的支持，作者深感欣慰。上海科學技術出版社在這一套書的出版方面給予我們很大支持，在此亦深表感謝。

季 鴻 崑
1992 年 11 月 10 日

# 再版後記

　　增訂再版的《中華烹飪學基本原理》定稿時，已經是 2015 年年初了，距離初版定稿的 1992 年年底，已經過去了 22 個年頭，本人也從一位尚未退休的人變成了耄耋老者，真是感慨萬千。在這二十多年間，世界和社會的變化都很大，科學和技術的進步遠超人們的想像。即以書籍的生產而言，本書的初版是在常熟的一家印刷廠印刷的，印刷工人還得經受鉛與火的考驗，揀鉛字排版是印刷廠的核心技術，而且極易出現差錯。為了保證書的品質，我自己曾住在該廠招待所約十天時間，不厭其煩地進行校對。後來因鐳射照排技術的普及推廣，這些艱辛的工作都能在電腦螢幕上輕鬆地進行了，真是日新月異。

　　關於本書的修改緣由，在再版前言中已經作了交代，這裡就不再贅述。不過作為一個 84 歲的老人，還有機會修改自己的舊作，實在是一件很欣慰的事。為此，本人在這裡向熱心此事的黃炳、史祖福兩位青年朋友，謹致謝忱。同時，也對我的老伴陸玉琴同志，不辭辛勞地幫我在電腦上錄入書稿，再次深表感謝！

季 鴻 崑

2015 年 3 月 15 日